THÉORIE DES NOMBRES

TRAITÉ

DE

L'ANALYSE INDÉTERMINÉE

DU

SECOND DEGRÉ A DEUX INCONNUES

DE L'IMPRIMERIE DE CRAPELET
RUE DE VAUGIRARD, 9

THÉORIE DES NOMBRES

TRAITÉ

DE

L'ANALYSE INDÉTERMINÉE

DU SECOND DEGRÉ A DEUX INCONNUES

SUIVI

DE L'APPLICATION DE CETTE ANALYSE A LA RECHERCHE DES RACINES PRIMITIVES
AVEC UNE TABLE DE CES RACINES POUR TOUS LES NOMBRES PREMIERS COMPRIS ENTRE 1 ET 10000

MÉMOIRE PRÉSENTÉ A L'ACADÉMIE DES SCIENCES
ET INSÉRÉ, APRÈS RAPPORT, AU RECUEIL DES SAVANTS ÉTRANGERS

PAR E. DESMAREST

ANCIEN ÉLÈVE DE L'ÉCOLE POLYTECHNIQUE

Ordine formarum certo, certisque figuris
(*T. Lucretius Carus*)

PARIS

LIBRAIRIE DE L. HACHETTE ET Cie

RUE PIERRE-SARRAZIN, N° 14

(Près de l'École de Médecine)

1852

PRÉFACE.

Il y a quelque hardiesse, le mot témérité serait-il plus exact? dans le titre du livre que nous présentons au public; ce Traité résume-t-il en effet, complète-t-il les études antérieures, études reprises, étendues par Gauss, et consignées par lui dans l'ouvrage intitulé *Disquisitiones Arithmeticæ*? Notre réponse à cette question sera franche, puisse-t-elle justifier notre détermination. Lagrange, dominé sans doute alors par le juste sentiment de ses forces, disait un jour, en parlant du grand Newton: « Tous n'ont pas le « bonheur de trouver un système du monde à faire. » Dans un ordre bien inférieur, nous avons été plus heureux : l'Analyse indéterminée du second degré à deux inconnues, analyse créée par Euler, enrichie par de nombreuses recherches isolées, n'était pas terminée; toutes les équations incomplètes, renfermant le carré d'une seule des variables ne pouvaient être résolues; cette lacune était d'autant plus notable, que sur ce terrain fictivement établi, sur cette résolution hypothétique, mais non réelle, reposait toute cette analyse. Délicate, on le voit, est la position qui nous est faite; nous devons le respect à ceux qui nous ont précédé, mais ce respect exige-t-il notre silence sur une opinion qui a circulé sans examen dans le monde scientifique? La partie que nous explorons est peu étudiée; faute de la connaître, on a admis vaguement et de confiance qu'elle présentait un ensemble théorique, et que, depuis Gauss, cette partie était acquise à la science : la première note qui accompagne notre introduction montre que Gauss présent dirait le contraire, et la constatation de ce fait irréfragable ne peut certes diminuer la reconnaissance que l'on doit à l'illustre protégé du duc de Brunswick, à ce puissant investigateur dans les sciences exactes.

L'ouvrage actuel est divisé en quatre parties; la première renferme une méthode de résolution, en nombres entiers, de toutes les équations du second gré à deux inconnues contenant le carré d'une seule des variables; cette thode est essentiellement neuve, ne remplace aucune autre, car des essais erminables, des tâtonnements sans issue certaine constituaient les seuls yens indiqués. La seconde et la troisième partie présentent les méthodes de olution des autres équations appartenant à l'analyse précitée : ces méthodes jà connues sont fondées sur la résolution des équations étudiées dans la preère partie; ainsi, à un caractère général purement hypothétique, succède état pratique, qui jusqu'alors manquait à cette analyse. Indépendamment s nombreux changements adoptés, des compléments ajoutés aux démonations connues sur ces deux parties, nous devons dire les causes qui nous t porté à reprendre le vocabulaire ancien, délaissé par plusieurs, déjà repris r d'autres : dans les sciences exactes, et surtout dans une théorie sur les mbres, tout néologisme non puissamment motivé, toute innovation, si elle est pas impérieusement exigée, doivent être bannis; or, les notations, les nominations, introduites par Gauss, nous paraissent avoir, en général, à un ut degré ce caractère négatif. Ce défaut explique peut-être, et le petit mbre de lecteurs conquis chez nous par le savant Allemand, et par suite dée fausse qu'on s'est faite du progrès de la partie que nous traitons ici : les ots techniques, les signes adoptés par Gauss, régularisent, dira-t-on, ielques conceptions vraies sur le mécanisme des nombres : cet avantage, ailleurs contestable, compense-t-il ces difficultés de forme qui, pour un cteur même attentif, s'ajoutent alors à des difficultés plus sérieuses? comnse-t-il l'étrangeté de mots qui prétendent remplacer ceux qui furent les mpagnons familiers de notre enfance? Nous ne le croyons pas, et pour nous s mots: *équations*, *multiples*, *non multiples*, *diviseurs*, *périodes*, *restes*, etc., etc., nnent plus nettement à l'oreille, parlent plus clairement à l'intelligence, lent mieux enfin que les expressions : *congruences*, *congrus*, *incongrus*, *odules*, *mantisses*, *résidus quadratiques* ou *non quadratiques*, etc., etc.; après out, le public reste juge, il prononcera.

Les racines primitives, ces états singuliers numériques, qui nous cachent eut-être quelque rouage du mécanisme des nombres, les racines primitives onstituent une étude tellement liée à l'analyse indéterminée, que toute emarque sur cette adjonction serait inutile. Notre quatrième partie est une suite d'applications des principes exposés dans la première partie, elle est donc comme celle-ci, complétement neuve; elle renferme, avec des augmentations notables, le Mémoire présenté par nous, en 1846, à l'Académie des sciences; elle est enfin le résultat de recherches qui, nous l'espérons, jetteront quelque lumière sur cette théorie si obscure et si curieuse des périodes, théorie qui est encore dans l'enfance, et nous avons consigné tout ce qu'il nous a été donné de dire sur ce chapitre de l'analyse numérique.

Les mathématiques pures planent, en général, dans un monde idéal; toujours en honneur, et par suite toujours en progrès chez les Grecs, elles se vengèrent cruellement des vingt siècles de l'indifférence romaine, en refusant toute initiative chez elles, en refusant même une numération au Peuple-Roi; quelle fut la cause de cette ignorance, et peut-être de ce mépris chez les Romains? L'inutilité, dira-t-on; mais les esprits superficiels se plaisent seuls à regarder comme inféconds et stériles ces hauteurs de la science, et bien difficile serait l'indication de la ligne qui, dans les mathématiques, sépare la partie essentiellement spéculative de la partie plus directement utile : toutes, en effet, viennent éclairer, régulariser les faits qui répondent aux besoins matériels de l'homme; elles tracent au marin sa route sur l'immense océan; elles dévoilent à l'ingénieur les lois primitives du mouvement dans les machines, lois quelquefois si compliquées, sans lesquelles l'homme, perdu dans des faits isolés et mal vus, dans les écarts d'une imagination en délire, demanderait à la matière, des combinaisons, des effets radicalement impossibles; demanderait, par exemple, à la vapeur d'eau, le rôle d'explosion graduée, que joue la poudre dans le jet des projectiles. Avec les mathématiques seulement nous pouvons suivre, par conséquent maîtriser, gouverner ces agents mystérieux et redoutables, qui, sous les noms de *chaleur*, d'*électricité*, de *lumière*, entrent comme éléments de puissance, comme moteurs, comme courriers dans la plupart de ces mêmes machines : si donc les mathématiques ne se rattachaient pas déjà aux autres connaissances par ce lien supérieur qui relie en Dieu toute vérité, elles seraient encore unies à ces mêmes connaissances par leur application faite à notre humanité. Disons-le donc, et nous serons dans le vrai, *histoire*, *philosophie*, *morale*, *industrie*, *sciences spéculatives*, *sciences physiques*, *sciences descriptives*; autant de parties d'un grand tout indispensable, autant de parties qui se prêtent un mutuel secours et convergent vers un même but, le bien-être intellectuel et physique de l'homme; de cette solidarité intime, de cette idée vraie, suit-il qu'un traité sur un point des sciences exactes doive prendre la forme encyclopédique, qu'un traité sur les nombres, par exemple, c'est-à-dire sur l'arithmétique, doive chercher ses preuves dans une analyse transcendante ou même simplement dans l'algèbre? Cet écueil, créé en général par une vanité puérile, nous avons voulu, à l'exemple des Gauss, des Poinsot, etc., etc., soigneusement l'éviter, et nous pouvons affirmer que tout lecteur, familiarisé avec les principes ordinaires de l'arithmétique, pourra lire, comprendre notre travail, et de cette lecture retirer, nous l'espérons, un profit réel.

Les auteurs qui ont fait des études analogues à celles qui constituent l'ouvrage actuel, ont été aidés, les uns par la munificence des princes, les autres par ces positions officielles, remarquables, qui donnent à un État le droit de venir à leur aide, au moins pour la partie matérielle de leur œuvre. Moi, j'ai marché seul, soutenu par mes propres forces; temps, soins, études, et plus encore, j'ai tout consacré à un travail dont l'utilité personnelle n'est pas même problématique; je connais le nom que plusieurs donneront à cette abnégation, et je n'ai rien à leur répondre; néanmoins, tout effet a sa cause, toute action a son mobile : à ceux qui sont plus indulgents, parce qu'ils croient et obéissent à une pensée plus élevée, je répondrai par un de ces détails intimes pour lequel je réclame cette même indulgence qui préside à leur jugement : cette confidence sera d'ailleurs comme un dernier adieu que j'adresserai à mon livre, à ce vieil ami qui désormais appartient au public. Élève de l'École Polytechnique, la direction donnée à mes premiers efforts est connue; licencié en 1816, d'autres exigences prévalurent. Un malheur imprévu me rendit à mes anciennes, à mes chères études : je perdis ma fille.... Profondément atteint à la fin de ma route, je doutai un moment, et ce n'était pourtant qu'un de ces sacrifices imposés par celui dont il faut subir l'action toute-puissante, sans même faire entendre un vain murmure; il m'a été donné de ne pas imiter l'intelligence à laquelle j'emprunte mon épigraphe, intelligence que le spectacle des choses de ce monde jeta dans le désespoir, et amena à cette conclusion désolante : le ciel ne s'occupe pas de la terre. J'ai demandé une de ces distractions fortes, que pouvait seul donner celui qui recevait ma demande;

j'ai été entendu, et je suis reconnaissant d'un bienfait que l'on pouvait me refuser, d'un bienfait qui m'a rapproché de cette essence infinie, en qui toute vérité se confond, comme dit Bossuet. Huit années ont passé.... j'apporte ma pierre à l'édifice qui incessamment s'élève; mais l'accueil du public, quel qu'il soit, ne pourrait altérer ma profonde gratitude; le travail actuel, même s'il trompait mes espérances, serait encore pour moi éminemment fructueux; je ne pourrais regretter ni mes veilles, ni mes fatigues, ni même cette douce illusion qui m'a fait entreprendre, dans la mesure de mes forces, un livre que je crois utile aux progrès des sciences mathématiques.

Lorient, février 1852.

ERRATA.

FAUTES ESSENTIELLES A CORRIGER.

Page 11, ligne 24, q, *lisez* y.

16, lignes 4 et 18, *carrez* le coefficient de r.

25, ligne 5, 2072, *lisez* 2077.

27, lignes 7 et 8, $\frac{4r-q^2}{4}$, *lisez* $\frac{4r-q^2+1}{4}$.

32, lignes 11, 13, 15, 17, *ajoutez* A au coefficient de n.

44, lignes 28 et 30, *ajoutez* —R au second membre de la première égalité.

46, ligne 10, =R, *lisez* —R.

58, lignes 2, 3, 4, 5, *carrez* le coefficient de r.

58, ligne 10, $-2n$ et $+2n$, *lisez* $+2n$ et $-2n$.

126, ligne 12, $X=x-30$, *lisez* $X=x+30$.

188, ligne 27, n° 80, *lisez* n° 88.

189, ligne 25, n° 80, *lisez* n° 88.

289, ligne 10, c'est-à-dire, *lisez* est-ce dire.

THÉORIE DES NOMBRES.

TRAITÉ

DE

L'ANALYSE INDÉTERMINÉE

DU

SECOND DEGRÉ A DEUX INCONNUES.

INTRODUCTION.

1. L'analyse indéterminée du second degré est une science toute moderne. Euler paraît en être le véritable créateur; on lui doit, du moins, les premières méthodes tentées sur cette partie, méthodes incomplètes, mais qui constituent les premiers enseignements réguliers sur la résolution, en nombres entiers, des équations du second degré à deux inconnues. Lagrange, Legendre, plus récemment Gauss, Poinsot, Cauchy, Jacobi, etc., ont ajouté à cette théorie des principes remarquables; les faits sont donc nombreux, mais épars, et dans la limite même de deux inconnues, cette analyse n'a pas été, ne pouvait pas être présentée en corps de science. Le traité que nous publions est le résultat de plusieurs années de travaux. Est-il un exposé méthodique et complet de cette théorie qu'Euler nommait épineuse? Prendra-t-il la place que nous lui assignons? Le public jugera; mais nous croyons être dans le vrai en disant que cette place était libre. Ne parlons que des ouvrages les plus étendus et qui offrent un ensemble de principes sur le sujet qui nous occupe : *Essai sur la théorie des nombres*, par Legendre; *Disquisitiones arithmeticæ*, de Gauss. Malgré notre

profond respect pour ces maîtres de la science, nous pensons que le premier est un simple recueil, et son titre l'indique, de principes déjà connus ou dus à l'auteur, sur la théorie des nombr s, c'est-à-dire sur toute l'analyse indéterminée. Quant au second ouvrage, peut-être est-il permis de reprocher au savant allemand l'emploi de notations particulières, de dénominations nouvelles qui ne paraissent pas indispensables. Remarquons, d'ailleurs, que le travail de Gauss, justement intitulé *Recherches*, est purement théorique, ne donne aucun moyen pratique de résoudre en nombres entiers les équations du second degré à deux inconnues*. Ces remarques ne peuvent diminuer le mérite d'auteurs

* Cette opinion est le résultat d'une étude approfondie de l'ouvrage précité; néanmoins quelques développements peuvent être nécessaires, surtout pour ceux qui, consciencieusement sans doute, mais sur parole d'autrui, pensent que Gauss a complété cette partie de l'analyse des nombres.

Étant donné à résoudre, en nombres entiers, l'équation du second degré à deux inconnues :

$$AX^2+2BXY+CY^2+2DX+2EY+F=0;$$

la méthode connue de résolution de cette équation suppose que l'on a calculé préalablement les diverses solutions, en nombres entiers, d'une première équation auxiliaire $ax^2+2bxy+cy^2=M$; cette seconde recherche admet la connaissance des solutions entières d'une seconde équation auxiliaire $z^2-A=Mu$; or, dans l'état actuel de cette partie des mathématiques, le dernier point qui est capital reste purement hypothétique; on n'a aucune méthode de résolution, en nombres entiers, de l'équation fondamentale $z^2-A=Mu$; Gauss a perfectionné d'une manière admirable la méthode qui établit le passage des solutions supposées connues de l'équation $z^2-A=Mu$ aux solutions de l'équation $ax^2+2bxy+cy^2=M$: nous rendons justice pleine et entière à la sagacité du savant allemand, sagacité à laquelle nous devons les principes essentiels qui constituent notre seconde partie; mais si, comme il est dit dans le texte, nous avons un profond respect pour ce maître de la science, le respect n'exclut pas l'examen, il nous est impossible d'admettre, non pas seulement comme méthode, mais même comme moyen quelquefois pratique, les diverses indications données par Gauss pour la résolution de la congruence $z^2=A$ (module M), congruence qui est bien l'équation $z^2-A=Mu$. L'auteur convient lui-même, n° 152, que ses indications ne sont pas générales et sont rarement utiles : citons le paragraphe qui termine la section IV.

« Jusqu'à présent nous n'avons traité que la congruence simple $z^2=A$ (module M); nous avons appris à reconnaître les cas où elle est résoluble; par le numéro 105 la recherche des racines elles-mêmes est ramenée au cas où M est un nombre premier ou une puissance d'un nombre premier, et par le n° 101 ce dernier cas est ramené à celui où M est un nombre premier. Quant à celui-ci, en comprenant ce que nous avons dit n° 61 avec ce que nous enseignerons section V, on aura presque tout ce qui peut se faire par les méthodes générales; mais dans placés avec raison parmi les analystes célèbres; elles expliquent la pensée qui a présidé à notre travail; elles expliquent également les motifs de la division de ce traité en trois parties :

Première partie, résolution de l'équation

$$aX^2 + bX + c = K.y;$$

Deuxième partie, résolution de l'équation

$$ax^2 + 2bxy + cy^2 = M;$$

Troisième partie, résolution de l'équation

$$aX^2 + 2bXY + cY^2 + 2dX + 2eY + f = 0.$$

---

le cas où elles sont applicables, elles sont infiniment plus longues que les méthodes indirectes que nous exposerons section VI et partant elles sont moins remarquables par leur utilité dans la pratique que par leur beauté. »

Faisons sur cette citation deux remarques :

Les principes exposés par Gauss, n° 61 et suivants et section V, ne peuvent donner que les racines de la congruence $z^2 = 1$ (module M) qui est l'équation $z^2 - 1 = Mu$, ces principes sont donc rarement utiles.

L'ensemble indirect relaté section VI est un procédé à l'aide duquel une persévérance opiniâtre peut, si les nombres A et M ne sont pas élevés, exclure tous les nombres entiers qui sont étrangers aux solutions de la congruence $z^2 = A$ (module M).

Cette note est un peu longue, mais elle établit nettement la nature du fait hypothétique qui servait de base à toute cette analyse; la méthode indiquée ne pouvait donc présenter un caractère pratique, elle n'avait pas un caractère général, puisque toutes les équations incomplètes échappaient à ses lois.

PREMIÈRE PARTIE.

RÉSOLUTION DE L'ÉQUATION $aX^2+bX+c=K.y$.

---

2. Si l'on pose $X=\frac{x}{a}$, l'équation proposée prend la forme

$$x^2+bx+ac=a.K.y.$$

Enfin, si l'on pose $b=q$, $ac=r$, $Ka=P$, cette seconde équation devient

$$x^2+qx+r=P.y;$$

la résolution proposée est donc subordonnée à celle de l'équation

$$x^2+qx+r=P.y,$$

et celle-ci étant résolue on doit montrer le passage régulier de x à X, c'est-à-dire indiquer, parmi les valeurs entières de x, les multiples exacts de a.

3. Lemme. Si un nombre est représenté par la formule x^2+qx+r, les nombres q et r étant entiers, l'expression de la racine carrée de ce nombre offre quelques circonstances qui nous seront utiles.

1° Si le nombre q est impair,

La racine carrée par défaut étant $H_0=x+\frac{q-1}{2}$, le reste est $H_0+\frac{A+1}{4}$ *,

La racine carrée par excès étant $H_1=x+\frac{q+1}{2}$, le reste est $-H_1+\frac{A+1}{4}$.

---

* La lettre A représente le nombre entier $4r-q^2$; ce nombre qui reparaîtra fréquemment dans toute cette partie sera invariablement représenté par la même lettre.

2° Si le nombre q est pair,

La racine carrée par défaut étant $H_1 = x + \frac{q}{2}$, le reste est $\frac{A}{4}$;

La racine carrée par excès étant $H_1 = x + \frac{q}{2} + 1$, le reste est $-2H_1 + \frac{A}{4} + 1$.

De simples calculs prouvent l'exactitude de ces propositions. Il est d'ailleurs manifeste que les propositions réciproques sont exactes.

RÉSOLUTION DE L'ÉQUATION $x^2 + qx + r = P.y$.

4. Cette recherche peut être énoncée de la manière suivante : Les nombres P, q, r étant entiers, trouver deux nombres entiers a, h, qui vérifient l'égalité $a^2 + qa + r = P.h$. Ces deux nombres a et h constituent une solution de l'équation proposée. Or, la connaissance d'un nombre a, applicable à l'inconnue x, amène immédiatement celle de deux autres nombres $-(P-a)$ et $+(P+a)$, applicables à la même inconnue. Si l'on désigne par $h+s$, $h+s+2t$ les valeurs de y correspondantes, et si l'on conserve dans le calcul la lettre générale x, on a les trois égalités suivantes :

$$P.h = x(x+q) + r,$$

$$P(h+s) = (P-x)(P-x-q) + r,$$

$$P(h+s+2t) = (P+x)(P+x+q) + r;$$

de là on déduit $s = P - (2x+q)$, $t = 2x+q$, et par conséquent on a les deux égalités [B] $s + t = P$, $t^2 + A = 4Ph$, qui nous seront utiles dans la suite.

Les nombres P et y donnent des produits qui doivent être représentés par la formule $x^2 + qx + r$; or, ces nombres obéissent, en général, à une loi analogue à celle qui caractérise les nombres dits *figurés*. Représentons, comme ci-dessus, par h, $h+s$, $h+s+2t$ les trois premières solutions en y, et formons les deux progressions suivantes :

$$s,\ 3s,\ 5s,\ 7s, \ldots\ (2N-1)s. \qquad 2t(1),\ 2t(2),\ 2t(3),\ 2t(4), \ldots\ 2t(N).$$

Formons aussi :

1° l'expression $h+\begin{cases} s[1+3+5+7 \ldots\ldots +(2N-3)+(2N-1)] \\ 2t[1+2+3+4 \ldots\ldots + (N-1)+ N] \end{cases}$

2° les nombres $\begin{cases} F=h+\begin{cases} s[1+3+5+7 \ldots\ldots\ldots\ldots +(2N-1)] \\ 2t[1+2+3 \ldots\ldots + (N-1)] \end{cases} \\ F'=h+\begin{cases} s[1+3+5+7 \ldots\ldots\ldots\ldots +(2N-1)] \\ 2t[1+2+3+4 \ldots\ldots\ldots\ldots + N] \end{cases} \end{cases}$

Chacun des nombres F et F', multiplié par le nombre P, donne un produit dont la forme est x^2+qx+r, les nombres x, q, r, étant entiers. Calculons, en effet, chacune de ces valeurs, en remarquant que le nombre des termes multiples de t qui entrent dans F est inférieur d'une unité à celui des termes multiples de t qui entrent dans F', on a :

$$F=h+sN^2+t(N-1)N,$$
$$F'=h+sN^2+tN(N+1).$$

Multiplions chacun de ces nombres par P, on a, en employant la première des équations [B],

$$F.P=(s+t)^2N^2-tN(s+t)+h(s+t),$$
$$F'.P=(s+t)^2N^2+tN(s+t)+h(s+t).$$

L'égalité $t=2x+q$, indiquée précédemment, montre que les nombres t et q ont simultanément le même état, soit impair, soit pair; si dans l'un et dans l'autre cas, on extrait la racine carrée, si on note les restes, on a les résultats suivants. Les nombres t et q sont *impairs* dans le premier groupe et sont *pairs* dans le second.

Racine carrée de $F.P=(s+t)N-\frac{t+1}{2}$;

Reste $=(s+t)N-\frac{t+1}{2}+h(s+t)-\frac{(t+1)^2}{4}+\frac{t+1}{2}$;

Racine carrée de $F'.P=(s+t)N+\frac{t-1}{2}$;

Reste $=(s+t)N+\frac{t-1}{2}+h(s+t)-\frac{(t-1)^2}{4}-\frac{t-1}{2}$;

Racine carrée de $F.P = (s+t)N - \frac{t}{2}$;

Reste $= h(s+t) - \frac{t^2}{4}$;

Racine carrée de $F'.P = (s+t)N + \frac{t}{2}$;

Reste $= h(s+t) - \frac{t^2}{4}$.

On doit donc démontrer (LEMME n° 3) : 1°, dans le premier cas, l'exactitude après simplification de l'égalité

$$h(s+t) - \frac{t^2}{4} = \frac{A}{4} = \frac{4r - q^2}{4};$$

2°, dans le second cas, l'exactitude de la même égalité

$$h(s+t) - \frac{t^2}{4} = \frac{A}{4} = \frac{4r - q^2}{4};$$

or, cette égalité unique est une conséquence des égalités [B]. Il est donc démontré que les nombres entiers F et F' sont des solutions de y : à chacune de ces solutions correspondent deux valeurs de x.

5. A l'hypothèse restreinte d'un nombre unique P, substituons une hypothèse plus large. Soit une suite de nombres entiers $_0P$, $_1P$, $_2P$, $_3P$, ... $_nP$. Si cette suite n'est pas complétement arbitraire; si, *par ex.*, chacun des nombres qui lui appartiennent réalise plus ou moins directement l'équation $x^2+qx+r=P.y$, les nombres x et y étant entiers, on conçoit que les nombres, déduits par un procédé analogue à celui que nous avons présenté, obéiront à quelque loi plus ou moins régulière, et réaliseront d'une manière plus ou moins directe, la même équation. Remarquons, d'ailleurs, que dans la recherche actuelle, les nombres P et y sont placés symétriquement, et qu'il nous est permis, pour faciliter l'explication, d'intervertir les rôles simultanés que ces nombres remplissent. Nous admettrons que chaque nombre de la suite $_0P$, $_1P$, $_2P$, $_3P$, ..., etc., caractérisée précédemment, 1° ou présente la forme générale n^2+qn+r, telle est la suite r, $1+q+r$, $4+2q+r$, $9+3q+r$, ... n^2+nq+r; 2° ou donne, chaque terme étant multiplié par le nombre invariable A, un produit

dont la forme est n^2+qn+r : telle est la suite : $\frac{A+1}{4}$, $A+A+\frac{A+1}{4}$, $4A+2A+\frac{A+1}{4}$, $9A+3A+\frac{A+1}{4}$, ..., $An^2+An+\frac{A+1}{4}$ *.

L'adoption de ces suites n'est pas faite au hasard, elle est une conséquence immédiate de toute recherche sur la résolution, en nombres entiers, de l'équation $x^2+qx+r=P.y$, et nous démontrerons que l'on peut, par une méthode générale, déduire de cette adoption une solution de l'équation proposée; or, dans cette étude, comme dans plusieurs autres sur la théorie des nombres, dans la recherche des racines primitives par exemple, là, et seulement là, réside la difficulté sérieuse, les autres nombres inconnus étant liés au premier par des relations extrêmement simples. Nous pourrions prolonger l'examen des principes généraux qui appartiennent à la partie actuelle, et suivre les développements raisonnés offerts par les nombres déduits de la première suite, puisque cette suite laisse au nombre q un caractère général; néanmoins, nous avons cru devoir établir, dès à présent, la division exigée par l'état impair ou pair du même nombre q. Ce mode nous a paru ajouter quelques clartés à nos explications, et nous avons lieu d'espérer que cette opinion sera partagée par tous ceux qui liront l'ensemble de ce travail.

RÉSOLUTION DE L'ÉQUATION $x^2+qx+r=P.y$. (Le nombre q étant impair.)

6. Cette résolution présente deux chapitres qui prennent leur point de partage dans la nature diverse des deux séries précédemment indiquées.

CHAPITRE PREMIER.

7. Considérons la première des deux séries primitives,

$$r,\ 1+q+r,\ 4+2q+r,\ 9+3q+r,\ 16+4q+r;\ldots.$$

terme général $$n^2+nq+r,$$

série que nous représenterons par les lettres ${}_0P$, ${}_1P$, ${}_2P$, ${}_3P$, ... ${}_nP$. Si l'on désigne par h, s, $2t$ les nombres relatifs à un terme de cette suite, c'est-à-dire

---

* Une simple transformation de calcul démontre l'égalité :

$$A^2n^2+A^2n+\frac{A^2+A}{4}=\left(An+\frac{A-q}{2}\right)^2+q\left(An+\frac{A-q}{2}\right)+r.$$

les nombres qui ont, avec chaque terme de cette suite, les relations indiquées n° **4**, avec un seul nombre P; relations qui, dans le cas actuel, donnent les égalités : $P = s + t = n^2 + qn + r$, $h = 1$, $t^2 + A = 4P.h$, on aura, en faisant, par exemple, sur ${}_0P$ les raisonnements faits dans les circonstances analogues, n° **4** :

$$ {}_0P_0 = h + \begin{array}{l} s[1 \\ 2t[1 \end{array} \begin{array}{r}] \\ ] \end{array} $$

$$ {}_0P_1 = h + \begin{array}{l} s[1 + 3 \\ 2t[1 \end{array} \begin{array}{r}] \\ ] \end{array} $$

$$ {}_0P_2 = h + \begin{array}{l} s[1 + 3 \\ 2t[1 + 2 \end{array} \begin{array}{r}] \\ ] \end{array} $$

$$ {}_0P_3 = h + \begin{array}{l} s[1 + 3 + 5 \\ 2t[1 + 2 \end{array} \begin{array}{r}] \\ ] \end{array} $$

$$ \vdots \qquad \vdots $$

$$ {}_0P_{2N-1} = h + \begin{array}{l} s[1 + 3 + 5 + \ldots\ldots (2N - 1) \\ 2t[1 + 2 + 3 + \ldots\ldots\ldots N \end{array} \begin{array}{r}] \\ ] \end{array} $$

$$ {}_0P_{2N} = h + \begin{array}{l} s[1 + 3 + 7 + 7 + \ldots.(2N - 1) + (2N + 1)] \\ 2t[1 + 2 + 3 + \ldots\ldots\ldots N \qquad] \end{array} $$

$$ {}_0P_{2N+1} = h + \begin{array}{l} s[1 + 3 + 5 + \ldots\ldots(2N - 1) \quad + (2N + 1)] \\ 2t[1 + 2 + 3 + 4 + \ldots N \qquad + \ N + 1\ ] \end{array} $$

De là on déduit :

$$ {}_0P_{2N} = (s + t)(N + 1)^2 - t(N + 1) + 1, $$

$$ {}_0P_{2N+1} = (s + t)(N + 1)^2 + t(N + 1) + 1, $$

ou, par l'intermédiaire des égalités : $P = s + t = n^2 + qn + r$, $t^2 + 4r - q^2 = 4Ph$, $h = 1$.

$$ {}_0P_{2N} = (n^2 + qn + r)(N + 1)^2 - (2n + q)(N + 1) + 1, $$

$$ {}_0P_{2N+1} = (n^2 + qn + r)(N + 1)^2 + (2n + q)(N + 1) + 1. $$

Si nous substituons d'abord à N, et successivement, la suite naturelle 1, 2, 3, 4, etc.; si ensuite nous faisons la même substitution pour n, nous construirons ainsi une table analogue à celle que l'on désigne en arithmétique sous le nom de Table de Pythagore : la nouvelle table est sans limite, et, soit pour faire image, soit pour faciliter les explications ultérieures, nous appellerons : 1° *têtes de colonne* les divers nombres qui appartiennent à notre série primitive; 2° *colonnes verticales* la suite des nombres déduits de chacune de ces têtes de colonne. Conséquemment, la position exacte de tout nombre faisant partie de la table est caractérisée par la grandeur des nombres entiers substitués à N et à n ; la valeur assignée à N, ou la *moitié exacte du rang inférieur pair*, ou la *faible moitié du rang inférieur impair;* ce rang étant compté, par exemple, sur la première colonne verticale, sera marqué par un indice placé *à droite et au bas* de la lettre principale P : la valeur donnée ensuite à n indiquera le rang horizontal compté de gauche à droite, et sera marqué par un indice placé *à gauche et au bas* de la lettre principale P.

8. Théorème. Chaque nombre de l'une des séries horizontales P_{2n}, P_{2n+1}, c'est-à-dire chaque nombre appartenant à la table précédente, donne, si on le multiplie par sa tête de colonne, un produit dont la forme est x^2+qx+r, le nombre x étant entier. La tête de colonne soit de P_{2n}, soit de P_{2n+1}, est manifestement le nombre n^2+qn+r, or on a

$$P_{2n}(n^2+qn+r)=[(n^2+qn+r)(N+1)-(n+q)]^2+[(n^2+qn+r)(N+1)-(n+q)]q+r,$$

$$P_{2n+1}(n^2+qn+r)=[(n^2+qn+r)(N+1)+n]^2+[(n^2+qn+r)(N+1)+n]q+r.$$

9. Théorème. Si on extrait la racine carrée d'un nombre appartenant aux suites horizontales P_{2n}, P_{2n+1}, la racine et le reste correspondant auront l'une des deux relations suivantes :

1re Relation Reste de P_{2n} = Reste de P_{2n+1}.

Ces restes sont indépendants de la lettre n et par conséquent sont invariables au moins pour deux suites horizontales, ils sont tous représentés par la formule AQ^2, le nombre Q étant entier.

2e Relation. Reste + racine de P_{2n} = Reste + racine de P_{2n+1}.

Ces sommes sont indépendantes de la lettre n, et par conséquent sont invariables, au moins pour deux suites horizontales; toutes constituent des nombres appartenant à notre seconde série primitive; en d'autres termes, toutes sont représentées par la formule $AK^2+AK+\frac{A+1}{4}$: ces diverses propositions sont démontrées par le calcul suivant :

$$P_{2n}=(N+1)^2n^2+[q(N+1)^2-2(N+1)]n+r(N+1)^2-q(N+1)+1,$$

1er cas. $N=2K+1$ $\quad (N+1)^2n^2+[4qK^2+(8q-4)K+4q-4]n+4rK^2+(8r-2q)K$
$$+4r-2q+1=[(2K+2)n+qK+q-1]^2+A(K+1)^2.$$

2° cas. $N=2K$ $(N+1)^2n^2+[4qK^2+(4q-4)K+q-2]n+4rK^2+(4r-2q)K+r-q+1=\left[(2K+1)n+qK+\frac{q-1}{2}\right]^2+AK^2+AK+\frac{A+1}{4}-\left[(2K+1)n+qK+\frac{q-1}{2}\right].$

$$P_{2n+1}=(N+1)^2n^2+[q(N+1)^2+2(N+1]n+r(N+1)^2+q(N+1)+1.$$

1er cas. $N=2K+1$. $(N+1)^2n^2+[4qK^2+(8q+4)K+4q+4]n+4rK^2+(8r+2q)K+4r+2q+1=[(2K+2)n+qK+q+1]^2+A(K+1)^2.$

2° cas. $N=2K$. $(N+1)^2n^2+[4qK^2+(4q+4)K+q+2]n+4rK^2+(4r+2q)K+r+q+1=\left[(2K+1)n+qK+\frac{q+3}{2}\right]^2+AK^2+AK+\frac{A+1}{4}-\left[(2K+1)n+qK+\frac{q+3}{2}\right].$

Ainsi : 1° lorsque le nombre N est impair, l'extraction de la racine carrée de chacun des nombres P_{2n}, P_{2n+1} donne un reste égal à $A(K+1)^2$; 2° lorsque le nombre N est pair, l'extraction de la racine carrée de chacun des nombres P_{2n}, P_{2n+1} donne un reste qui vérifie l'égalité reste + rac. $=AK^2+AK+\frac{A+1}{4}$; on a donc le résumé suivant :

$N=2K$	Reste + racine	$=AK^2+AK+\frac{A+1}{4}$
	Racine	$=(2K+1)n+qK+\frac{q-1}{2}$,
$N=2K+1$	Reste	$=A(K+1)^2$
	Racine	$=(2K+2)n+qK+q-1$,
$N=2K$	Reste + racine	$=AK^2+AK+\frac{A+1}{4}$
	Racine	$=(2K+1)n+qK+\frac{q+3}{2}$.
$N=2K+1$	Reste	$=A(K+1)^2$
	Racine	$=(2K+2)n+qK+q+1$.

10. La table constituée est, avons-nous dit, sans limite, mais l'ascension des nombres qu'elle renferme est assez rapide, ces nombres ne sont qu'une partie très-minime de ceux que peut, dans l'équation donnée, présenter le coefficient de q; or, adoptons une des suites horizontales, P_{2n} par exemple, de la table précédente que nous appellerons *table primaire*, donnons à chacun des nombres de cette suite le rôle de tête de colonne et recherchons les propriétés que peuvent offrir les nombres déduits par la loi citée de cette suite ou série secondaire P_{2x}. La table primaire peut être représentée de la manière suivante :

$$
[H]\left\{\begin{array}{lllllll}
{}_0P_0 & {}_1P_0 & {}_2P_0 & {}_3P_0 & {}_4P_0 & {}_5P_0 & \dots {}_nP_0 \\
{}_0P_1 & {}_1P_1 & {}_2P_1 & {}_3P_1 & {}_4P_1 & {}_5P_1 & \dots {}_nP_1 \\
{}_0P_2 & {}_1P_2 & {}_2P_2 & {}_3P_2 & {}_4P_2 & {}_5P_2 & \dots {}_nP_2 \\
{}_0P_3 & {}_1P_3 & {}_2P_3 & {}_3P_3 & {}_4P_3 & {}_5P_3 & \dots {}_nP_3 \\
{}_0P_4 & {}_1P_4 & {}_2P_4 & {}_3P_4 & {}_4P_4 & {}_5P_4 & \dots {}_nP_4 \\
\vdots & \vdots & \vdots & \vdots & \vdots & \vdots & \vdots \\
{}_0P_{2x-1} & {}_1P_{2x-1} & {}_2P_{2x-1} & {}_3P_{2x-1} & {}_4P_{2x-1} & {}_5P_{2x-1} & \dots {}_nP_{2x-1} \\
{}_0P_{2x} & {}_1P_{2x} & {}_2P_{2x} & {}_3P_{2x} & {}_4P_{2x} & {}_5P_{2x} & \dots {}_nP_{2x} \\
{}_0P_{2x+1} & {}_1P_{2x+1} & {}_2P_{2x+1} & {}_3P_{2x+1} & {}_4P_{2x+1} & {}_5P_{2x+1} & \dots {}_nP_{2x+1}
\end{array}\right.
$$

L'exposé suivant a pour but de démontrer que si l'on adopte un terme général représentant une des suites horizontales du tableau [H], cette suite représente une série de têtes de colonne, c'est-à-dire peut être l'origine d'une table, immense comme la première, et dont chaque nombre soit isolé, soit lié à sa tête de colonne, présente exactement toutes les propriétés qui caractérisent les nombres appartenant à la table primaire. Remarquons d'abord qu'une suite horizontale du tableau (H) est formée par l'une ou par l'autre des deux lois suivantes qui sont voisines mais distinctes, cette suite peut être formée : 1° par le même nombre de termes multiples de s et multiples de t; 2° par un nombre de termes multiples de t inférieur d'une unité au nombre de termes multiples de s.

$$P_{2x} = {}_0\pi_0 = 1 + \left\{\begin{array}{l} s(1) + s(3) + s(5) \dots + s(2N-1) + s(2N+1) \\ 2t(1) + 2t(2) \dots\dots\dots + 2t(N) \end{array}\right\},$$

$$P_{2x+1} = {}_0\varphi_0 = 1 + \left\{\begin{array}{l} s(1) + s(3) + s(5) + \dots + s(2N-1) + s(2N+1) \\ 2t(1) + 2t(2) + 2t(3) \dots\dots + 2t(N) + 2t(N+1) \end{array}\right\},$$

ou, voir n° 6 vers la fin,

$$P_{2x} = {}_0\pi_0 = (n^2 + nq + r)(N+1)^2 - (2n+q)(N+1) + 1,$$

$$P_{2x+1} = {}_0\varphi_0 = (n^2 + nq + r)(N+1)^2 + (2n+q)(N+1) + 1.$$

Désignons par $s_1\, t_1\, h_1,\ s_2\, t_2\, h_2$ les nombres liés aux suites ${}_0\pi_0$ et ${}_0\varphi_0$ par les relations déjà indiquées pour la suite primitive P; on a

$$\pi_{2\nu'}=\pi_0(N'+1)^2-t_1(N'+1)+h_1,$$

$$\pi_{2\nu'+1}=\pi_0(N'+1)^2+t_1(N'+1)+h_1,$$

$$\varphi_{2\nu'}=\varphi_0(N'+1)^2-t_2(N'+1)+h_2.$$

$$\varphi_{2\nu'+1}=\varphi_0(N'+1)^2+t_2(N'+1)+h_2.$$

Calculons les valeurs des nombres $s_1\ t_1\ h_1\ s_2\ t_2\ h_2$: 1° le nombre par lequel on doit multiplier chaque terme de la suite $P_{2\nu}=\pi_0$ ou de la suite $P_{2\nu+1}=\varphi_0$ est représenté par la formule n^2+qn+r on a donc $h_1=h_2=n^2+qn+r$; 2° le raisonnement fait dans les circonstances analogues n° 4 donne les égalités :

Pour π_0

$$s_1+t_1=\pi_0,$$

$$(t_1)^2+A=4\pi_0h_1,$$

$$t_1=2(n^2+qn+r)(N+1)-(2n+q),$$

ou

$$t_1=\frac{2\pi_0-2}{N+1}+(2n+q).$$

Pour φ_0

$$s_2+t_2=\varphi_0,$$

$$(t_2)^2+A=4\varphi_0h_2,$$

$$t_2=2(n^2+qn+r)(N+1)+(2n+q),$$

ou

$$t_2=\frac{2\varphi_0-2}{N+1}-(2n+q).$$

Si dans $\pi_{2\nu'}\ \pi_{2\nu'+1}\ \varphi_{2\nu'}\ \varphi_{2\nu'+1}$ on remplace $\pi_0\ t_1\ h_1\ \varphi_0\ t_2\ h_2$ par leurs valeurs respectives, on a

$$\begin{aligned}\pi_{2\nu'} &=[(N+1)(N'+1)-1]^2n^2+\{q[(N+1)(N'+1)-1]^2-2(N'+1)[(N+1)(N'+1)-1]\}n\\ &\quad+r[(N+1)(N'+1)-1]^2-(N'+1)\{q[(N+1)(N'+1)-1]-(N'+1)\},\end{aligned}$$

$$\begin{aligned}\pi_{2\nu'+1} &=[(N+1)(N'+1)+1]^2n^2+\{q[(N+1)(N'+1)+1]^2-2(N'+1)[(N+1)(N'+1)+1]\}n\\ &\quad+r[(N+1)(N'+1)+1]^2-(N'+1)\{q[(N+1)(N'+1)+1]-(N'+1)\},\end{aligned}$$

$$\begin{aligned}\varphi_{2\nu'} &=[(N+1)(N'+1)-1]^2n^2+\{q[(N+1)(N'+1)-1]^2+2(N'+1)[(N+1)(N'+1)-1]\}n\\ &\quad+r[(N+1)(N'+1)-1]^2+(N'+1)\{q[(N+1)(N'+1)-1]+(N'+1)\},\end{aligned}$$

$$\begin{aligned}\varphi_{2\nu'+1} &=[(N+1)(N'+1)+1]^2n^2+\{q[(N+1)(N'+1)+1]^2+2(N'+1)[(N+1)(N'+1)+1]\}n\\ &\quad+r[(N+1)(N'+1)+1]^2+(N'+1)\{q[(N+1)(N'+1)+1]+(N'+1)\}\end{aligned}$$

Ces quatre formules nous permettent d'établir deux théorèmes semblables à ceux qui ont été énoncés n°s 8 et 9.

11. Théorème. Chaque nombre appartenant aux suites horizontales $\pi_{2x'}$, $\pi_{2x'+1}$ $\varphi_{2x'}$, $\varphi_{2x'+1}$ donne, si on le multiplie par sa tête de colonne correspondante, un produit dont la forme est x^2+qx+r, le nombre x étant entier, nous indiquerons seulement les principales circonstances que présente le calcul :

1er Cas.

$$\pi_{2x'}=\pi_0(N'+1)^2-t_1(N'+1)+h_1,$$

$$\pi_0=(n^2+nq+r)(N'+1)^2-(2n+q)(N+1)+1,$$

$$t_1=\frac{2\pi_0-2}{N+1}+2n+q,$$

$$\pi_{2x'}(\pi_0)=(\pi_0)^2(N'+1)^2-\left[\frac{2(\pi_0)^2-2\pi_0}{N+1}+(2n+q)\pi_0\right](N'+1)+\pi_0(n^2+qn+r),$$

ou $$\pi_{2x'}(\pi_0)=(\pi_0)^2(N'+1)^2-2\pi_0\left(\frac{\pi_0-1}{N+1}+n+q\right)(N'+1)+q\pi_0(N'+1)+\pi_0(n^2+qn+r),$$

La racine carrée de ce dernier produit est $\pi_0(N'+1)-\left(\frac{\pi_0-1}{N+1}+n+q\right)$,

le reste est $$q\pi_0(N'+1)-\left(\frac{\pi_0-1}{N+1}+n+q\right)^2+\pi_0(n^2+qn+r).$$

ou la racine carrée est $$\pi_0(N'+1)-(n^2+qn+r)(N+1)+n,$$

le reste est $$q[\pi_0(N'+1)-(n^2+qn+r)(N+1)+n]+r.$$

2e Cas.

$$\pi_{2x'+1}=\pi_0(N'+1)^2+t_1(N'+1)+h_1,$$

$$\pi_0=(n^2+nq+r)(N+1)^2-(2n+q)(N+1)+1,$$

$$t_1=\frac{2\pi_0-2}{N+1}+2n+q,$$

$$\pi_{2x'+1}(\pi_0)=(\pi_0)^2(N'+1)^2+\left[\frac{2(\pi_0)^2-2\pi_0}{N+1}+(2n+q)\pi_0\right](N'+1)+\pi_0(n^2+qn+r),$$

$$\pi_{2x'+1}(\pi_0)=(\pi_0)^2(N'+1)^2+2\pi_0\left(\frac{\pi_0-1}{N+1}+n\right)(N'+1)+q\pi_0(N'+1)+\pi_0(n^2+qn+r).$$

La racine carrée de ce dernier produit est $\pi_0(N'+1)+\left(\frac{\pi_0-1}{N+1}+n\right)$,

le reste est $$q\pi_0(N'+1)-\left(\frac{\pi_0-1}{N+1}+n\right)^2+\pi_0(n^2+nq+r);$$

ou la racine carrée est $$\pi_0(N'+1)+(n^2+nq+r)(N+1)-(n+q),$$

le reste est $$q[\pi_0(N'+1)+(n^2+nq+r)(N+1)-(n+q)]+r.$$

3ᵉ Cas. $$\varphi_{2n'}=\varphi_0(N'+1)^2-t_2(N'+1)+h_2$$

$$\varphi_{2n'}=\varphi_0(N'+1)^2-\left[\frac{2\varphi_0-2}{N+1}-(2n+q)\right](N+1)+n^2+qn+r,$$

$$\varphi_{2n'}(\varphi_0)=(\varphi_0)^2(N'+1)^2-2\varphi_0\left(\frac{\varphi_0-1}{N+1}-n\right)(N'+1)+q\varphi_0(N'+1)+\varphi_0(n^2+qn+r),$$

la racine carrée de ce dernier produit est $\varphi_0(N'+1)-\left(\frac{\varphi_0-1}{N+1}-n\right)$,

ou la racine carrée est $\varphi_0(N'+1)-(n^2+nq+r)(N+1)-(n+q)$,

le reste est $q[\varphi_0(N'+1)-(n^2+nq+r)(N+1)-(n+q)]+r.$

4ᵉ Cas. $$\varphi_{2n'+1}=\varphi_0(N'+1)^2+t_2(N'+1)+h_2,$$

$$\varphi_{2n'+1}=\varphi_0(N'+1)^2+\left[\frac{2\varphi_0-2}{N+1}-(2n+q)\right](N'+1)+n^2+qn+r,$$

$$\varphi_{2n'+1}(\varphi_0)=(\varphi_0)^2(N'+1)^2+2\varphi_0\left[\frac{\varphi_0-1}{N+1}-(n+q)\right](N'+1)+q\varphi_0(N'+1)+\varphi_0(n^2+nq+r),$$

La racine carrée de ce dernier produit est $\varphi_0(N'+1)+\frac{\varphi_0-1}{N+1}-(n+q)$,

ou la racine carrée est $\varphi_0(N'+1)+(n^2+nq+r)(N+1)+n$,

le reste est $q[\varphi_0(N'+1)+(n^2+nq+r)(N+1)+n]+r.$

Ainsi, dans les quatre cas on a reste $=(q\times\text{racine})+r$, le théorème est donc démontré.

12. Théorème. Si on extrait la racine carrée de tout nombre qui entre dans les suites horizontales $\pi_{2n'}\ \pi_{2n'+1}\ \varphi_{2n'}\ \varphi_{2n'+1}$, on aura, entre les racines et les restes correspondants, l'une des deux relations suivantes :

1ʳᵉ Relation
reste de $\pi_{2n'}=$ reste de $\pi_{2n'+1}$
reste de $\varphi_{2n'}=$ reste de $\varphi_{2n'+1}$.

Ces restes, indépendants de la lettre n, et par conséquent invariables, au moins pour deux suites horizontales, sont tous représentés par la formule $A.Q^2$, le nombre Q étant entier.

2ᵉ Relation
reste $+$ racine de $\pi_{2n'}=$ reste $+$ racine de $\pi_{2n'+1}$
reste $+$ racine de $\varphi_{2n'}=$ reste $+$ racine de $\varphi_{2n'+1}$.

Ces sommes, indépendantes de la lettre n, et par conséquent invariables, au moins pour deux suites horizontales, sont toutes égales à un nombre appartenant à la seconde série primitive, c'est-à-dire sont représentées par la formule $AK^2+AK+\frac{A+1}{4}$. Indiquons seulement les principaux points du calcul.

Cas. $\pi_{2n'}=[(N+1)(N'+1)-1]^2n^2+\left[\begin{matrix} q[(N+1)(N'+1)-1]^2 \\ -2(N'+1)[(N+1)(N'+1)-1]\end{matrix}\right]n+\begin{matrix} r[(N+1)(N'+1)-1] \\ -(N'+1)\{q[(N+1)(N'+1)-1]-(N'+1)\}.\end{matrix}$

Soit $N'=2K+1$, si après substitution, on extrait la racine carrée du résultat, on a

$$\text{Racine carrée} = [(2N+2)K+2N+1]n+(qN+q-2)K+qN+\frac{q-3}{2},$$

$$\text{Reste} = -[(2N+2)K+2N+1]n+A(N+1)^2K^2+A[(2N^2+3N+1)-(qN+q-2)]K$$
$$+A(N+\tfrac{1}{2})^2-\left(qN+\frac{2q-7}{4}\right).$$

$$\text{Racine carrée} = [(2N+2)K+2N+1]n+(qN+q-2)K+qN+\frac{q-3}{2}.$$

$$\text{Reste}+\text{racine} = A[(N+1)K+N]^2+A[(N+1)K+N]+\frac{A+1}{4}.$$

Soit $N'=2K$, le résultat varie selon l'état [1°] pair [2°] impair du nombre N.

[1°] $$\text{Racine carrée} = [(2N+2)K+N]n+(qN+q-2)K+\frac{qN}{2}-1.$$

$$\text{Reste} = A\left[(N+1)K+\frac{N}{2}\right]^2.$$

[2°] $$\text{Racine carrée} = [(2N+2)K+N]n+(qN+q-2)K+\frac{qN-1}{2}.$$

$$\text{Reste}+\text{racine}=A\left[(N+1)K+\frac{N-1}{2}\right]^2+A\left[(N+1)K+\frac{N-1}{2}\right]+\frac{A+1}{4}.$$

Cas. $\pi_{2n'+1}=[(N+1)(N'+1)+1]^2n^2+\left\{\begin{matrix} q[(N+1)(N'+1)+1]^2 \\ -2(N'+1)[(N+1)(N'+1)+1]\end{matrix}\right\}n+\begin{matrix} r[(N+1)(N'+1)+1] \\ -(N'+1)\{q[(N+1)(N'+1)+1]-(N'+1)\}.\end{matrix}$

Soit $N'=2K+1$, si, après substitution, on extrait la racine carrée du résultat, on a

$$\text{Racine carrée} = [(2N+2)K+2N+3)n+(qN+q-2)K+qN+3\left(\frac{q-1}{2}\right),$$

$$\text{Reste} = -[(2N+2)K+2N+3]n+A(N+1)^2K^2+[A(2N^2+5N+3)-(qN+q-2)]K$$
$$+A(N^2+3N+\tfrac{9}{4})-\left(qn+\frac{6q-7}{4}\right).$$

$$\text{Racine carrée} = [(2N+2)K+2N+3]n+(qN+q-2)K+qN+3\left(\frac{q-1}{2}\right),$$

$$\text{Reste}+\text{racine} = A[(N+1)K+N+1]^2+A[(N+1)K+N+1]+\frac{A+1}{4}.$$

Soit $N' = 2K$ le résultat varie selon l'état [1°] pair, [2°] impair du nombre N,

[1°] Racine carrée $= [(2N+2)K+N+2]n+(qN+q-2)K+\frac{qN}{2}+q-1.$

Reste $= A[(N+1)K+\frac{N}{2}+1]^2.$

[2°] Racine carrée $= [(2N+2)K+N+2]n+(qN+q-2)K+\frac{q(N+2)-1}{2}.$

Reste + racine $= A\left[(N+1)K+\frac{N+1}{2}\right]^2+A\left[(N+1)K+\frac{N+1}{2}\right]+\frac{A+1}{4}.$

$$3^e\text{ Cas. } \varphi_{2N'} = [(N+1)(N'+1)-1]^2n^2+\left\{\begin{matrix} q[(N+1)(N'+1)-1]^2 \\ +2(N'+1)[(N+1)(N'+1)-1] \end{matrix}\right\}n+\begin{matrix} r[(N+1)(N'+1)-1]^2 \\ +(N'+1)\{q[(N+1)(N'+1)-1]+(N'+1)\} \end{matrix}$$

Soit $N' = 2K+1$, si, après cette substitution, on extrait la racine carrée du résultat, on a

Racine carrée $= -[(2N+2)K+2N+1]n+(qN+q+2)K+qN+\frac{q+5}{2},$

$$\text{Reste} = -[(2N+2)K+2N+1]n+A(N+1)^2K^2+[A(2N^2+3N+1)-(qN+q+2)]K$$
$$+A(N+\tfrac{1}{2})^2-\left(qN+\frac{2q+9}{4}\right).$$

Reste + racine $= A[(N+1)K+N]^2+A[(N+1)K+N]+\frac{A+1}{4}$ résultat donné par $\pi_{2N'}$.

Soit $N' = 2K$ le résultat varie selon l'état [1°] pair, [2°] impair du nombre N.

[1°] Racine carrée $= [(2N+2)K+N]n+(qN+q+2)K+\frac{qN}{2}+1.$

Reste $= A\left[(N+1)K+\frac{N}{2}\right]^2$ résultat donné par $\pi_{2N'}$.

[2°] Racine carrée $= [(2N+2)K+N]n+(qN+q-2)K+\frac{qN+3}{2}.$

Reste + racine $= A\left[(N+1)K+\frac{N-1}{2}\right]^2+A\left[(N+1)K+\frac{N-1}{2}\right]+\frac{A+1}{4},$

résultat donné par $\pi_{2N'}$.

$$4^e\text{ Cas. } \varphi_{2N'+1} = [(N+1)(N'+1)+1]^2n^2+\left\{\begin{matrix} q[(N+1)(N'+1)+1]^2 \\ 2(N'+1)[(N+1)(N'+1)+1] \end{matrix}\right\}+\begin{matrix} r[(N+1)(N'+1)+1]^2 \\ +(N'+1)\{q[(N+1)(N'+1)+1]+(N'+1)\}. \end{matrix}$$

Soit $N' = 2K+1$. Si, après substitution, on extrait la racine carrée du résultat, on a :

Racine carrée $= [(2N+2)K+2N+3]n+(qN+q+2)K+qN+\frac{3q+5}{2}$,

Reste $= -[(2N+2)K+2N+3]n+A(N+1)^2K^2+\{A(2N^2+5N+3)-(qN+q+2)\}K$
$+A[N^2+3N+\frac{9}{4}]-qN+\frac{6q+9}{4}$.

Reste + racine $= A[(N+1)K+N+1]^2+A[(N+1)K+N+1]+\frac{A+1}{4}$ résultat donné par $\pi_{2r'+1}$.

Soit $N'=2K$, le résultat varie selon l'état [1°] pair, [2°] impair du nombre N.

[1°] Racine carrée $= [(2N+2)K+N+2]n+(qN+q+2)K+\frac{qN}{2}+q+1$.

Reste $= A[(N+1)K+\frac{N}{2}+1]$ résultat donné par $\pi_{2r'+1}$.

[2°] Racine carrée $= [(2N+2)K+N+2]n+(qN+q+2)K+\frac{qN+3}{2}+q$.

Reste + racine $= A\left[(N+1)K+\frac{N+1}{2}\right]^2+A\left[(N+1)K+\frac{N+1}{2}\right]+\frac{A+1}{4}$,
résultat donné par $\pi_{2r'+1}$.

Le théorème est donc démontré, et le résumé général des faits que nous établissons est consigné dans les deux tableaux suivants.

$P_{2r} = \pi_0$

- $\pi_{2r'}$
  - $N'=2K+1$
    - Reste + rac. $= A[(N+1)K+N]^2+A[(N+1)K+N]+\frac{A+1}{4}$,
    - Racine $= A[(2N+2)K+2N+1]n+[qN+q-2]K+qN+\frac{q-3}{2}$.
  - $N'=2K$
    - N nombre pair
      - Reste $= A\left[(N+1)K+\frac{N}{2}\right]^2$,
      - Racine $= [(2N+2)K+N]n+[qN+q-2]K+\frac{qN}{2}-1$.
    - N nombre impair
      - Reste + rac. $= A\left[(N+1)K+\frac{N-1}{2}\right]^2+A\left[(N+1)K+\frac{N-1}{2}\right]+\frac{A+1}{4}$,
      - Racine $= [(2N+2)K+N]n+[(qN+q-2)]K+\frac{qN-1}{2}$.
- $\pi_{2r'+1}$
  - $N'=2K+1$
    - Reste + rac. $= A[(N+1)K+N+1]^2+A[(N+1)K+N+1]+\frac{A+1}{4}$,
    - Racine $= [(2N+2)K+2N+3]n+[qN+q-2]K+qN+3\left(\frac{q-1}{2}\right)$.
  - $N'=2K$
    - N nombre pair
      - Reste $= A[(N+1)K+\frac{N}{2}+1]^2$,
      - Racine $= [(2N+2)K+N+2]n+[qN+q-2]K+\frac{qN}{2}+q-1$.
    - N nombre impair
      - Reste + rac. $= A\left[(N+1)K+\frac{N+1}{2}\right]^2+A\left[(N+1)K+\frac{N+1}{2}\right]+\frac{A+1}{4}$,
      - Racine $= [(2N+2)K+N+2]n+[qN+q-2]K+\frac{q(N+2)-1}{2}$

$P_{2n+1}=\varphi$

- $\varphi_{2n'}$
  - $N'=2K+1$
    - $\text{Reste}+\text{rac.}=A[(N+1)K+N]^2+A[(N+1)K+N]+\frac{A+1}{4}$,
    - $\text{Racine}=[(2N+2)K+2N+1]n+[qN+q+2]K+qN+\frac{q+5}{2}$.
  - $N'=2K$
    - N nombre pair
      - $\text{Reste}=A\left[(N+1)K+\frac{N}{2}\right]^2$,
      - $\text{Racine}=[(2N+2)K+N]n+[qN+q+2]K+\frac{qN}{2}+1$.
    - N nombre impair
      - $\text{Reste}+\text{rac.}=A\left[(N+1)K+\frac{N-1}{2}\right]^2+A\left[(N+1)K+\frac{N-1}{2}\right]+\frac{A+1}{4}$,
      - $\text{Racine}=[(2N+2)K+N]n+[qN+q+2]K+\frac{qN+3}{2}$.
- $\varphi_{2n'+1}$
  - $N'=2K+1$
    - $\text{Reste}+\text{rac.}=A[(N+1)K+N+1]^2+A[(N+1)K+N+1]+\frac{A+1}{4}$.
    - $\text{Racine}=[(2N+2)K+2N+3]n+[qN+q+2]K+qN+\frac{3q+5}{2}$.
  - $N'=2K$
    - N nombre pair
      - $\text{Reste}=A[(N+1)K+\frac{N}{2}+1]^2$,
      - $\text{Racine}=[(2N+2)K+N+2]n+[qN+q+2]K+\frac{qN}{2}+q+1$.
    - N nombre impair
      - $\text{Reste}+\text{rac.}=A\left[(N+1)K+\frac{N+1}{2}\right]^2+A\left[(N+1)K+\frac{N+1}{2}\right]+\frac{A+1}{4}$,
      - $\text{Racine}=[(2N+2)K+N+2]n+[qN+q+2]K+q+\frac{qN+3}{2}$.

Ajoutons à ce tableau les formules suivantes liées à la table primaire, c'est-à-dire le résumé partiel du n° 9.

$N=2K$
$$\text{Reste}+\text{racine}=AK^2+AK+\frac{A+1}{4},$$
$$\text{Racine}=(2K+1)n+qK+\frac{q-1}{2}.$$

$N=2K+1$
$$\text{Reste}=A(K+1)^2,$$
$$\text{Racine}=(2K+2)n+qK+q-1,$$

$N=2K$
$$\text{Reste}+\text{Racine}=AK^2+AK+\frac{A+1}{4},$$
$$\text{Racine}=(2K+1)n+qK+\frac{q+3}{2}.$$

$N=2K+1$
$$\text{Reste}=A(K+1)^2,$$
$$\text{Racine}=(2K+2)n+qK+q+1.$$

13. Nous n'avons exposé qu'une partie du chapitre actuel, il ne nous est donc pas permis d'établir une conclusion générale; néanmoins, si nos explications ont été claires, on peut déjà entrevoir la suite de la route que nous nous proposons de parcourir. Faisons sur l'ensemble précédent quelques remarques, anticipées, il est vrai, par suite incomplètes, mais utiles et peut-être indispensables pour l'intelligence du tableau numérique suivant.

Si, dans les suites générales P_n et P_{n+1} (n° 6, vers la fin), on remplace N successivement par les nombres naturels : 0, 1, 2, 3, 4, etc., chaque substitution créera deux suites horizontales qui, dans les applications, seront des fonctions de la seule lettre n; le résultat de ces substitutions sera la table que nous avons appelée *Table primaire*, et chaque suite, qui est alors composée de termes dénommés *têtes de colonne*, sera l'origine d'une seconde table : or, si, dans chaque suite générale donnée précédemment par le remplacement de N, on substitue successivement à N', c'est-à-dire à K, les nombres naturels 0, 1, 2, 3, etc., le résultat final sera une série de tables dites *Tables secondaires;* et dans l'état actuel de cette théorie, 1° la première série primitive n^2+qn+r contient un nombre indéfini de termes et est l'origine de la table inhérente à cette série; 2° chaque suite horizontale de la table primaire présente, à son tour, un nombre indéfini de termes, est l'origine d'une table sécondaire, et chacun des termes ou nombres entiers de la suite génératrice est tête de colonne; 3° chaque terme ou nombre entier appartenant à l'une des tables précédentes présente, si on extrait la racine carrée qui est une fonction de n, une des deux relations :

$$\text{Reste} = A \,.\, Q^2, \quad \text{Reste} + \text{racine} = A \,.\, H^2 + AH + \frac{A+1}{4},$$

les nombres Q et H étant entiers : ces quantités sont, d'ailleurs, représentées fréquemment par le même nombre, car elles sont invariables, au moins pour deux, et en général pour plusieurs suites horizontales; 4° chaque terme ou nombre appartenant à l'une des tables donne, si on le multiplie par sa tête de colonne, un produit représenté par la formule x^2+qx+r, le nombre x étant entier.

Nous avons donc partagé tous les nombres en deux grandes catégories, * selon que ces nombres appartiennent ou sont étrangers à nos tables; de là

---

* Ce partage provisoire devra être modifié comme il sera dit à la fin du second chapitre.

on peut déduire un premier mode de résolution de l'équation :

$$x^2 + qx + r = P.y$$

dans les conditions précitées.

Étant donnée à résoudre en nombres entiers l'équation

$$x^2 + qx + r = P.y,$$

le nombre q impair; si l'équation proposée est résoluble, le nombre P occupe, en général, une place dans les tables : si donc, dans ce dernier cas, on extrait la racine carrée de ce nombre; si on désigne cette racine par R, et le reste par R_1, on a l'une des deux égalités :

$$R_1 = A.Q^2, \quad R + R_1 = A.H^2 + A.H + \frac{A+1}{4}.$$

La position, jusqu'alors inconnue, du nombre P est complétement déterminée : à l'égalité caractéristique donnée correspondra, en général, une racine fonction de n ; cette racine, égalée à R, donnera à n l'état de nombre entier, et la substitution de ce dernier nombre dans la tête de colonne inhérente à P donnera le facteur T, capable de créer le produit P.T, dont la forme est x^2+qx+r, c'est-à-dire fera connaître une solution de y.

Ce premier et bref aperçu laisse de côté toutes les conditions, soit de limite dans les essais, soit de possibilité de résolution de l'équation proposée; ces recherches nécessaires suivront l'examen des faits relatifs au second chapitre de cette partie; remarquons seulement que, dans l'explication actuelle, nous avons admis comme effectués les remplacements successifs de N, et ensuite de N' ou de K, par la suite naturelle 0, 1, 2, 3, etc. Si, dans le résumé général qui termine le numéro précédent, on opère ces substitutions, le résultat est, comme il a été dit, une représentation de toutes les tables liées à la première série primitive : l'ensemble régularisé donne le tableau suivant :

TABLEAU I.	N=0 N'=0				N= =1				N=2		N=3	
	P_0		P_1		P_2		P_3		P_4	P_5	P_6	P_7
	TÊTE DE COLONNE correspondante à la valeur de n donnée par la racine.		TÊTE DE COLONNE correspondante à la valeur de n donnée par la racine.		TÊTE DE COLONNE correspondante à la vale de n donnée par la cine.		TÊTE DE COLONNE dante à la valeur de n donnée par la racine.		TÊTE DE COLONNE correspondante à la valeur de n donnée par la racine.	TÊTE DE COLONNE correspondante à la valeur de n donnée par la racine.	TÊTE DE COLONNE correspondante à la valeur de n donnée par la racine.	TÊTE DE COLONNE correspondante à la valeur de n donnée par la racine.
	$n^2+qn+\frac{1}{4}r.$		$n^2+(q+2)n+q+1+r.$		$4n^2+(4q-4)n-2q+1+4r.$		$4n^2+(4q+4)n+2q+1+4r.$		$9n^2+(9q-6)n-3q+1+9r.$	$9n^2+(9q+6)n+3q+1+9r.$	$16n^2+(16q-8)n-4q+1+16r.$	$16n^2+(16q+8)n+4q+1+16r.$
	RACINES.		RACINES.		RACINES.		RACINES.		RACINES.	RACINES.	RACINES.	RACINES.
Reste + racine = $\frac{A+1}{4}$	$n+\frac{q-1}{2}$	$n+\frac{q+3}{2}$	$n+\frac{q+5}{2}$		$n+\frac{q-1}{2}$		$n+\frac{q+1}{2}$					
» = $\frac{9A+1}{4}$	$3n+\frac{3q-1}{2}$	$3n+\frac{3q+3}{2}$	$3n+\frac{3q+5}{2}$	$3n+\frac{3q+9}{2}$	$3n+\frac{3q-3}{2}$	$3n+\frac{3q-1}{2}$	$3n+\frac{3q+3}{2}$	$3n+\frac{3q+5}{2}$			$3n+\frac{3q-1}{2}$	$3n+\frac{3q+3}{2}$
» = $\frac{25A+1}{4}$	$5n+\frac{5q-1}{2}$	$5n+\frac{5q+3}{2}$	$5n+\frac{5q+9}{2}$	$5n+\frac{5q+13}{2}$	$5n+\frac{5q-5}{2}$	$5n+\frac{5q-3}{2}$	$5n+\frac{5q+5}{2}$	$5n+\frac{5q+7}{2}$	$5n+\frac{5q-3}{2}$	$5n+\frac{5q+5}{2}$	$5n+\frac{5q-1}{2}$	$5n+\frac{5q+3}{2}$
» = $\frac{49A+1}{4}$	$7n+\frac{7q-1}{2}$	$7n+\frac{7q+3}{2}$	$7n+\frac{7q+13}{2}$	$7n+\frac{7q+17}{2}$	$7n+\frac{7q-7}{2}$	$7n+\frac{7q-5}{2}$	$7n+\frac{7q+7}{2}$	$7n+\frac{7q+9}{2}$	$7n+\frac{7q-3}{2}$	$7n+\frac{7q+5}{2}$	$7n+\frac{7q-3}{2}$	$7n+\frac{7q+5}{2}$
» = $\frac{81A+1}{4}$	$9n+\frac{9q-1}{2}$	$9n+\frac{9q+3}{2}$	$9n+\frac{9q+17}{2}$	$9n+\frac{9q+21}{2}$	$9n+\frac{9q-9}{2}$	$9n+\frac{9q-7}{2}$	$9n+\frac{9q+9}{2}$	$9n+\frac{9q+11}{2}$			$9n+\frac{9q-3}{2}$	$9n+\frac{9q+5}{2}$
» = $\frac{121A+1}{4}$	$11n+\frac{11q-1}{2}$	$11n+\frac{11q+3}{2}$	$11n+\frac{11q+21}{2}$	$11n+\frac{11q+25}{2}$	$11n+\frac{11q-11}{2}$	$11n+\frac{11q+9}{2}$	$11n+\frac{11q+11}{2}$	$11n+\frac{11q+13}{2}$	$11n+\frac{11q-7}{2}$	$11n+\frac{11q+9}{2}$	$11n+\frac{11q-5}{2}$	$11n+\frac{11q+7}{2}$
» = $\frac{169A+1}{4}$	$13n+\frac{13q-1}{2}$	$13n+\frac{13q+3}{2}$	$13n+\frac{13q+25}{2}$	$13n+\frac{13q+29}{2}$	$13n+\frac{13q-13}{2}$	$13n+\frac{13q-11}{2}$	$13n+\frac{13q+13}{2}$	$13n+\frac{13q+15}{2}$	$13n+\frac{13q-7}{2}$	$13n+\frac{13q+9}{2}$	$13n+\frac{13q-5}{2}$	$13n+\frac{13q+7}{2}$
» = $\frac{225A+1}{4}$	$15n+\frac{15q-1}{2}$	$15n+\frac{15q+3}{2}$	$15n+\frac{15q+29}{2}$	$15n+\frac{15q+33}{2}$	$15n+\frac{15q-15}{2}$	$15n+\frac{15q-13}{2}$	$15n+\frac{15q+15}{2}$	$15n+\frac{15q+17}{2}$			$15n+\frac{15q-7}{2}$	$15n+\frac{15q+9}{2}$
» = $\frac{289A+1}{4}$	$17n+\frac{17q-1}{2}$	$17n+\frac{17q+3}{2}$	$17n+\frac{17q+33}{2}$	$17n+\frac{17q+37}{2}$	$17n+\frac{17q-17}{2}$	$17n+\frac{17q-15}{2}$	$7n+\frac{17q+17}{2}$	$17n+\frac{17q+19}{2}$	$17n+\frac{17q-11}{2}$	$17n+\frac{17q+13}{2}$	$17n+\frac{17q-7}{2}$	$17n+\frac{17q+9}{2}$
» = $\frac{361A+1}{4}$	$19n+\frac{19q-1}{2}$	$19n+\frac{19q+3}{2}$	$19n+\frac{19q+37}{2}$	$19n+\frac{19q+41}{2}$	$19n+\frac{19q-19}{2}$	$19n+\frac{19q-17}{2}$	$9n+\frac{19q+19}{2}$	$19n+\frac{19q+21}{2}$	$19n+\frac{19q-11}{2}$	$19n+\frac{19q+13}{2}$		
» = $\frac{441A+1}{4}$	$21n+\frac{21q-1}{2}$	$21n+\frac{21q+3}{2}$	$21n+\frac{21q+41}{2}$	$21n+\frac{21q+45}{2}$	$21n+\frac{21q-21}{2}$	$21n+\frac{21q-19}{2}$	$1n+\frac{21q+21}{2}$	$21n+\frac{21q+23}{2}$				
Reste = A. 1^2	$n+q-1$	$n+q+1$	$n+q+1$	$n+q+3$					$2n+q-1$	$2n+q+1$		
» = A. 2^2	$n+2q-1$	$n+2q+1$	$n+2q+3$	$n+2q+5$					$4n+2q-1$	$4n+2q+1$		
» = A. 3^2	$n+3q-1$	$n+3q+1$	$n+3q+5$	$n+3q+7$								
» = A. 4^2	$n+4q-1$	$n+4q+1$	$n+4q+7$	$n+4q+9$					$8n+4q-3$	$8n+4q+3$		
» = A. 5^2	$n+5q-1$	$n+5q+1$	$n+5q+9$	$n+5q+11$					$10n+5q-3$	$10n+5q+3$		
» = A. 6^2	$n+6q-1$	$n+6q+1$	$n+6q+11$	$n+6q+13$								
» = A. 7^2	$n+7q-1$	$n+7q+1$	$n+7q+13$	$n+7q+15$					$14n+7q-5$	$14n+7q+5$		
» = A. 8^2	$n+8q-1$	$n+8q+1$	$n+8q+15$	$n+8q+17$					$16n+8q-5$	$16n+8q+5$		
» = A. 9^2	$n+9q-1$	$n+9q+1$	$n+9q+17$	$n+9q+19$								
» = A. 10^2	$n+10q-1$	$n+10q+1$	$n+10q+19$	$n+10q+21$								

L'ensemble de ce traité est terminé par divers exemples numériques : une suite de ces exemples est applicable à l'équation

$$x^2+31x+241=P.y;$$

une autre suite est applicable à l'équation

$$x^2+59x+869=P.y.$$

Le nombre P est toujours premier absolu et donne, dans les deux suites, des équations résolubles en nombres entiers : ce nombre P est limité, dans la première suite, par 1 et 1000; dans la seconde suite, par 1000 et 2000; on doit donc, dans le tableau précédent, et à A, q, r, substituer, dans la première suite, les nombres : 3, 31, 241; dans la seconde suite, les nombres -5, 59, 869. Ces substitutions donnent les résultats consignés dans les tableaux [II] et [II *bis*].

Toute équation $x^2+qx+r=P.y$, le nombre q impair, peut être transformée en une autre dans laquelle le coefficient de l'inconnue qui remplace x, est l'unité positive; le désir de conserver à la théorie précédente toute généralité, a dû nous faire éviter cette transformation dont l'examen aura d'ailleurs lieu dans le second chapitre; mais il peut être actuellement utile de montrer que le changement précité : 1° ne complique pas la recherche de l'inconnue; 2° permet toujours de soumettre le terme connu r aux conditions, r nombre positif et inférieur à P, conditions essentielles dans la limitation des essais.

Soit l'équation

$$x^2\pm(2h+1)x\pm r=P.y,$$

si l'on pose $x=u\pm h$, le résultat est

$$u^2\pm u-h^2-h\pm r=P.y.$$

1° Le changement du signe de l'inconnue nouvelle; 2° la diminution d'une unité ou de plusieurs unités dans la valeur de y; de ces modifications employées convenablement, on déduira l'équation finale $X^2+X+k=P.z$; par conséquent, si on opère ces transformations, on devra ensuite et dans le tableau précédent, poser l'égalité $q=+1$; ce changement est si simple que la consignation des résultats nous a paru inutile.

ÉQUATION $x^2+31x+241=P.y$.

TABLEAU AUXILIAIRE (II).	N=0. N'=0.				N=1.				N=2.		N=3.	
	P_0 TÊTE DE COLONNE.		P_1 TÊTE DE COLONNE.		P_2 TÊTE DE COLONNE.		P_3 TÊTE DE COLONNE.		P_4 TÊTE DE COLONNE.	P_5 TÊTE DE COLONNE.	P_6 TÊTE DE COLONNE.	P_7 TÊTE DE COLONNE.
	$n^2+31n+241$		$n^2+33n+273$		$4n^2+120n+903$		$4n^2+128n+1027$		$9n^2+273n+2072$	$9n^2+285n+2263$	$16n^2+288n+3723$	$16n^2+506n+3981$
	Racines.		Racines.		Racines.		Racines.		Racines.	Racines.	Racines.	Racines.
Reste + rac. = 1	$n+15$	$n+17$	$n+18$		$n+16$		$n+17$					
» = 7	$3n+46$	$3n+48$	$3n+49$	$3n+51$	$3n+45$	$3n+46$	$3n+48$	$3n+49$			$3n+46$	$3n+48$
» = 19	$5n+77$	$5n+79$	$5n+82$	$5n+84$	$5n+75$	$5n+76$	$5n+80$	$5n+81$	$5n+76$	$5n+80$	$5n+77$	$5n+79$
» = 37	$7n+108$	$7n+110$	$7n+115$	$7n+117$	$7n+105$	$7n+106$	$7n+112$	$7n+113$	$7n+107$	$7n+111$	$7n+107$	$7n+111$
» = 61	$9n+139$	$9n+141$	$9n+148$	$9n+150$	$9n+135$	$9n+136$	$9n+144$	$9n+145$			$9n+138$	$9n+142$
» = 91	$11n+170$	$11n+172$	$11n+181$	$11n+183$	$11n+165$	$11n+166$	$11n+176$	$11n+177$	$11n+167$	$11n+175$	$11n+168$	$11n+174$
» = 127	$13n+201$	$13n+203$	$13n+214$	$13n+216$	$13n+195$	$13n+196$	$13n+208$	$13n+209$	$13n+198$	$13n+206$	$13n+199$	$13n+205$
» = 169	$15n+232$	$15n+234$	$15n+247$	$15n+249$	$15n+225$	$15n+226$	$15n+240$	$15n+241$			$15n+229$	$15n+237$
» = 217	$17n+263$	$17n+265$	$17n+280$	$17n+282$	$17n+255$	$17n+256$	$17n+272$	$17n+273$	$17n+258$	$17n+270$	$17n+260$	$17n+268$
» = 271	$19n+294$	$19n+296$	$19n+313$	$19n+315$	$19n+285$	$19n+286$	$19n+304$	$19n+305$	$19n+289$	$19n+301$		
» = 331	$21n+325$	$21n+327$	$21n+346$	$21n+348$	$21n+315$	$21n+316$	$21n+336$	$21n+337$				
Reste = 3. 1^2	$2n+30$	$2n+32$	$2n+32$	$2n+34$					$2n+30$	$2n+32$		
» = 3. 2^2	$4n+61$	$4n+63$	$4n+65$	$4n+67$					$4n+61$	$4n+63$		
» = 3. 3^2	$6n+92$	$6n+94$	$6n+98$	$6n+100$								
» = 3. 4^2	$8n+123$	$8n+125$	$8n+131$	$8n+133$					$8n+121$	$8n+127$		
» = 3. 5^2	$10n+154$	$10n+156$	$10n+164$	$10n+166$					$10n+152$	$10n+158$		
» = 3. 6^2	$12n+185$	$12n+187$	$12n+197$	$12n+199$								
» = 3. 7^2	$14n+216$	$14n+218$	$14n+230$	$14n+232$					$14n+212$	$14n+222$		
» = 3. 8^2	$16n+247$	$16n+249$	$16n+263$	$16n+265$					$16n+243$	$16n+253$		
» = 3. 9^2	$18n+278$	$18n+280$	$18n+296$	$18n+298$								
» = 3. 10^2	$20n+309$	$20n+311$	$20n+329$	$20n+331$								

Équation $x^2+59x+869=P.y$.

TABLEAU AUXILIAIRE (II *bis*).	N = 0		N′ = 0		N = 1				N = 2		N = 3	
	P_0 TÊTE DE COLONNE.		P_1 TÊTE DE COLONNE.		P_2 TÊTE DE COLONNE.		P_3 TÊTE DE COLONNE.		P_4 TÊTE DE COLONNE.	P_5 TÊTE DE COLONNE.	P_6 TÊTE DE COLONNE.	P_7 TÊTE DE COLONNE.
	$n^2+59n+869$		$n^2+61n+929$		$4n^2+232n+3359$		$4n^2+240n+3595$		$9n^2+525n+7645$	$9n^2+537n+7999$	$16n^2+936n+13669$	$16n^2+952n+14444$
	Racines.		Racines.		Racines.		Racines.		Racines.	Racines.	Racines.	Racines.
Reste + rac. = − 1	$n+29$	$n+31$	$n+32$		$n+29$		$n+31$					
» = − 11	$3n+88$	$3n+90$	$3n+91$	$3n+93$	$3n+87$	$3n+88$	$3n+90$	$3n+91$			$3n+88$	$3n+90$
» = − 31	$5n+147$	$5n+149$	$5n+152$	$5n+154$	$5n+145$	$5n+146$	$5n+150$	$5n+151$	$5n+146$	$5n+150$	$5n+147$	$5n+149$
» = − 61	$7n+206$	$7n+208$	$7n+213$	$7n+215$	$7n+203$	$7n+204$	$7n+210$	$7n+211$	$7n+205$	$7n+209$	$7n+205$	$7n+209$
» = −101	$9n+265$	$9n+267$	$9n+274$	$9n+276$	$9n+261$	$9n+262$	$9n+270$	$9n+271$			$9n+264$	$9n+268$
» = −151	$11n+324$	$11n+326$	$11n+335$	$11n+337$	$11n+319$	$11n+320$	$11n+330$	$11n+331$	$11n+321$	$11n+329$	$11n+322$	$11n+328$
» = −211	$13n+383$	$13n+385$	$13n+396$	$13n+398$	$13n+377$	$13n+378$	$13n+390$	$13n+391$	$13n+380$	$13n+388$	$13n+384$	$13n+387$
» = −281	$15n+442$	$15n+444$	$15n+457$	$15n+459$							$15n+439$	$15n+447$
» = −361	$17n+501$	$17n+503$	$17n+518$	$17n+520$					$17n+496$	$17n+508$	$17n+498$	$17n+506$
» = −451	$19n+560$	$19n+502$	$19n+579$	$19n+581$					$19n+555$	$19n+567$		
» = −551	$21n+619$	$21n+621$	$21n+640$	$21n+642$								
Reste = − 5. 1^2	$2n+58$	$2n+60$	$2n+60$	$2n+62$					$2n+58$	$2n+60$		
» = − 5. 2^2	$4n+117$	$4n+119$	$4n+121$	$4n+123$					$4n+117$	$4n+119$		
» = − 5. 3^2	$6n+176$	$6n+178$	$6n+182$	$6n+184$								
» = − 5. 4^2	$8n+235$	$8n+237$	$8n+243$	$8n+245$					$8n+233$	$8n+239$		
» = − 5. 5^2	$10n+294$	$10n+296$	$10n+304$	$10n+306$					$10n+292$	$10n+298$		
» = − 5. 6^2	$12n+353$	$12n+355$	$12n+365$	$12n+367$								
» = − 5. 7^2	$14n+412$	$14n+414$	$14n+426$	$14n+428$					$14n+408$	$14n+418$		
» = − 5. 8^2	$16n+474$	$16n+473$	$16n+487$	$16n+489$					$16n+467$	$16n+477$		
» = − 5. 9^2	$18n+530$	$18n+532$	$18n+548$	$18n+550$								
» = − 5. 10^2	$20n+589$	$20n+591$	$20n+609$	$20n+611$								

CHAPITRE II.

14. Nous avons exposé les principales circonstances que présente l'étude des relations qui existent entre les nombres déduits de la première série primitive et l'équation $x^2+qx+r=P.y$. Les relations, avec la même équation, des nombres déduits de la seconde série, sont analogues. Considérons la seconde des deux séries primitives :

$$\frac{4r-q^2+1}{4},\quad 4r-q^2+4r-q^2+\frac{4r-q^2}{4},\quad 4(4r-q^2)+2(4r-q^2)+\frac{4r-q^2}{4},$$
$$\ldots\quad \text{Terme général : } n^2(4r-q^2)+n(4r-q^2)+\frac{4r-q^2}{4},$$

série que nous représenterons par ${}_0P$, ${}_1P$, ${}_2P$, ..., ${}_{s-1}P$, ${}_{s-1}P$; et si nous désignons par h, s, $2t$ des nombres dont les relations avec chaque terme de cette suite sont actuellement bien connues, on a :

$$P.h=x(x+q)+r,$$
$$P(h+s)=(P-x)(P-x-q)+r,$$
$$P(h+s+2t)=(P+x)(P+x+q)+r;$$

de là on déduit :

$$s+t=P,\quad t=2x+q,\quad t^2+4r-q^2=4Ph,$$

ou si, comme précédemment, on pose $4r-q^2=A$, et par conséquent $h=A$, la suite primitive qui nous occupe prend la forme

$$\frac{A+1}{4},\quad \frac{9A+1}{4},\quad \frac{25A+1}{4},\quad \frac{49A+1}{4},\ \ldots,\ \frac{(2n+1)^2A+1}{4},$$

et les suites horizontales de la nouvelle table primaire sont représentées par les formules :

$$P_{2n}=\left(An^2+An+\frac{A+1}{4}\right)(N+1)^2-A(2n+1)(N+1)+A,$$

$$P_{2n+1}=\left(An^2+An+\frac{A+1}{4}\right)(N+1)^2+A(2n+1)(N+1)+A.$$

15. Théorème. Chaque nombre de l'une des suites horizontales P_{2n} et P_{2n+1}, c'est-à-dire tout nombre appartenant à la table primaire, donne, si on le multiplie par sa *tête de colonne*, un produit dont la forme est x^2+qx+r, le nombre r étant entier. La tête de colonne est $An^2+An+\frac{A+1}{4}$; on a donc :

$$P_{2n}.P=\left[\left(An^2+An+\frac{A+1}{4}\right)(N+1)^2-A(2n+1)(N+1)+A\right]\left(An^2+An+\frac{A+1}{4}\right),$$

$$P_{2n+1}.P=\left[\left(An^2+An+\frac{A+1}{4}\right)(N+1)^2+A(2n+1)(N+1)+A\right]\left(An^2+An+\frac{A+1}{4}\right);$$

ou

$$P_{2n}.P=\left[\left(An^2+An+\frac{A+1}{4}\right)(N+1)-An-\frac{A+1}{2}\right]^2+\left[\left(An^2+An+\frac{A+1}{4}\right)(N+1)-An-\frac{A+1}{2}\right]+\frac{A+1}{4},$$

$$P_{2n+1}.P=\left[\left(An^2+An+\frac{A+1}{4}\right)(N+1)+An-\frac{A-1}{2}\right]^2+\left[\left(An^2+An+\frac{A+1}{4}\right)(N+1)+An+\frac{A-1}{2}\right]+\frac{A+1}{4}.$$

Ainsi, dans les deux cas, le reste est égal à la racine augmentée de $\frac{A+1}{4}$; par conséquent (Lemme n° 3) le théorème énoncé est exact.

16. Théorème. Si, après l'addition d'un nombre entier convenable $\pm G$, nombre qui peut être nul, c'est-à-dire si, après avoir rendu exactement divisible, et après avoir divisé par A, un nombre quelconque de la table primaire, on extrait la racine carrée du quotient exact entier obtenu, cette racine et le reste présenteront l'une des deux relations suivantes :

1re relation : Reste donné par P_n = reste donné par P_{n+1} *.

Ces restes, indépendants de la lettre n, par conséquent invariables, au moins pour deux suites horizontales consécutives, sont représentés par la formule

---

* La notation $P_n P_{n+1}$ évite l'emploi d'une périphrase, mais il est essentiel de rappeler que les nombres représentés par P_n et par P_{n+1} doivent, avant l'extraction de la racine carrée, être modifiés comme il est dit dans l'énoncé du théorème ; cette modification devra toujours avoir lieu de la même manière ; en d'autres termes, le signe du nombre G est d'abord arbitraire, mais le choix fait sera maintenu dans l'ensemble des essais pratiques indiqués plus loin. Cette note régularise la notation adoptée dans le résumé partiel qui termine le numéro actuel du texte.

$\frac{Q^2 \pm G}{A}$, c'est-à-dire par le carré exact entier qui était donné dans le cas analogue du chapitre précédent ; mais dans le chapitre actuel, ce carré Q^2 est non multiplié ; il est rendu divisible et est divisé par le nombre A.

2e relation : Reste + racine de P_{n} = reste + racine de P_{n+1}.

Ces sommes, indépendantes de la lettre n, par conséquent invariables, au moins pour deux suites horizontales consécutives, sont toutes représentées par la formule $\frac{H^2+qH+r\pm G}{A}$, c'est-à-dire par un nombre appartenant à la première série primitive, ce nombre étant toutefois *rendu divisible* et *étant divisé* par A. Nous donnerons les points principaux du calcul.

$$P_{n}=\left(An^2+An+\frac{A+1}{4}\right)(N+1)^2-A(2n+1)(N+1)+A.$$

Si, après l'addition d'un nombre entier convenable G, on divise par A ; si on ordonne le quotient selon la lettre n, on a :

$$(N+1)^2n^2+(N^2-1)n+\frac{\frac{A+1}{4}(N+1)^2+A(N+2)\pm G}{A}.$$

Or,

1er Cas. Si $N=2K+1$, le nombre est égal à

$$[(2K+2)n+K]+\frac{(K+1)^2\pm G}{A}.$$

2e Cas. Si $N=2K$, le nombre est égal à

$$[(2K+1)n+K+2]-[(2K+1)n+K]+\tfrac{1}{4}+\frac{K^2+K+\frac{1}{4}\pm G}{A}.$$

$$P_{n+1}=\left(An^2+An+\frac{A+1}{4}\right)(N+1)^2+A(2n+1)(N+1)+A.$$

Si, après l'addition d'un nombre entier convenable G, on divise par A ; si on ordonne le quotient selon la lettre n, on a

$$(N+1)^2n^2+(N^2+4N+3)n+\frac{\frac{A+1}{4}(N+1)^2+A(N+2)\pm G}{A};$$

or :

1er Cas. Si $N=2K+1$, le nombre est égal à

$$[(2K+2)n+K+2]+\frac{(K+1)^2\pm G}{A}.$$

2e Cas. Si $N=2K$, le nombre est égal à

$$[(2K+1)n+K+2]-[(2K+1)n+K+2]+\tfrac{1}{4}+\frac{K^2+K+\frac{1}{4}\pm G}{A}.$$

Les cas premiers n'ont pas besoin d'explications; dans les cas seconds, l'examen des restes prouve l'exactitude de l'égalité

$$\text{Reste}+\text{racine}:=\frac{\left(K-\frac{q-1}{2}\right)^2+q\left(K-\frac{q-1}{2}\right)+r\pm G}{A};$$

Le théorème est donc démontré, et on a le résumé partiel suivant :

$$N=2K \quad \begin{cases} \text{Reste}+\text{racine}:=\left(K-\frac{q-1}{2}\right)^2+q\left(K-\frac{q-1}{2}\right)+r, \\ \text{Racine}=(2K+1)n+K; \end{cases}$$

$$N=2K+1 \quad \begin{cases} \text{Reste}=(K+1)^2, \\ \text{Racine}=(2K+2)n+K; \end{cases}$$

$$N=2K \quad \begin{cases} \text{Reste}+\text{racine}:=\left(K-\frac{q-1}{2}\right)^2+q\left(K-\frac{q-1}{2}\right)+r, \\ \text{Racine}=(2K+1)n+K+2; \end{cases}$$

$$N=2K+1 \quad \begin{cases} \text{Reste}=(K+1)^2, \\ \text{Racine}=(2K+2)n+K+2. \end{cases}$$

17. Les observations que nous avons faites dans la partie analogue du chapitre précédent, sont applicables à notre étude actuelle : les nombres qui constituent la nouvelle table primaire sont des coefficients de y dans l'équation $x^2+qx+r=P.y$. Cette table est sans limite; néanmoins l'ascension des nombres qu'elle contient est assez rapide; ces nombres ne sont que des cas particuliers dans cet ensemble de coefficients, qui sont, sauf les impossibilités, complétement arbitraires. Est-il nécessaire de remarquer que notre route est tracée? Les séries horizontales qui constituent la nouvelle table primaire peuvent-elles avoir le rôle de têtes de colonnes, et créer ainsi des tables secondaires? Examinons. Les suites P_{2n} et P_{2n+1} constituant deux nouvelles séries premières, séries que nous désignerons par π et φ : si on désigne 1° par s_1, t_1, h_1, pour π; 2° par s_2, t_2, h_2 pour φ, des nombres dont les relations avec π et φ ont été indiquées n° 4, on a :

$$\pi_{2n'} = \pi_0(N'+1)^2 - t_1(N'+1) + h_1,$$

$$\pi_{2n'+1} = \pi_0(N'+1)^2 + t_1(N'+1) + h_1,$$

$$\varphi_{2n'} = \varphi_0(N'+1)^2 - t_2(N'+1) + h_2,$$

$$\varphi_{2n'+1} = \varphi_0(N'+1)^2 + t_2(N'+1) + h_2.$$

Le nombre par lequel on doit multiplier chaque terme, soit de la suite $P_{2n} = \pi_0$, soit de la suite $P_{2n+1} = \varphi_0$, est représenté par la formule

$$An^2 + An + \frac{A+1}{4}.$$

Les raisonnements faits dans les circonstances analogues (n° 4) donnent les relations qui existent entre t_1 et s_1 d'une part, t_2 et s_2 de l'autre; on a ainsi les égalités :

$$h_1 = h_2 = An^2 + An + \frac{A+1}{4},$$

$$s_1 + t_1 = \pi_0,$$

$$(t_1)^2 + A = 4\pi_0 h_1,$$

$$s_2 + t_2 = \varphi_0,$$

$$(t_2)^2 + A = 4\varphi_0 h_2.$$

Si de ces dernières égalités on déduit les valeurs de t_1, t_2, les résultats sont :

$$t_1 = 2A(N+1)n^2 + 2ANn + \frac{A+1}{2}(N+1) - A,$$

$$t_2 = 2A(N+1)n^2 + 2A(N+2)n + \frac{A+1}{2}(N+1) + A.$$

On a ainsi tous les éléments nécessaires pour le calcul des formules qui représentent les suites : $\pi_{2n'}$, $\pi_{2n'+1}$, $\varphi_{2n'}$, $\varphi_{2n'+1}$.

Ces formules sont :

$$\pi_{2r'} = \left[\left(An^2 + An + \frac{A+1}{4}\right)(N+1)^2 - A(2n+1)(N+1) + A\right](N'+1)^2$$
$$- [2A(N+1)n^2 + 2ANn + \frac{A+1}{2}(N+1) - A](N'+1) + An^2 + An + \frac{A+1}{4},$$

$$\pi_{2r'+1} = \left[\left(An^2 + An + \frac{A+1}{4}\right)(N+1)^2 - A(2n+1)(N+1) + A\right](N'+1)^2$$
$$+ [2A(N+1)n^2 + 2ANn + \frac{A+1}{2}(N+1) - A](N'+1) + An^2 + An + \frac{A+1}{4}.$$

$$\varphi_{2r'} = \left[\left(An^2 + An + \frac{A+1}{4}\right)(N+1)^2 + A(2n+1)(N+1) + A\right](N'+1)^2$$
$$- [2A(N+1)n^2 + 2A(N+2)n + \frac{A+1}{2}(N+1) + A](N'+1) + An^2 + An + \frac{A+1}{4}.$$

$$\varphi_{2r'+1} = \left[\left(An^2 + An + \frac{A+1}{4}\right)(N+1) + A(2n+1)(N+1) + A\right](N'+1)^2$$
$$+ [2A(N+1)n^2 + 2A(N+2)n + \frac{A+1}{2}(N+1) + A](N'+1) + An^2 + An + \frac{A+1}{4}.$$

Ces formules ordonnées selon la lettre n sont :

$$\pi_{2r'} = A[(N+1)(N'+1) - 1]^2 n^2 + [A(N^2-1)(N'+1)^2 - A(2N)(N'+1)]n$$
$$+ \frac{A+1}{4}[(N+1)(N'+1) - 1]^2 - A(N'+1)[(N+1)(N'+1) - (N'+2)],$$

$$\pi_{2r'+1} = A[(N+1)(N'+1) + 1]^2 n^2 + [A(N^2-1)(N'+1)^2 + A(2N)(N'+1)]n$$
$$+ \frac{A+1}{4}[(N+1)(N'+1) + 1]^2 - A(N'+1)[(N+1)(N'+1) - N'].$$

$$\varphi_{2r'} = A[(N+1)(N'+1) - 1]^2 n^2 + [A(N^2+4N+3)(N'+1)^2 - A(2N+4)(N'+1)]n$$
$$+ \frac{A+1}{4}[(N+1)(N'+1) - 1]^2 + A(N'+1)[(N+1)(N'+1) + N'],$$

$$\varphi_{2r'+1} = A[(N+1)(N'+1) + 1]^2 n^2 + [A(N^2+4N+3)(N'+1)^2 + A(2N+4)(N'+1)]n$$
$$+ \frac{A+1}{4}[(N+1)(N'+1) + 1]^2 + A(N'+1)[(N+1)(N'+1) + (N'+2)].$$

18. Théorème. Chaque nombre appartenant aux suites horizontales : $\pi_{2r'}$,

$\pi_{2\nu'+1}$, $\varphi_{2\nu'}$, $\varphi_{2\nu'+1}$, donne, si on le multiplie par la tête de colonne correspondante π_0, φ_0, un produit dont la forme est x^2+qx+r, le nombre x étant entier. Donnons seulement les principaux points d'un calcul plus long que difficile.

$$\pi_{2\nu'}\cdot\pi_0 \text{ donne } \begin{cases} \text{Racine} = \{A[(N+1)(N'+1)-1](N+1)\}n^2+[A(N^2-1)(N'+1)-AN]n \\ \quad +\frac{A+1}{4}(N+1)[(N+1)(N'+1)]-AN(N'+1)-\frac{A+1}{4}(N-1)-1, \\ \text{Reste} = \{A[(N+1)(N'+1)-1](N+1)\}n^2+[A(N^2-1)(N'+1)-AN]n \\ \quad +\frac{A+1}{4}(N+1)[(N+1)(N'+1)]-AN(N'+1)-\frac{A+1}{4}(N-1)-1+\frac{A+1}{4}. \end{cases}$$

$$\pi_{2\nu'+1}\cdot\pi_0 \text{ donne } \begin{cases} \text{Racine} = \{A[(N+1)(N'+1)+1](N+1)\}n^2+[A(N^2-1)(N'+1)+AN]n \\ \quad +\frac{A+1}{4}(N+1)[(N+1)(N'+1)]-AN(N'+1)+\frac{A+1}{4}(N-1), \\ \text{Reste} = \{A[(N+1)(N'+1)+1](N+1)\}n^2+[A(N^2-1)(N'+1)+AN]n \\ \quad +\frac{A+1}{4}(N+1)[(N+1)(N'+1)]-AN(N'+1)+\frac{A+1}{4}(N-1)+\frac{A+1}{4}. \end{cases}$$

$$\varphi_{2\nu'}\cdot\varphi_0 \text{ donne } \begin{cases} \text{Racine} = \{A[(N+1)(N'+1)-1](N+1)\}n^2+[A(N^2+4N+3)(N'+1)-A(N+2)]n \\ \quad +\frac{A+1}{4}(N+1)[(N+1)(N'+1)-1]+A(N+2)(N'+1)-\frac{A+1}{2}. \\ \text{Reste} = \{A[(N+1)(N'+1)-1](N+1)\}n^2+[A(N^2+4N+3)(N'+1)-A(N+2)]n \\ \quad +\frac{A+1}{4}(N+1)[(N+1)(N'+1)-1]+A(N+2)(N'+1)-\frac{A+1}{2}+\frac{A+1}{4}. \end{cases}$$

$$\varphi_{2\nu'+1}\cdot\varphi_0 \text{ donne } \begin{cases} \text{Racine} = \{A[(N+1)(N'+1)+1](N+1)\}n^2+[A(N^2+4N+3)(N'+1)+A(N+2)]n \\ \quad +\frac{A+1}{4}(N+1)[(N+1)(N'+1)+1]+A(N+2)(N'+1)+\frac{A+1}{2}, \\ \text{Reste} = \{A(N+1)(N'+1)+1](N+1)\}n^2+[A(N^2+4N+3)(N'+1)+A(N+2)]n \\ \quad +\frac{A+1}{4}(N+1)[(N+1)(N'+1)+1]+A(N+2)(N'+1)+\frac{A+1}{2}+\frac{A+1}{4}. \end{cases}$$

Dans chacune de ces extractions de racines carrées, le reste diffère de la racine; la différence est $\frac{A+1}{4}$; donc (lemme n° 3), le théorème énoncé est exact.

19. Théorème. Si, après l'addition d'un nombre convenable $\pm G$, c'est-à-dire si, après avoir rendu divisible et après avoir divisé par A un nombre appartenant à l'une des séries $\pi_{2n'}$, $\pi_{2n'+1}$, $\varphi_{2n'}$, $\varphi_{2n'+1}$, on extrait la racine carrée du quotient exact entier obtenu, cette racine et le reste précédent présentent l'une des relations suivantes :

$$1^{\text{re}} \text{ relation : } \begin{cases} \text{Reste donné par } \pi_{2n'} = \text{Reste donné par } \pi_{2n'+1}, \\ \text{Reste donné par } \varphi_{2n'} = \text{Reste donné par } \varphi_{2n'+1}. \end{cases}$$

Ces restes, indépendants de la lettre n, et par suite invariables, au moins pour deux suites horizontales, sont tous représentés par la formule $\frac{Q^2 \pm G}{A}$, c'est-à-dire par le carré exact entier qui était dans le cas analogue du chapitre précédent; mais dans le chapitre actuel, ce carré est non multiplié; il est rendu divisible et il est divisé par le nombre A.

$$2^{\text{e}} \text{ relation : } \begin{cases} \text{Reste} + \text{racine de } \pi_{2n'} = \text{Reste} + \text{racine de } \pi_{2n'+1} \\ \text{Reste} + \text{racine de } \varphi_{2n'} = \text{Reste} + \text{racine de } \varphi_{2n'+1}. \end{cases}$$

Ces nombres, indépendants de la lettre n, par suite invariables, au moins pour deux suites horizontales consécutives, sont tous représentés par la formule $\frac{B^2 + qB + r \pm G}{A}$, c'est-à-dire par un nombre de la première série primitive, ce nombre étant rendu divisible et étant divisé par A. Dans le calcul suivant, qui prouve l'exactitude du théorème énoncé, l'addition du nombre G n'étant pas essentielle au début, cette lettre, supprimée d'abord, doit être remise vers la fin; en d'autres termes, on devra rendre divisible et diviser par A le premier reste final obtenu.

1

1er Cas. La formule qui représente $\pi_{2n'}$ (n° **17**, vers la fin) donne, si on la divise par A :

$$\frac{\pi_{2n'} \pm G}{A} = [(N+1)(N'+1)-1]^2 n^2 + [(N^2-1)(N'+1)^2 - 2N(N'+1)+1]n$$
$$+ \frac{\frac{A+1}{4}[(N+1)(N'+1)-1]^2 - A(N'+1)[(N+1)(N'+1)-(N'+2)]}{A}.$$

Soit $N' = 2K + 1$ on a Racine carrée $= [(2N + 2)K + 2N + 1]n + (N - 1)K + N - 1$,

$$\text{Reste} + \text{racine} = \left[K(N+1) + N - \frac{q-1}{2}\right]^2 + q\left[K(N+1) + N - \frac{q-1}{2}\right] + r^*.$$

Soit $N' = 2K$, le résultat varie selon l'état 1° pair, 2° impair du nombre N :

1° Racine carrée $= [(2N + 2)K + N]n + (N - 1)K + \frac{N}{2} - 1$

$$\text{Reste} = \left[K(N+1) + \frac{N}{2}\right]^2.$$

2° Racine carrée $= [(2N + 2)K + N]n + (N - 1)K + \frac{N+1}{2}$,

$$\text{Reste} + \text{racine} = \left[K(N+1) + \frac{N-q}{2}\right]^2 + q\left[K(N+1) + \frac{N-q}{2}\right] + r.$$

2e Cas. La formule qui représente $\pi_{2N'+1}$ donne, si on la divise par A :

$$\frac{\pi_{2N'+1} \pm G}{A} = [(N+1)(N'+1)+1]^2 n^2 + [(N^2-1)(N'+1)^2 + 2N(N'+1) + 1]n$$
$$+ \frac{\frac{A+1}{4}[(N+1)(N'+1)+1]^2 - A(N'+1)[(N+1)(N'+1) - N']}{A},$$

Soit $N' = 2K + 1$, on a Racine carrée $= [(2N + 2)K + 2N + 3]n + (N - 1)K + N$,

$$\text{Reste} + \text{racine} = \left[K(N+1) + N + \frac{3-q}{2}\right]^2 + q\left[K(N+1) + N + \frac{3-q}{2}\right] + r.$$

Soit $N' = 2K$, le résultat varie selon l'état 1° pair, 2° impair du nombre N :

1° Racine carrée $= [(2N + 2)K + N + 2]n + (N - 1)K + \frac{N}{2}$,

$$\text{Reste} = [K(N+1) + \frac{N}{2} + 1]^2.$$

2° Racine carrée $= [(2N + 2)K + N + 2]n + (N - 1)K + \frac{N+1}{2}$,

$$\text{Reste} + \text{racine} = \left[K(N+1) + \frac{N+2-q}{2}\right]^2 + q\left[K(N+1) + \frac{N+2-q}{2}\right] + r.$$

---

* Les nombres, reste, racine + reste, doivent être rendus divisibles et être divisés par A.

3ᵉ Cas. La formule qui représente $\varphi_{2N'}$ donne, si on la divise par A :

$$\frac{\varphi_{2N'}\pm G}{A}=[(N+1)(N'+1)-1]n^2+[(N^2+4N+3)(N'+1)^2-2(N+2)(N'+1)+1]n^2$$
$$+\frac{\frac{A+1}{4}[(N+1)(N'+1)-1]^2+A(N'+1)[(N+1)(N'+1)+N']}{A},$$

Soit $N'=2K+1$ on a, Racine carrée $=[(2N+2)K+2N+1]n+(N+3)K+N+3$,

$$\text{Reste}+\text{racine}=\left[K(N+1)+N-\frac{q-1}{2}\right]^2+q\left[K(N+1)+N-\frac{q-1}{2}\right]+r.$$

Soit $N'=2K$, le résultat varie selon l'état 1° pair, 2° impair du nombre N :

1° Racine carrée $=[(2N+2)K+N]n+(N+3)K+\frac{N}{2}+1$,

$$\text{Reste}=\left[K(N+1)+\frac{N}{2}\right]^2 \text{*}.$$

2° Racine carrée $=[(2N+2)K+N]n+(N+3)K+\frac{N+3}{2}$,

$$\text{Reste}+\text{racine}=\left[K(N+1)+\frac{N-q}{2}\right]^2+q\left[K(N+1)+\frac{N-q}{2}\right]+r.$$

4ᵉ Cas. La formule qui représente $\varphi_{2N'+1}$ donne, si on la divise par A :

$$\frac{\varphi_{2N'+1}\pm G}{A}=[(N+1)(N'+1)+1]^2n^2+[(N^2+4N+3)(N'+1)^2+2(N+2)(N'+1)+1]n$$
$$+\frac{\frac{A+1}{4}[(N+1)(N'+1)+1]^2+A(N'+1)[(N+1)(N'+1)+N'+2]}{A},$$

Soit $N'=2K+1$, on a Racine carrée $=[(2N+2)K+2N+3]n+(N+3)K+N+4$,

$$\text{Reste}+\text{racine}=\left[K(N+1)+N+\frac{3-q}{2}\right]^2+q\left[K(N+1)+N+\frac{3-q}{2}\right]+r.$$

---

* Les nombres Reste + racine et Reste donnés dans les deux derniers cas, sont égaux à ceux qui ont été donnés dans les circonstances analogues liées aux deux premiers cas.

Soit $N' = 2K$, le résultat varie selon l'état 1° pair, 2° impair du nombre N :

1° $$\text{Racine carrée} = [(2N+2)K + N + 2]n + (N+3)K + \frac{N}{2} + 2,$$

$$\text{Reste} = \left[K(N+1) + \frac{N}{2} + 1\right]^2.$$

2° $$\text{Racine carrée} = [(2N+2)K + N + 2]n + (N+3)K + \frac{N+5}{2},$$

$$\text{Reste} + \text{racine} = \left[K(N+1) + \frac{N+2-q}{2}\right]^2 + q\left[K(N+1) + \frac{N+2-q}{2}\right] + r$$

Le résumé général relatif aux principes actuels est consigné dans le tableau suivant .

$P_{2n} = \pi_0$

- $\pi_{2n'}$
  - $N' = 2K+1$
    - $$\text{Reste} + \text{racine} = \left[K(N+1) + N - \frac{q-1}{2}\right]^2 + q\left[K(N+1) + N - \frac{q-1}{2}\right] + r,$$
    - $$\text{Racine} = [(2N+2)K + 2N + 1]n + (N-1)K + N - 1.$$
  - $N' = 2K$
    - N nombre pair.
      - $$\text{Reste} = \left[K(N+1) + \frac{N}{2}\right]^2,$$
      - $$\text{Racine} = [(2N+2)K + N]n + (N-1)K + \frac{N}{2} - 1.$$
    - N nombre impair.
      - $$\text{Reste} + \text{racine} = \left[K(N+1) + \frac{N-q}{2}\right]^2 + q\left[K(N+1) + \frac{N-q}{2}\right] + r$$
      - $$\text{Racine} = [(2N+2)K + N]n + (N-1)K + \frac{N-1}{2}.$$
- $\pi_{2n'+1}$
  - $N' = 2K+1$
    - $$\text{Reste} + \text{racine} = \left[K(N+1) + N + \frac{3-q}{2}\right]^2 + q\left[K(N+1) + N + \frac{3-q}{2}\right] + r,$$
    - $$\text{Racine} = [(2N+2)K + 2N + 3]n + (N-1)K + N.$$
  - $N' = 2K$
    - N nombre pair.
      - $$\text{Reste} = \left[K(N+1) + \frac{N}{2} + 1\right]^2,$$
      - $$\text{Racine} = [(2N+2)K + N + 2]n + (N-1)K + \frac{N}{2}.$$
    - N nombre impair.
      - $$\text{Reste} + \text{racine} = \left[K(N+1) + \frac{N+2-q}{2}\right]^2 + q\left[K(N+1) + \frac{N+2-q}{2}\right] + r,$$
      - $$\text{Racine} = [(2N+2)K + N + 2]n + (N-1)K + \frac{N+1}{2}.$$

$P_{2n+1}=\varphi_0$

- $\varphi_{2n'}$
  - $N'=2K+1$
    $$\text{Reste}+\text{racine}=\left[K(N+1)+N-\frac{q-1}{2}\right]^2+q\left[K(N+1)+N-\frac{q-1}{2}\right]+r,$$
    $$\text{Racine}=[(2N+2)K+2N+1]n+(N+3)K+N+3.$$
  - $N'=2K$
    - N nombre pair.
      $$\text{Reste}=\left[K(N+1)+\frac{N}{2}\right]^2,$$
      $$\text{Racine}=[(2N+2)K+N]n+(N+3)K+\frac{N}{2}+1.$$
    - N nombre impair.
      $$\text{Reste}+\text{racine}=\left[K(N+1)+\frac{N-q}{2}\right]^2+q\left[K(N+1)+\frac{N-q}{2}\right]+r,$$
      $$\text{Racine}=[(2N+2)K+N]n+(N+3)K+\frac{N+3}{2}.$$
- $\varphi_{2n'+1}$
  - $N'=2K+1$
    $$\text{Reste}+\text{racine}=\left[K(N+1)+N+\frac{3-q}{2}\right]^2+q\left[K(N+1)+N+\frac{3-q}{2}\right]+r,$$
    $$\text{Racine}=[(2N+2)K+2N+3]n+(N+3)K+N+4.$$
  - $N'=2K$
    - N nombre pair.
      $$\text{Reste}=[K(N+1)+\frac{N}{2}+1]^2,$$
      $$\text{Racine}=[(2N+2)K+N+2]n+(N+3)K+\frac{N}{2}+2.$$
    - N nombre impair.
      $$\text{Reste}+\text{racine}=\left[K(N+1)+\frac{N+2-q}{2}\right]^2+q\left[K(N+1)+\frac{N+2-q}{2}\right]+r,$$
      $$\text{Racine}=[(2N+2)K+N+2]n+(N+3)K+\frac{N+5}{2}.$$

Ajoutons à ce tableau les formules suivantes, liées à la table primaire, c'est-à-dire le résumé partiel n° 16.

$N=2K$
$$\text{Reste}+\text{racine}=\left[K-\frac{q-1}{2}\right]^2+q\left[K-\frac{q-1}{2}\right]+r$$
$$\text{Racine}=(2K+1)n+K;$$

$N=2K+1$
$$\text{Reste}=(K+1)^2$$
$$\text{Racine}=(2K+2)n+K$$

$N=2K$
$$\text{Reste}+\text{racine}=\left[K-\frac{q-1}{2}\right]^2+q\left[K-\frac{q-1}{2}+r\right]$$
$$\text{Racine}=(2K+1)n+K+2;$$

$N=2K+1$
$$\text{Reste}=(K+1)^2$$
$$\text{Racine}=(2K+2)n+K+2.$$

Nos remarques sur le tableau qui termine le chapitre précédent sont applicables au tableau actuel. Substituons d'abord, et successivement, à N les nombres 1, 2, 3, 4, etc.; faisons ensuite la même substitution pour N′ : les résultats numériques sont consignés dans le tableau III suivant; or, ces résultats montrent que les racines carrées fonctions de n sont indépendantes des lettres q et r; cette circonstance nous a permis de réunir en un seul tableau les trois résumés relatifs aux équations

$$x^2+qx+r=P.y,$$

$$x^2+x+r=P.y,$$

$$x^2+31x+241=P.y,$$

c'est-à-dire les tableaux III, IV, V.

Observation. La fin du paragraphe précédent constate que les racines carrées sont des fonctions de n et sont indépendantes des lettres q et r, mais il est certain que cette indépendance pouvait être indiquée dans les premiers développements du chapitre actuel : remarquons, en effet, que dans les expressions 1° principales P_{2n}, P_{2n+1}, 2° secondaires $\pi_{2n'}$, $\pi_{2n'+1}$, $\varphi_{2n'}$, $\varphi_{2n'+1}$, les coefficients des lettres n^2 et n sont des fonctions de q et de r, mais fonctions telles, que les nombres q et r entrent exclusivement sous la forme $4r-q^2=A$, lequel nombre A est multiplicateur dans les deux circonstances; multiplicateur 1° d'un carré exact entier H^2 pour le terme fonction de n^2; 2° d'un nombre entier L pour le terme fonction de n; or les nombres P_{2n}, P_{2n+1}, $\pi_{2n'}$, $\pi_{2n'+1}$, $\varphi_{2n'}$, $\varphi_{2n'+1}$ doivent, avant toute extraction de racine carrée, être rendus divisibles et être divisés par A (n° **16** et n° **19**); par conséquent les résultats, qui subissent ensuite l'extraction précitée, ont la forme générale H^2n^2+Ln+M, les termes H^2 et L étant indépendants des lettres q et r, la racine carrée de ces résultats, aura donc la forme $Hn+V$, le nombre V étant le quotient exact entier donné par l'expression $\frac{L}{2H}$

	N=0	N=0	N=1	N=1	N=2	N=2
	P_0	P_1	P_2	P_3	P_4	P_5
TABLEAU III. Équation générale $x^2+qx+r=P.y$	TÊTE DE COLONNE. $An^2+An+\frac{A+1}{4}$	TÊTE DE COLONNE. $An^2+3An+\frac{9A+1}{4}$	TÊTE DE COLONNE. $4An^2+1$	TÊTE DE COLONNE. $4An^2+8An+4A+1$	TÊTE DE COLONNE. $9An^2+3An+\frac{A+9}{4}$	TÊTE DE COLONNE. $9An^2+15An+\frac{25A+9}{4}$
TABLEAU IV. Équation $x^2+x+r=P.y$ $q=1$	TÊTE DE COLONNE. $(4r-1)n^2+(4r-1)n$	TÊTE DE COLONNE. $(4r-1)n^2+3(4r-1)n+r+2$	TÊTE DE COLONNE. $4(4r-1)n^2+1$	TÊTE DE COLONNE. $4(4r-1)n^2+8(4r-1)n+16r-3$	TÊTE DE COLONNE. $9(4r-1)n^2+3(4r-1)n+r+2$	TÊTE DE COLONNE. $9(4r-1)n^2+15(4r-1)n+25r-6$
TABLEAU V. Équation $x^2+31x+241=P.y$ $r=241$ $q=31$ $A=3$	TÊTE DE COLONNE. $3n^2+3n+1$	TÊTE DE COLONNE. $3n^2+9n+7$	TÊTE DE COLONNE. $12n^2+1$	TÊTE DE COLONNE. $12n^2+24n+13$	TÊTE DE COLONNE. $27n^2+9n+3$	TÊTE DE COLONNE. $27n^2+45n+21$

	Cas général avant division par A.	$q=31$ avant division par A.	$r=241$ $q=31$ $A=3$ après division par A.	RACINES. (P_0)		RACINES. (P_1)		RACINES. (P_2)		RACINES. (P_3)		RACINES. (P_4)	RACINES. (P_5)
Reste + racine =	$\left(\frac{1-q}{2}\right)^2+q\left(\frac{1-q}{2}\right)+r$	r	1	n	$n+2$	$n+3$		n		$n+2$			
» =	$\left(\frac{3-q}{2}\right)^2+q\left(\frac{3-q}{2}\right)+r$	$2+r$	1	$3n+1$	$3n+3$	$3n+4$	$3n+6$	$3n$	$3n+1$	$3n+3$	$3n+4$		
» =	$\left(\frac{5-q}{2}\right)^2+q\left(\frac{5-q}{2}\right)+r$	$6+r$	3	$5n+2$	$5n+4$	$5n+7$	$5n+9$	$5n$	$5n+1$	$5n+5$	$5n+6$	$5n+1$	$5n+5$
» =	$\left(\frac{7-q}{2}\right)^2+q\left(\frac{7-q}{2}\right)+r$	$12+r$	5	$7n+3$	$7n+5$	$7n+10$	$7n+12$	$7n$	$7n+1$	$7n+7$	$7n+8$	$7n+2$	$7n+6$
» =	$\left(\frac{9-q}{2}\right)^2+q\left(\frac{9-q}{2}\right)+r$	$20+r$	7	$9n+4$	$9n+6$	$9n+13$	$9n+15$	$9n$	$9n+1$	$9n+9$	$9n+10$		
» =	$\left(\frac{11-q}{2}\right)^2+q\left(\frac{11-q}{2}\right)+r$	$30+r$	11	$11n+5$	$11n+7$	$11n+16$	$11n+18$	$11n$	$11n+1$	$11n+11$	$11n+12$	$11n+3$	$11n+10$
» =	$\left(\frac{13-q}{2}\right)^2+q\left(\frac{13-q}{2}\right)+r$	$42+r$	15	$13n+6$	$13n+8$	$13n+19$	$13n+21$	$13n$	$13n+1$	$13n+13$	$13n+14$	$13n+3$	$13n+11$
» =	$\left(\frac{15-q}{2}\right)^2+q\left(\frac{15-q}{2}\right)+r$	$56+r$	19	$15n+7$	$15n+9$	$15n+22$	$15n+24$	$15n$	$15n+1$	$15n+15$	$15n+16$		
» =	$\left(\frac{17-q}{2}\right)^2+q\left(\frac{17-q}{2}\right)+r$	$72+r$	25	$17n+8$	$17n+10$	$17n+25$	$17n+27$	$17n$	$17n+1$	$17n+17$	$17n+18$	$17n+3$	$17n+15$
» =	$\left(\frac{19-q}{2}\right)^2+q\left(\frac{19-q}{2}\right)+r$	$90+r$	31	$19n+9$	$19n+11$	$19n+28$	$19n+30$	$19n$	$19n+1$	$19n+19$	$19n+20$	$19n+4$	$19n+16$
Reste =	1^2	1^2	1	$2n$	$2n+1$	$2n+2$	$2n+4$					$2n$	$2n+3$
» =	2^2	2^2	1	$4n+1$	$4n+3$	$4n+5$	$4n+7$					$4n+1$	$4n+3$
» =	3^2	3^2	3	$6n+2$	$6n+4$	$6n+8$	$6n+10$						
» =	4^2	4^2	6	$8n+3$	$8n+5$	$8n+11$	$8n+13$					$8n+1$	$8n+7$
» =	5^2	5^2	9	$10n+4$	$10n+6$	$10n+14$	$10n+16$					$10n+9$	$10n+8$
» =	6^2	6^2	12	$12n+5$	$12n+7$	$12n+17$	$12n+19$						
» =	7^2	7^2	17	$14n+6$	$14n+8$	$14n+20$	$14n+22$					$14n+2$	$14n+12$
» =	8^2	8^2	22	$16n+7$	$16n+9$	$16n+23$	$16n+25$					$16n+8$	$16n+15$
» =	9^2	9^2	27	$18n+8$	$18n+10$	$18n+26$	$18n+28$						
» =	10^2	10^2	34	$20n+9$	$20n+11$	$20n+29$	$20n+31$						

Le partage en deux catégories de tous les nombres entiers, partage provisoire indiqué n° **13**, doit donc être modifié : tous les nombres appartiendront ou seront étrangers à toutes les tables précédentes. On peut donc établir une règle générale applicable à toute équation dont la forme est $x^2+qx+r=P.y$, le nombre q étant impair.

20. Règle générale. Étant donnée à résoudre, en nombres entiers et dans les conditions précitées, l'équation possible $x^2+qx+r=P.y$; le nombre P occupe, en général, une place dans une des tables calculées ; cette place sera caractérisée par l'une des épreuves suivantes :

1re Épreuve. L'extraction de la racine carrée, R, du nombre P, extraction qui aura lieu par excès ou par défaut, donnera un résultat qui vérifiera une des conditions :

$$\text{Reste}+\text{racine}=A.H^2+A.H+\frac{A+1}{4},\quad \text{Reste}=A.Q^2;$$

ou, en remarquant que l'expression $A.H^2+A.H+\frac{A+1}{4}$ peut être écrite $\frac{A(2H+1)^2+1}{4}$, on aura l'une des deux égalités :

$$P-\frac{A(2H+1)^2+1}{4}=R(R-1)\qquad P-A.Q^2=R^2.$$

Ainsi, pour opérer les essais indiqués dans cette première épreuve, on devra retrancher du nombre P les divers nombres entiers dont la forme est : soit $\frac{A(2H+1)^2+1}{4}$, soit $A.Q^2$; examiner les résultats donnés par ces soustractions ; et même en laissant de côté les conditions de limite dans ces essais, conditions dont l'étude sera faite plus loin, il est manifeste que la nature du chiffre des unités, soit du produit $R(R-1)$, soit du carré R^2, donne une grande rapidité à ces essais successifs.

1° Si le nombre P vérifie l'égalité $P-\frac{A(2H+1)^2+1}{4}=R(R-1)$, on recherchera, tableau I, ligne horizontale dont le titre à gauche est

$$\text{Reste}+\text{racine}=\frac{A(2H+1)^2+1}{4},$$

la fonction de n qui, égalée au nombre entier connu R, donne à n l'état de nombre entier; ce dernier nombre sera substitué à n dans le facteur correspondant, tête de colonne de la fonction de n, et le résultat sera une solution entière de y pour l'équation proposée.

2° Si le nombre P vérifie l'égalité $P - A.Q^2 = R^2$, on recherchera, tableau I, ligne horizontale dont le titre à gauche est : Reste$=A.Q^2$, la fonction de n qui, égalée au nombre entier connu R, donne à n l'état de nombre entier; la règle sera ensuite celle qui est indiquée dans le paragraphe précédent.

1er Exemple. $x^2 + 31x + 241 = 2053y$. La première épreuve donne $2053 - 331 = (42)41$; l'examen du tableau relatif à l'équation actuelle, tableau auxiliaire (II), donne, 1re partie, 3e colonne, $21n + 315 = 42$; de là $n = -13$; ce dernier nombre, substitué à n dans la tête de colonne $4n^2 + 120n + 903$, donne l'égalité $y = 19$, et par suite $x = 182$ *.

2e Exemple. $x^2 + 31x + 241 = 2011y$. La première épreuve donne $2011 - 3(5^2) = 44^2$; l'examen du tableau auxiliaire (II) donne, 2e partie, 1re colonne, $10n + 154 = 44$; de là $n = -11$; ce dernier nombre, substitué à n dans la tête de colonne correspondante $n^2 + 31n + 241$, donne $y = 21$, et par suite $x = 190$.

2e Épreuve. L'extraction de la racine carrée du nombre entier $\frac{P+G}{A}$, extraction par excès ou par défaut, présentera un reste qui vérifiera une des deux égalités :

$$\text{Reste} + \text{racine} = \frac{B^2 + qB + r + G}{A}, \qquad \text{Reste} = \frac{Q^2 + G}{A}.$$

Ainsi, désignant par R la racine carrée, on aura l'une des égalités :

$$\frac{P+G}{A} - \frac{B^2 + qB + r + G}{A} = R(R-1), \quad \frac{P+G}{A} - \frac{Q^2 + G}{A} = R^2.$$

On devra donc, pour opérer les essais indiqués dans cette seconde épreuve, retrancher du nombre entier $\frac{P+G}{A}$ les divers nombres entiers : $\frac{B^2 + qB + r + G}{A}$, $\frac{Q^2+G}{A}$; examiner la nature des restes donnés par ces soustractions : la règle est alors celle qui est tracée dans le paragraphe précédent.

---

* Deux valeurs de x correspondent à une valeur de y, mais dans cet exemple et dans tous ceux qui suivent, la consignation de la seconde valeur de x nous a paru inutile.

EXEMPLE. $x^2+x+2=1096.y$. Les hypothèses sont : $q=1$, $r=2$, $A=7$, et, par suite, 1° les nombres *reste*+*racine*, désignés, tableau IV, par les expressions : r, $2+r$, $6+r$, $12+r$, etc., sont, après complément par G et division par A : 1, 1, 2, 2, etc.; les nombres, *restes*, désignés, même tableau, par les expressions : 1^2, 2^2, 3^2, 4^2, etc., sont, après complément par G et division par A : 1, 1, 2, 3, etc.; on a alors : $\frac{1096+3}{7}=157=13^2-12$, et par conséquent on a : reste+racine$=1$: le tableau IV présente une ligne horizontale dont le titre à gauche est $2+r$, lequel titre est, dans le cas actuel, $\frac{2+2+3}{7}=1$; on aura donc, même ligne horizontale, 3ᵉ colonne, l'égalité $3n+1=13$; de là $n=4$; ce dernier nombre 4, substitué à n dans la tête de colonne correspondante $4(4r-1)n^2+1$, donne $y=449$, et par suite $x=701$. Ainsi le système : $y=449$, $x=701$ constitue une solution de l'équation proposée : $x^2+x+2=1096y$. Il est d'ailleurs évident que les tableaux peuvent offrir plusieurs fonctions de n qui vérifient les conditions exigées; ainsi, par exemple, si le nombre 4 est substitué à n dans la tête de colonne

$$(4r-1)n^2+(4r-1)n+r,$$

on obtient le système-solution $y=142$, $x=394$. Constatons aussi que l'exposé actuel est un premier aperçu de l'ensemble méthodique que nous cherchons à établir : le mode d'épreuves présente encore quelques complications que les théorèmes sur les limites feront disparaître, et toutes ces épreuves se réduiront alors à l'examen de deux termes.

21. THÉORÈME. Étant donnée à résoudre en nombres entiers l'équation $x^2+qx+r=P.y$, q nombre impair. Si les tables indiquées présentent un multiple $P.m$ du nombre P; si l'égalité correspondante : fonction de n=racine carrée$=R$, du nombre $P.m$, donne à n l'état de nombre entier, ces deux conditions donnent, en général, une solution de l'équation proposée. Admettons l'exactitude de l'une des couples d'égalités :

[1] $P.m=R^2+A.H^2+A.H+\frac{A+1}{4}$, $f(n)=R$;

[2] $P.m=R^2+A.Q^2$, $f(n)=R$;

[3] $\frac{P.m+G}{A}=R^2+\frac{B^2+qB+r+G}{A}$, $f(n)=R$;

[4] $\frac{P.m+G}{A}=R^2+\frac{Q^2+G}{A}$, $f(n)=R$.

On a démontré, n° **20**, que, l'une de ces couples d'égalités étant exacte, on peut calculer, en général, un système-solution de l'équation proposée

$$x^2+qx+r=(\mathrm{P}.m)z.$$

Soit ce système représenté par $x=a$, $z=b$, il est alors évident que $x=a$, $y=b.m$ est un système-solution de l'equation $x^2+qx+r=\mathrm{P}.y$.

Les faits indiqués dans les deux numéros qui précèdent, établissent que la présence dans les tables d'un nombre entier $\mathrm{P}.m$ constitue un caractère en général suffisant pour résoudre l'équation $x^2+qx+r=\mathrm{P}.y$: les considérations suivantes prouvent que le caractère cité apparait toujours, et donne une solution de l'équation proposée lorsque celle-ci est résoluble en nombres entiers. 1° Le nombre $\mathrm{P}.m$, la lettre m pouvant être l'unité, a une place dans les tables; 2° la connaissance de cette place amène toujours une solution de l'équation proposée; examinons successivement les deux parties de ce principe.

1° Si l'équation $x^2+qx+r=\mathrm{P}.y$, q nombre impair, est résoluble en nombres entiers, ces tables présentent une infinité de multiples du nombre P; chacun de ces multiples a par conséquent une tête de colonne correspondante; désignons en effet par n et par y un système-solution de l'équation possible proposée, on a donc l'égalité $n^2+qn+r=\mathrm{P}.y$. Reprenons actuellement les formules indiquées n° **10** :

$$\pi_{2N'}=\pi_0(N'+1)^2-t_1(N'+1)+h_1,$$
$$\pi_{2N'+1}=\pi_0(N'+1)^2+t_1(N'+1)+h_1,$$
$$\varphi_{2N'}=\varphi_0(N'+1)^2-t_2(N'+1)+h_2,$$
$$\varphi_{2N'+1}=\varphi_0(N'+1)^2+t_2(N'+1)+h_2,$$

formules qui représentent des nombres entiers placés dans les tables; rappelons que la lettre N' a été remplacée successivement par tous les nombres entiers; rappelons aussi que les têtes de colonne correspondantes aux nombres entiers $\pi_{2N'}$, $\pi_{2N'+1}$, $\varphi_{2N'}$, $\varphi_{2N'+1}$, sont toutes représentées pàs l'expression $h_1=h_2=n^2+qn+r$, nombre entier qui, dans les conditions de possibilité de résolution de l'équation, est un multiple de P; si donc, on donne à $N'+1$ l'état de multiple de P; il est évident que les nombres $\pi_{2N'}$, $\pi_{2N'+1}$, $\varphi_{2N'}$, $\varphi_{2N'+1}$, seront des multiples de P, et auront place dans les tables.

2° Rappelons que tout nombre placé dans les tables vérifie l'une des couples de propriétés désignées ci-dessus, n° **20**, par les égalités [1], [2], [3], [4]; ainsi la seconde partie du principe qui nous occupe présentera quatre cas auxquels nous pouvons donner les noms de *propositions réciproques;* nous indiquerons les principaux résultats donnés par le calcul.

22. *Première proposition réciproque*. Soit l'équation proposée

$$x^2+qx+r=\text{P}.y,\ q \text{ nombre impair,}$$

nous admettons que la racine carrée du produit $\text{P}.m$ étant représentée par un nombre entier R, le reste donné dans cette extraction vérifie la couple [1] d'égalité du numéro précédent, on a

$$\text{P}.m=\text{R}^2+\text{A}.\text{H}^2+\text{A}.\text{H}+\frac{\text{A}+1}{4}=\text{R}.\quad \text{Racine}=\text{R}=f(n).$$

Cette fonction de n, le nombre n étant entier, est correspondante au nombre

$$\text{Reste}+\text{Rac}:=\text{A}.\text{H}^2+\text{A}.\text{H}+\frac{\text{A}+1}{4};$$

elle aura donc une tête de colonne, et celle-ci sera, disons-nous, une solution entière de z applicable à l'équation $x^2+qx+r=(\text{P}.m)z$. Supposons, par exemple, en effet : 1° que la tête de colonne soit P_{n+1}, nombre dont la valeur relatée n° **10** est

$$\text{P}_{n+1}=(n^2+nq+r)(\text{N}+1)^2+(2n+q)(\text{N}+1)+1,$$

ou $\text{P}_{n+1}=(\text{N}+1)^2n^2+[q(\text{N}+1)^2+2(\text{N}+1)]n+[r(\text{N}+1)^2+q(\text{N}+1(+1];$

2° que le nombre *reste* + *racine*, soit caractérisé par l'état impair $2\text{K}+1$ du nombre N'; si alors on consulte le résumé général qui précède le tableau I, on a

$$\text{Reste}+\text{racine}=\text{A}[(\text{N}+1)\text{K}+\text{N}]^2+\text{A}[(\text{N}+1)\text{K}+\text{N}]+\frac{\text{A}+1}{4},$$

ou $$\text{Reste}=\text{A}[(\text{N}+1)\text{K}+\text{N}]^2+\text{A}[(\text{N}+1)\text{K}+\text{N}]+\frac{\text{A}+1}{4}-\text{racine},$$

et $$\text{racine}=\text{R}=[(2\text{N}+2)\text{K}+2\text{N}+1]n+(qn+q+2)\text{K}+q\text{N}+\frac{q+3}{2}.$$

L'hypothèse particulière au cas actuel est $\text{P}.m=\text{R}^2+\text{reste}$,

ou $$(\text{P}.m)\text{P}_{n+1}=\text{R}^2(\text{P}_{n+1})+\text{reste}\ (\text{P}_{n+1}).$$

Si dans le second membre de cette dernière égalité et aux quantités R, P_{2n+1}, *reste*, on substitue les valeurs indiquées ; si on extrait la racine carrée du résultat, on a

$$(P.m)P_{2n+1} = \{(N+1)[(2N+2)K+2N+1]n^2+\{2(N+1)[q(N+2)+2]K+q(2N^2+3N+1)+4N+3\}n$$
$$+2[r(N+1)^2+q(N+1)+1]K+r(2N^2+3N+1)+q(2N+1)+2\}^2,$$
$$+q\{(N+1)[(2N+2)K+2N+1]n^2+\{2(N+1)[q(N+2)+2]K+q(2N^2+3N+1)+4N+3\}n$$
$$+2[r(N+1)^2+q(N+1)+1]K+r(2N^2+3N+1)+q(2N+1)+2\}+r.$$

La proposition réciproque est donc exacte, et dans les conditions précitées, le système-solution de l'équation est $x = X$, $y = m(P_{2n+1})$, en désignant par X la racine carrée du premier terme, carré exact, qui appartient au second membre de l'égalité précédente.

23. *Deuxième proposition réciproque.* Soit l'équation proposée

$$x^2+qx+r = P.y, \quad q \text{ nombre impair,}$$

nous admettons que la racine carrée du produit $P.m$ étant désignée par R, le reste donné dans cette extraction vérifie la couple [2] d'égalités du n° **21**, on a $P.m = R^2 + A.Q^2$ racine $= R = f(n)$, la fonction de n correspondante au nombre reste $= A.Q^2$, présente une tête de colonne, et celle-ci est, disons-nous, une solution de z applicable à l'équation $x^2+qx+r = (P.m)z$. En effet, supposons, par exemple, 1° que la tête de colonne soit

$$P_{2n+1} = (N+1)^2n^2+[q(N+1)^2+2(N+1)]n+r(N+1)^2+q(N+1)+1\,;$$

2° que le nombre *reste* soit caractérisé par les égalités N = nombre pair, N′ = nombre pair, hypothèses qui donnent au nombre *reste* et à $f(n)$ les valeurs

$$\text{Reste} = A[(N+1)K+\frac{N}{2}+1]^2,$$

$$\text{Rac.} = R = [2(N+2)K+N+2]n+(qN+q+2)K+\frac{qN}{2}+q+1\,;$$

or, l'hypothèse inhérente au cas actuel, est $P.m = R^2 + \text{reste}$,

ou $$(P.m)P_{2n+1} = R^2(P_{2n+1}) + \text{reste}(P_{2n+1})\,;$$

si dans le second membre de cette égalité et aux quantités R, P_{2n+1}, *reste*, on substitue les valeurs indiquées, si on extrait la racine carrée, on a

$$(P.m)P_{n+1} = \{(N+1)[(2N+2)K+N+2]n^2+\{2(N+1)[q(N+1)+2]+q(N^2+3N+2)+2N+3\}n$$
$$+2[r(N+1)^2+q(N+1)+1]K+r(N^2+3N+2)+q(N+1)+1\}^2,$$

$$+q\{(N+1)[(2N+2)K+N+2]n^2+\{2(N+1)[q(N+1)+2]+q(N^2+3N+2)+2N+3\}n$$
$$+2[r(N+1)^2+q(N+1)+1]K+r(N^2+3N+2)+q(N+1)+1\}+r.$$

La seconde proposition réciproque est donc exacte et dans les conditions précitées, le système-solution de l'équation est $x=X$, $y=m.P_{n+1}$, en désignant par X la racine carrée du premier terme, carré exact qui appartient au second membre de l'égalité précédente. Dans les deux démonstrations qui suivent, l'équation proposée est $x^2+x+r=P.y$, l'hypothèse $q=1$ n'altère pas la généralité, et diminue la longueur des calculs.

24. *Troisième proposition réciproque.* Soit l'équation proposée

$$x^2+x+r=P.y,$$

nous admettons que la racine carrée du produit $\frac{P.m+G}{A}$ étant désignée par R, le reste vérifie la couple [3] d'égalités n° **21**, on a

$$\frac{P.m+G}{A}=\frac{R^2+R+r+G}{A}-R, \qquad \text{racine}=R=f(n);$$

cette fonction de n correspondante au nombre *reste + racine*, présente une tête de colonne, et celle-ci est une solution entière de z applicable à l'équation $x^2+x+r=P.m.z$; supposons que cette tête de colonne soit P_n, dont la valeur est, n° **14**:

$$P_n=\left(An^2+An+\frac{A+1}{4}\right)(N+1)^2-A(2n+1)(N+1)+A,$$

ou $$P_n=A(N+1)^2n^2+A(N^2-1)n+r(N-1)^2+N.$$

Si à cette hypothèse on réunit, par exemple, les conditions N = nombre impair, N' = nombre pair, et si on consulte le résumé général n° **19**, on reconnaîtra que les quantités données dans la question, sont:

$$\text{Reste}+\text{racine}=\frac{\left[K(N+1)+\frac{N+1}{2}\right]^2+\left[K(N+1)+\frac{N+1}{2}\right]+r+G}{A},$$

$$\text{Racine}=R=[(2N+2)K+N+2]n+(N-1)K+\frac{N+1}{2};$$

d'ailleurs, l'hypothèse liée au cas actuel, est

$$\frac{P.m+G}{A}=R^2+\text{reste},$$

ou

$$\left[\frac{P.m+G}{A}\right]P_{2x}=R^2.P_{2x}+(\text{reste})\,P_{2x};$$

ou, enfin,

$$P.m.P_{2x}=A.R^2.P_{2x}+\left\{\left[K(N+1)+\frac{N+1}{2}\right]^2+\left[K(N+1)+\frac{N+1}{2}\right]+r\right\}P_{2x}-A.R.P_{2x};$$

si dans le second membre de cette égalité et à R, P_{2x} on substitue les valeurs indiquées, si on extrait la racine carrée du résultat, on a

$$\begin{aligned}P.m.P_{2x}=&\{A(N+1)[(2N+2)K+N+2]n^2+A[2(N^2-1)K+N^2+N-1]\\&+2[r(N-1)^2+N]K+rN(N-1)+N\}^2,\\&+\{A(N+1)[(2N+2)K+N+2]n^2+A[2(N^2-1)K+N^2+N-1]\\&+2[r(N-1)^2+N]K+rN(N-1)+N\}+r.\end{aligned}$$

La troisième proposition réciproque est exacte et dans les conditions précitées, le système-solution applicable à l'équation est $x=X$, $y=m.P_{2x}$, en désignant par X la racine carrée du premier terme qui appartient au second membre de l'égalité précédente.

25. *Quatrième proposition réciproque.* Soit l'équation proposée

$$x^2+x+r=P.y,$$

la couple [4] d'égalité n° **21** étant exacte, on a

$$\frac{P.m+G}{A}=R^2+\frac{Q^2+G}{A},\quad \text{racine}=R=f(n);$$

cette fonction de n correspondante au nombre entier $\frac{Q^2+G}{A}$ présente une tête de colonne, et celle-ci est une solution entière de z applicable à l'équation $x^2+x+r=P.m.z$; supposons que la tête de colonne soit

$$P_{2x}=A(N+1)^2n^2+A(N^2-1)n+r(N-1)^2+N;$$

si à cette hypothèse on réunit, par exemple, N = nombre pair, N′ = nombre pair; et si on consulte le résumé général n° **19**, on a

$$\text{Reste} = \frac{[K(N+1)+\frac{N}{2}+1]^2+G}{A},$$

$$\text{Rac.} = R = [(2N+2)K+N+2]n+(N-1)K+\frac{N}{2};$$

l'hypothèse liée au cas actuel, est

$$\frac{P.m+G}{A} = R^2+\frac{Q^2+G}{A},$$

ou $$P.m.P_{2n} = A.P_{2n}R.^2+P_{2n}[K(N+1)+\frac{N}{2}+1]^2.$$

Si, dans cette dernière égalité et à R à P_{2n} on substitue les valeurs indiquées, si on extrait la racine carrée du résultat, on a

$$\begin{aligned} P.m.P_{2n} = \{&A(N+1)[(2N+2)K+N+2]n^2+A[2(N^2-1)K+N^2+N-1]n \\ &+2[r(N-1)^2+N]K+rN(N-1)+N\}^2, \\ +\{&A(N+1)[(2N+2)K+N+2]n^2+A[2(N^2-1)K+N^2+N-1]n \\ &+2[r(N-1)^2+N]K+rN(N-1)+N\}+r. \end{aligned}$$

La quatrième proposition est donc exacte et dans les conditions précitées; le système solution, applicable à l'équation proposée, est $x=X$, $y=m.P_{2n}$, en désignant par X la racine carrée du premier terme qui appartient au second membre de l'égalité précédente; constatons d'ailleurs que le calcul relatif aux deux dernières propositions admet comme condition essentielle que le nombre G a, au commencement du calcul, la grandeur et le signe que l'on donnera ensuite au nombre dont l'addition est nécessaire à la fin de ce même calcul.

26. Reprenons l'équation primitive proposée $x^2+qx+r=P.y$, le nombre q étant impair, reprenons aussi les deux suites liées à cette équation, c'est-à-dire

$[M_0]$ $\quad r,\ 1+q+r,\ 4+2q+r,\ 9+3q+r,$ terme général n^2+qn+r,

$[N_0]$ $\quad \frac{A+1}{4},\ \frac{9A+1}{4},\ \frac{25A+1}{4},\ \frac{49A+1}{4},$ terme général $\frac{(2n+1)^2A+1}{4}$.

Ces deux suites n'ont pas été, avons-nous dit, adoptées au hasard; en effet, toute autre suite serait inadmissible, ou du moins serait la reproduction avec lacunes de l'une des suites précitées; examinons, en effet, quelles sont les conditions imposées aux suites possibles : le terme général de la suite doit, lemme n° 3, présenter l'une des deux propriétés suivantes : 1° Ce terme, s'il est isolé, doit, après extraction de la racine carrée par défaut R, donner un reste égal à $R+\frac{A+1}{4}$; 2° le produit de ce terme par un facteur invariable doit donner, après extraction de la racine carrée par défaut R_1, un reste égal à $R_1+\frac{A+1}{4}$; or, toute série de nombres entiers, série réellement étrangère aux séries adoptées $[M_0]$, $[N_0]$, ne peut vérifier ces conditions : 1° soit une série $[M_1]$ analogue, mais non pareille à la série $[M_0]$; cette nouvelle suite étant d'ailleurs convenable pour l'équation proposée, c'est-à-dire étant réductible au terme connu r, lorsque l'on annule la lettre générale n ces diverses demandes donnent au terme général de cette série $[M_1]$ la forme $n^2+(q\pm 2\delta)n+r$, ou en isolant les deux variétés

$$n^2+(q+2\delta)n+r,$$

la rac. carrée par défaut est $\quad n+\frac{q-1}{2}+\delta,$

le reste est $\quad (n+\frac{q-1}{2}+\delta)+\frac{4r-q^2+1}{4}-\delta(q+\delta),$

$$n^2+(q-2\delta)n+r,$$

la rac. carrée par défaut est $\quad n+\frac{q-1}{2}-\delta,$

le reste est $\quad (n+\frac{q-1}{2}-\delta)+\frac{4r-q^2+1}{4}+\delta(q-\delta),$

rappelant l'égalité $4r-q^2=A$, on reconnait alors que les conditions primitives imposées donnent $\delta=o$ ou $\delta=\mp q$; or ces égalités donnent à la série $[M_1]$ la forme de la série $[M_0]$; 2° soit une série $[N_1]$ analogue à la série $[N_0]$, la nouvelle série sera

$$(A\pm 2\delta)n^2+(A\pm 2\delta)n+\frac{A\pm 2\delta+1}{4},$$

ou après isolement de chacune de ces suites et après multiplication par le facteur $A \pm \delta$.

$$(A+2\delta)^2 n^2 + (A+2\delta)^2 n + \frac{(A+2\delta)(A+2\delta+1)}{4},$$

la racine carrée par défaut est $(A+2\delta)n + \frac{A+2\delta-1}{2}$,

le reste est $(A+2\delta)n + \frac{A+2\delta-1}{4} + \frac{A+1}{4} + \frac{\delta}{2}$,

$$(A-2\delta)^2 n^2 + (A-2\delta)^2 n + \frac{(A-2\delta)(A-2\delta+1)}{4},$$

la racine carrée par défaut est $(A-2\delta)n + \frac{A-(2\delta+1)}{2}$,

le reste est $(A-2\delta)n + \frac{A-(2\delta+1)}{4} + \frac{A+1}{4} - \frac{\delta}{2}$;

de là l'égalité $\delta = o$, et par conséquent la suite N_1 devient la suite $[N_0]$.

27. *Formules générales représentant, pour l'équation* $x^2 + qx + r = P.y$, *les divers systèmes-solutions liés à un premier système* x_1, y_1. Si le produit $P.y_1$ est représenté par le nombre $(x_1)^2 + qx_1 + r$, et si l'on désigne par s, t, h des nombres entiers dont les relations avec P ont été caractérisées n° **4**, on aura les égalités $s + t = P$, $t = 2x_1 + q$, $y_1 = h$; si l'on désigne par Y les valeurs entières de y liées à la valeur y_1, on a

$$Y = y_1 + \begin{cases} s[1, 3, 5, 7 \ldots\ldots 2N+1] \\ 2t[1, 2, 3, 4 \ldots\ldots N.N+1] \end{cases},$$

et par suite deux formules, l'une en adoptant un nombre égal de termes multiples de s et multiples de t, l'autre en adoptant un nombre de termes multiples de t inférieur d'une unité au nombre de termes multiples de s.

$$Y_0 = y_1 + P(N+1)^2 - (2x_1 + q)(N+1),$$

$$Y_1 = y_1 + P(N+1)^2 + (2x_1 + q)(N+1);$$

ainsi, en désignant par X_0, X_1 les systèmes pour x correspondants aux valeurs Y_0, Y_1, on a

$$X_0 = P(N+1) - (x_1+q),$$
$$Y_0 = y_1 + P(N+1)^2 - (2x_1+q)(N+1),$$
$$X_1 = P(N+1) + x_1,$$
$$Y_1 = y_1 + P(N+1)^2 + (2x_1+q)(N+1);$$

ces formules sont générales, le nombre q reste complétement arbitraire.

28. Théorème. Étant donnée à résoudre en nombres entiers l'équation possible $x^2+qx+r=P.y$, nous admettrons, ce qui est permis, 1° l'état positif soit du nombre P, soit du nombre q, soit du nombre r; 2° l'exactitude de l'inégalité $r<P$; on peut alors toujours supposer $x_1<P$, $y_1<P+q+1$: en effet, toute solution relative à x peut perdre un multiple de P; or, des conditions $x_1<P$, $r<P$, on déduit $y_1<P+q+1$.

29. Théorème. Étant donnée à résoudre en nombres entiers l'équation possible $x^2+qx+r=P.y$, si le nombre P est premier absolu, tout système x_1, y_1 connu et constituant une solution de l'équation proposée, donne, en employant les formules générales n° **27**, tous les systèmes-solutions de l'équation. Du système x_1, y_1 acquis, on déduit l'égalité $(x_1)^2+qx_1+r=P.y_1$; si l'on désigne par $x_1\pm\delta$ une valeur entière applicable à l'inconnue x, on aura l'égalité $(x_1\pm\delta)^2+q(x_1\pm\delta)+r=P.z$; et si de cette dernière égalité on retranche l'égalité précédente, le résultat est $\delta(\delta\pm2x_1\pm q)=P.s$. 1° Si le nombre δ est un multiple exact de P, les nombres $x_1\pm\delta$ applicables à l'inconnue x sont compris dans le second groupe des formules générales n° **27** ; 2° si le nombre δ n'est pas un multiple exact du nombre P, les deux nombres P et δ sont premiers entre eux, et de l'égalité dernière précédente on déduit $\delta\pm2x_1\pm q=P.V$, ou $x_1+\delta=P.V-(x_1+q)$ et $x_1-\delta=-P.V-(x_1+q)$, ces nombres $x_1+\delta$ et $x_1-\delta$ sont compris dans le premier groupe des formules n° **27** : ainsi étant donnée à résoudre, en nombres entiers, l'équation $x^2+qx+r=B.z$, le nombre B étant égal au produit P.T, dans lequel P est un nombre premier absolu; l'égalité $T.z=y$ transforme l'équation proposée en une autre $x^2+qx+r=P.y$; et cette dernière équation, si elle est résoluble en nombres entiers, aura la propriété indiquée dans le théorème précédent; un système-solution x_1, y_1, donnera, en employant les formules générales n° **27**, tous les systèmes x, y; on devra ensuite établir le passage régulier de y à z; or, 1° si l'équation $x^2+qx+r=B.z$ est possible, il existe au moins une valeur de z qui est inférieure à $B+q+1$ n° **28***; 2° les valeurs de z sont les quotients exacts entiers de l'expression $\frac{y}{T}$; par conséquent cette circonstance d'un quotient exact entier se présente au moins une fois lorsque l'on substitue à y toutes les valeurs entières relatives à cette lettre et comprises entre les nombres 1 et $T(B+q+1)$.

30. Observation générale. Si l'équation proposée $x^2+qx+r=P.y$ est possible, le nombre q impair et le nombre P premier absolu; les principes démontrés dans les deux chapitres précédents établissent, 1° que tous les systèmes-solutions sont déduits d'un premier système x_1, y_1; 2° que le nombre P occupe en général une place dans les tables préparées, place caractérisée par une extraction, quelquefois par deux extractions de racines carrées, place enfin qui donne immédiatement une solution de l'équation proposée; le problème théorique est donc résolu, mais la question pratique est pleine, entière, et dans les conditions établies par les faits qui précèdent; cette question peut être énoncée dans les termes suivants : Étant donnée à résoudre en nombres entiers l'équation $x^2+qx+r=P.y$, le nombre q étant impair, est-il possible de caractériser la place que tient dans les tables le multiple $P.m$, le nombre m étant inférieur à $P+q+1$, ou plus nettement parmi les couples [1], [2], [3], [4] d'égalités du n° **21**, est-il possible d'indiquer celle qui donne à m la plus petite valeur : l'indication d'une valeur minimum de m donnerait évidemment le caractère pratique qui manque encore à cette partie de l'analyse, nous devrions donc l'exposer actuellement d'une manière complète, mais nous avons cru que, présentée en ce moment, cette recherche n'aurait pas toute la clarté nécessaire, elle devrait d'ailleurs être reproduite plus loin avec quelques modifications; dans l'examen de l'équation $x^2+qx+r=P.y$, le nombre q étant pair; remarquons aussi que la recherche de la limite actuelle n'est pas indispensable,

---

* Nous admettons que l'équation $x^2+qx+r=B.z$ vérifie les conditions premières indiquées n° **28**; est-il nécessaire de remarquer que dans le cas contraire, un changement de signe dans les lettres x, z, et la diminution de quelques unités dans cette dernière, amènerait l'effet exigé. L'exposé de la résolution directe de l'équation $x^2+qx+r=B.z$, lorsque le nombre B n'est pas premier, eût donné plus de régularité à cet ensemble théorique, mais rappelons que notre étude spéciale est la résolution pratique des équations du second degré à deux inconnues.

puisque, et nous l'avons dit précédemment, toute équation $t^2+Q.t+B=P.z$ dans laquelle le nombre Q est impair, peut être transformée en une autre dont la forme est $u^2+u+R=P.V$, et celle-ci peut, à son tour, être transformée en une autre dont la forme est $x^2+r=P.y$; or, s'il est vrai de dire que les études mathématiques restent en général dans le domaine spéculatif, cette vérité ne peut impliquer l'idée de faire les recherches qu'une légère déviation à une méthode peut rendre inutile; or, tel serait l'examen actuel, et cette inutilité est prouvée par les faits suivants :

Soit l'équation [1] $X^2+qX+r=P.Y$, fonction de deux inconnues X et Y, et dans laquelle le nombre q est égal à $2h+1$, posons $X=u-h$, l'équation [1] devient [2] $u^2+u+B-h^2=P.z$; et si le changement de quelques unités dans la valeur de z est nécessaire, ce changement effectué transforme l'équation [2] en une autre [3] $u^2+u+R=P.V$, dans laquelle le nombre R est positif, et est inférieur à P; dans cette dernière équation, la limite du nombre m lié au multiple $P.m$, limite indiquée précédemment, est $P+2$; il y avait donc excès manifeste dans la limite $P+q+1$ relatée ci-dessus, au moins lorsque le nombre q est supérieur à l'unité; si on multiplie l'équation [3] par le nombre 4, et si l'on pose les égalités $2u+1=x$, $4v=y$, l'équation [3] devient [4] $x^2+r=P.y$, équation dans laquelle on peut toujours supposer le nombre r positif et inférieur à P; or, l'examen complet de cette dernière équation, est compris dans l'étude suivante * :

RÉSOLUTION DE L'ÉQUATION $X^2+qX+R=P.y$ (le nombre q étant pair).

31. Étant donnée à résoudre en nombres entiers et dans les conditions précitées l'équation $X^2+qX+R=P.y$, on peut donner à cette équation la forme

$$X^2+qx+\frac{q^2}{4}+R-\frac{q^2}{4}=P.y,$$

ou si l'on pose $X+\frac{q}{2}=x$, $R-\frac{q^2}{4}=r$, on a $x^2+r=P.y$.

* L'exposé de la résolution de l'équation $x^2+r=P.y$ présentera tous les développements nécessaires pour la fixation des limites inhérentes à cette dernière équation; les considérations qui amènent cette fixation facilitent les recherches que l'on peut faire sur le point analogue relatif à l'équation $x^2+qx+r=P.y$, le nombre q impair, par conséquent nous consignerons ensuite les principes qui pourront guider ceux qui voudront faire une étude plus approfondie de cette partie moins essentielle, mais curieuse, de la théorie analytique qui nous occupe.

RÉSOLUTION DE L'ÉQUATION $X^2+r=P.y$.

32. L'équation
$$x^2+r=P.y$$
est un cas particulier de l'équation $x^2+qx+r=P.y$, cas particulier donné par l'hypothèse $q=o$; on pourrait donc, dans l'étude actuelle, employer les principes établis précédemment, et qui sont indépendants de cette hypothèse $q=o$; rechercher ensuite les modifications que doivent éprouver les principes pour lesquels cette même hypothèse $q=o$ est inadmissible; mais comme nous l'avons dit dans la note qui accompagne l'introduction, la méthode générale de résolution de l'équation $ax^2+2bxy+cy^2=M$, méthode consignée dans la seconde partie de ce traité, est basée sur la connaissance des racines entières de l'équation $z^2+D=M.S$; remarquons aussi que la résolution de cette dernière équation a une autre utilité, nous lui avons subordonné, partiellement du moins, celle de l'équation $x^2+qx+r=P.y$, le nombre q étant impair : nous avons donc cru devoir, reprenant une partie des idées et des notations précédentes, faire l'examen d'une manière directe. Dans les raisonnements qui suivent, nous supposerons que le nombre r est positif, et est inférieur au nombre P. Cette condition, si elle n'a pas lieu *a priori*, peut être réalisée par le changement d'une ou de plusieurs unités dans la valeur du nombre inconnu y, elle n'est pas indispensable pour nos premiers développements, mais elle facilitera ensuite l'exposé des principes de limitation qui terminent notre étude actuelle.

La série primitive applicable à l'équation $x^2+r=P.y$, est

$$r \quad 1+r \quad 4+r \quad 9+r.... \quad n^2+r,$$

elle est seule admissible, et la théorie de cette série unique contient tous les éléments nécessaires à la résolution de l'équation proposée : appelons s, t, h, les nombres dont la relation avec la série indiquée sont actuellement bien connus, on aura $s+t=P$, $t=2n$, $h=1$, et les deux suites horizontales consécutives sont représentées par les formules

$$P_n=(n^2+r)(N+1)^2-2n(N+1)+1,$$
$$P_{n+1}=(n^2+r)(N+1)^2+2n(N+1)+1.$$

33. Théorème. Chaque nombre appartenant à l'une des suites P_n et P_{n+1}, donne, si on le multiplie par sa tête de colonne n^2+r, un produit représenté par la formule x^2+r, le nombre x entier, on a

$$P_{2n}(n^2+r)=[(N+1)n^2-n+r(N+1)]^2+r,$$
$$P_{2n+1}(n^2+r)=[(N+1)n^2+n+r(N+1)]^2+r.$$

34. Théorème. Si on extrait les racines carrées des divers nombres qui constituent les suites P_{2n} et P_{2n+1}, on a la relation reste de P_{2n} = reste de P_{2n+1}; ces restes, indépendants de la lettre n, par suite invariables au moins pour deux suites horizontales consécutives, sont tous représentés par la formule $r.Q^2$.

$$P_{2n}=[(N+1)n-1]^2 \quad +r(N+1)^2,$$
$$P_{2n+1}=[(N+1)n+1]^2, \quad +r(N+1)^2;$$

on a donc le résumé partiel suivant :

$$\text{Reste}=r(N+1)^2 \quad \begin{cases}\text{Racine}=(N+1)n-1\\ \text{Racine}=(N+1)n+1\end{cases};$$

constituons les tables secondaires, c'est-à-dire les tables dont les suites P_{2n} et P_{2n+1} sont têtes de colonne, on a $P_{2n}=\pi_0$, $P_{2n+1}=\varphi_0$; désignons par s_1, t_1, h_1, s_2, t_2, h_2 les nombres liés aux nouvelles suites par la loi connue, on aura les égalités

$$s_1+t_1=\pi_0,$$
$$s_2+t_2=\varphi_0,$$
$$t_1=2(N+1)n^2-2n+2r(N+1),$$
$$t_2=2(N+1)n^2+2n+2r(N+1),$$
$$h_1=n^2+r,$$
$$h_2=n^2+r,$$

de là on déduit, par les raisonnements connus :

$$\pi_{2n'}=\pi_0(N'+1)^2-t_1(N'+1)+h_1,$$
$$\pi_{2n'+1}=\pi_0(N'+1)^2+t_1(N'+1)+h_1,$$
$$\varphi_{2n'}=\varphi_0(N'+1)^2-t_2(N'+1)+h_2,$$
$$\varphi_{2n'+1}=\varphi_0(N'+1)^2+t_2(N'+1)+h_2.$$

ou

$$\pi_{2x'}=[(N+1)(N'+1)-1]^2n^2+[-2(N+1)(N'+1)^2+2(N'+1)]n+r[(N+1)(N'+1)-1]+(N'+1)^2,$$

$$\pi_{2x'+1}=[(N+1)(N'+1)+1]^2n^2+[-2(N+1)(N'+1)^2-2(N'+1)]n+r[(N+1)(N'+1)+1]+(N'+1)^2,$$

$$\varphi_{2x'}=[(N+1)(N'+1)-1]^2n^2+[+2(N+1)(N'+1)^2-2(N'+1)]n+r[(N+1)(N'+1)-1]+(N'+1)^2,$$

$$\varphi_{2x'+1}=[(N+1)(N'+1)+1]^2n^2+[+2(N+1)(N'+1)^2+2(N'+1)]n+r[(N+1)(N'+1)+1]+(N'+1)^2.$$

38. Théorème. Chaque nombre appartenant aux suites $\pi_{2x'}$, $\pi_{2x'+1}$, $\varphi_{2x'}$, $\varphi_{2x'+1}$, donne, si on le multiplie par la tête de colonne correspondante π_0, φ_0, un produit représenté par la formule x^2+r, le nombre x étant entier; si on donne aux valeurs t_1 et t_2 les formes

$$t_1=\frac{2(\pi_0-1)}{N+1}-2n,\quad t_2=\frac{2(\varphi_0-1)}{N+1}+2n,$$

si on remplace t_1 et t_2 par ces valeurs dans les expressions premières représentant $\pi_{2x'}$, $\pi_{2x'+1}$, $\varphi_{2x'}$, $\varphi_{2x'+1}$; enfin si on multiplie les résultats obtenus par les têtes de colonne correspondantes π_0 et φ_0, on a

$$\pi_{2x'}.\pi_0=(\pi_0)^2(N'+1)^2-2\pi_0\left[\frac{\pi_0-1}{N+1}+n\right](N'+1)+(n^2+r)\pi_0,$$

$$\pi_{2x'+1}.\pi_0=(\pi_0)^2(N'+1)^2+2\pi_0\left[\frac{\pi_0-1}{N+1}+n\right](N'+1)+(n^2+r)\pi_0,$$

$$\varphi_{2x'}.\varphi_0=(\varphi_0)^2(N'+1)^2-2\varphi_0\left[\frac{\varphi_0-1}{N+1}-n\right](N'+1)+(n^2+r)\varphi_0,$$

$$\varphi_{2x'+1}.\varphi_0=(\varphi_0)^2(N'+1)^2+2\varphi_0\left[\frac{\varphi_0-1}{N+1}-n\right](N'+1)+(n^2+r)\varphi_0;$$

ou, après transformation,

$$\pi_{2x'}.\pi_0=\{[(n^2+r)(N+1)^2-2(N+1)n+1](N'+1)-[(n^2+r)(N+1)-n]\}^2+r,$$

$$\pi_{2x'+1}.\pi_0=\{[(n^2+r)(N+1)^2-2(N+1)n+1](N'+1)+[(n^2+r)(N+1)-n]\}^2+r,$$

$$\varphi_{2x'}.\varphi_0=\{[(n^2+r)(N+1)^2+2(N+1)n+1](N'+1)-[(n^2+r)(N+1)+n]\}^2+r,$$

$$\varphi_{2x'+1}.\varphi_0=\{[(n^2+r)(N+1)^2+2(N+1)n+1](N'+1)+[(n^2+r)(N+1)+n]\}^2+r;$$

le théorème est donc démontré.

36. Théorème. Si on extrait la racine carrée d'un nombre appartenant aux suites horizontales $\pi_{2N'}$, $\pi_{2N'+1}$, $\varphi_{2N'}$, $\varphi_{2N'+1}$, on aura

$$\text{Reste de } \pi_{2N'} = \text{Reste de } \varphi_{2N'}, \quad \text{Reste de } \pi_{2N'+1} = \text{Reste de } \varphi_{2N'+1};$$

ces restes, indépendants de la lettre n, par suite invariables au moins pour deux suites horizontales consécutives, sont tous représentés par la formule $r.Q^2$, le nombre Q étant entier. On peut donner aux valeurs de $\pi_{2N'}$, $\pi_{2N'+1}$, $\varphi_{2N'}$, $\varphi_{2N'+1}$ les formes suivantes :

$$\pi_{2N'} = \{[(N+1)(N'+1)-1]n-(N'+1)\}^2 + r[(N+1)(N'+1)-1]^2,$$

$$\pi_{2N'+1} = \{[(N+1)(N'+1)+1]n-(N'+1)\}^2 + r[(N+1)(N'+1)+1]^2,$$

$$\varphi_{2N'} = \{[(N+1)(N'+1)-1]n-(N'+1)\}^2 + r[(N+1)(N'+1)-1]^2,$$

$$\varphi_{2N'+1} = \{[(N+1)(N'+1)+1]n-(N'+1)\}^2 + r[(N+1)(N'+1)+1]^2.$$

Ces égalités démontrent le théorème énoncé, et donnent le résumé suivant analogue à ceux qui ont été présentés nos **12** et **19**.

$$P_{2N} = \pi_0 \begin{cases} \pi_{2N'} & \begin{cases} \text{Reste} = r[(N+1)(N'+1)-1]^2 \\ \text{Rac} := [(N+1)(N'+1)-1]n-(N'+1) \end{cases} \\ \pi_{2N'+1} & \begin{cases} \text{Reste} = r[(N+1)(N'+1)+1]^2 \\ \text{Rac} := [(N+1)(N'+1)+1]n-(N'+1) \end{cases} \end{cases}$$

$$P_{2N+1} = \varphi_0 \begin{cases} \varphi_{2N'} & \begin{cases} \text{Reste} = r[(N+1)(N'+1)-1]^2 \\ \text{Rac} := [(N+1)(N'+1)-1]n+(N'+1) \end{cases} \\ \varphi_{2N'+1} & \begin{cases} \text{Reste} = r[(N+1)(N'+1)+1]^2 \\ \text{Rac} := [(N+1)(N'+1)+1]n+(N'+1). \end{cases} \end{cases}$$

Ajoutons à ce tableau les formules liées à la table primaire, c'est-à-dire le résumé partiel du no **34**, on a

$$\text{Reste} = r(N+1)^2 \begin{cases} \text{Racine} = (N+1)n-1 \\ \text{Racine} = (N+1)n+1 \end{cases}.$$

Si, comme nous l'avons fait dans les circonstances analogues qui précèdent, on donne successivement à N et à N' les valeurs 0, 1, 2, 3, etc., on aura le tableau numérique suivant :

TABLEAU VI.	N=0		N′=0		N=1				N=2		N=3		N=4	
	P_0 TÊTE DE COLONNE.		P_1 TÊTE DE COLONNE.		P_2 TÊTE DE COLONNE.		P_3 TÊTE DE COLONNE.		P_4 TÊTE DE COLONNE.	P_5 TÊTE DE COLONNE.	P_6 TÊTE DE COLONNE.	P_7 TÊTE DE COLONNE.	P_8 TÊTE DE COLONNE.	P_9 TÊTE DE COLONNE.
	n^2+r		$(n+1)^2+r$		$(2n-1)^2+4r$		$(2n+1)^2+4r$		$(3n-1)^2+9r$	$(3n+1)^2+9r$	$(4n-1)^2+16r$	$(4n+1)^2+16r$	$(5n-1)^2+25r$	$(5n+1)^2+25r$
	Racines.		Racines.		Racines.		Racines.		Racines.	Racines.	Racines.	Racines.	Racines.	Racines.
Reste $=r.\ 1^2$	$n-1$	$n+1$	$n+2$		$n-1$		$n+1$							
» $=r.\ 2^2$	$2n-1$	$2n+1$	$2n+1$	$2n+3$										
» $=r.\ 3^2$	$3n-1$	$3n+1$	$3n+2$	$3n+4$	$3n-2$	$3n-1$	$3n+1$	$3n+2$			$3n-1$	$3n+1$		
» $=r.\ 4^2$	$4n-1$	$4n+1$	$4n+3$	$4n+5$					$4n-1$	$4n+1$			$4n-1$	$4n+1$
» $=r.\ 5^2$	$5n-1$	$5n+1$	$5n+4$	$5n+6$	$5n-3$	$5n-2$	$5n+2$	$5n+3$			$5n-1$	$5n+1$		
» $=r.\ 6^2$	$6n-1$	$6n+1$	$6n+5$	$6n+7$									$6n-1$	$6n+1$
» $=r.\ 7^2$	$7n-1$	$7n+1$	$7n+6$	$7n+8$	$7n-4$	$7n-3$	$7n+3$	$7n+4$	$7n-2$	$7n+2$	$7n-2$	$7n+2$		
» $=r.\ 8^2$	$8n-1$	$8n+1$	$8n+7$	$8n+9$					$8n-3$	$8n+3$				
» $=r.\ 9^2$	$9n-1$	$9n+1$	$9n+8$	$9n+10$	$9n-5$	$9n-4$	$9n+4$	$9n+5$			$9n-2$	$9n+2$	$9n-2$	$9n+2$
» $=r.10^2$	$10n-1$	$10n+1$	$10n+9$	$10n+11$					$10n-3$	$10n+3$				
» $=r.11^2$	$11n-1$	$11n+1$	$11n+10$	$11n+12$	$11n-6$	$11n-5$	$11n+5$	$11n+6$	$11n-4$	$11n+4$	$11n-3$	$11n+3$	$11n-2$	$11n+2$
» $=r.12^2$	$12n-1$	$12n+1$	$12n+11$	$12n+13$										
» $=r.13^2$	$13n-1$	$13n+1$	$13n+12$	$13n+14$	$13n-7$	$13n-6$	$13n+6$	$13n+7$	$13n-4$	$13n+4$	$13n-3$	$13n+3$		
» $=r.14^2$	$14n-1$	$14n+1$	$14n+13$	$14n+15$					$14n-5$	$14n+5$			$14n-3$	$14n+3$

L'extension donnée à ce tableau est une preuve et de la régularité des résultats obtenus et de la facilité que présentent les substitutions indiquées; cette extension est d'ailleurs peu utile, nous prouverons que les trois premières lignes horizontales, lignes caractérisées par les titres à gauche $r.1^2$, $r.2^2$, $r.3^2$, sont seules indispensables, néanmoins conservons encore cet état général, et rappelons seulement que si l'équation $x^2+r=P.y$ est possible, il existe toujours un système-solution x_1, y_1 qui vérifie les conditions

$$x_1<\frac{P}{2}, \quad y_1<\frac{P}{4}+r.$$

Étant donnée à résoudre en nombres entiers l'équation possible $x^2+r=P.y$, admettons, ce qui est permis, que le nombre r soit entier, positif et inférieur à P : le nombre P occupe en général une place dans les tables précédentes; cette place, si elle existe, est indiquée par une extraction de racine carrée de ce nombre, extraction donnant pour reste un nombre représenté par $r.Q^2$, on doit donc retrancher toujours du nombre primitif P, et successivement, les nombres $r.1^2$, $r.2^2$, $r.3^2$, $r.4^2$, etc.; et le résultat de l'une de ces soustractions sera un carré exact entier; on reconnait *a priori* que ces essais sont peu nombreux, ils sont manifestement limités, 1° par la nature du nombre P; 2° par la nature du chiffre des unités inhérent à tout carré exact entier. Laissant de côté toute étude, et sur la limitation de ces essais et sur les moyens que l'on doit employer pour rendre plus rapides les essais reconnus indispensables, étude qui termine cette partie; supposons que l'on ait constaté l'exactitude de l'égalité $P-r(N+1)^2=R^2$, on recherchera, dans le tableau précédent et sur la ligne horizontale dont le titre à gauche est $r(N+1)^2$, la racine *fonction de n*, qui vérifie l'égalité $f(n)=R$, le nombre n étant entier, ce nombre entier sera substitué à n dans la tête de colonne correspondante, et le résultat final sera une valeur de y applicable à l'équation proposée; de cette solution de y on déduira les deux valeurs entières de x.

Les raisonnements mathématiques doivent être indépendants de la grandeur des quantités données dans la question, par conséquent les exemples numériques ne peuvent rien ajouter à l'exactitude de ces raisonnements, mais ces exemples peuvent donner de la clarté aux explications

$$x^2+321=9565y,$$

$$9565-(321)2^2=91^2,$$

Le tableau VI, deuxième ligne horizontale, première colonne, présente

$$2n-1=91,\quad \text{de là}\quad n=46;$$

substituant à n le nombre 46 dans la tête de colonne n^2+r, on a

$$y=2437,\quad \text{et par suite}\quad x=4828,$$

$$x^2+254=4689y,$$
$$4689-(254)4^2=25^2,$$

Le tableau VI, quatrième ligne horizontale, première colonne, présente

$$4n+1=25,\quad \text{de là}\quad n=6;$$

substituant à n le nombre 6 dans la tête de colonne (n^2+r), on a

$$y=290,\quad \text{et par suite}\quad x=1166.$$

Le nombre des fonctions de n qui sont utiles, n'est pas d'ailleurs limité; si, dans le premier exemple précédent, on emploie l'égalité $2n+1=91$, liée à la première colonne du tableau, le système-solution appliquée à l'équation proposée est $y=2346$, $x=4737$; si, dans le second exemple, on emploie l'égalité $4n+1=25$ liée à la sixième colonne; le système-solution est

$$y=2647,\quad x=3523.$$

37. Théorème. Si la résolution de l'équation $x^2+r=P.y$ est possible, la constatation, 1° de la présence dans les tables d'un multiple quelconque $P.m$; 2° de l'exactitude de l'égalité $f(n)=$ Racine carrée de $P.m$, le nombre n étant entier; cette constatation fait connaître en général une valeur de y; admettons l'exactitude des égalités $P.m-r.a^2=R^2$, $f(n)=R$; de ces égalités on déduit le système-solution $x=p$, $z=q$, applicable à l'équation $x^2+r=P.m.z$, on a donc le système $x=p$, $y=q.m$, applicable à l'équation proposée.

Nous devons compléter l'étude actuelle par l'examen d'un principe analogue à celui qui a été établi n° **21**, principe composé de deux parties, 1° relation intime entre la possibilité de résoudre en nombres entiers l'équation $x^2+r=P.y$ et la présence dans les tables d'un multiple $P.m$ du nombre P, 2° déduction subséquente d'une solution applicable à l'équation proposée, solution liée à la position occupée dans les tables par le multiple $P.m$. Les raisonnements qui prouvent l'exactitude de la première partie du principe énoncé sont semblables à ceux qui ont été faits dans le n° **21** précité, et leur reproduction nous a paru inutile : la seconde partie du principe est réellement une proposition réciproque que nous démontrons de la manière suivante :

38. Proposition réciproque. Si l'équation $x^2+r=P.y$ vérifie la couple d'égalités $P.m-r.a^2=R^2$, $f(n)=R$, les nombres P, m, R, a, r, n étant entiers, et si l'expression $f(n)$ qui représente la racine carrée de $P.m$ est placée dans le tableau VI sur la ligne horizontale dont le titre à gauche est $r.a^2$; on peut toujours de ces hypothèses déduire un système-solution x_1, y_1, applicable à l'équation $x^2+r=P.y$. Nous supposerons, pour fixer les idées, que la fonction de n représentant la racine carrée donnée par $P.m$, est la racine carrée déduite de φ_{n+1}, n° **36**; en d'autres termes nous admettons, 1° l'égalité

$$P.m=\varphi_{n+1},$$

et par suite $$f(n)=[(N+1)(N'+1)+1]n+(N'+1);$$

2° que le reste obtenu après cette extraction est par conséquent

$$r[(N+1)(N'+1)+1]^2;$$

3° que la tête de colonne est alors évidemment

$$P_{n+1}=(n^2+r)(N+1)^2+2n(N+1)+1 \qquad \text{n° } \mathbf{32},$$

on a ainsi les égalités

$$P.m=\{[(N+1)(N'+1)+1]n+(N'+1)\}^2+r[(N+1)(N'+1)+1]^2,$$
$$P_{n+1}=(n^2+r)(N+1)^2+2n(N+1)+1.$$

Si, après avoir posé pour abréger $N+1=a$, $N'+1=b$, on multiplie terme à terme les deux égalités précédentes, et si on extrait la racine carrée du produit, le résultat est

$$P.m.P_{n+1}=[a(ab+1)n^2+(2ab+1)n+b+ra(ab+1)]^2+r;$$

ainsi le système-solution

$$x=a(ab+1)n^2+(2ab+1)n+b+ra(ab+1),$$
$$y=m[(n^2+r)a^2+2an+1],$$

est applicable à l'équation proposée.

39. *Formules représentant tous les systèmes* $X_1\,Y_1$ *liés à un système* $x_1\,y_1$, *solution de l'équation* $x^2+r=P.y$. Si dans les formules relatées n° **27** on admet l'hypothèse $q=o$, on aura les résultats suivants applicables à l'équation proposée.

$$X_0=P(N+1)-x_1,$$
$$Y_0=P(N+1)^2-2x_1(N+1)+y_1,$$
$$X_1=P(N+1)+x_1,$$
$$Y_1=P(N+1)^2+2x_1(N+1)+y_1.$$

40. Théorème. Étant donnée à résoudre, en nombres entiers, l'équation $x^2+r=P.y$, si le nombre P est premier absolu, le système-solution $x_1 y_1$, dans lequel le nombre x_1 est inférieur à $\frac{P}{2}$, est seul admissible comme solution inférieure à $\frac{P}{2}$ et applicable à l'équation proposée; admettons en effet la possibilité d'une seconde solution $x_1\pm\delta$ et y, dans les conditions précitées; on aurait les deux égalités

$$(x_1)^2+r=P.y_1,\quad (x_1\pm\delta)^2+r=P.y_1,$$

ou, après soustraction,

$$\pm\delta(2x_1\pm\delta)=P.H_1;$$

or, le nombre P est premier absolu et est supérieur à δ, on doit donc avoir l'égalité $2x_1\pm\delta=P$, et par suite $x_1\pm\delta=P-x_1$, donc, le nombre x étant inférieur à $\frac{P}{2}$, la nouvelle valeur de x ne peut être inférieure à $\frac{P}{2}$; remarquons aussi que cette seconde solution relative à x est déjà classée, formule n° **39**, parmi les valeurs X_1 liées à la première solution x_1, par conséquent si le nombre P est premier absolu, et si on connait le nombre x_1 inférieur à $\frac{P}{2}$ et solution de x, les formules générales du n° **39** donnent toutes les solutions de x applicables à l'équation proposée; on peut conclure des faits précédents que si dans l'équation $x^2 + r = P.y$, le nombre P n'est pas premier absolu, et si l'on veut acquérir la certitude que toutes les solutions seront déduites d'une seule, il sera nécessaire de changer, par une transformation convenable, l'équation proposée en une autre qui présentera la circonstance essentielle indiquée, cette modification aura un autre avantage que le théorème qui commence l'étude suivante montre mieux que toute explication.

RECHERCHE D'UNE SOLUTION DE L'ÉQUATION $x^2 + r = P.y$. Limitation des essais.

41. Théorème général. Si la résolution de l'équation $x^2 + r$ est possible, le nombre r étant positif et inférieur à P, on peut toujours réaliser l'égalité $P.m = R^2 + r.a^2$, les nombres m, a, r étant entiers, *le premier étant non supérieur à* $\frac{P}{16} + 3$ *le second n'étant pas supér[illegible] au nombre* 3. Ce théorème a une grande importance [illegible] uni au tabl[illegible] au numérique pr[illegible]cédent et à la prop. réc. n° **38**, l'ensembl[illegible] ne un moyen pratique de résolution de toutes les équations dont la forme est $x^2 + r = P.y$, la démonstration que nous présentons est longue, pénible, et cependant nous l'avons abrégée de moitié sans altérer son caractère général en admettant l'état impair du nombre P.

1er Cas. $P = 4q + 1$.

42. Lemme. Si l'équation $x^2 + r = (4q + 1)y$ est possible; si la solution hypothétiquement connue est désignée par le système x_1 y_1, on peut toujours admettre que les nombres x_1 y_1 ne sont pas supérieurs, le premier à $2q$, le second à q; la première partie de cette conclusion est évidente, et de l'inégalité $(2q)^2 + 4q + 1 > (4q + 1)y_1$, on déduit l'inégalité $y_1 < q + \frac{3q + 1}{4q + 1}$ qui démontre la seconde partie du principe énoncé.

43. Lemme. Si l'équation $x^2 + r = (4q + 1)y$ est possible; si l'on pose $y = 4q' + k$ ou $q' = \frac{q - k}{4}$ le nombre entier k n'étant pas supérieur à 3, si l'on s'est assuré que les essais successifs 1, 2, 3, 4 ...... $\frac{q - k}{4} + 3$ tentés pour y ne peuvent donner une solution de cette inconnue; on est alors assuré, lemme précédent, que cette solution relative à y est un des termes de la suite naturelle

$$\frac{q-k}{4}+4,\ \frac{q-k}{4}+5\ldots\ \frac{q-k}{4}+n,\ \frac{q-k}{4}+n+1\ldots\ \frac{q-k}{4}+h-1,\ \frac{q-k}{4}+h, \text{ etc.}$$

Le dernier nombre de cette suite étant inférieur à q; si pour faciliter l'explication on ajoute aux essais indiqués pour y, ceux des nombres décroissants $q-1\ldots q-k$, au plus trois essais, on pourra affirmer que dans les conditions précitées le nombre n qui vérifie l'égalité certaine suivante,

$$\text{[A]} \qquad 4q+1\left(\frac{q-k}{4}+n\right)=R^2+r.1^2$$

est un des nombres entiers de la suite naturelle 4, 5, 6.... $q-k-\frac{q-k}{4}$; or, le dernier nombre de cette suite est égal à $3\left(\frac{q-k}{4}\right)$. Ainsi, dans les conditions établies, il existe un nombre entier n limité par les nombres entiers 4 et $3\left(\frac{q-k}{4}\right)$ qui vérifie l'égalité certaine [A].

44. Lemme. Si les conditions précédentes subsistent, le nombre entier R qui vérifie l'égalité [A], doit être représenté par l'expression $q+2n-\delta$, le nombre entier δ étant positif et non supérieur à n.

1° L'égalité évidente

$$(4q+1)\left(\frac{q-k}{4}+n\right)=(q+n)^2+\left(2qn+n-n^2-qk+\frac{q-k}{4}\right)$$

est telle, que le second terme du second membre croît avec le nombre n; et dans le cas le plus défavorable, c'est-à-dire dans les conditions $n=4$, $k=3$, ce second terme est $\frac{21q-51}{4}$, nombre supérieur à $4q$, et par suite supérieur à r, si toutefois on admet l'inégalité [c] $q>10$; ces conditions admises, on a donc l'inégalité $R>q+n$, et par suite $\delta<n$. Nous ferons une remarque générale sur l'inégalité [c] et sur les inégalités analogues qui se présenteront par la suite : ces limites relatives à q n'ont pas une grande importance, parce qu'elles prennent en général leurs causes dans ces raisonnements *a fortiori*, qui amènent un énoncé final simple et rapide; n'est-il pas d'ailleurs évident que toute cette analyse est surtout applicable aux équations dans lesquelles le nombre P, et par suite le nombre q, sont assez élevés dans l'échelle numérique.

2° L'égalité évidente

$$(4q+1)\left(\frac{q-k}{4}+n\right)=(q+2n+1)^2-\left(\frac{7q}{4}+qk+4n^2+3n+\frac{k}{4}+1\right),$$

égalité dans laquelle le second terme du second membre est négatif, prouve l'exactitude de l'inégalité $R<q+2n+1$.

45. Étant donnée à résoudre en nombres entiers et dans les conditions citées, l'équation possible $x^2+r=P.y$, l'ensemble des trois numéros qui précèdent établit qu'une solution est toujours donnée par l'égalité certaine.

$$\text{[B]}\quad (4q+1)\left(\frac{q-k}{4}+n\right)=(q+2n-\delta)^2+1^2\left[q(2\delta-k)+\frac{q-k}{4}+n-(2n-\delta)^2\right].$$

1° Nous admettons que les nombres entiers

$$-\left(\frac{q-k}{4}-1\right),\quad -\left(\frac{q-k}{4}-2\right),\ldots\ldots-3,-2,-1,\ 0,\ 1,\ 2,\ 3$$

substitués à n, n'ont pu réaliser l'égalité [B], et par conséquent les limites de ce nombre n sont 4 et 3 $\left(\frac{q-k}{4}\right)$, 2° le nombre entier δ est non supérieur à n; 3° le second terme du second membre de l'égalité [B] est égal à r : ces faits préliminaires constatés, on peut prouver que si l'on multiplie l'égalité [B] par l'un des deux carrés 2^2, 3^2, l'une de ces multiplications transforme l'égalité [B] en une autre, dans laquelle le coefficient nouveau de $4q+1=P$ sera non supérieur à $\frac{q-k}{4}+3$; et par suite l'exactitude de ce premier cas du théorème énoncé n° **41**, sera démontrée.

Le produit de [B] par 2^2 est

$$(4q+1)(q-k+4n)=(2q+4n-2\delta)^2+2^2\left[q(2\delta-k)+\frac{q-k}{4}+n-(2n-\delta)^2\right],$$

ou, après soustraction des multiples de $4q+1$ communs aux deux membres,

$$\text{[C]}\quad (4q+1)[q-k-(4n-4\delta-1)]=[4n-(2\delta+2q+1)]^2+2^2\left[q(2\delta-k)+\frac{q-k}{4}+n-(2n-\delta)^2\right];$$

Ainsi l'égalité certaine [B] dans laquelle le coefficient de $4q+1$ était supérieur à $\frac{q-k}{4}+3$ est transformée en une autre égalité [C] à laquelle est applicable la seconde ligne horizontale du tableau VI; en outre, le nouveau coefficient de $4q+1=P$, peut ne pas être supérieur à $\frac{q-k}{4}+3$; et cette circonstance, qui est pour nous essentielle, est subordonnée à la possibilité de la condition $q-k-(4n-4\delta-1)=<\frac{q-k}{4}+3$, condition que l'on peut écrire

[D] $$4(n-\delta)=>\frac{3(q-k)}{4}-2.$$

Le produit de [B] par 3^2 est

$$(4q+1)\left(\frac{9q-9k}{4}+9n\right)=(3q+6n-3\delta)^2+3^2\left[q(2\delta-k)+\frac{q-k}{4}+n-(2n-\delta)^2\right],$$

ou, après la suppression des multiples de $4q+1$ communs aux deux membres.

[E] $$(4q+1)\left[\frac{q-K}{4}+6\delta-3n-2k+1\right]=[6n-3\delta-q-1]^2+3^2\left[q(2\delta-k)+\frac{q-k}{4}+n-(2n-\delta)^2\right]$$

L'utilité de cette nouvelle transformation est subordonnée à la possibilité de la condition

$$\frac{q-k}{4}+6\delta-3n-2k+1=<\frac{q-k}{4}+3,$$

ou $$\delta=<\frac{n}{2}+\frac{k+1}{3};$$

ou, enfin, [F] $$\delta=<\frac{n}{2}+1.$$

Les autres transformations de l'égalité première [B], c'est-à-dire les transformations auxquelles seraient applicables les lignes 4, 5, etc., du tableau VI, ont certes leur utilité, mais elles ne présentent aucun caractère général; et le lecteur verra lui-même dans quelle circonstance cette utilité pourrait compenser les calculs que ces transformations exigent.

Il est démontré que, dans l'état actuel de cette analyse, l'exactitude de l'une des conditions hypothétiques

[D] $$4(n-\delta)=>3\left(\frac{q-k}{4}\right)-2.$$

[F] $$\delta=<\frac{n}{2}+1,$$

indiquerait la possibilité de réaliser l'une des égalités correspondantes [C] et [E], avec la condition essentielle, le facteur de $4q+1$ non supérieur à $\frac{q-k}{4}+3$; admettons l'inexactitude de la condition [F], c'est-à-dire admettons l'inégalité

$$[G] \qquad \delta > \frac{n}{2}+1,$$

de laquelle on déduit $2n-\delta < \frac{3n}{2}-1$, et examinons l'influence de cette hypothèse sur la condition désignée [D]; à cet effet reprenons l'égalité première [B].

$$[B] \qquad (4q+1)\left(\frac{q-k}{4}+n\right)=(q+2n-\delta)^2+1^2[q(2\delta-k)+\frac{q-k}{4}+n-(2n-\delta)^2].$$

Dans les hypothèses générales précitées, puisque la racine carrée est $q+2n-\delta$, cette racine est inférieure à $q+\frac{3n}{2}+1$; et si l'on pose [K] $2n-\delta=\frac{3n}{2}-h$, cette même racine peut être représentée par l'expression $q+\frac{3n}{2}-h$, les limites de h étant 1 et $\frac{n}{2}$ exclusivement : la substitution de cette racine dans l'égalité [B], donne

$$[M] \quad (4q+1)\left(\frac{q-k}{4}+n\right)=\left(q+\frac{3n}{2}-h\right)^2+1^2\left[nq+2qh+n-qk+\frac{q-k}{4}-\left(\frac{3n}{2}-h\right)^2\right]$$

Le second terme du second membre, c'est-à-dire le reste obtenu dans cette extraction d'une racine carrée, est égal au nombre r de l'équation proposée; ce second membre est donc inférieur à $(4q+1)$; nous faciliterons la suite du raisonnement en égalant provisoirement ce second terme ou ce reste à zéro; la valeur de h déduite de cette supposition erronée sera peu différente de la valeur exacte obtenue en égalant ce même second terme au nombre r, on a donc

$$nq+2qh+n-qk+\frac{q-k}{4}-\left(\frac{3n}{2}-h\right)^2=0.$$

de là
$$h=\frac{3n}{2}+q-\sqrt{q^2+4qn+n+\frac{q-k}{4}-qk},$$

l'état négatif du radical étant seul admissible par suite des limites imposées au nombre h, cette valeur de h fait connaître celle de $4(n-\delta)$; en effet, de l'égalité

$$[K] \qquad 2n-\delta=\frac{3n}{2}-h$$

on déduit $4(n-\delta)=2n-4h$, et enfin

$$4(n-\delta)=-4(q+n)+\sqrt{16q^2+64qn+16n+4(q-K)-16qK}\ *.$$

Notre étude actuelle est l'examen des modifications que l'inégalité hypothétique [G] peut amener dans la condition [D] : nous devons donc comparer les deux grandeurs qui expriment $4(n-\delta)$, c'est-à-dire comparer

$$[N] \quad -4(q+n)+\sqrt{16q^2+64qn+16n+4(q-k)-16qk} \text{ et } 3\left(\frac{q-k}{4}\right)-2;$$

or, pour toutes les valeurs de n, depuis $n=3\left(\frac{q-k}{8}\right)-3$ jusqu'au maximum $n=3\left(\frac{q-k}{4}\right)$ admissible pour cette lettre, la première des deux quantités [N] est supérieure à la seconde, cette conclusion sera incontestable si nous prouvons

---

* Le raisonnement fait dans le texte admet l'exactitude de la valeur de h_1, déduite du reste créé par [M] et égalé à zéro ; ainsi la valeur exacte de h, c'est-à-dire la valeur de h donnée par l'équation obligée

$$nq+2qh+n-qk+\frac{q-k}{4}-\left(\frac{3n}{2}-h\right)^2=r$$

a été remplacée par la valeur de h_1 déduite de l'équation

$$nq+2qh_1+n-qk+\frac{q-k}{4}-\left(\frac{3n}{2}-h_1\right)^2=o;$$

si nous représentons par f la quantité $nq+n-qk+\frac{q-k}{4}-\frac{9n^2}{4}$, les deux équations précédentes seront

$$f+2qh+3nh-h^2=r,\quad f+2qh_1+3nh_1-(h_1)^2=o;$$

de là on déduit par soustraction

$$[u] \qquad (h-h_1)[2q+3n-(h+h_1)]=r,$$

les quantités h et h_1 sont certes peu différentes, puisque le nombre h n'est pas supérieur à $\frac{n}{2}$, la quantité $h+h_1$ sera peu différente de n, alors l'équation [u] prouve, en rappelant l'inégalité $r<4q+1$, que la différence de h à h_1 est inférieure au nombre 2 ou que le nombre h est supérieur au nombre h_1 d'une quantité inférieure à 2 : si dans l'égalité [K] du texte, égalité dans laquelle le nombre h_1 a pris la place du nombre h, si on substitue au nombre h le nombre $h+2$, cette égalité deviendra $4(n-\delta)=2n-4h-8$ et le changement n'altérerait pas d'une unité la limite finale assignée dans le texte au nombre q.

que, depuis $n=3\left(\frac{q-K}{8}\right)-3$ jusqu'à $n=3\left(\frac{q-K}{4}\right)$, l'adoption du polynome

$$+4(q+n)+3\left(\frac{q-K}{4}\right)-2,$$

comme étant la racine carrée de la quantité placée sous le radical, donnerait un reste essentiellement positif : ce reste à examiner est

$$[L] \quad 26qn+(32+6k)n-16n^2-\frac{105q^2}{16}+q\left(23-\frac{71k}{8}\right)-\frac{9k^2}{16}-7k-4.$$

Ce reste, s'il est positif pour une certaine valeur de n, augmente ensuite avec n, pourvu que ces valeurs de n restent inférieures à $\frac{13q}{16}+1+\frac{3k}{16}$; or, si l'on pose $n=3\left(\frac{q-k}{8}\right)-3$, la substitution dans [L] de cette valeur pour n donne $\frac{15q^2}{16}-q\left(\frac{93k}{8}+7\right)-\left(\frac{27k^2}{4}+73k+244\right)$, et, si l'on admet le cas le plus défavorable $k=3$, on a $\frac{15q^2+682q-8380}{16}$ ou $\frac{q(15q-682)-8380}{16}$; or, ce résultat est positif si l'on admet $q>55$: ainsi, dans les cas les plus défavorables pour toutes les équations dont la forme est $x^2+r=P.y$, pourvu que l'on ait, 1° $P=4q+1$, 2° le nombre r positif et inférieur à P, 3° le nombre n non inférieur à $3\left(\frac{q-k}{8}\right)-3$: si l'on ne peut admettre la condition [F], c'est-à-dire si l'on ne peut admettre la possibilité de l'égalité [E] avec la condition essentielle, le facteur de $4q+1$ inférieur à $\frac{q-k}{4}+3$, cette impossibilité même amène la possibilité de la condition [D], et, par suite, assure l'exactitude de l'égalité [C] avec la condition [D], le facteur de $4q+1$ inférieur à $\frac{q-k}{4}+3$.

Les limites générales assignées au nombre n sont 4 et $3\left(\frac{q-k}{4}\right)$, nous devons donc compléter cette étude par l'examen de l'influence de n sur les conditions [D] et [F], lorsque le nombre n est limité par 4 et $3\left(\frac{q-K}{8}\right)-4$. Or, le nombre n ainsi limité vérifie la condition [F]; en d'autres termes, les conditions $\delta>\frac{n}{2}+1$, $n=3\left(\frac{q-K}{8}\right)-l$ sont contradictoires, la variation du nombre l ayant lieu depuis 4 jusqu'à $3\left(\frac{q-K}{8}\right)-4$, ou, plus simplement, ayant lieu depuis 0 jusqu'à $3\left(\frac{q-K}{8}\right)-4$.

1° de $\delta > \frac{n}{2} + 1$ on déduit $2n - \delta < \frac{3n}{2} - 1$ ou $q + 2n - \delta < q + \frac{3n}{2} - 1$, ou, si à n on substitue la valeur $3\left(\frac{q-k}{8}\right) - l$, on a

$$q + 2n - \delta < \frac{25q}{16} - \left(\frac{9K}{16} + 1\right) - \frac{3l}{2}.$$

2° Le produit $(4q+1)\left(\frac{q-k}{4} + n\right)$ devient, si à n on substitue la valeur $3\left(\frac{q-k}{8}\right) - l$, le nombre

$$[S] \qquad \frac{5q^2}{2} - q\left(\frac{20k-5}{8}\right) - \frac{5k}{8} - 4ql - l.$$

Or, ce nombre contient le carré $(q+2n-\delta)^2$, et, diminué de ce carré, il doit donner le reste r, c'est-à-dire le terme connu de l'équation proposée : si donc, dans cette soustraction, le carré $(q+2n-\delta)^2$ est remplacé par la quantité plus grande $\left[\frac{25q}{16} - \frac{9k}{16} - 1 - \frac{3l}{2}\right]^2$, le reste de cette nouvelle soustraction sera, soit un nombre négatif, soit un nombre positif, mais inférieur à r, et, par suite, inférieur à $4q+1$; ainsi, du nombre [S] retranchons le nombre

$$\frac{25q}{16} - \left(\frac{9K}{16} + 1\right) - \frac{3l}{2};$$

le reste est alors

$$[T] \quad \frac{15q^2}{256} + q\left(\frac{15}{4} - \frac{95k}{128}\right) - \left(\frac{81k^2}{256} + \frac{7k}{4} + 1\right) + \frac{9l}{4}\left(\frac{11q - 27k - 64}{36} - l\right);$$

cherchons les limites relatives à l et capables de donner à ce reste l'état positif et supérieur à $4q$; ce reste présente deux parties : la première, qui est indépendante de la lettre l, est, dans le cas le plus défavorable, et si l'on a $q > 45$, positive et supérieure à $4q$, maximum admissible pour le nombre r ; la seconde partie du reste est dépendante de l, est positive et croissante depuis $l=0$ jusqu'à $l = \frac{11q - 27k - 64}{72}$; ainsi, le nombre l étant limité provisoirement par les termes 0 et $\frac{11q - 27k - 64}{72}$, on est assuré que le reste [T] est positif et supérieur à $4q$; par suite, ce reste est supérieur à r, et, par conséquent, dans ces conditions, l'inégalité $\delta > \frac{n}{2} + 1$ est inadmissible, et l'exactitude de l'égalité [E] avec la condition essentielle F est alors incontestable.

La limite supérieure provisoire $\frac{11q-27k-64}{72}$, relative à la lettre l, n'est pas supérieure à la limite $3\left(\frac{q-k}{8}\right)-4$, maximum admissible pour cette même lettre l; or, reprenant l'examen du reste [T], on peut remarquer, 1° que depuis $l=\frac{11q-27k-64}{36}$ jusqu'à $l=3\left(\frac{q-k}{8}\right)-4$, la partie dépendante de l prend l'état négatif, et, par conséquent, diminue d'autant, dans le reste T, la partie invariable positive qui la précède; 2° que, dans les conditions imposées, le maximum négatif de cette partie dépendante de l correspond exactement au maximum $3\left(\frac{q-k}{8}\right)-4$, admissible pour la lettre l; si donc, à la lettre l et dans $\frac{9l}{4}\left(\frac{11q-27k-64}{36}-l\right)$ on substitue $l=3\left(\frac{q-k}{8}\right)-4$, le résultat final, après substitution et après réduction générale, est

[U] $$q\left(\frac{23}{4}-k\right)+\frac{13k}{4}-19,$$

résultat qui est, en général, positif, et l'examen de sa grandeur, comparée à celle de $4q$, donne les états suivants : 1° si $k=0$, on a $[U]>4q$ si l'on a $q>8$; 2° si $k=1$, on a $[U]>4q$ si l'on a $q>12$; 3° si $k=2$, on a $[U]>4q$ si l'on a $q>50$; 4° enfin, lorsque le nombre k est 3, le nombre [U] n'est pas supérieur à $4q$, mais constatons que notre raisonnement admet la supériorité de ce nombre sur le terme connu r; le nombre [U] serait d'ailleurs supérieur à $4q$ si l'on diminuait d'une seule unité le maximum $3\left(\frac{q-k}{8}\right)-4$ assigné à l.

2° Cas. $$P=4q+3.$$

La démonstration est semblable à celle qui précède, et nous indiquerons les points principaux du raisonnement :

1° Si l'équation $x^2+r=(4q+3)y$ est possible, on peut toujours admettre que la solution $x_1\ y_1$, hypothétiquement connue, vérifie les inégalités $x_1<2q+1$, $y_1<q+1$;

2° Si l'équation $x^2+r=(4q+3)y$ est possible, si les essais successifs $y=1$, $y=2$, $y=3\ldots\ldots y=\frac{q-k}{4}+3$ ne peuvent faire connaître une valeur de y, on est assuré qu'un nombre entier n vérifie l'égalité

[A₁] $$(4q+3)\left(\frac{q-k}{4}+n\right)=R^2+1^2r;$$

on est également certain que le nombre n, en admettant la non-réussite pour y des essais $q, \ldots . q-k$, est un des termes de la suite naturelle $4, 5, 6, 7 \ldots . q-k-1 \ldots . q-k-\frac{q-k}{4}$;

3° La racine R qui vérifie l'égalité $[A_1]$ est $q+2n-\delta$, le nombre δ étant positif et non supérieur à n; ces faits établis, on sait qu'une solution est toujours donnée par l'égalité certaine suivante :

$$[B_1] \quad (4q+3)\left(\frac{q-k}{4}+n\right)=(q+2n-\delta)^2+1^2[q(2\delta-k)+3n+3\left(\frac{q-k}{4}\right)-(2n-\delta)^2];$$

de cette égalité on déduit après multiplication par 2^2 et par 3^2

$$[C_1] \quad (4q+3)(q-k+4\delta-4n+3)=(4n-2\delta-2q-3)^2+2^2[q(2\delta-k)+3n+3\left(\frac{q-k}{4}\right)-(2n-\delta)^2],$$

$$[F_1] \quad (4q+3)\left(\frac{q-k}{4}+6\delta-3n-2k+3\right)=(6n-3\delta-q-3)^2+3^2[q(2\delta-k)+3n+3\left(\frac{q-k}{4}\right)-(2n-\delta)^2];$$

des raisonnemens analogues à ceux qui ont été faits dans le cas précédent prouvent que la transformation de l'égalité $[B_1]$ en l'une des égalités $[C_1]$ et $[D_1]$, le multiplicateur de $4q+3$ n'étant pas supérieur à $\frac{q-k}{4}+3$, est subordonné aux conditions hypothétiques

$$[D_1] \qquad 4(n-\delta)=>\frac{3(q-k)}{4},$$

$$[F_1] \qquad \delta=<\frac{n}{2}+1.$$

Admettons l'inexactitude de la seconde condition, c'est-à-dire soit

$$[G_1] \qquad \delta>\frac{n}{2}+1,$$

de là on déduit $2n-\delta<\frac{3n}{2}-1$, et en employant la lettre h comme dans le cas précédent, on a

$$[K_1] \qquad 4(n-\delta)=2n-4h;$$

si, à la racine $q+2n-\delta$ et dans l'égalité $[B_1]$, on substitue la valeur $q+\frac{3n}{2}-h$, qui représente alors la valeur inhérente à cette racine, le résultat est

$$[M_1]\quad (4q+3)\left(\frac{q-k}{4}+n\right)=\left(q+\frac{3n}{2}-h\right)^2+1^2\left[qn+3n-qk+2qh+3\left(\frac{q-k}{4}\right)-\left(\frac{3n}{2}-h\right)^2\right].$$

si, en rappelant les considérations présentées dans le cas précédent, on égale à zéro le second terme du second membre de cette égalité, et si on déduit de cette équation l'égalité suivante, c'est-à-dire la valeur

$$h=\frac{3n}{2}+q-\sqrt{q^2+4qn+3n-qk+3\left(\frac{q-K}{4}\right)};$$

enfin, si on substitue cette valeur dans l'égalité $[K_1]$, on a

$$4(n-\delta)=-4(q+n)+\sqrt{16q^2+64qn+48n+12(q-K)-16qk};$$

alors l'examen comparatif des deux grandeurs suivantes

$$[N_1]\quad -4(q+n)+\sqrt{16q^2+64qn+48n+12(q-k)-16qk}\quad \text{et}\quad 3\left(\frac{q-k}{4}\right)$$

indiquera l'état admissible ou non admissible de la condition $[D_1]$ toutes les fois que l'inégalité $[G_1]$ sera exacte; si de la quantité placée sous le signe radical on retranche $\left[4(q+n)+3\left(\frac{q-K}{4}\right)\right]$, le résultat est

$$[I_4]\quad 26qn+n(48+6k)-16n^2-\frac{105q^2}{16}+q\left(12-\frac{71k}{8}\right)-\frac{9k^2}{16}-12k.$$

Ce reste, s'il est positif pour une certaine valeur de n, augmente ensuite avec n, pourvu que toutes ces valeurs de n restent inférieures à $\frac{13q}{16}+\frac{3}{2}+\frac{k}{16}$; donc, si ce dernier nombre n est limité par les termes $3\left(\frac{q-k}{8}\right)-3$ et $3\left(\frac{q-k}{4}\right)$, ce reste est positif; si effectivement on substitue à n le nombre $3\left(\frac{q-k}{8}\right)-3$, le résultat est $\frac{15q^2}{16}-q\left(\frac{95k}{8}+12\right)-\left(\frac{81k^2}{16}+84k+288\right)$, et, dans le cas le plus défavorable donné par l'hypothèse $k=3$, ce résultat devient

$$\frac{15q^2}{16}-\frac{381q}{8}-\frac{936q}{16}.$$

Or, ce dernier résultat est positif, si l'on admet $q>61$, et par conséquent notre conclusion sera encore celle que présente la partie analogue du cas précédent.

Les modifications apportées par la valeur de n, depuis le nombre 4 jusqu'au nombre $3\left(\frac{q-k}{8}\right)-4$, dans les conditions hypothétiques [D_1] et [F_1] seront semblables à celles qu'éprouvent, dans les mêmes circonstances, les conditions [D] et [F] du cas précédent; si les limites de n sont 4 et $3\left(\frac{q-k}{8}\right)-4$, la condition [$F_1$] est réalisée; admettons, en effet, l'exactitude des deux hypothèses suivantes $\delta > \frac{n}{2}+1$, $n=3\left(\frac{q-K}{8}\right)-l$, hypothèses que nous disons être incompatibles, si la variation de l est limitée par les nombres 4 et $3\left(\frac{q-k}{8}\right)$, ou, plus simplement, est limitée par les termes 0 et $3\left(\frac{q-k}{8}\right)-4$.

1° De $\delta > \frac{n}{2}+1$ on déduit $2n-\delta < \frac{3n}{2}-1$ et $q+2n-\delta < q+\frac{3n}{2}-1$; ou, si à n on substitue la valeur $3\left(\frac{q-k}{8}\right)-l$, on a

$$q+2n-\delta < \frac{25q}{16}-\left(\frac{9k}{16}+1\right)-\frac{3l}{2}.$$

2° Le produit $(4q+3)\left(\frac{q-k}{4}+n\right)$, si à n on substitue la valeur $3\left(\frac{q-k}{8}\right)-l$, devient

$$[S_1] \qquad \frac{5q^2}{2}-q\left(\frac{20k-15}{8}\right)-\frac{15q}{8}-4ql-3l.$$

Le nombre [S_1] contient le carré $(q+2n-\delta)^2$; par conséquent ce nombre, diminué de ce carré, doit donner un reste égal à r; si donc, dans cette soustraction, le nombre trop élevé $\left[\frac{25q}{16}-\left(\frac{9k}{16}+1\right)-\frac{3l}{2}\right]^2$ prend la place de ce carré, le reste sera un nombre négatif, ou ce reste, s'il est positif, sera inférieur à r, et, par conséquent, à $4q+3$; or, ce reste est

$$[T_1] \qquad \frac{15q^2}{256}+q\left(5-\frac{95k}{128}\right)-\left(\frac{81k^2}{256}+3k+1\right)+\frac{9l}{4}\left(\frac{11q-27k-96}{36}-l\right).$$

La partie indépendante de l est positive et supérieure à $4q+3$, lorsque l'on a $k=3$, $q>29$; la partie indépendante de l croît depuis $l=0$ jusqu'à $l=\frac{11q-27k-96}{72}$, le nombre l étant plus élevé donne à cette partie l'état positif décroissant, puis l'etat négatif, et si, à la partie indépendante de l, on réunit la partie négative donnée par l'egalité $l=3\left(\frac{q-k}{8}\right)-4$, le résultat final est

$$[U_1] \qquad q\left(\frac{27}{4}-k\right)-\left(\frac{3k}{4}+13\right).$$

Ce résultat est positif, et l'examen comparatif de $[U_1]$ et de $4q+2$ donne les états suivants : 1° Si $k=0$, on a $[U_1]>4q+2$, si $q>5$; 2° si $k=1$, on a $[U_1]>4q+2$, si $q>9$; 3° si $k=2$, on a $[U_1]>4q+2$, si $q>22$; 4° si $k=3$, le nombre $[U_1]$ n'est pas supérieur à $4q+2$; mais le raisonnement admet seulement la supériorité de ce nombre sur le nombre r, et nous pourrions reproduire ici l'observation faite dans la partie analogue du cas précédent.

Conclusion générale. Étant donnée à résoudre, en nombres entiers, une équation $x^2+r=P.y$; admettons, ce qui est permis, l'état positif des nombres P et r, l'exactitude de l'égalité $r<P$: si l'équation proposée est possible, les raisonnements qui précèdent constatent l'existence d'un nombre entier $P.m$, le facteur m inférieur à $\frac{P}{16}+3$ qui vérifie l'une des trois égalités suivantes :

$$[1] \qquad P.m-1^2.r=R^2$$

$$[2] \qquad P.m-2^2.r=R^2$$

$$[3] \qquad P.m-3^2.r=R^2,$$

le nombre R étant entier, la proposition réciproque est également vraie.

Les tables précédentes, applicables à l'équation $x^2+r=P.y$, ont été calculées en employant la relation unique, qui a lieu entre une solution certaine h et toutes les solutions liées à cette première solution de l'équation proposée, en substituant successivement à N et à N' la suite naturelle 0, 1, 2, 3, 4, etc.; les expressions littérales $\pi_{2n'}$, $\pi_{2n'+1}$, $\varphi_{2n'}$, $\varphi_{2n'+1}$ (expressions relatées n° **34**) représentent, dans les conditions actuelles, tous les nombres entiers qui peuvent, après extraction de la racine carrée, donner un reste caractérisé par la formule $r.Q^2$, le nombre Q étant entier, par conséquent si une des égalités précédentes [1], [2], [3], l'égalité [3], par exemple, est exacte, on est certain que le nombre $P.m$ occupe une place dans les tables et par suite la fonction de n correspondante, fonction qui représente la racine carrée de $P.m$, doit, si elle est égalée au nombre entier R, donner à n l'état de nombre entier, cette circonstance fera connaître la tête de colonne correspondante et par suite, n° 38, donnera une valeur de y applicable à l'équation proposée.

46. La conclusion générale qui précède donne un caractère pratique incontestable à la méthode de résolution de l'équation $x^2+r=P.y$; mais cette méthode, applicable d'ailleurs à l'équation plus générale $x^2+qx+r=P.y$, exige l'emploi du tableau VI plus ou moins étendu; or, ce tableau lui-même n'est pas indispensable ou du moins une simple remarque prouve que sa partie réellement essentielle est limitée aux trois racines fonction de n, qui occupent les rangs 2 et 3 de la première colonne verticale; en d'autres termes, le tableau VI peut être complétement remplacé par le tableau VII suivant :

	TÊTE DE COLONNE.	
TABLEAU VII.	$P_0 = n^2+r.$	
	Racines.	
Reste $=2^2.r$,	$2n+1.$	
Reste $=3^2.r$,	$3n-1$	$3n+1.$

En effet, étant donnée à résoudre, en nombres entiers, l'équation possible $x^2+r=P.y$, on a, dans ces conditions, acquis la certitude que l'on peut satisfaire à l'une des égalités

$$[A]\quad \begin{array}{ll} [1] & P.m=R^2+1^2.r \\ [2] & P.m=R^2+2^2.r \\ [3] & P.m=R^2+3^2.r. \end{array}$$

Or, si le nombre P est impair, circonstance qui, dans l'étude actuelle, conserve à ce nombre toute la généralité nécessaire *, on peut affirmer que la vérification de l'une des égalités [A] et l'emploi du tableau VII amènent toujours une solution de l'équation proposée.

1° Si l'égalité exacte est

$$[1]\qquad P.m=R^2+1^2.r,$$

* Si l'on a $P=2^k.p$, l'égalité $\frac{z}{2^k}=y$ transforme l'équation $x^2+r=P.y$ en une autre $x^2+r=pz$, dans laquelle le nombre p est impair.

cette égalité donne le système $x=R$, $y=m$ applicable à l'équation proposée.

2° Si l'égalité exacte est

$$[2] \qquad P.m=R^2+2^2.r,$$

le nombre R est impair ou pair; dans le premier cas, l'égalité $2n+1=R$ donne le système $x=2n^2+n+2r$, $y=m(n^2+r)$ applicable à l'équation proposée; dans le second cas, on déduit de l'égalité $P.m=R^2+2^2.r$, l'égalité $P.m_1=(P-R)^2+2^2.r$, dans laquelle le nombre $P-R$ est impair et la question appartient au premier cas.

3° Si l'égalité exacte est

$$[3] \qquad P.m=R^2+3^2.r,$$

le nombre R a l'une des trois formes $3q-1$, $3q+1$, $3q$; dans les deux premiers cas, l'emploi convenable de l'une des égalités $3n-1=R$, $3n+1=R$, tableau VII, donne à n l'état de nombre entier, et par suite donne un système-solution applicable à l'équation; dans le troisième cas, tous les termes de l'égalité [3] sont divisibles par le nombre 9, et cette égalité devient

$$[B] \qquad \frac{P.m}{9}=q^2+1^2.r;$$

si le nombre P est premier absolu ou si ce nombre est premier à 9, l'égalité [B] prend la forme $P.m_1=q^2+1^2.r$ et par suite le système $x=q$, $y=m_1$, est applicable à l'équation proposée; si le nombre m n'est pas un multiple exact de 9, alors P est exactement divisible, soit par 3, soit par 9, et l'égalité [B] prend l'une des formes $\frac{P}{3}.\frac{m}{3}=q^2+1^2.r$, $\frac{P}{9}.m=q^2+1^2.r$, c'est-à-dire

$$[4] \qquad p.\mu_0=q^2+1^2.r,$$

$$[5] \qquad p_1.m=q^2+1^2.r,$$

le raisonnement étant le même dans ces deux égalités, nous admettrons que [4] est l'égalité finale obtenue : on est assuré que le système $x=q$, $y=\mu_0$ est une solution applicable à l'équation $x^2+r=p.y$ et puisque l'on a $\frac{P}{3}=p$, il est évident que parmi les valeurs μ_0, μ_1, μ_2, etc. de l'inconnu y, relatives à l'équation $x^2+r=p.y$, on doit rechercher celles qui sont exactement divisibles par le nombre 3, soit μ_k cette valeur et q_k la valeur de x correspondante, on aura les égalités, $p.\mu_{*}=(q_{*})^2+1^2.r$, $3.p.\frac{\mu_2}{3}=(q_{*})^2+1^2.r$, $P.\frac{\mu_2}{3}=(q_{*})^2+1^2.r$; ainsi le système $x=q_{*}$, $y=\frac{\mu_2}{3}$ est applicable à l'équation primitive proposée : la recherche du nombre μ_{*} aura lieu en employant les formules générales n° **39**, elle demande quelques essais dont le nombre est très-limité, en effet, si l'équation primitive proposée $x^2+r=P.y$ est possible, cette équation doit présenter pour y une valeur inférieure à $\frac{P}{4}+1$, et par conséquent le nombre μ_{*} doit être inférieur à $3\left(\frac{P}{4}+1\right)$.

Le raisonnement qui termine le paragraphe précédent, admet l'état premier absolu du nombre $p=\frac{P}{3}$; ce raisonnement admet, en effet, qu'un seul système $x=q$, $y=\mu_0$ solution de l'équation $x^2+r=P.y$ donnera, à l'aide des formules générales n° **39**, toutes les solutions de cette même équation ; or, on a vu, n° **40**, que cette seconde propriété est complétement subordonnée à la première : si le nombre p n'est pas premier absolu, l'état premier à 3 des diverses valeurs μ_0, μ_1, μ_2, etc. n'est pas une preuve de la non-existence d'une valeur de y applicable à l'équation primitive proposée $x^2+r=P.y$; on reprendra alors l'équation auxiliaire $x^2+r=p.y$ et désignant par π le plus grand facteur premier de p puis, posant $p=\pi.K$, $K.y=t$, l'équation $x^2+r=p.y$ deviendra $x^2+r=\pi.t$, soit $x=x_0$, $t=t_0$ un système-solution de cette dernière équation, avec la condition $x_0<\frac{\pi}{2}$, le nombre π étant premier absolu, la suite t_0, t_1, t_2, t_3, etc. donnée par l'emploi des formules générales n° **39**, renferme toutes les valeurs applicables à l'inconnue t, et par conséquent si on choisit parmi ces valeurs les multiples exacts du nombre K; ces multiples donnent, après division par K, une nouvelle suite θ_0, θ_1, θ_2, etc. dont les termes sont toutes les valeurs applicables à l'inconnue y relative à l'équation $x^2+r=p.y$, cette nouvelle suite, dont un terme au moins doit être inférieur à $3\left(\frac{P}{4}+1\right)$, renferme évidemment les nombres μ_0, μ_1, μ_2, etc. donnés dans le calcul qui a précédé le calcul actuel, si parmi les nombres θ_0, θ_1, θ_2, etc. on adopte ceux qui sont inférieurs à $3\left(\frac{P}{4}+1\right)$ et si ces nombres ainsi choisis sont tous premiers à 3, on aura la certitude qu'il y a impossibilité de résoudre, en nombres entiers, l'équation primitive $x^2+r=P.y$.

La réunion des hypothèses $R=3q$, $P.m=R^2+3^2.r$ est extrêmement rare, la difficulté qu'elle présente est essentiellement théorique, plutôt apparente que réelle; on peut d'ailleurs toujours l'éviter en opérant, s'il y a lieu, la transformation de l'équation proposée, c'est-à-dire en changeant cette équation en une autre, dans laquelle le coefficient de l'inconnue auxiliaire est un nombre premier absolu : la dernière partie de l'explication précédente donne tous les éléments nécessaires pour opérer cette transformation; cette dernière partie donne aussi, connaissant un système-solution de l'équation transformée, le moyen de constater la possibilité ou l'impossibilité de résoudre, en nombres entiers, l'équation proposée.

L'emploi du tableau VII amène donc toujours une solution de l'équation possible $x^2+r=P.y$; or, cette circonstance même indique, entre les nombres x_1, y_1, qui constituent une solution, une relation dont l'élégance et la simplicité nous paraissent remarquables, tout système-solution vérifie l'égalité $x^2+r=P.m(n^2+r)$ en d'autres termes, dans les conditions précitées, le premier membre de l'équation résolue présente la forme x^2+r, et ce nombre est égal au produit d'un multiple exact de P, par un nombre dont la forme est exactement celle que présentait le nombre entier x^2+r.

47. La recherche des solutions, en nombres entiers, de l'équation $x^2+r=P.y$, est donc remplacée par cette autre recherche, constater la possibilité ou l'impossibilité de l'une des trois égalités [A]

[1] $$P.m-1^2.r=R^2$$

[2] $$P.m-2^2.r=R^2$$

[3] $$P.m-3^2.r=R^2,$$

parmi les procédés que le lecteur peut employer, nous indiquerons le procédé suivant, qui nous a paru réunir les conditions de célérité et de certitude pratiques que l'on demande à ce genre de calcul; remarquons 1° que le chiffre des unités d'un carré exact entier est 1, 4, 6, 9, 5, 0; 2° que le chiffre des unités d'un carré exact entier étant 0 ou 5, le chiffre des dizaines de ce même carré est 0 ou 2; 3° que le nombre entier m est inférieur à $\frac{P}{16}+3$.

Essai relatif à l'une des égalités [A], par exemple à la première de ces égalités;

le nombre $P.m - 1^2 r$ doit être un carré exact entier; posons la série suivante de nombres entiers :

$$[B] \quad 1.P-1^2.r, \quad 2.P-1^2.r, \quad 3.P-1^2.r, \quad 4.P-1^2.r, \quad 5.P-1^2.r,$$
$$6.P-1^2.r, \quad 7.P-1^2.r, \quad 8.P-1^2.r, \quad 9.P-1^2.r, \quad 10.P-1^2.r,$$

on devra exclure de cette série tous les nombres dont le chiffre des unités sera 2, 3, 7, 8, et cette exclusion sera définitive, c'est-à-dire aura lieu pour tout l'essai actuel; en effet, si l'on est certain que le chiffre des unités du nombre $2.P-1^2.r$, par exemple, ne peut se concilier avec l'état de carré exact entier, le fait de non-concordance est également certain pour les nombres $12.P-1^2.r$, $22.P-1^2.r$, $32.P-1^2.r$, etc. ; la série [B] est donc réduite à six termes et une remarque assez simple détermine l'exclusion immédiate des termes dont le chiffre des unités est 0 ou 5; supposons, par exemple, que le nombre $7.P-1^2.r$ présente le chiffre des unités égal à 5, le chiffre des dizaines de ce nombre *est* ou *n'est pas* 2, dans le premier cas on examinera à l'instant si ce nombre est un carré, soit lorsqu'il est isolé, soit après l'addition de 100P, de 200P, de 300P, etc., le coefficient actuel de P étant limité par la condition $m < \frac{P}{16} + 3$; dans le second cas on reconnaîtra immédiatement quel est le multiple exact 10P, 20P, 30P, etc., que l'on doit ajouter au nombre primitif $7P-1^2.r$, pour donner au résultat le chiffre des dizaines 2, et on soumettra ce résultat aux essais indiqués pour le premier cas; il est évident qu'une opération analogue aura lieu pour le terme dont le chiffre des unités est 0; la série [B] présente finalement quatre termes dont le chiffre des unités est 1, 4, 6, 9; or, si l'on remarque que tout carré exact entier 1° dont le chiffre des unités est 6 a un chiffre impair comme dizaines; 2° dont le chiffre des unités est 1, 4, 9 a un chiffre pair comme dizaines, on reconnaîtra facilement que les quatre termes qui constituent alors la série [B] seront alors, le nombre P étant impair, soumis aux essais, en augmentant le coefficient de P, soit des nombres 10P, 30P, 50P, etc., soit des nombres 20P, 40P, 60P, etc., un seul de ces modes est nécessaire et est caractérisé par l'état du nombre primitif de la série finale [B].

Exemple. $x^2+171=1559y$, les essais amènent, s'il y a lieu, la vérification de l'une des égalités [A]; or, dans l'exemple actuel, 1° le quotient entier donné par $\frac{P}{16}+3$, c'est-à-dire 100 est le nombre maximum affecté à la lettre m; 2° les essais relatifs aux deux premières égalités [A], essais limités par le maximum admissible pour m, ne présentent aucun résultat utile; 3° les essais relatifs à la troisième égalité [A] donnent les six égalités

$$1559.1-3^2.171=20,\quad 1559.2-3^2.171=1579,\quad 1559.5-3^2.171=6256,$$
$$1559.6-3^2.171=7815,\quad 1559.7-3^2.171=9374,\quad 1559.10-3^2.171=14051;$$

4° quelques essais relatifs à la première et à la quatrième égalité déterminent la suppression de ces égalités, on a donc finalement

$$1559.2-3^2.171=1579,\quad 1559.5-3^2.171=6256,$$
$$1559.7-3^2.171=9374,\quad 1559.10-3^2.171=14051;$$

5° les essais liés aux deux premières égalités ne donnent aucun résultat utile; 6° le second membre de la troisième égalité n'est pas un carré, mais le premier membre augmenté de 10P donne l'égalité $1559.17-3^2.171=158^2$, de là, tableau VII, $f(n)=3n-1=158$, $n=53$, tête de colonne $n^2+r=2980$, $(n^2+r)17=50660$, donc le système-solution est $y=50660$, $x=8887$.

48. L'exposé théorique qui précède fait connaître soit l'ensemble, soit la non-existence de solutions entières de l'équation $x^2+r=P.y$ *; nous avons d'ailleurs indiqué n° **30** et n° **31** les deux transformations simples qui permettent de subordonner la résolution de l'équation $X^2+QX+R=K.Y$ à celle de l'équation $x^2+r=P.y$; on a donc ainsi un procédé de résolution, en nombres entiers, de ce genre d'équations : or, sans vouloir donner au traité actuel une direction pratique étroite que nous avons évitée parce que toute direction de cette nature brise les méthodes, ferme, en général, la route à toute recherche ultérieure, il nous est sans doute permis de compléter, par quelques mots, le mode de transformations que nous venons de caractériser. Reprenons l'équation générale de cette première partie :

$$[A]\qquad aX^2+bX+c=P.Y,$$

* Le second membre du paragraphe du texte admet, à la vérité, l'état premier absolu du nombre P; cet état nous l'admettons d'ailleurs dans le raisonnement qui suit; son absence n'altère pas la généralité du procédé pratique, ou du moins n'amène que des modifications légères dont nous laissons l'examen au lecteur; constatons aussi que le nombre a (coefficient de X^2 dans l'équation relatée plus bas) est premier au nombre P; en effet, le nombre a, multiple de P, abaisse le degré de cette équation, laquelle appartient alors à l'analyse indéterminée du premier degré.

laquelle représente toutes les équations incomplètes du second degré à deux inconnues qui ne renferment que le carré d'une variable. Posons les égalités

[M] $$X = \frac{t-b}{2a}, \qquad 4aY = z;$$

l'équation [A] devient

[B] $$t^2 + (4ac - b^2) = P.z.$$

Nous avons, dans les n^{os} qui précèdent, tous les éléments nécessaires pour répondre à ces deux questions : la résolution, en nombres entiers, de l'équation [B] est-elle possible? Et si la réponse est affirmative, quels sont les nombres entiers t et z qui donnent un système-solution de cette même équation? Enfin rappelons que le premier système-solution connu étant t et z, les formules

[H] $$T = P(N+1) - t$$

[K] $$Z = P(N+1)^2 - 2t(N+1) + z$$

représentent, n° 39, tous les systèmes-solutions applicables à l'équation [B].

Les égalités [M] montrent que l'état entier attribué à chaque partie du système X, Y de l'équation primitive proposée donne le même état entier à chaque partie du système correspondant T, Z; mais, et pour nous ce point est capital, les réciproques sont, en général, inexactes, et il faut rechercher parmi les systèmes-solutions T et Z ceux qui donnent l'état entier, 1° à X, 2° à Y : la première recherche ne présente aucune difficulté, elle est liée à une équation d'analyse indéterminée du premier degré obtenue en remplaçant dans la première des égalités [M] la lettre t par la valeur générale $T = P(N+1) - t$; en d'autres termes, cette recherche est la résolution, en nombres entiers, de l'équation

[C] $$2aX = P(N+1) - t - b.$$

Si on désigne par X et N un système-solution de cette équation, la seconde recherche est le résultat de la substitution de N dans l'égalité [K]; ce résultat entier numérique, représenté par Z, est *toujours* un multiple de $4a$, et, par suite, donne le nombre entier $Y = \frac{Z}{4a}$, lequel complète le système-solution X, Y de l'équation primitive proposée; cette dernière proposition est manifestement une conséquence des transformations opérées; elle peut néanmoins être démontrée directement : reprenons, en effet, les trois égalités

[B] $$t^2+(4ac-b^2)=P.z,$$

[C] $$2aX=P(N+1)-t-b,$$

[K] $$Z=P(N+1)^2-2t(N+1)+z.$$

Les lettres, 1° t et z, relatives à [B], 2° X, N, relatives à [C], représentent un système-solution; par conséquent, les égalités

$$z=\frac{t^2+(4ac-b^2)}{P},\qquad N+1=\frac{2aX+t+b}{P},$$

démontrent que les nombres $t^2+4ac-b^2$, $2aX+t+b$ sont respectivement des multiples de P; substituant les nombres z et $N+1$ dans l'égalité [K], on a

$$Z=\left(\frac{2aX+t+b}{P}\right)^2-2t\left(\frac{2aX+t+b}{P}\right)+\frac{t^2+(4ac-b^2)}{P};$$

chacune des trois parties du second membre est un nombre entier; la somme présente ce même état, et est, après réductions, le second membre de l'égalité

$$z=4a\left(\frac{aX^2+bX+c}{P}\right).$$

Le nombre P, premier absolu, est premier à $4a$; par suite, le nombre z est multiple de $4a$; par conséquent, les deux recherches précitées se réduisent à une seule, laquelle est toujours possible, le nombre P est premier absolu, cette recherche appartient à l'analyse indéterminée du premier degré à deux inconnues. Concluons : Si on connait un système-solution de l'équation [B], ce système amène l'équation [C]; le système-solution X, N de cette dernière équation, donne, après substitution de N dans l'égalité [K], un nombre entier Z multiple de $4a$, et, finalement, on obtient les nombres entiers X, $\frac{Z}{4a}=Y$, qui constituent une solution de l'équation proposée.

49. Nous avons, dans la note du n° **30**, pris l'engagement d'examiner les limites que l'on peut assigner à y dans les équations dont la forme est $x^2+qx+r=P.y$, le nombre q impair, c'est-à-dire d'étudier quelques faits analogues à ceux que présente, n° **41** et suivants, l'équation $x^2+r=P.y$; cet examen direct de l'équation précitée $x^2+qx+r=P.y$ peut être utile, au moins comme exercice intellectuel : nous indiquerons les points principaux qui ont été l'objet de notre étude.

Étant donnée à résoudre en nombres entiers l'équation

$$X^2+qX+s=P.Y,$$

le nombre q étant impair et représenté par $2k+1$, on a vu, n^{os} **21** et suivants, que la connaissance des solutions entières était liée à celle de deux séries primitives, et que chacune de ces séries créait deux espèces de résultats.

1re Série. $\quad s,\ 1+q+s,\ 4+2q+s,\ 9+3q+s\ldots$

Terme général $\quad n^2+nq+s.$

Résultats [C] $\quad P.m=R^2+\left(AH^2+AH+\frac{A+1}{4}\right)-R,$

[D] $\quad P.m=R^2+A.Q^2.$

2e Série. $\quad \frac{A+1}{4},\ A+A+\frac{A+1}{4},\ 4A+2A+\frac{A+1}{4}\ldots$

Terme général $\quad An^2+An+\frac{A+1}{4}.$

Résultats [E] $\quad \frac{P.m+G}{A}=R^2+\frac{B^2+qB+r+G}{A}-R,$

[F] $\quad \frac{P.m+G}{A}=R^2+\frac{Q^2+G}{A}.$

De là deux épreuves à faire sur l'équation proposée et la limite première évidente du nombre m est n° **28**, $P+q+1$; or, nous admettons dans l'exposé général suivant, que l'équation proposée $X^2+qX+s=PY$ a été transformée en l'équation $x^2+x+r=P.y$, le nombre r étant positif et inférieur à P, cette transformation n'altère pas la généralité du raisonnement puisqu'elle est opérée : 1° par le changement de X en $x\pm k$; 2° par le changement, s'il y a lieu, de quelques unités dans la valeur de Y, dans ces nouvelles conditions on a $A=4r-1$, et si l'on adopte le nombre G positif, note du n° **15**, les égalités [C], [D], [E], [F] deviennent :

$$[C_1] \qquad P.m=R^2+(2H+1)^2r-H(H+1)-R,$$

$$[D_1] \qquad P.m=R^2+(4r-1)Q^2,$$

$$[E_1] \qquad \frac{P.m+G}{4r-1}=R^2+\frac{B^2+B+r+G}{4r-1}-R,$$

$$[F_1] \qquad \frac{P.m+G}{4r-1}=R^2+\frac{Q^2+G}{4r-1}.$$

La résolution en nombres entiers de l'équation proposée étant possible : 1° Si a est une valeur de x, le nombre $(a-P)$ est une valeur applicable à la même lettre, et par suite, il existe pour y une solution qui est non supérieure à $\frac{P}{4}+1$; 2° les nombres P et r vérifient l'une des quatre égalités [C], [D], [E], [F] ; admettons que la vérification ait lieu pour l'une des égalités [C] et [D], l'équation est alors liée au tableau I, n° **13**.

1er Cas. Les nombres P et r vérifient l'égalité $[C_1]$; la résolution de l'équation est alors liée à la première partie du tableau I, ou, en d'autres termes, les nombres P et r vérifient l'une des lignes horizontales qui constituent cette partie du tableau ; nous prouverons ci-après que cette vérification d'une des lignes précitées amène nécessairement la vérification de la première de ces mêmes lignes, par conséquent, le calcul conservera un caractère général, et sera plus simple en introduisant dans l'égalité $[C_1]$ l'hypothèse $H=0$, le résultat est $P.m=R^2+r-R$, et si l'on admet, pour fixer les idées, les hypothèses $P=4q+1$, $\frac{q-k}{4}=V$, le nombre k étant non supérieur à 3. L'égalité précédente peut prendre la forme

$$[I_0] \qquad (4q+1)\left(\frac{q-k}{4}+n\right)=(q+2n-\delta)^2+r-(q+2n-\delta),$$

le facteur $\frac{q-k}{4}+n$ n'est pas supérieur à $q+1$, et 1° si le nombre n est positif, 2° si l'inégalité $r<P$ est exacte, on peut démontrer, comme il a été fait n° **44**, que les limites du nombre δ sont 0 et $n+1$ inclusivement ; multi-

plions toute l'égalité $[L_0]$ par 9, on a, par réductions successives, les résultats

$$(4q+1)\left[\frac{9q-9k}{4}+9n\right]=[3q+6n-3\delta]^2+9r-[9q+18n-9\delta$$

$$(4q+1)\left[\frac{9q-9k}{4}+9n\right]=[4q+1+6n-3\delta-q-1]^2+9r-[9q+18n-9\delta$$

$$(4q+1)\left[\frac{9q-9k}{4}+9n-(4q+1)-2(6n-3\delta-q-1)\right]=[6n-3\delta-q-1]^2+9r-2-[9q+18n-9\delta-2$$

$$(4q+1)\left[\frac{q-k}{4}-3n-2k+6\delta+1\right]=[6n-3\delta-q-1]^2+9r-2-[9q+18n-9\delta-2$$

$$(4q+1)\left[\frac{q-k}{4}-3n-2k+6\delta+1\right]=[6n-3\delta-q-2]^2+9r-2-[6n-3\delta+11q+1$$

$$(4q+1)\left[\frac{q-k}{4}-3n-2k+6\delta+1\right]=[6n-3\delta-q-2]^2+9r-2-[6n-3\delta-q-$$

$$[L_1]\quad(4q+1)\left[\frac{q-k}{4}-3n+6\delta+2(2-k)\right]=[6n-3\delta-q-2]^2+9r-2-[6n-3\delta-q-$$

Le nombre $9r-2$ représente, dans les conditions précitées, le nombre $\frac{9A+1}{4}$, par conséquent la vérification par les nombres P et r de la première ligne horizontale de la première partie du tableau I, amène la vérification, par les mêmes nombres, de la seconde ligne horizontale de la première partie du même tableau.

Reprenons et multiplions par 25 l'égalité $[L_0]$, le résultat final, après réductions successives, est

$$[L_2]\quad(4q+1)\left[\frac{q-k}{4}+2q-5(3n-4\delta)+2(7-3k)\right]=[3q+5\delta-10n+5]^2+25r-6-[3q+5\delta-10n+5];$$

le nombre $25r-6$ représente, dans les conditions précitées, l'expression $\frac{25A+1}{4}$ qui constitue le terme antérieur de la troisième ligne horizontale de la première partie du tableau I; ainsi, la vérification par les nombres P et r de la première ligne indiquée, amène la vérification par les mêmes nombres P et r de la troisième ligne; on préparerait de la même manière les égalités L_3, L_4, L_5... L_n.

2e Cas. La relation qui existe entre les diverses lignes horizontales de la première partie du tableau I se retrouve entre les deux genres de lignes horizontales, en d'autres termes; étant donné à résoudre en nombres entiers l'équation $x^2+x+r=P.y$, les deux nombres P et r, s'ils vérifient la première partie du tableau, vérifient l'ensemble du même tableau, c'est-à-dire vérifient l'égalité $[D_1]$, reprenons en effet, et multiplions par 4 l'égalité $[I_0]$, on a, après réductions successives,

$$
\begin{aligned}
&(4q+1)[q-k+4n] &&=[2q+4n-2\delta]^2+4r-[4q-8n-4\delta]\\
&(4q+1)[q-k+4n+1] &&=[2q+4n-2\delta]^2+4r-1-[8n-4\delta-2]\\
&(4q+1)[q-k+4n+1] &&=[4q+1-(2q-4n+2\delta+1)]^2+4r-1-[8n-4\delta-2]\\
&(4q+1)[q-k-4n+4\delta+2] &&=[2q-4n+2\delta+1]^2+4r-1-[8n-4\delta-2]\\
&(4q+1)[q-k-4(n-\delta)+3] &&=[2q-4n+2\delta+1]^2+4r-1-[8n-4\delta-2]\\
[S_0]\quad &(4q+1)[q-k-4(n-\delta)+3] &&=[2q-4n+2\delta+2]^2+4r-1.
\end{aligned}
$$

Ainsi, étant donnée à résoudre en nombres entiers l'équation $x^2+x+r=P.y$; si, dans les conditions précitées la résolution est liée à la première partie du tableau I, cette résolution sera liée à la première ligne horizontale de la seconde partie du même tableau. La transformation de l'égalité $[S_0]$ en $[S_1]$, en $[S_2]$ a lieu en multipliant cette égalité, dans le premier cas par 2^2, dans le deuxième cas par 3^2, les résultats sont après réductions :

$$[S_1]\quad (4q+1)[\qquad 8\delta+5-4k]=[\qquad 8n-4\delta-3]^2+2^2(4r-1),$$

$$[S_2]\quad (4q+1)[q-k-12(n-2\delta)-8(k-2)]=[2q-12n+6\delta+5]^2+3^2(4r-1).$$

On obtiendrait d'ailleurs, par des calculs analogues aux précédents, les égalités S_3, S_4, S_5,... S_n.

Conclusion. Étant donnée à résoudre, en nombres entiers, l'équation $x^2+x+r=P.y$, on a démontré, n^os **22** et **23**, que la connaissance d'un système x_1, y_1, solution de l'équation, aurait lieu en employant le tableau I, lorsque l'un des groupes $P.m$, $\frac{(2H+1)^2(4r-1)}{4}$ et $P.m$, $Q^2(4r-1)$ vérifierait l'une des conditions que nous avons caractérisées par les mots lignes horizontales de ce même tableau; l'exposé précédent prouve qu'il existe entre ces conditions une relation intime; en d'autres termes la vérification faite pour une de ces lignes amène la vérification de toutes les autres, en établissant des modifications convenables dans la grandeur des nombres entiers m, $2H+1$ et m, Q.

Recherchons pour le tableau IV, n° **19**, les faits analogues à ceux que nous avons établis pour le tableau I; cet exposé aura deux cas déterminés par les égalités $[E_1]$, $[F_1]$.

1er Cas. Examen de l'égalité

$$[E_1]\qquad \frac{P.m+G}{4r-1}=R^2+\frac{R^2+R+r+G}{4r-1}-R;$$

1° Supposons que l'équation possible donnée $x^2+x+r=P.y$ vérifie la première ligne horizontale de la première partie du tableau IV; on a $B=0$, et le nombre G ajouté à r devant donner un terme exactement divisible par $4r-1$, on a $G=3r-1$ et l'égalité $[E_1]$ prend la forme

$$[E_1]\qquad \frac{P.m+3r-1}{4r-1}=(R_0)^2+1-R_0;$$

le premier membre de cette égalité doit être entier, par conséquent désignant par u_1, m_1, une solution de l'équation possible $(4r-1)u-P.m=1$, le nombre u_1, étant inférieur à P; les solutions générales de l'équation $(4r-1)u-P.m=3r-1$ sont $u=(3r-1)u_1+Ph_0$, $m=(3r-1)m_1+(4r-1)h_0$, et puisque la solution m doit vérifier l'égalité $[E_1]$* on a

$$\frac{P[(3r-1)m_1+(4r-1)h_0]+3r-1}{4r-1}=(R_0)^2+1-R_0$$

$$\text{ou}\qquad [l_0]\qquad P.h_0+(3r-1)u_1=(R_0)^2+1-R_0;$$

2° Supposons que l'équation possible donnée $x^2+x+r=P.y$ vérifie la seconde ligne horizontale de la première partie du tableau IV on a $B=1$, $G=3r-3$, et l'égalité $[E_1]$ prend la forme

$$[E_1]\qquad \frac{P.m+3r-3}{4r-1}=(R_1)^2+1-R_1;$$

enfin les lettres u_1 et m_1 désignant les nombres entiers calculés dans le paragraphe précédent, le résultat est

$$[l_1]\qquad P.h_1+(3r-3)u_1=(R_1)^2+1-R_1;$$

---

* Il est manifeste que la valeur convenable pour m est la solution $m=(3r-1)m_1+(4r-1)h_1$, diminuée, s'il y a lieu, d'un multiple de P; une observation analogue est applicable aux valeurs de m relatives aux équations $[E_2]$, $[E_3]$, etc., etc.

les raisonnements précédents répétés pour la troisième ligne horizontale donnent

$$[l_2] \qquad Ph_2+(3r-7)u_1=(R_2)^2+1-R_2,$$

et généralement on aura pour la $(n+1)^{me}$ ligne horizontale de la première partie du tableau IV,

$$[l_n] \qquad P.h_n+[3r-n(n+1)-1]u_1=(R_n)^2+1-R_n.$$

On peut démontrer que la possibilité de résoudre, en nombres entiers, les égalités l_1, l_2, l_3...... l_n, est subordonnée à la possibilité de résoudre, en nombres entiers, l'égalité $[l_0]$. Soit en effet l'égalité exacte

$$[l_0] \qquad Ph_0+(3r-1)u_1=(R_0)^2+1-R_0,$$

les nombres h_0, u_1, R_0 étant entiers; cette égalité, multipliée par le nombre 4 donne

$$4(R_0)^2-4R_0+4=(12r-4)u_1+P.4h_0,$$

ou, si l'on pose $2R_0-1=t_0$, on a

$$(t_0)^2+3-(12r-4)u_1=P.4h_0;$$

or, la condition $(4r-1)u_1=1+P.m_1$ donne

$$(12r-4)u_1=3+P.3m_1-u_1;$$

substituant dans l'égalité fonction de t et posant $3m_1+4h_0=z_0$ le résultat final est

$$[\lambda_0] \qquad (t_0)^2+u_1=P.z_0.$$

Soit, en second lieu, l'égalité exacte

$$[l_1] \qquad Ph_1=(3r-3)u_1=(R_1)^2+1-R_1,$$

multiplions par le nombre 4, posons $2R_1-1=t_1$, $3m_1+4h_1=z_1$, le résultat final est

$$[\lambda_1] \qquad (t_1)^2+3^2.u_1=P.z_1.$$

L'égalité $[l_2]$ donne l'égalité finale

$$[\lambda_2] \qquad (t_2)^2+5^2u_1=P.z_2,$$

et plus généralement l'égalité finale $[l_n]$ donne l'égalité finale

$$[\lambda_n] \qquad (l_n)^2+(2n+1)^2u_1=\text{P}.z_n.$$

Il est évident que la possibilité de résoudre, en nombres entiers, les équations λ_1, λ_2, λ_3,... λ_n, est subordonnée à la possibilité de résoudre, dans les mêmes conditions, l'équation $[\lambda_0]$, le principe est donc démontré; il y a une relation directe entre les vérifications par les nombres P et r des diverses lignes horizontales de la première partie du tableau IV.

2e Cas. Examen de l'égalité

$$[\text{F}_1] \qquad \frac{\text{P}.m+\text{G}}{4r-1}=\text{R}^2+\frac{\text{Q}^2+\text{G}}{4r-1}.$$

1° Supposons que l'équation possible $x^2+x+r=\text{P}.y$ vérifie la première ligne horizontale de la seconde partie du tableau IV, on a alors Q=1, $\text{G}=4r-2$, et l'égalité $[\text{F}_1]$ prend la forme

$$[\text{F}_2] \qquad \frac{\text{P}.m+4r-2}{4r-1}=(\text{R}_0)^2+1;$$

le premier membre de cette égalité doit être entier, par conséquent désignant par u_1, m_1 les nombres exprimés dans le cas précédent par ces mêmes lettres, les solutions générales de l'équation

$$(4r-1)u-\text{P}.m=4r-2$$

seront $u=(4r-2)u_1+\text{P}.h_0$, $m=(4r-2)m_1+(4r-1)h_0$; et puisque la solution m doit vérifier $[\text{F}_2]$, on a

$$\frac{\text{P}[(4r-2)m_1+(4r-1)h_0]+4r-2}{4r-1}=(\text{R}_0)^2+1.$$

$$[s_0] \qquad \text{P}.h_0+(4r-2)u_1=(\text{R}_0)^2+1.$$

2° Supposons que l'équation possible $x^2+x+r=\text{P}.y$ vérifie la seconde ligne horizontale de la seconde partie du tableau IV, on a Q=2, $\text{G}=4r-5$, et l'égalité $[\text{F}_1]$ prend la forme

$$[\text{F}_3] \qquad \frac{\text{P}.m+4r-5}{4r-1}=(\text{R}_1)^2+1;$$

ou, enfin, puisque $P.m_1+1=(4r-1)u_1$, on a

$$[s_1] \qquad P.h_1+(4r-5)u_1=(R_1)^2+1\ ^*.$$

3° Les raisonnements précédents, répétés pour la troisième ligne horizontale de la seconde partie du tableau IV, donnent

$$[s_2] \qquad P.h_2+(4r-10)u_1=(R_2)^2+1,$$

et généralement on aura pour la $(n+1)^{me}$ ligne horizontale de la seconde partie du tableau IV :

$$[s_n] \qquad P.h_n+[4r-1-(n+1)^2]u_1=(R_n)^2+1.$$

On peut démontrer que les vérifications, en nombres entiers, des égalités s_1, $s_2 \ldots . s_n$ sont subordonnées à la vérification de l'égalité $[s_0]$; soit en effet l'égalité

$$[s_0] \qquad P.h_0+(4r-2)u_1=(R_0)^2+1,$$

la condition $(4r-1)u_1-P.m_1=1$ prouve que l'égalité exacte précitée $[s_0]$ peut prendre la forme $(R_0)^2+u_1=P(h_0+m_1)$ ou, si l'on pose $h_0+m_1=z_0$, on a

$$[\varsigma_0] \qquad (R_0)^2+u_1=P.z_0;$$

les égalités s_1, $s_2 \ldots . s_n$ transformées, puis simplifiées par les égalités $h_1+m_1=z_1$, $h_2+m_1=z_2 \ldots . . h_n+m_1=z_n$, donnent les résultats suivants :

$$[\varsigma_1] \qquad (R_1)^2+2^2.u_1=P.z_1,$$

$$[\varsigma_2] \qquad (R_2)^2+3^2.u_1=P.z_2,$$

. . . .

$$[\varsigma_n] \qquad (R_n)^2+(n+1)^2u_1=P.z_n.$$

---

* L'adoption des lettres h_0, h_1, $h_2 \ldots h_n$, R_0, R_1, $R_2 \ldots R_n$, z_0, z_1, $z_2 \ldots z_n$ donne plus de régularité à la notation générale, mais il est manifeste que ces lettres représentent, dans les deux derniers cas, des nombres non égaux à ceux que ces mêmes lettres représentaient dans les deux premiers : cette remarque n'est pas applicable aux lettres u_1, m_1, qui, dans toute cette étude et si l'équation proposée reste la même, constituent une solution, en nombres entiers, de l'équation possible $(4r-1)u-P.m=1$.

Le principe actuel est donc démontré, la possibilité de résoudre, en nombres entiers, l'égalité $[s_0]$ amène la possibilité de résoudre, dans les mêmes conditions, les égalités $s_1, s_2 \ldots\ldots s_n$ mais en outre l'examen des égalités $\lambda_0, \lambda_1, \lambda_2 \ldots\ldots \lambda_n$, $\varsigma_0, \varsigma_1, \varsigma_2 \ldots\ldots \varsigma_n$, prouve que le principe doit recevoir une plus grande extension; la possibilité de vérifier toutes ces égalités, en nombres entiers, est manifestement subordonnée à la possibilité de vérifier l'égalité λ_0; notre conclusion sera donc, pour les deux cas actuels, analogue à celle qui termine l'exposé relatif au tableau I.

Conclusion. Étant donnée à résoudre, en nombres entiers, l'équation $x^2+x+r=\text{P}.y$, on a démontré n^os^ **24** et **25**, que la connaissance d'un système x_1, y_1, solution entière de l'équation proposée, aurait lieu par l'intermédiaire du tableau IV, lorsque l'un des deux groupes $\frac{\text{P}.m+\text{G}}{4r-1}$, $\frac{\text{B}^2+\text{B}+r+\text{G}}{4r-1}$ et $\frac{\text{P}.m+\text{G}}{4r-1}$, $\frac{\text{Q}^2+\text{G}}{4r-1}$ vérifierait l'une des conditions posées par le même tableau, l'exposé précédent prouve qu'il existe, entre toutes ces vérifications, un lien analogue à celui qui unit les conditions posées par le tableau I; en d'autres termes, la vérification faite sur l'une des lignes horizontales du tableau IV, amène la vérification de toutes les autres lignes du même tableau; remarquons d'ailleurs que les deux séries primitives génératrices des tableaux I et IV sont essentiellement distinctes et qu'aucune relation directe ne paraît réunir les deux groupes de lignes horizontales précitées.

Étudions actuellement les limites que l'on peut assigner aux essais à faire par l'emploi des tableaux I et IV, dans la recherche des solutions entières de l'équation $x^2+x+r=\text{P}.y$.

1er Cas. Limite relative au tableau I : conservant l'hypothèse $\text{P}=4q+1$, on a les égalités déjà indiquées

$$[\text{L}_0] \quad (4q+1)\left[\frac{q-k}{4}+n\right]=[q+2n-\delta]^2+r-[q+2n-\delta]$$

$$[\text{L}_1] \quad (4q+1)\left[\frac{q-k}{4}+3(2\delta-n)+2(2-\text{K})\right]=[3(2n-\delta)-(q+2)]^2+9r-2-[3(2n-\delta)-(q+2)]$$

$$[\text{S}_0] \quad (4q+1)[q-k-4(n-\delta)+3]=[2q-2(2n-\delta)+2]^2+4r-1.$$

Si la résolution, en nombres entiers, de l'équation $x^2+x+r=\mathrm{P}.y$ est possible par l'emploi du tableau I, le nombre r étant positif et inférieur à P; l'égalité (L_0) est évidemment satisfaite et par conséquent il existe un nombre entier $\frac{q-k}{4}+n$ inférieur à $q+1$ qui est une solution entière applicable à y, par suite la limite supérieure du nombre n, est $3\left(\frac{q-k}{4}\right)$ et le nombre $q-k$ représente un premier maximum des essais exigés pour la résolution de l'équation proposée; or la démonstration suivante prouve que ce nombre $q-k$ est trop élevé, et doit faire place au nombre $\frac{q-k}{2}$, cette recherche un peu longue sera divisée en plusieurs paragraphes (a), (b), (c), (d), (e) *.

(a) La résolution, en nombres entiers, de l'équation $x^2+x+r=\mathrm{P}.y$ étant possible par l'emploi du tableau I ou l'égalité $[\mathrm{L}_0]$ étant satisfaite, on n'altère pas le nombre qui exprime le maximum d'essais à faire en admettant l'hypothèse $\mathrm{K}=0$; alors les égalités $[\mathrm{L}_0]$, $[\mathrm{L}_1]$, $[{}_0\mathrm{S}_0]$ deviennent

$$[{}_0\mathrm{L}_0] \quad (4q+1)\left[\frac{q}{4}+n \qquad\qquad \right]=[\,q+2n-\delta \qquad]^2+r-\quad[\,q+2n-\delta \qquad]$$

$$[{}_1\mathrm{L}_1] \quad (4q+1)\left[\frac{q}{4}+3(2\delta-n)+4\right]=[3(2n-\delta)-(q+2)]^2+9r-2-[3(2n-\delta)-(q+2)]$$

$$[{}_0\mathrm{S}_0] \quad (4q+1)[q-4(n-\delta)+3]=[2q-2(2n-\delta)+2]^2+4r-1.$$

(b) Supposons que la plus faible valeur entière convenable pour y soit supérieure à $\frac{q}{2}$, cette valeur est représentée dans l'égalité ${}_0\mathrm{L}_0$ par l'expression $\frac{q}{4}+n$, ainsi dans les recherches dont le but est la vérification de cette égalité, nous admettons l'inutilité des essais faits en substituant à n la suite naturelle des nombres entiers $-\frac{q}{4}-\left(\frac{q}{4}-1\right)-\left(\frac{q}{4}-2\right)\ldots\ldots 0, 1, 2, 3\ldots\ldots\frac{q}{4}$; la continuation

---

* La comparaison de cette limite avec celle qui a été assignée pour l'équation $x^2+r=\mathrm{P}.y$, donne lieu à une remarque; on a constaté précédemment, 1° que l'équation $x^2+x+r=\mathrm{P}.y$ peut toujours être transformée en une autre $x^2+r=\mathrm{P}.y$, et que le nombre $\frac{\mathrm{P}}{16}+3$ représente le maximum d'essais exigés pour la résolution de cette dernière équation; la transformation précitée est donc toujours avantageuse, et l'étude de la nouvelle limite indiquée dans le texte est purement théorique.

des essais serait donc indispensable; la lettre n étant remplacée par les nombres entiers $\frac{q}{4}+1$, $\frac{q}{4}+2 \ldots \frac{3q}{4}$, examinons les circonstances que présenteront ces opérations; le nombre r est positif et est inférieur à $4q+1$, donc le nombre $r-(q+2n-\delta)$ second terme du second membre de l'égalité $[_0L_0]$ satisfaite, est positif ou est négatif : dans les conditions actuelles, ce terme, s'il est positif, est inférieur à $4q+1$; s'il est négatif, il a une valeur absolue non supérieure à $2q$; de là on déduit les trois faits suivants : 1° Si du produit $(4q+1)\left(\frac{q}{4}+n\right)$, on retranche le carré $(q+2n)^2$, le reste négatif a une valeur absolue $\left(4n^2-\frac{q}{4}-n\right)$, cette valeur qui croît avec n est manifestement supérieure à $2q$, donc le nombre δ est positif; 2° si du produit $(4q+1)\left(\frac{q}{4}+n\right)$ on retranche le carré $(q+n)^2$, le reste est positif et est $n(2q-n)+\frac{q}{4}+n$, et, dans les conditions précitées, ce reste est supérieur à $4q+1$, donc le nombre positif δ est inférieur à n; 3° les nouveaux essais successifs faits pour vérifier l'égalité $_0L_0$ auraient lieu par les extractions des racines carrées des divers produits $(4q+1)\left(\frac{q}{4}+n\right)$ obtenus en substituant à n les nombres entiers $\frac{q}{4}+1$, $\frac{q}{4}+2 \ldots \frac{3q}{4}$; or, les racines carrées croîtront en général d'une unité et l'on peut affirmer que pendant une partie notable d'essais successifs, si l'on considère la différence entre le nombre constant r et la racine inhérente à chaque essai, le signe de cette différence sera invariable, et par suite on doit, pendant cette permanence de signe; maintenir le mode d'extraction, soit par excès, soit par défaut, suivi jusqu'alors dans l'extraction des racines carrées.

(c) Parmi les nouveaux essais qui doivent amener la vérification de l'égalité

$$[_0L_0] \qquad (4q+1)\left(\frac{q}{4}+n\right)=(q+2n-\delta)^2+r-(q+2n-\delta),$$

si on note deux essais consécutifs, si on désigne par N et N', Δ et Δ', $q+2N-\Delta$ et $q+2N'-\Delta'$, les deux systèmes particuliers correspondants au système général n, δ, $q+2n-\delta$; et si on extrait les racines carrées des produits

$$(4q+1)\left(\frac{q}{4}+N\right) \quad \text{et} \quad (4q+1)\left(\frac{q}{4}+N'\right);$$

en admettant, pour fixer les idées, que chaque racine carrée entière soit maximum, le mode d'extraction ayant lieu *par défaut*, on peut constater l'exactitude des égalités suivantes :

$$[\mathrm{A}] \qquad (4q+1)\left(\tfrac{q}{4}+N'\right)=(4q+1)\left(\tfrac{q}{4}+N\right)+4q+1,$$

$$q+2N'+\Delta'=q+2N+\Delta+1,$$

$$N'-\Delta'=N-\Delta,$$

la première égalité est évidente; les limites du nombre n sont $\frac{q}{4}$ et $\frac{3q}{4}$, donc le produit général $(4q+1)\left(\frac{q}{4}+n\right)$ est inférieur à $4q^2+q$, donc les racines carrées de tous les produits représentés par ce produit général ne sont pas supérieures à $2q$; et par suite lorsque le nombre général n augmentera d'une unité, c'est-à-dire lorsque le produit $(4q+1)\left(\frac{q}{4}+n\right)$ croîtra du nombre $4q+1$, la racine carrée du nouveau produit sera, dans les conditions précitées, supérieure d'une unité à la racine immédiatement précédente, ce qui constate l'exactitude des deux dernières égalités du groupe [A]; la conclusion indiquée serait encore celle que présente le raisonnement qui précède, si le mode d'extraction par défaut, mode adopté ci-dessus comme exemple, était remplacé par le mode également invariable d'extraction par excès; mais la conclusion éprouve quelque modification, lorsque après un certain nombre d'essais, la différence entre le nombre constant r et les diverses racines présentant jusqu'alors le signe positif, les accroissements successifs apportés aux racines amèneront la différence précitée à l'état négatif; il est évident que dans cette nouvelle condition le mode d'extraction de la racine carrée du produit $(4q+1)\left(\frac{q}{4}+n\right)$, mode qui avait lieu jusqu'alors par défaut, devra à cet instant faire place au mode d'extraction par excès; remarquons aussi que le signe de la racine carrée étant arbitraire, on doit, d'une manière plus générale, concevoir le mode de changement dans l'extraction, c'est-à-dire étudier l'influence de ces variations, rares, il est vrai, mais quelquefois nécessaires; or, dans ces circonstances, la première des égalités [A] est encore exacte, la seconde égalité prend l'une des formes

$$q+2N'-\Delta'=q+2N-\Delta, \quad q+2N'-\Delta'=q+2N-\Delta\pm 2,$$

et par suite la troisième égalité présente l'un des deux états correspondants $N'-\Delta'=N-\Delta-1$, $N'-\Delta'=N-\Delta+1$, nous pouvons donc établir le fait suivant qui est le point fondamental de la démonstration qui nous occupe. Étant donnée à résoudre, en nombres entiers et dans les conditions indiquées l'équation $x^2+x+r=P.y$, 1° si cette équation est résoluble par l'intermédiaire du tableau I, en d'autres termes si la vérification de l'égalité $_0I_0$ est certaine, les limites du nombre n étant $-\frac{q}{4}$ et $+\frac{3q}{4}$; 2° si les remplacements successifs de n par les nombres entiers

$$-\frac{q}{4}-\left(\frac{q}{4}-1\right)-\left(\frac{q}{4}-2\right),\ldots.\ 0,\ 1,\ 2,\ 3.\ 4,\ldots.\frac{q}{4},$$

n'ont pas amené cette vérification, on est alors assuré que dans les essais à faire en substituant les nombres $\left(\frac{q}{4}+1\right)\left(\frac{q}{4}+2\right)\ldots.\frac{3q}{4}$; l'accroissement du nombre n amènerait celui du nombre δ, et *vice versa;* de telle sorte que le nombre $n-\delta$, partie constituante de la racine carrée $(q+2n-\delta)$, est en général stationnaire et oscille d'une unité, soit en plus soit en moins dans les circonstances assez rares qui exigent le changement du mode d'extraction de la racine carrée du produit $(4q+1)\left(\frac{q}{4}+n\right)$; on peut donc enfin affirmer, 1° que si la lettre p désigne la valeur de n, qui, après les essais

$$n=\frac{q}{4}+1,\quad n=\frac{q}{4}+2,\ldots.n=p-1,$$

amène la vérification de l'égalité $_0L_0$; 2° que si les nombres $N-\Delta$ et $N'-\Delta'$ désignent les systèmes relatifs à $n-\delta$ correspondants aux valeurs $n=\frac{q}{4}$, $n=p$; la différence entre les deux nombres $N'-\Delta'$ et $N-\Delta$ sera bien inférieure au nombre même des essais, c'est-à-dire au nombre $p-\frac{q}{4}$.

(*d*) Les essais qui doivent amener la vérification certaine de l'égalité $[_0L_0]$ présentent deux séries distinctes selon que le nombre n a pour limites $-\frac{q}{4}$ et $+\frac{q}{4}$, ou $+\frac{q}{4}$ et $\frac{3q}{4}$; or, si la première série de tentatives a été infructueuse, on devra alors supprimer tout essai sur l'égalité $[_0L_0]$; à cette égalité substituer

$$[_1L_4]\ (4q+1)\left[\frac{q}{4}+3(2\delta-n)+4\right]=[3(2n-\delta)-(q+2)]^2+9r-2$$
$$-[3(2n-\delta)-(q+2)],$$

et la vérification de cette dernière aura lieu en général pour une valeur du facteur de $4q+1$, c'est-à-dire pour une valeur de $\frac{q}{4}+3(2\delta-n)+4$, inférieure à $\frac{q}{2}$; la seule condition nécessaire est alors caractérisée par l'inégalité $\delta<\frac{n}{2}+\frac{q}{24}$, et cette condition sera en général remplie, puisque dans l'ensemble des essais le nombre δ est limité par les termes 0 et n (paragraphe b); en effet, de l'inégalité $\delta<\frac{n}{2}+\frac{q}{24}$, on déduit $3(2\delta-n)<\frac{q}{4}$, et l'examen de l'égalité $[_1L_1]$ montre que, dans ces conditions, une solution de l'équation $x^2+x+r=P.y$ est donnée en soumettant les termes connus de cette équation aux essais indiqués pour l'égalité $[_1L_1]$, la limite du nombre n étant $\frac{q}{2}+3$.

(e) L'équation proposée $x^2+x+r=P.y$, étant toujours soumise aux lois primitives indiquées, admettons l'inutilité des essais caractérisés, soit par l'égalité $[_0L_0]$, soit par l'égalité $[_1L_1]$; le facteur de $4q+1$, c'est-à-dire le nombre $\frac{q}{4}+n$, étant dans chacune de ces suites de tentatives limité par le nombre $\frac{q}{2}$, le paragraphe précédent prouve que, dans ces conditions, le nombre δ n'est pas inférieur à $\frac{n}{2}+\frac{q}{24}$, on peut alors affirmer qu'une solution de l'équation proposée sera donnée par l'égalité

$$[_0S_0]\quad (4q+1)[q-4(n-\delta)+3]=[2q-2(2n-\delta)+2]^2+4r-1;$$

admettons l'hypothèse $\delta=\frac{n}{2}+\frac{q}{24}$ et recherchons le résultat que donne cette hypothèse introduite dans l'égalité $[_0L_0]$; de $\delta=\frac{n}{2}+\frac{q}{24}$ on déduit

$$q+2n-\delta=\frac{23q}{24}+\frac{3n}{2},$$

et si du produit $(4q+1)\left(\frac{q}{4}+n\right)$ on retranche le carré $\left(\frac{23q}{24}+\frac{3n}{2}\right)^2$ le reste de cette soustraction est $\frac{47q^2}{576}+\frac{9qn}{8}+n-\frac{9n^2}{4}+\frac{q}{4}$; on a donc l'égalité

$$\frac{47q^2}{576}+\frac{9qn}{8}+n-\frac{9n^2}{4}+\frac{q}{4}=r-\left(\frac{23q}{24}+\frac{3n}{2}\right),$$

égalité de laquelle on déduit

$$n = \frac{9q + 20 \pm \sqrt{128q^2 + 1056q + 400 - 576r}}{36}.$$

Le nombre n doit être supérieur à $\frac{q}{4}$, donc le radical positif est seul admissible et la valeur de n peut être représentée, l'erreur étant de quelques unités, par l'expression $n = \frac{9q + 20 + 11q + 22}{36}$ ou $n = \frac{5q}{9}$, de cette dernière valeur assignée à n, de la valeur $\frac{n}{2} + \frac{q}{24}$ assignée à δ, on déduit $n - \delta = \frac{17q}{72}$ ou $4(n - \delta) = \frac{17q}{18}$, si actuellement on reprend l'égalité

$$[{}_0S_0] \quad (4q + 1)[q - 4(n - \delta) + 3] = [2q - 2(2n - \delta) + 2]^2 + 4r - 1,$$

on reconnait que dans cette égalité le facteur $q - 4(n - \delta) + 3$, appartenant au premier membre, est inférieur à $\frac{q}{2}$; examinons actuellement l'état que prendra ce même facteur lorsque le nombre δ reçoit les accroissements nécessaires pour amener la vérification certaine de l'égalité ${}_0I_0$; on a démontré, paragraphe (d), que dans cette circonstance, la valeur $n - \delta$ était sensiblement stationnaire, oscillait d'une unité, soit en plus soit en moins, lorsque l'on faisait varier le mode d'extraction de la racine carrée du produit $(4q + 1)\left(\frac{q}{4} + n\right)$; or, en admettant même un état très-défavorable, en admettant, par exemple, que la diminution constante et successive *d'une* unité dans la valeur de $n - \delta$ corresponde à toute augmentation de *deux* unités dans la valeur attribuée à n, la variation ascensionnelle de cette dernière lettre ayant lieu, dans les conditions actuelles, depuis $\frac{5q}{9}$ jusqu'à $\frac{3q}{4}$, le nombre $\frac{1}{2}\left(\frac{3q}{4} - \frac{5q}{9}\right) = \frac{7q}{72}$ exprimerait toute la diminution subie par la valeur primitive $\frac{17q}{72}$ indiquée ci-dessus pour le nombre $n - \delta$, la valeur finale minimum de cette dernière expression serait donc $\frac{17q - 7q}{72} = \frac{5q}{36}$; de là on déduira $4(n - \delta) = \frac{5q}{9}$, et le facteur $q - 4(n - \delta) + 3$, soumis à l'examen est encore inférieur à $\frac{q}{2}$; le principe général posé précédemment est donc démontré; étant donnée à résoudre, en nombres entiers, l'équation $x^2 + x + r = P.y$, la résolution de cette équation étant possible par l'intermédiaire du tableau I, l'emploi des égalités $[{}_0L_0]$, $[{}_1L_1]$, $[{}_0S_0]$ limite le nombre des essais, et cette limite est $\frac{q}{2}=\frac{P}{8}$.

2e Cas. Limite relative au tableau IV, si la résolution de l'équation $x^2+x+r=P.y$ est possible par l'intermédiaire du tableau IV : 1° la première partie d'essais liés à ce tableau doit vérifier l'égalité

$$[l_0] \qquad P.h_0+(3r-1)u_1=(R_0)^2+1-R_0,$$

égalité qui peut être remplacée par

$$[\lambda_0] \qquad (t_0)^2+u_1=P.z_0.$$

2° La seconde suite d'essais liés au même tableau doit vérifier l'égalité

$$[s_0] \qquad P.h_0+(4r-2)u_1=(R_0)^2+1,$$

égalité qui peut être remplacée par

$$[\varsigma_0] \qquad (R_0)^2+u_1=P.z_0.$$

Il est donc évident que dans le cas actuel, le nombre d'essais qui indiquera la possibilité de résoudre l'équation sera celui qui a été donné n° 41 pour l'équation $x^2+r=P.y$ *.

---

* La conclusion relative au premier cas de ces limites peut laisser dans l'esprit quelque incertitude due à l'erreur volontaire dans la valeur approximative et par défaut $\frac{5q}{9}$, attribuée au radical de la valeur de n; or, remarquons que l'inégalité $r>1$ montre que le nombre placé sous le radical précité est inférieur à $128q^2+1056q$, la racine carrée de ce nombre est limitée par $11q$ et $12q$; donc le nombre n est limité par $\frac{5q}{9}$ et $\frac{7q}{12}$, le texte présente le résultat final donné par la limite $\frac{5q}{9}$, et on peut reconnaître que l'emploi de la seconde limite $\frac{7q}{12}$ amènerait un second résultat analogue au premier.

Si toute l'étude actuelle avait un caractère pratique, on pourrait diminuer la longueur des essais par un déplacement convenable des termes qui constituent les égalités : 1° $[l_0]$, $[l_1]$, $[s_0]$ liées au tableau I; 2° $[{}_0L_0]$, $[{}_1L_1]$, $[{}_0S_0]$ liées au tableau IV, ce déplacement serait analogue à celui que présente le n° 47; les égalités précitées et transformées présenteraient : 1° un premier membre $P.H-F(r)$; 2° un second membre ayant l'une des formes $R(R-1)$, K^2, les nombres R et K étant entiers : cet aperçu pratique est suffisant et peut d'ailleurs être complété par celui qui veut approfondir cette étude.

50. Reprenons actuellement l'équation primitive, indiquée n° 2.

$$aX^2+bX+c=KY.$$

Étant donnée à résoudre en nombres entiers l'équation

$$[A] \qquad aX^2+bX+c=KY,$$

nous avons indiqué la relation qui existe entre cette équation et l'équation $x^2+qx+r.=P.y$; nous ajouterons une seule remarque, l'égalité $X=\frac{x}{a}$ transforme l'équation proposée, et le résultat est

$$[B] \qquad x^2+bx+ac=a.K.Y;$$

admettons que le nombre P soit le plus grand facteur premier absolu contenu dans le produit $a.K$, et posons $a.K=P.H$, l'égalité $H.Y=y$ transforme l'équation [B], et le résultat est $x^2+bx+ac=P.y$; enfin le changement, si cette opération est nécessaire, de quelques unités dans la valeur de l'inconnue y transforme le terme connu ac en un autre r qui est positif et qui est inférieur à P, on doit donc finalement résoudre en nombres entiers l'équation $x^2+bx+r=P.y$, si les systèmes applicables à cette équation sont x_1, y_1; x_1, y_1; x_1, y_1, etc. 1° On recherchera parmi les valeurs de x celles qui sont des multiples exacts du nombre H; et remarquons bien que chacune de ces recherches est limitée; en effet, l'équation primitive proposée [A] doit présenter une valeur de X inférieur au nombre $\frac{K}{2}$; et si l'on admet, ce qui est permis, que le nombre c est positif et est inférieur au nombre K, cette équation [A] doit avoir une solution de Y inférieure au nombre $\frac{aK+b}{2}+1$.

51. Les divers principes établis dans toute cette partie de notre traité donnent les moyens de résoudre en nombres entiers toute équation dont la forme est $ax^2+bx+c=P.y$; ces principes peuvent être simplifiés, ou du moins modifiés par quelques considérations, lorsque l'on descend à des cas particuliers : certains états numériques des nombres a, b, c, donnent lieu à des recherches qui ont leur intérêt; nous relaterons plusieurs faits qui nous seront utiles dans la suite.

ÉQUATION. $x^2+x+1=P.y$.

LEMME. Si le nombre P est pair, la résolution en nombres entiers de l'équation proposée est impossible; ce lemme est réellement un axiome, le produit $x(x+1)$ est entier et pair, donc le nombre x^2+x+1 est impair.

LEMME. Le produit $P.y$, c'est-à-dire le nombre entier qui constitue le second membre de l'équation $x^2+x+1=P.y$, ne peut présenter la forme $3q+2$; en effet, le produit $x(x+1)$, le nombre x entier, est représenté par l'une des formes $3q$ et $3q+2$, donc le nombre x^2+x+1 est représenté par l'une des formes $3q+1$, $3(q+1)$.

LEMME. Le chiffre des unités du nombre x^2+x+1 est 1, 3, 7.

LEMME. Si le chiffre des unités du nombre P est 5, la résolution en nombres entiers de l'équation proposée est impossible, aucun nombre multiplié par P ne peut alors donner un produit dont le chiffre des unités soit 1, 3 ou 7.

THÉORÈME. Si le nombre P premier absolu est représenté par la forme $3q+1$, la résolution en nombres entiers de l'équation proposée est toujours possible. Désignons par a un nombre entier inférieur à P et tel que dans la série a^1, a^2, a^3.... a^n le nombre a^3 soit le premier terme qui, divisé par P, donne le reste 1 *, on aura l'égalité

$$a^3-1=P.y \quad \text{ou} \quad (a-1)(a^2+a+1)=P.y;$$

ou, enfin,

$$a^2+a+1=P.h,$$

égalité qui démontre le principe énoncé.

THÉORÈME. Si le nombre P premier absolu est représenté par la forme $3Q+2$, que l'on peut écrire $6q-1$, la résolution proposée est impossible; soit, en effet, un nombre a qui vérifie l'égalité

$$[B] \qquad a^2+a+1=P.y,$$

le nombre y étant entier, on peut admettre l'exactitude de l'inégalité $a<P$;

---

* Ce choix est possible, le nombre P étant un multiple de 3 (quatrième partie, n° 115)

or l'égalité [B] peut prendre la forme

$$[C] \qquad a(a+1)=P.y-1,$$

ou la forme

$$[D] \qquad (a+1)^2=P.y+a;$$

or, si le nombre R désigne une racine primitive * de P, on peut considérer le nombre $a+1$ comme étant un des restes obtenus en divisant par P les termes de la série $R^0, R^1, R^2, R^3...., R^m...., R^{P-1}$; admettons l'exactitude de l'égalité reste de $\frac{R^m}{P}=a+1$, on a par suite reste $\frac{R^{2m}}{P}=(a+1)^2$, ou à cause de [D] reste $\frac{R^{2m}}{P}=a$, et par conséquent reste de $\frac{R^{3m}}{P}=a(a+1)$, ou en tenant compte de [C] reste de $\frac{R^{3m}}{P}=P-1$, ou enfin, reste $\frac{R^{6m}}{P}=1$; conclusion inadmissible, puisque le nombre R est une racine primitive de P avec la condition $P=6q-1$.

Corollaire. Si le nombre P entier quelconque contient un facteur premier dont la forme est $3Q+2$, c'est-à-dire dont la forme est $6q-1$, la résolution en nombres entiers de l'équation $x^2+x+1=P.y$ est impossible. Admettons, en effet, l'exactitude de l'égalité $a^2+a+1=P.h$, les nombres a et h étant entiers, cette égalité peut, dans les conditions indiquées, prendre la forme $a^2+a+1=(3q+2)kh$; or, le théorème précédent prouve que cette dernière égalité est inadmissible.

1re Observation. On peut, sans augmenter le nombre des exemples numériques placés à la fin de ce traité, vérifier l'exactitude des deux théorèmes précédents : l'équation $X^2+31X+241=P.Y$, est, par l'hypothèse $X=x-15$, transformée en cette autre $x^2+x+1=P.y$; or, le théorème qui précède prouve l'impossibilité de résoudre en nombres entiers cette dernière équation lorsque le nombre P premier absolu est représenté par la formule $3Q+2$; la même impossibilité a donc lieu pour l'équation $X^2+31X+241=P.Y$; or, si l'on examine la série d'exemples numériques qui terminent ce traité, on reconnaît que toutes les équations impossibles $X^2+31X+241=P.Y$ vérifient l'égalité $P=3Q+2$.

* Tout nombre premier a des racines primitives (quatrième partie, n° 118).

2e OBSERVATION. Si l'on pose $2x+1=u$, $4y=t$, l'équation $x^2+x+1=P.y$ prend la forme $u^2+3=P.t$, les deux théorèmes précédents sont donc applicables à cette dernière équation, le nombre u pouvant toujours être à l'état impair, les théorèmes précités constatent, 1° la possibilité, 2° l'impossibilité de résoudre en nombres entiers l'équation $u^2+3=P.t$, selon que le nombre P a la forme, 1° $3Q+1$, 2° $3Q+2$; en d'autres termes ces théorèmes constatent l'état du nombre -3 comme étant, 1° *reste*, 2° *non-reste* d'un carré exact entier u^2, divisé par le nombre P, selon que ce dernier nombre a la forme, 1° $3q+1$, 2° $3q+2$.

Nous démontrerons ci-après (équation $x^2+x-1=P.y$, transformée en l'équation $u^2-5=P.t$) les deux faits suivants :

1° Selon qu'un nombre m est *reste* ou est *non-reste* d'un carré exact entier u^2 divisé par un nombre premier P, le nombre entier $-m$ est dans le même ordre *reste* ou *non-reste* d'un carré exact entier $(u_1)^2$, pourvu que le nombre premier P, soumis d'ailleurs aux conditions premières exigées, présente la forme $4q+1$;

2° Selon qu'un nombre m est *reste* ou est *non-reste* d'un carré exact entier u^2 divisé par P, nombre premier absolu, le nombre $-m$ est dans l'ordre inverse, c'est-à-dire est *non-reste* ou est *reste* d'un autre carré exact entier $(u_1)^2$ divisé par P, pourvu que le nombre P, soumis d'ailleurs aux conditions premières exigées, présente la forme $4q+3$; si à ces deux principes, dont nous donnons par anticipation les énoncés, on unit ceux qui ont été indiqués dans les théorèmes précités, on a le résumé suivant :

1° Le nombre $+3$ est reste d'un carré exact entier divisé par P; en d'autres termes l'équation $u^2-3=P.t$ est résoluble en nombres entiers si le nombre P premier a simultanément les formes $3q+1$, $4q+1$, c'est-à-dire si ce nombre a la forme $12q+1$;

2° Le nombre $+3$ est non-reste de u^2, ou l'équation $u^2-3=P.t$ est non résoluble en nombres entiers lorsque le nombre P a simultanément les formes $3q+2$, $4q+1$, c'est-à-dire a la forme $12q+5$;

3° Le nombre $+3$ est non-reste de u^2 ou l'équation $u^2-3=P.t$ est non résoluble en nombres entiers si le nombre P a simultanément les formes $3q+1$, $4q+3$, c'est-à-dire si ce nombre a la forme $12q+7$;

4° Le nombre $+3$ est reste de u^2 ou l'équation $u^2-3=P.t$ est résoluble en nombres entiers si le nombre P a simultanément les formes $3q+2$, $4q+3$, c'est-à-dire si ce nombre a la forme $12q+11$.

ÉQUATION. $x^2+x-1=P.y.$

THÉORÈME. Si le nombre P est pair, la résolution en nombres entiers de l'équation proposée est impossible; en effet, le nombre $x(x+1)$ est pair, donc le nombre x^2+x-1 est impair.

THÉORÈME. Le produit $P.y$ ne peut être représenté par $3h$; en effet, le nombre $x(x+1)$ présente l'une des formes $3v$, $3v+2$; donc le nombre x^2+x-1 a l'une des formes $3V+2$, $3V+1$.

THÉORÈME. Le chiffre des unités du nombre x^2+x-1 est 1, 5 ou 9.

LEMME. Si on a entre des nombres entiers l'égalité $H(H-1)=P.V$, 1° les facteurs P et V sont inégaux; 2° le plus faible de ces deux facteurs est inférieur au nombre $H-1$; 3° si on diminue chacun des nombres H et $H-1$ du plus faible des deux facteurs P et V, de V par exemple, la nouvelle égalité sera différente, mais conservera et le facteur V et la forme de l'égalité précédente; un simple calcul démontre la vérité de ces propositions.

THÉORÈME. Si le nombre P contient le facteur 5^2, la résolution en nombres entiers de l'équation proposée $x^2+x-1=P.y$ est impossible. Nous démontrons qu'un nombre entier multiple de 5^2 ne peut être représenté par la forme $a(a-1)-1$; admettons l'exactitude de l'hypothèse problématique, on aurait alors, en désignant par A5 un nombre entier dont 5 est le chiffre des unités, $5(A5)=a(a-1)-1$; cette forme $5(A5)$ est, dans les conditions établies, seule admissible, puisque le nombre $a(a-1)-1$ est impair, diminuons de 5 unités chacun des nombres $a-1$ et a, on a, lemme précédent,

$$5.X=(a-5)(a-1-5)-1 \quad \text{ou} \quad 5.X=[a(a-1)-1]-10(a-3).$$

Ainsi le facteur nouveau X doit être le facteur A5 diminué d'un nombre exact de dizaines, on aura donc, en rappelant le lemme qui précède, $5(A_15)=a_1(a_1-1)-1$; une diminution pareille réalisée un certain nombre de fois, donnera au premier membre l'une des formes 5.15, 5.25, etc., le second membre conservant la forme $M(M-1)-1$; or, le fait démontre que cette dernière circonstance est inadmissible, on ne peut donc pas vérifier cette égalité $x^2+x-1=5.A5$, puisque le changement de signe de x donnerait l'égalité $x(x-1)-1=5(B.5)$.

Lemme. Si on a entre des nombres entiers l'égalité

[Q] $$H(H-1)-1=P.V,$$

si le chiffre des unités de l'un des facteurs P ou V étant 5, celui de l'autre facteur est 3 ou 7, conditions qui donnent à l'égalité [Q] l'une des quatre formes suivantes :

[1] $$(C8)(C7)-1=(A7)(B5),$$

[2] $$(C8)(C7)-1=(A3)(B5),$$

[3] $$(C3)(C2)-1=(A7)(B5),$$

[4] $$(C3)(C2)-1=(A3)(B5).$$

On peut toujours admettre que le plus grand des deux facteurs qui constituent le second membre est celui dont le chiffre des unités est 5; si cette circonstance n'a pas lieu, la réalité des égalités admises amène nécessairement des égalités de même forme dans lesquelles la condition précitée est vérifiée *. Choisissons d'abord les égalités [1] et [3], et admettons l'exactitude de l'inégalité $A7>B5$; de cette inégalité on déduit, lemme précédent, $B5<C7$ et $B5<C2$; on peut enlever un certain nombre d'unités au facteur A7 des seconds membres, et conserver aux égalités nouvelles la forme des égalités [1] et [3], de chacun des nombres C8 et C7 d'une part, C3 et C2 de l'autre; retranchons un multiple impair ou pair de B5, et remarquons que cette soustraction arithmétique est admissible tant que le facteur B5 conserve son état d'infériorité, relativement au facteur A7; or, passons immédiatement à la limite, le multiple que l'on doit retrancher est impair ou est pair.

1er Cas. Diminution de $B5(2n+1)$, et recherche des modifications subies par les divers membres des égalités [1] et [3].

---

* L'énoncé du lemme actuel serait peut-être plus logique dans les phrases suivantes : « Si on a entre des nombres entiers, l'égalité

[Q] $$H(H-1)=P.v,$$

et si le chiffre des unités de l'un des facteurs P ou v étant 5, celui de l'autre facteur *pouvait être* 3 ou 7, conditions qui, etc., etc., on pourrait toujours admettre que, etc., etc.... » Constatons en effet, *a priori* que les égalités [1], [2], [3], [4], sont des hypothèses essentiellement problématiques, et même le mot fictives serait plus exact; hypothèses qui amènent le lemme actuel, mais hypothèses dont l'inexactitude est ensuite prouvée par le théorème qui suit le lemme actuel.

1° Les premiers membres prennent les formes $(C_13)(C_12)-1$, $(C_18)(C_17)-1$;
2° Les seconds membres de [1] et [3] doivent être diminués :

Celui de [1] de $B5(2n+1)M0=(B5)(D0)$,

Celui de [3] de $B5(2n+1)M_10=(B5)(D_10)$;

or, cette diminution ne présente que des dizaines, par conséquent le facteur qui remplacera le facteur A7 aura le nombre 7 comme chiffre des unités, et les égalités [1] et [3] transformées deviennent

[1] $(C_13)(C_12)-1=(A_17)(B5)$,

[3] $(C_18)(C_17)-1=(A_17)(B5)$.

Ces nouvelles égalités réaliseront les hypothèses $A_17<B5$, $A_17<B5$.

2ᵉ Cas. Diminution de $B5(2n)$, et recherche des modifications subies par les divers membres des égalités [1] et [3].
1° Les premiers membres prennent les formes $(C_18)(C_17)-1$, $(C_13)(C_12)-1$;
2° Les seconds membres de [1] et [3] doivent être diminués :

Celui de [1] de $B5(2n)K5=(B5)(N0)$,

Celui de [3] de $B5(2n)K_15=(B5)(N_10)$;

Or, cette quantité à diminuer ne présente que des dizaines; par conséquent, le facteur qui remplacera le facteur A7 aura le nombre 7 comme chiffre des unités, et les égalités [1] et [3] deviennent

[1] $(C_18)(C_17)-1=(A_17)(B5)$,

[3] $(C_13)(C_12)-1=(A_17)(B5)$.

Ces nouvelles égalités réaliseront les hypothèses $A_17<B5$, $A_17<B5$.

Si on employait les égalités primitives [2] et [4], en admettant l'exactitude de l'inégalité $A3>B5$, un raisonnement semblable au précédent démontrerait que si la réalisation de l'hypothèse contraire, c'est-à-dire de l'inégalité $A3<B5$ exige 1° la diminution d'un multiple impair de B5; les égalités primitives [2] et [4] transformées seront,

[2] $(C_13)(C_12)-1=(A_13)(B5)$,

[4] $(C_18)(C_17)-1=(A_13)(B5)$;

2° la diminution d'un multiple pair de B5, les égalités primitives transformées, seront,

$$[2] \qquad (C_1 8)(C_1 7) - 1 = (A_2 3)(B5),$$

$$[4] \qquad (C_3 3)(C_3 2) - 1 = (A_1 3)(B5).$$

Les égalités [1], [2], [3], [4] se présenteront fréquemment dans la démonstration du théorème qui suit, et alors, 1° si l'on a $A7 < B5$ et $A3 < B5$, ou si la réalisation de ces inégalités demande la diminution d'un multiple pair de B5, les égalités primitives conserveront leurs formes; 2° si l'on a $A7 > B5$ et $A3 > B5$, et si la réalisation des inégalités inverses demande la diminution d'un multiple impair de B5, les égalités [1] et [2] seront remplacées par les égalités [3] et [4] *et vice versa*.

Théorème. Étant donnée à résoudre en nombres entiers, l'équation $x^2 + x - 1 = P.y$, si le nombre P contient un facteur dont le chiffre des unités est 3 ou 7, la résolution proposée est impossible; les combinaisons des facteurs cités avec les facteurs admissibles sont au nombre de 3. Rappelons que le chiffre des unités du nombre $x^2 + x - 1$ est 1, 5, 9; on peut avoir

1° Combinaison du facteur A7 ou du facteur A3 avec le facteur B5, c'est-à-dire

$$x^2 + x - 1 = (A7)(B5) \quad \text{ou} \quad x^2 + x - 1 = (A3)(B5);$$

2° Combinaison du facteur A7 avec le facteur B7 ou du facteur A3 avec le facteur B3, c'est-à-dire

$$x^2 + x - 1 = (A7)(B7) \quad \text{ou} \quad x^2 + x - 1 = (A3)(B3);$$

3° Combinaison du facteur A7 avec le facteur B3, c'est-à-dire

$$x^2 + x - 1 = (A7)(B3).$$

Nous démontrons que l'admission soit de la première, soit de la seconde combinaison amène l'admission de la troisième, et que cette dernière est inadmissible.

1re Combinaison. $x^2+x-1=(A7)(B5)$, $x^2+x-1=(A3)(B5)$; elle donne quatre égalités

[1] $(C8)(C7)-1=(A7)(B5)$,

[2] $(C8)(C7)-1=(A3)(B5)$,

[3] $(C3)(C2)-1=(A7)(B5)$,

[4] $(C3)(C2)-1=(A3)(B5)$.

On a d'ailleurs les inégalités $A7 < B5$, $A3 < B5$: les inégalités inverses amèneraient seulement des permutations dans les quatre égalités; il suffira donc de démontrer l'exactitude des transformations dans les conditions précitées : choisissons les égalités

[1] $(C8)(C7)-1=(A7)(B5)$,

[3] $(C3)(C2)-1=(A7)(B5)$.

Une première diminution du plus faible facteur A7 transforme ces égalités et donne $(C_11)(C_10)-1=(A7)(B7)$ et $(C_16)(C_15)-1=(A7)(B7)$; une seconde diminution faite, par exemple, sur le facteur (A7), donne $(C_14)(C_13)-1=(A7)(B_13)$, et $(C_19)(C_18)-1=(A7)(B_13)$. Des transformations analogues auront lieu pour les égalités [2] et [4], et l'ensemble prouve que la première combinaison exige l'admission de la troisième.

2e Combinaison. $x^2+x-1=(A7)(B7)$, $x^2+x-1=(A3)(B3)$; elle donne huit égalités divisées en deux parties.

Ire Partie. $(C0)(C9)-1=(A7)(B7)$, $(C1)(C0)-1=(A7)(B7)$,
$(C5)(C4)-1=(A7)(B7)$, $(C6)(C5)-1=(A7)(B7)$.

IIe Partie. $(C0)(C9)-1=(A3)(B3)$, $(C1)(C0)-1=(A3)(B3)$,
$(C5)(C4)-1=(A3)(B3)$, $(C6)(C5)-1=(A3)(B3)$.

Diminuons chaque facteur des premiers membres du plus faible des deux facteurs qui constituent les seconds; si on admet (A7) comme le plus faible facteur de la première partie, (A3) comme le plus faible facteur de la deuxième partie, on a

Ire PARTIE. $(C_1 3)(C_1 2) - 1 = (A7)(B_1 5)$, $(C_1 4)(C_1 3) - 1 = (A7)(B_1 3)$,

$(C_1 8)(C_1 7) - 1 = (A7)(B_1 5)$, $(C_1 9)(C_1 8) - 1 = (A7)(B_1 3)$,

IIe PARTIE. $(C_1 6)(C_1 7) - 1 = (A3)(B_1 7)$, $(C_1 8)(C_1 7) - 1 = (A7)(B_1 5)$,

$(C_1 2)(C_1 1) - 1 = (A3)(B_1 7)$, $(C_1 3)(C_1 2) - 1 = (A3)(B_1 5)$.

Les seconds membres de ces égalités présentent, soit directement, soit en employant la première combinaison, c'est-à-dire indirectement, la forme finale indiquée.

3e COMBINAISON. $x^2 + x - 1 = (A3)(B7)$; elle donne quatre égalités

[1] $(C2)(C1) - 1 = (A3)(B7)$,

[2] $(C4)(C3) - 1 = (A3)(B7)$,

[3] $(C7)(C6) - 1 = (A3)(B7)$,

[4] $(C9)(C8) - 1 = (A3)(B7)$.

Le raisonnement fait sur l'égalité [1] indiquera ceux que l'on doit faire sur les autres : deux cas peuvent se présenter, selon que le second membre présentera ou la forme $A3 < B7$ ou la forme $A3 > B7$.

1er CAS. Diminuons chacun des deux membres C2 et C1 du plus faible des deux facteurs A3, B7, c'est-à-dire de A3; le résultat est $(C_1 9)(C_1 8) - 1 = (A3)(B_1 7)$; ainsi l'admission de l'égalité [1] exige l'admission d'une égalité dont les nombres sont moins élevés et dont le second membre a la forme (N7)(N3); ainsi de suite.

2e CAS. Diminuons chacun des deux nombres C2 et C1 du plus faible des deux facteurs A3, B7, c'est-à-dire de B7; le résultat est $(C_1 5)(C_1 4) - 1 = (A_1 7)(B7)$; une nouvelle diminution, analogue à la précédente, donne

$$(C_1 8)(C_1 7) - 1 = (A_1 3)(B_1 5) \quad [G].$$

1° Si l'on a $A_1 7 < B_1 5$, ou si, pour amener cet état, lemme précédent, on a diminué d'un multiple pair de $B_1 5$, l'égalité [G] conserve la forme qu'elle présentait, et alors diminuant de $A_1 7$, qui est le plus faible des deux facteurs, le résultat est $(C_3 0)(C_3 1) - 1 = (A_1 7)(B_1 7)$; une nouvelle diminution du plus faible des deux facteurs du second membre, de $A_1 7$, par exemple, donne le résultat final $(C_4 4)(C_4 3) - 1 = (A_1 7)(B_3 3)$: ainsi, la réalité de l'égalité primitive [1] exige la réalité d'une égalité dont les nombres sont moins élevés et qui est semblable à l'égalité [2], et on peut démontrer que celle-ci possède une propriété analogue, c'est-à-dire donne une égalité semblable et dont les termes sont moins élevés, ainsi de suite.

2° Si l'on a $A_1 7 > B_1 5$, ou si, pour amener l'égalité inverse, on a diminué d'un multiple impair de $B_1 5$, l'égalité [G] prend la forme $(C_3 3)(C_3 2) - 1 = (A_2 7)(B_1 5)$, lemme précédent; diminuons de $A_2 7$, qui est le plus faible facteur du second membre, le résultat est $(C_4 6)(C_4 5) - 1 = (A_2 7)(B_2 7)$; une nouvelle diminution du plus faible des deux facteurs $A_2 7$ et $B_2 7$, par exemple de $A_2 7$, donne $(C_5 9)(C_5 8) - 1 = (A_3 3)(B_2 7)$; on ferait sur cette égalité, qui est l'égalité primitive [4], une remarque semblable à celle qui a été faite dans les deux circonstances qui précèdent.

De l'ensemble des démonstrations faites ou à faire sur le théorème qui nous occupe, on déduit les conclusions suivantes : 1° une égalité dont la forme est, soit $x^2 + x - 1 = (A7)(B5)$, soit $x^2 + x - 1 = (A3)(B5)$, amène une égalité dont la forme est $y^2 + y - 1 = (A_1 3)(B_1 7)$; 2° une égalité dont la forme est, soit $x^2 + x - 1 = (A7)(B7)$, soit $x^2 + x - 1 = (A3)(B3)$, amène une égalité dont la forme est $y^2 + y - 1 = (A_1 3)(B_1 7)$; 3° une égalité dont la forme est $x^2 + x - 1 = (A3)(B7)$, amène une égalité dont la forme est absolument la même et dont les nombres sont moins élevés; cette seconde égalité en amène une seconde dont les nombres sont encore moins élevés, mais toujours entiers, ainsi de suite, et la limite est l'état positif des nombres; 4° le calcul prouve que les nombres entiers positifs faibles, par exemple les nombres inférieurs à 100, et dont le chiffre des unités est 3 ou 7, ne peuvent, dans les conditions précitées, vérifier l'égalité proposée; le théorème est donc démontré.

Corollaire. Étant donnée à résoudre en nombres entiers, l'équation $x^2 + x - 1 = P.y$, et, par suite, l'équation $u^2 - 5 = P.t$, si le nombre P a l'une des formes $5q + 2$, $5q + 3$, la résolution proposée est impossible.

Théorème. Etant donnée à résoudre en nombres entiers, l'équation $x^2 + x - 1 = P.y$; si le nombre P premier absolu a le chiffre des unités soit 1, soit 9, c'est-à-dire est représenté par l'une des formes $5q + 1$, $5q - 1$, la résolution proposée est toujours possible : si l'on pose $3x + 1 = u$, $4y = t$, l'équation proposée devient $u^2-5=P.t$; si cette dernière équation est résoluble en nombres entiers, l'équation $x^2+x-1=P.y$ a la même propriété; en effet, dans l'hypothèse admise, le nombre $Pt+5$ est un carré exact entier; le nombre u peut toujours être choisi à l'état impair, et, par suite, le nombre t a la forme $4n$; de là le nombre y est entier; ainsi, le théorème énoncé sera exact, si nous prouvons la possibilité de résoudre, en nombres entiers et dans les conditions précitées, l'équation $u^2-5=P.t$; or, cette preuve ou recherche doit être précédée de quelques lemmes indispensables.

1er **Lemme général.** Si l'on divise par un nombre premier absolu tous les carrés exacts entiers, le nombre des restes minima différents est égal à $\frac{P-1}{2}$. 1° le reste de $\frac{(nP+h)^2}{P}$, $h<P$ est égal à celui de $\frac{h^2}{P}$; il suffit donc de considérer les restes donnés par les carrés dont les racines sont inférieures à P; 2° le reste de $\frac{(P-m)^2}{P}$, $m<P$ est égal à celui de $\frac{m^2}{P}$; de ces deux faits on conclut que le nombre des restes minima différents n'est pas supérieur à $\frac{P-1}{2}$: or, les carrés exacts entiers $1^2, 2^2, 3^2, 4^2 \ldots. (a)^2 \ldots. (a_1)^2 \ldots. \left(\frac{P-1}{2}\right)^2$ donnent des restes différents; admettons, en effet, les deux égalités $a^2=Pq+r$, $(a_1)^2=Pq+r$; on a, après soustraction $(a_1-a)(a_1+a)=P.V$, égalité finale inadmissible par suite des hypothèses $a<P$, $a_1<P$, le nombre P premier absolu; le lemme est donc démontré, et lorsque l'on fera les divisions indiquées, les nombres inférieurs à P seront distribués en deux classes : 1° *restes*; 2° *non-restes*.

2e **Lemme général.** Les faits étant ceux qui ont été établis dans le lemme précédent : 1° le produit de deux *restes* est un *reste*; 2° le produit d'un *reste* par un *non-reste* est un *non-reste*; 3° le produit de deux *non-restes* est un *reste*. 1° des égalités $a^2=Pq+r$, $a_1^2=Pq_1+r_1$ on déduit $a^2a_1^2=P.H+r.r_1$. 2° Si le nombre r est un *reste*, et si le nombre r_1 est un *non-reste*, le produit $r.r_1$ ne peut être un *reste*; en effet, si de la suite naturelle $1, 2, 3 \ldots. \frac{P-1}{2} \ldots. P-1$ on sépare les $\frac{P-1}{2}$ nombres qui sont des restes minima différents, et si on multiplie ces nombres par le reste r : tous ces produits sont des restes, car on a $a^2=Pq+r$, $K^2=P.h+b$; donc, $a^2K^2=PV+r.b$: tous les produits seront différents; on a $a^2K^2=P.V+r.b$, $a^2.m^2=P.S+r.c$, etc., et l'égalité $r.b=r.c$ amène l'égalité $a^2(K^2-m^2)=P.N$ ou $a^2(K+m)(K-m)=P.N$,

égalité que l'état premier du nombre P et les conditions $a < P$, $K < P$, $m < P$ rendent inadmissible; d'ailleurs, l'égalité $K + m = P$ donne reste de $K^2 =$ reste de m^2 ou $b = c$. Ainsi, les produits $r.b$, $r.c$, etc., forment l'ensemble de tous les restes; si donc, le nombre r_1 est un *non-reste*, le produit $r.r_1$ ne peut être égal à un des produits $r.b$, $r.c$, etc.; et, par suite, si le nombre $r.r_1$ était un *reste*, le nombre des restes minima différents serait supérieur à $\frac{P-1}{2}$, et le premier lemme général prouve que cette conclusion est inadmissible *.
3° Le produit de deux *non-restes* est un *reste* : partageons en deux catégories, d'un nombre $\frac{P-1}{2}$ de termes, les nombres entiers inférieurs à P; c'est-à-dire formons deux suites

[A] *restes* $r_0, r_1, r_2, \ldots r_n$;

[B] *non-restes* $s_0, s_1, s_2 \ldots s_n$;

le produit d'un terme de [A] par chacun des termes de [A] donne des nombres tous différents, et par suite donne tous les *restes*; le produit d'un terme de [B] par chacun des termes de [A] donne des nombres tous différents, et par suite, donne tous les *non-restes*; si donc le produit de deux *non-restes*, c'est-à-dire, par exemple, le produit s_8, s_7 donnait un *non-reste*, ce dernier nombre serait égal à l'un des produits de s_8 par l'un des termes, r_{10}, par exemple, de la suite [A]; de là les égalités $s_8 . s_7 = PQ + h$, $s_8 r_{10} = PQ_1 + h$, $s_8(s_7 - r_{10}) = P.V$; or, le nombre P étant premier absolu, la dernière de ces égalités est inadmissible.

3e Lemme général. 1° Si le nombre P premier absolu a la forme $4q + 1$, le nombre -1, ou, plus exactement, le nombre $P - 1$, est un *reste*; 2° si le nombre P premier absolu a la forme $4q + 3$, le nombre $+1$ est un *reste*. Désignons, dans chacun des deux cas, par a une racine primitive de P; on aura, 1° dans le premier cas, $a^{2q} + 1 = P.N$, ou $(a^q)^2 = P.N - 1$; 2° dans le second cas, $a^{4q+2} - 1 = P.M$, ou $(a^{2q+1})^2 = P.M + 1$: de ce lemme et du lemme précédent on déduit plusieurs conclusions : 1° Le diviseur employé étant premier absolu et de la forme $4q + 1$, si le nombre $+r$ est un reste, le nombre $-r$ sera également un *reste*, et généralement les *non-restes* seront encore *non-*

* Dans ce lemme et dans le lemme précédent nous excluons le nombre $P = 2$, le reste 0.

restes en changeant les signes ; 2° le diviseur employé étant premier absolu et de la forme $4q+3$, le changement de signe donne aux *restes* l'état de *non-restes*, et réciproquement.

Reprenons actuellement notre recherche principale : l'équation $u^2-5=P.t$ sera toujours résoluble en nombres entiers si nous prouvons que, dans les conditions précitées, on peut obtenir un carré exact entier, tel que la division de ce carré par $P=5q+1$ ou par $P=5q-1$, donne le reste 5.

1er Cas. $P=5q+1$. Choisissons un nombre a inférieur à P, et capable de vérifier l'égalité

$$[M] \qquad a^5-1=P.N;$$

le reste 1 donné par a^5 étant la première reproduction de l'unité, lorsque l'on divise par P les termes de la série a^0, a^1, a^2, etc. *, de [M], on déduit

$$(a-1)(a^4+a^3+a^2+a+1)=P.N,$$

ou, puisque les nombres $a-1$ et P sont premiers entre eux,

$$a^4+a^3+a^2+a+1=P.V \quad \text{ou} \quad 4(a^4+a^3+a^2+a+1)=P.S,$$

ou enfin, $(2a^2+a+2)^2=P.S+5a^2$, le nombre $5a^2$ est donc un *reste ;* d'ailleurs, par suite des hypothèses, le facteur a^2 appartenant au produit $5a^2$, n'est pas divisible par P, ainsi les nombres a^2 et $5a^2$ sont des *restes ;* donc, Lemme général II, le nombre 5 est un *reste*.

2e Cas. $P=5q+4=5Q-1$ **. 1° Soit P un nombre premier absolu, soit r un *non-reste,* et par suite soit l'équation $u^2-r=P.y$ non-résoluble en nombres entiers : considérons enfin l'expression suivante :

$$[A] \qquad \frac{(x+\sqrt{r})^{p+1}-(x-\sqrt{r})^{p+1}}{\sqrt{r}}=M,$$

---

* Le choix de a est toujours possible, le nombre $P-1$ étant un multiple de 5, quatrième partie, n° 115.

** La recherche actuelle est pour nous un accessoire, la démonstration donnée dans le texte emploie plusieurs principes généraux sur les racines primitives, principes que l'on démontre dans la quatrième partie de cet ouvrage, la démonstration actuelle présentée dans le texte est d'ailleurs assez pénible, mais elle est la seule connue, appartient à Lagrange, nous avons dû l'abréger ; elle est consignée dans les *Mémoires de l'Académie de Berlin*, 1775, page 352.

cette expression, dont le développement est rationnel, sera un multiple exact de P, quelque valeur que l'on donne à x; en effet, tous les termes, excepté le premier et le dernier, étant des multiples exacts de P, on peut lui donner la forme

$$[B] \qquad P.Q+2(P+1)[x^P+x(r)^{\frac{P-1}{2}}]=M,$$

soit actuellement le nombre R une racine primitive de P, divisons par P chacun des termes de la suite $R^0, R^1, R^2, \ldots R^h, \ldots R^{P-1}$, les restes présenteront tous les nombres entiers inférieurs à P, donc présenteront le reste r, lequel correspondra à un terme R^h dont l'exposant est impair; car, dans le cas contraire, l'équation $u^2-r=P.y$ serait résoluble en nombres entiers, mais le nombre R est une racine primitive de P, le nombre h est impair; donc, on a l'égalité

$$R^{(\frac{P-1}{2})h}=PV-1 \quad \text{ou} \quad r^{\frac{P-1}{2}}=P.K-1;$$

donc enfin

$$[C] \qquad x(r)^{\frac{P-1}{2}}=PH-x;$$

on a aussi, *Théorème de Fermat*, n° **109**, l'égalité $x^{P-1}-1=P.S$, ou

$$[D] \qquad x^P=P.S+x;$$

des trois égalités [B], [C], [D], on déduit l'égalité

$$[E] \qquad \frac{(x+\sqrt{r})^{P+1}-(x-\sqrt{r})^{P+1}}{\sqrt{r}}=M=P.N;$$

2° dans l'équation [E], l'indéterminée x aura P dimensions et tous les nombres 0, 1, 2, 3...P — 1 seront des solutions de x, soit e un diviseur de P+1, l'expression $\frac{(x+\sqrt{r})^e-(x-\sqrt{r})^e}{\sqrt{r}}$ que nous représentons par M_1 sera rationnelle, x présentera $e-1$ dimensions, et les règles ordinaires de l'analyse prouvent que M est divisible par M_1; or, il est certain qu'il y a $e-1$ valeurs qui rendent M_1 divisible par P, soit en effet $M=M_1.L$, x aura dans L, $P-e+1$ dimensions, et, par conséquent, l'équation indéterminée $L_1=P.Z$ présentera au plus $P-e+1$ valeurs réellement différentes * applicables à x, d'où il suit que les $e-1$ autres

* Quatrième partie, n° **112**.

nombres pris dans la série 0, 1, 2, 3, ... P — 1, seront applicables à l'équation $M_1 = P.U$; 3° donnons maintenant au nombre P la forme $5q+4$, soit $e=5$, soit r un non-reste, soit enfin le nombre a déterminé de manière à rendre divisible par P l'expression $\frac{(x+\sqrt{r})^5-(x-\sqrt{r})^5}{\sqrt{r}}$, cette détermination est toujours possible, paragraphe précédent, et l'expression devient

$$10a^4+20a^2r+2r^2 \quad \text{ou} \quad 2[(r+5a^2)^2-20a^4],$$

on a donc l'égalité $(r+5a^2)^2 = P.T + 5(4a^4)$; en d'autres termes, $5(4a^4)$ est un reste, d'ailleurs le nombre $4a^4$ n'étant pas divisible par P, puisque a ne peut être divisible par P, il est manifeste, 2ᵉ lemme général, que le nombre 5 est un reste.

ÉQUATION. $$x^2+2x-1=P.y.$$

THÉORÈME. Étant donné à résoudre, en nombres entiers, l'équation

$$x^2+2x-1=P.y,$$

si le nombre P, premier absolu, présente l'une des formes $8q+1$, $8q-1$, la résolution proposée est toujours possible : l'hypothèse $x+1=u$ donne à l'équation proposée la forme $u^2-2=P.y$, on peut donc faire les raisonnements sur cette dernière équation; en d'autres termes, on doit démontrer que, dans les conditions indiquées, un carré exact entier divisé par le nombre P, donne le reste 2.

1ᵉʳ CAS. $P=8q+1$. Soit le nombre a une racine primitive de P, on a $a^{4q}+1=P.h$ ou $(a^{2q}+1)^2=P.h+2.a^{2q}$; ainsi le nombre $2.a^{2q}$ est un *reste;* or, le nombre a^{2q}, non-divisible par P, est un *reste;* donc, 2ᵉ lemme général, 2 est aussi un *reste*.

2ᵉ CAS. $P=8q-1$, c'est-à-dire $P=8q+7$. Étant donnée à résoudre, en nombres entiers, l'équation $u^2-2=P.y$, si on fait le calcul en substituant successivement à P des nombres premiers peu élevés, et de la forme $8q+3$, $8q+5$; par exemple, des nombres inférieurs à 100 : ce calcul prouve que, dans ces conditions, la résolution proposée est impossible; or, la loi déduite de cette induction est générale : remarquons d'abord que les nombres représentés par $8q+1$ ou par $8q+7$ ne peuvent donner que des produits ayant l'une ou l'autre de ces deux mêmes formes; par conséquent, tout produit représenté par $8q+3$ ou par $8q+5$, renferme nécessairement un facteur premier ayant l'une ou l'autre de ces dernières formes; ces faits établis, si la loi précitée n'est pas générale, des nombres premiers P_1 supérieurs à 100, et dans les formes indiquées $8q+3$, $8q+5$, donneront des équations résolubles; le plus petit de ces nombres étant représenté par P_1, on aura l'équation résoluble $u^2-2=P_1z$, et si, parmi les valeurs de u, on choisit, ce qui est permis*, la valeur u_1 impaire et inférieure à P_1, on aura l'égalité $(u_1)^2-2=P_1y_1$, qui donnera l'état suivant; la forme de $(u_1)^2$ sera $8q+1$; donc, celle de P_1y_1 sera $8q+7$; par suite, celle de y_1 sera $8q+3$ ou $8q+5$, selon que celle de P_1 sera $8q+5$ ou $8q+3$; ainsi dans les conditions premières constatées, la vérification de l'égalité $(u_1)^2-2=P_1y_1$ aurait lieu, le nombre y_1 dont la forme est $8q+3$ ou $8q+5$, étant inférieur à P_1, et cela par suite de l'inégalité $u_1 < P_1$; or, cette infériorité de y_1 et l'hypothèse première, le nombre P_1 minimum, impliquent contradiction; la loi précitée est donc générale, si le nombre P premier présente l'une des formes $8q+3$, $8q+5$, la résolution, en nombres entiers, de l'équation proposée est impossible; concluons aussi que le nombre $+2$ étant alors un *non-reste*, il est certain, lemmes généraux, que le nombre -2 est 1° *reste* si l'on a $P=8q+3$; 2° *non-reste* si l'on a $P=8q+5$.

Étant donnée à résoudre, en nombres entiers, l'équation $u^2+2=P.y$, si l'on substitue successivement à P des nombres premiers peu élevés, et de l'une des formes $8q+5$, $8q-1$, des nombres inférieurs à 100, par exemple, un calcul préliminaire analogue au précédent, prouve que la résolution des équations proposées est impossible : la loi déduite de cette induction est générale; constatons d'abord que tout produit de la forme $8q+5$, $8q-1$ renferme nécessairement un facteur premier de l'une de ces mêmes formes, par conséquent, si notre induction est inexacte, des nombres P, supérieurs à 100 et ayant l'une des formes $8q+5$, $8q-1$, donneront des équations résolubles; le plus faible de ces nombres étant P_1 on aura l'égalité $(u_1)^2+2=P_1y_1$, le nombre u_1 étant impair et inférieur à P_1 : or, cette égalité donnera à y_1, 1° la forme $8q+5$, si P_1 a la forme $8q-1$; 2° la forme $8q-1$, si P_1 a la forme $8q+5$; 3° une valeur inférieure à P_1 : ainsi le nombre P_1 n'aurait pas l'état minimum exigé par l'hypothèse primitive; la loi précitée est donc générale et, par suite des lemmes généraux, concluons que le nombre -2 étant un *non-reste*, on est certain que

* Formules générales de l'équation $x^2+r=P.y$, n° 39.

le nombre $+2$ est 1° un *non-reste* lorsque l'on a $P=8q+5$; 2° un *reste* lorsque l'on a $P=8q-1$, et cette dernière conclusion prouve l'exactitude du deuxième cas *.

ÉQUATION $$x^2+2x+8=P.y\ **.$$

THÉORÈME. Étant donnée à résoudre, en nombres entiers, l'équation $x^2+2x+8=P.y$, si le nombre P premier absolu présente l'une des formes $7q+3$, $7q+5$, $7q+6$, la résolution proposée est toujours impossible; en effet, l'hypothèse $x+1=u$, donne à l'équation proposée la forme $u^2+7=P.y$, on peut donc faire le raisonnement sur cette dernière équation; or, 1° tout carré exact entier, augmenté de 7, c'est-à-dire u^2+7 ne peut donner un carré exact entier, excepté lorsque l'on a l'égalité $u=3$; 2° si dans l'égalité $u^2+7=P.y$ on substitue successivement à P des nombres peu élevés, inférieurs à 100, par exemple, et ayant l'une des formes $7q+3$, $7q+5$, $7q+6$; on reconnait que chaque nombre entier u^2+7 ne peut être décomposé en deux facteurs présentant l'un des états simultanés

$$[E]\quad 7n.7q,\ 7n.7q+3,\ 7n.7q+5,\ 7n.7q+6,\ 7n+3.7q+3,\ 7n+3.7q+5,$$
$$7n+3.7q+6,\ 7n+5.7q+5,\ 7n+5.7q+6,\ 7n+6.7q+6,$$

la loi déduite de cette dernière induction est générale; soit, en effet, l'égalité suivante entre des nombres entiers

$$[F]\qquad (7h+k)^2+7=(7q+a)(7p+b).$$

Admettons l'inexactitude de l'égalité $7q+a=7p+b$; admettons aussi que les nombres a et b présentent l'un des groupes [E], et que le nombre k offre un des deux états exigés par les hypothèses attribuées à a et à b, si on diminue le nombre $7h+k$ du plus petit des deux nombres $7q+a$, $7p+b$, par exemple, de $7q+a$ le résultat est $(7N+k-a)^2+7=(7q+a)[7H+(a+b-2k)]$ et le

* Les démonstrations relatives à l'équation $x^2+2x-1=P.y$ pourraient être remplacées, partiellement du moins, par des considérations analogues à celles qui ont été utiles dans l'équation $x^2+x-1=P.y$; nous avons cru devoir maintenir cette variété d'aperçus qui montre que le sujet n'est certes pas épuisé; remarquons aussi que le mode actuel est analogue à celui qui sera présenté ci-après, et relatif aux équations

$$x^2+2x+8=P.y,\quad 3x^2+2x-3=P.y,\quad x^2+3x-2=P.y.$$

** Nous excluons, 1° le nombre premier $+7$ dans l'exemple actuel; 2° le nombre premier 17 dans l'exemple $x^2+3x-2=P.y$.

second membre offre un des états représentés [E] : or, si on forme le tableau de toutes les permutations convenables que peuvent éprouver les nombres a, b, k de manière que chaque première égalité présente un des états [E], la première transformation opérée dans chaque égalité amène une autre égalité, dont le second membre est un des groupes [E], on est donc certain qu'après un nombre suffisant de transformations semblables, toute égalité hypothétique donnée entre des nombres élevés, créerait une égalité analogue, mais assurément inexacte, puisque l'un des facteurs du second membre serait inférieur au nombre 100, limite assigné au fait numérique primitif. Concluons : si on divise tous les carrés exacts entiers par un nombre premier absolu, dont la forme est $7q+3$ ou $7q+5$, ou $7q+6$, le nombre -7 est un *non-reste*, et par suite des lemmes généraux, on a le résumé suivant : le nombre -7 est un *non-reste* pour les nombres premiers ayant l'une des formes $7q+3$, $7q+5$, $7q+6$; le nombre $+7$ est un *non-reste* pour les nombres premiers dont l'état $4h+1$ est uni à l'un des états $7q+3$, $7q+5$, $7q+6$, c'est-à-dire pour les nombres $28q+17$, $28q+5$, $28q+13$; le nombre $+7$ est un *reste* pour les nombres premiers dont l'état $4h+3$ est uni à l'un des états $7q+3$, $7q+5$, $7q+6$, c'est-à-dire pour les nombres $28q+3$, $28q+19$, $28q-1$.

ÉQUATION $3x^2+2x-3=P.y.$

L'égalité $3x+1=u$ donne à cette équation la forme $u^2-10=P.t.$

LEMME. Les nombres premiers*, mis sous la forme $40q+k$ peuvent être divisés en deux séries.

1re SÉRIE, $40q+1$, $40q+3$, $40q+9$, $40q+13$, $40q+27$,
$40q+31$, $40q+37$, $40q+39$.

2e SÉRIE, $40q+7$, $40q+11$, $40q+17$, $40q+19$, $40q+21$,
$40q+23$, $40q+29$, $40q+33$.

Ce partage fait naître plusieurs remarques qui ont leur utilité et dont un simple calcul démontre l'exactitude : 1° le produit de deux facteurs appartenant à la même série, est un nombre de la première série; 2° le produit de deux fac-

* Nous omettons le nombre premier 5, lequel amène une sorte d'anomalie dans l'étude actuelle; toutefois, remarquons que les équations de la forme $u^2-10=5.y$, constituent une classe restreinte qui n'apporte aux principes démontrés dans le texte, que des modifications légères, sur lesquelles nous avons cru seulement devoir appeler l'attention du lecteur.

teurs non placés dans la même série, est un nombre de la deuxième série; 3° le carré de l'un des facteurs précités, ou plus généralement le carré de tout nombre impair dont le chiffre des unités est étranger à 5, a l'une des formes $40q+1$, $40q+9$; est donc un nombre de la première série.

THÉORÈME. Étant donnée à résoudre, en nombres entiers, l'équation $u^2-10=P.t$, si on fait le calcul en substituant à P des nombres peu élevés, par exemple inférieurs à 100, et présentant l'une des formes de la seconde série, le calcul prouve qu'après chaque substitution la résolution en nombres entiers est impossible, or cette loi est générale; remarquons d'abord que les nombres de la première série ne peuvent donner que des produits ayant l'une des formes de cette série, par conséquent tout produit représenté par un nombre de la deuxième série renferme nécessairement un facteur ayant l'une des formes indiquées dans cette même seconde série; ces faits établis, si la loi d'induction précitée n'est pas générale, des nombres P supérieurs à 100, et dans les formes de la seconde série donneront des équations $u^2-10=P.t$ résolubles en nombres entiers; le plus petit de ces nombres étant représenté par P_1, on aura l'équation résoluble $u^2-10=P_1z$; et si parmi les valeurs de u on choisit, ce qui est permis, la valeur u_1 impaire et inférieure à P_1, on aura l'égalité $(u_1)^2-10=P_1z_1$, et l'inégalité $z_1<P_1$; admettons provisoirement que le chiffre des unités de u_1 soit étranger au chiffre 5; dans ces conditions le nombre $(u_1)^2$ présente, lemme précédent, l'une des deux formes $40q+1$, $40q+9$, et par suite le nombre $(u_1)^2-10$, c'est-à-dire le produit P_1z_1 présente dans le même ordre l'une des formes $40q+31$, $40q+39$; le produit appartient donc à la première série, mais le facteur P_1 de ce produit appartient à la seconde série, par conséquent l'autre facteur z_1 est placé dans cette même seconde série, et donne une équation $u^2-10=P.t$ résoluble en nombres entiers et dans laquelle $t=z_1$; conclusion inadmissible par suite de l'état minimum hypothétique attribué à P_1; et si actuellement nous démontrons que l'état 5 attribué au chiffre des unités de u_1 ne modifie pas les conclusions contradictoires précitées, le théorème actuel sera démontré; or, soit l'égalité $u_1=10n+5$, on a alors les trois égalités

[A] $$u_1=10n+5,$$

[B] $$(u_1)^2-10=5[20n(n+1)+3],$$

[C] $$(u_1)^2-10=P_1z.$$

Si, à n et dans l'égalité [B], on substitue successivement les nombres constituant la suite naturelle 1, 2, 3, etc., les résultats affectent la forme unique $5(40N+3)$, laquelle, lorsque le nombre N est multiple de 3, peut être considérée comme présentant soit l'état primitif, soit un état nouveau $15(40M+1)$; finalement l'égalité [B] ne peut, dans les conditions actuelles, avoir que les deux formes $5(40N+3)$, $15(40M+1)$, lesquelles formes, substituées dans l'égalité [C], donnent

$$[D] \qquad (u_1)^2-10=5(40N+3)=P_1 z,$$

$$[E] \qquad (u_1)^2-10=15(40M+1)=P_1 z.$$

Le raisonnement étant le même dans les deux cas, adoptons l'égalité [E] : 1° le nombre $40M+1$ ne peut être premier puisqu'il doit présenter le facteur P_1, lequel est supérieur à 15; 2° ce même nombre $40M+1$, appartenant à la première série, devant présenter le facteur P_1, nombre de la seconde série, doit donc, lemme précédent, avoir un autre facteur h_1, nombre de cette même seconde série, de là l'égalité $40M+1=P_1 h_1$; d'ailleurs, les nombres u_1, P_1, z de l'égalité [E] obéissent aux inégalités $u_1<P_1$, $z<P_1$, le nombre h_1 de l'égalité $40M+1=P_1 h_1$ obéit *a fortiori* à l'inégalité $h_1<P_1$; ainsi le nombre h_1 inférieur à P_1, lié à la série de P_1, donne une équation $(u_1)^2-10=h_1(15P_1)$ résoluble en nombres entiers; on retrouve donc la contradiction déjà indiquée. Concluons de l'ensemble du paragraphe actuel que, si le nombre P présente l'une des formes de la seconde série, la résolution en nombres entiers de l'équation $u^2-10=P.t$ est impossible; concluons aussi que le nombre $+10$ étant alors un *non-reste*, il est certain, lemmes généraux du numéro actuel, que le nombre -10 est, 1° un *reste* si le nombre P a l'une des formes $40q+7$, $40q+11$, $40q+19$, $40q+23$; 2° un *non-reste* si le nombre P a l'une des formes $40q+17$, $40q+21$, $40q+29$, $40q+33$.

Les raisonnements présentés dans les paragraphes précédents, peuvent recevoir une grande extension, peuvent être appliqués à un nombre notable d'équations incomplètes et indéterminées du second degré à deux inconnues; l'application qui suit pourra guider ceux qui voudront approfondir ces recherches curieuses; unie par un lien intime à celle qui est relative à l'équation $x^2+2x+8=P.y$, nous avons dû la présenter d'une manière très-abrégée, laissant au lecteur le soin d'apporter les développements qui ne nous paraissent pas indispensables.

ÉQUATION. $x^2+3x-2=P.y.$

L'égalité $2x+3=u$ donne à cette équation la forme $u^2-17=P.t$, et si les nombres premiers sont, 1° désignés par la forme $17q+K$; 2° divisés en deux séries :

1re SÉRIE. $17q+1$, $17q+2$, $17q+4$, $17q+8$, $17q+9$, $17q+13$, $17q+15$, $17q+16$.

2e SÉRIE. $17q+3$, $17q+5$, $17q+6$, $17q+7$, $17q+10$, $17q+11$, $17q+12$, $17q+14$,

on déduit de cette subdivision plusieurs faits, 1° le produit de deux facteurs même égaux appartenant à la même série, est un nombre de la première série; 2° le produit de deux facteurs non placés dans la même série est un nombre de la deuxième série; 3° le carré d'un nombre entier ne peut, après diminution de 17, donner un nombre qui soit le produit de deux facteurs de la deuxième série; ce dernier fait peut être vérifié par le calcul pour des nombres inférieurs à une limite, à 100, par exemple, or il est général; admettons, en effet, que pour des nombres supérieurs à la limite précitée, on ait l'égalité

$$(17h+k)^2-17=(17q+a)(17p+b).$$

Après avoir remarqué que l'égalité $17q+a=17p+b$ est inadmissible, excepté pour l'hypothèse $u=9$, soit $17q+a<17p+b$, admettons que les nombres a et b présentent un des groupes de la seconde série et que le nombre K offre un des deux états exigés par les hypothèses faites sur a et sur b; si on diminue le nombre $17h+k$ du nombre $17q+a$, cette transformation amène une autre égalité dont le second membre est un des groupes de la seconde série; on est donc certain qu'après un nombre suffisant de transformations, toute égalité hypothétique analogue entre des nombres élevés, créerait une égalité analogue, mais assurément inexacte, puisque l'un des facteurs du second membre serait inférieur au nombre 100, limite assignée au fait numérique primitif; concluons de là que si on divise tous les carrés exacts entiers par un nombre premier absolu dont la forme est

$17q+3$, $17q+5$, $17q+6$, $17q+7$, $17q+10$, $17q+11$, $17q+12$, $17q+14$, le nombre $+17$ est un *non-reste*, et, par suite des lemmes généraux 2 et 3 du numéro actuel, 1° le nombre $+17$ est un *non-reste* des nombres premiers

$17q+3$, $17q+5$, $17q+6$, $17q+7$, $17q+10$, $17q+11$, $17q+12$, $17q+14$;

2° le nombre -17 est aussi un *non-reste* pour les nombres dont la forme est

$68q+5$, $68q+29$, $68q+37$, $68q+41$, $68q+45$, $68q+57$, $68q+61$, $68q+65$;

3° le nombre -17 est *reste* pour les nombres dont la forme est

$68q+3$, $68q+7$, $68q+11$, $68q+23$, $68q+27$, $68q+31$, $68q+39$, $68q+63$.

De l'examen des faits consignés dans tout le numéro actuel on déduit le résumé suivant :

Sont résolubles en nombres entiers, le nombre P premier absolu :

1° Les équations $u^2+3=P.y$, si le nombre P présente la forme $3q+1$;

2° Les équations $u^2-3=P.y$, si le nombre P a simultanément les formes $3q+1$, $4q+1$, c'est-à-dire a la forme $12q+1$;

3° Les équations $u^2-5=P.y$, si le nombre P a l'une des formes, $5q+1$, $5q-1$;

4° Les équations $u^2+5=P.y$, si le nombre P a simultanément les formes $5q+3$ et $4q+3$, ou les formes $5q+2$, $4q+3$, c'est-à-dire a l'une des formes $20q+3$, $20q+7$;

5° Les équations $u^2-2=P.y$, si le nombre P a l'une des formes $8q+1$, $8q-1$;

6° Les équations $u^2+2=P.y$, si le nombre P a l'une des formes $8q+3$, $8q+1$;

7° Les équations $u^2-7=P.y$, si le nombre P a l'une des formes $28q+3$, $28q+19$, $28q-1$;

8° Les équations $u^2+10=P.y$, si le nombre P a l'une des formes $40q+7$, $40q+11$, $40q+19$, $40q+23$;

9° Les équations $u^2+17=P.y$, si le nombre P a l'une des formes $68q+3$, $68q+7$, $68q+11$, $68q+23$, $68q+27$, $68q+31$, $68q+39$, $68q+63$.

Sont non-résolubles en nombres entiers, le nombre P premier absolu :

1° Les équations $u^2+3=P.y$, si le nombre P a la forme $3q+2$;

2° Les équations $u^2-3=P.y$, si le nombre P a la forme $12q+5$;

3° Les équations $u^2-5=P.y$, si le nombre P a l'une des formes $5q+2$, $5q+3$;

4° Les équations $u^2+5=P.y$, si le nombre P a l'une des formes $20q+11$, $20q+19$;

5° Les équations $u^2-2=P.y$, si le nombre P a l'une des formes $8q+3$, $8q+5$;

6° Les équations $u^2+2=P.y$, si le nombre P a l'une des formes $8q+5$, $8q+7$;

7° Les équations $u^2+7=P.y$, si le nombre P a l'une des formes $7q+3$, $7q+5$, $7q+6$;

8° Les équations $u^2-7=P.y$, si le nombre P a l'une des formes $28q+5$, $28q+13$, $28q+17$;

9° Les équations $u^2-10=P.y$, si le nombre P a l'une des formes $40q+7$, $40q+11$, $40q+17$, $40q+19$, $40q+21$, $40q+23$, $40q+29$, $40q+33$;

10° Les équations $u^2+10=P.y$, si le nombre P a l'une des formes $40q+17$, $40q+21$, $40q+29$, $40q+33$;

11° Les équations $u^2-17=P.y$, si le nombre P a l'une des formes $17q+3$, $17q+5$, $17q+6$, $17q+7$, $17q+10$, $17q+11$, $17q+12$, $17q+14$;

12° Les équations $u^2+17=P.y$, si le nombre P a l'une des formes $68q+5$, $68q+29$, $68q+37$, $68q+41$, $68q+45$, $68q+57$, $68q+61$, $68q+65$.

Ces principes offrent quelques conséquences utiles, mais ces conséquences, mieux placées là où elles ont leur utilité, seront exposées dans l'étude sur les racines primitives, étude intimement liée et qui fait suite au traité actuel.

EXEMPLES NUMÉRIQUES SUR LES ÉQUATIONS INCOMPLÈTES ET INDÉTERMINÉES DU SECOND DEGRÉ A DEUX INCONNUES.

52. Les trois séries d'exemples qui terminent cet ouvrage n'ajoutent rien aux raisonnements, mais peuvent ajouter de la clarté aux explications; la première série donne un système-solution applicable à l'équation $x^2+31x+241=P.y$; au nombre P on a substitué successivement la suite des nombres premiers 3, 5, 7, 11, etc., compris entre 1 et 1000, en conservant ceux qui donnent une équation résoluble en nombres entiers; les tableaux II et V, n°^{s} **13** et **19** ont été employés; la seconde série donne un système-solution applicable à l'équation $x^2+59x+869=P.y$: au nombre P on a substitué successivement les nombres premiers compris entre 1000 et 2000, en conservant ceux qui donnent une équation résoluble en nombres entiers; la troisième série donne une solution de l'équation $x^2+r=521.y$; au nombre r on a substitué successivement la suite naturelle 1, 2, 3, etc., en conservant les nombres qui donnent une équation résoluble en nombres entiers : le tableau VII, n° **46**, a été employé dans cette dernière série.

L'observation consignée page 104 a indiqué le lien qui unit l'équation $x^2+31x+241=P.y$ à l'équation $X^2+X+1=P.Y$; or, si l'on remarque que l'égalité $X=x-30$ donne à l'égalité $x^2+59x+869=P.y$ la forme $X^2+X-1=P.Y$, il est manifeste qu'une relation analogue à la relation précédente a lieu entre les deux derniers groupes d'équations, et donne les conséquences pareilles à celles que nous avons indiquées dans la page précitée. La troisième série d'exemples numériques peut, si besoin est, offrir une preuve semblable à celle que nous donnons dans les deux groupes précédents; constatons d'abord que nous avons dû, pour l'ensemble d'exemples $x^2+r=521y$, suivre avec sévérité la méthode de résolutions donnée dans la première partie du traité actuel, espérant ainsi éclairer quelques points théoriques sur lesquels nos efforts n'avaient point amené sans doute toute la clarté nécessaire; nous avons dû poser la question en ces termes, si on a entre des nombres entiers l'égalité $x^2+r=P.y$, le nombre P premier, la connaissance des nombres P et r doit amener celle du nombre y, et par suite celle du nombre x; mais dans la troisième série de nos exemples numériques, la question est particulière, peut être modifiée comme suit; la connaissance des nombres P et y peut-elle amener celle du nombre r, et par suite celle du nombre x; or, il est manifeste que le nombre P étant particularisé, on peut indiquer directement tous les nombres r correspondants à un nombre assigné à y; en effet, dans les conditions stipulées, admettons l'égalité $y=h$; 1° l'égalité $P.h=R^2+s$ montre que le nombre s appartient à la lettre r; 2° l'égalité $P.h=(R-n)^2+(s+2nR-n^2)$ montre que le remplacement successif de la lettre n par les nombres naturels 1, 2, 3, etc., donne tous les nombres entiers appartenant à r, et correspondant au nombre h assigné à y.

DEUXIÈME PARTIE.

RESOLUTION DE L'ÉQUATION $ax^2+2bxy+cy^2=M$.

---

53. Cette recherche sera divisée en deux chapitres, selon que les nombres x_1, y_1, constituant une solution, sont premiers ou non premiers entre eux.

CHAPITRE PREMIER.

RECHERCHE DE LA SOLUTION $x=m$, $y=n$ (les nombres m et n premiers entre eux).

54. La connaissance d'un système-solution $x=m$, $y=n$, dans les conditions citées, est une suite de la résolution de l'équation auxiliaire $z^2-(b^2-ac)=M.s$; en effet, si le système $x=m$, $y=n$ est une solution de l'équation primitive, et si deux nombres entiers μ et ν vérifient l'équation toujours résoluble $\mu.m+\nu.n=1$, un simple calcul prouve l'exactitude de l'égalité suivante

$$[A]\quad [\mu(mb+nc)-\nu(ma+nb)]^2-(b^2-ac)(\mu m+\nu n)^2=(am^2+2bmn+cn^2)(a\nu^2-2b\mu\nu+c\mu^2),$$

ou si l'on pose

$$\mu(mb+nc)-\nu(ma+nb)=z,\quad a\nu^2-2b\mu\nu+c\mu^2=s,\quad b^2-ac=D.$$

l'égalité devient

$$[B]\qquad (z)^2-D=M.s.$$

La proposition réciproque n'est pas toujours exacte et par conséquent on devra, parmi les solutions entières de l'équation [B], reconnaître celles qui ont un système correspondant $x=m$, $y=n$, lequel système est la solution de l'équation primitive; si cette correspondance a lieu pour une solution z_1, s_1 de l'équation auxiliaire $z^2 - D = M.s$, nous dirons que le système $x = m$, $y = n$ *est lié*, *appartient* à la solution $z = z_1$, $s = s_1$ de l'équation $z^2 - D = M.s$.

Le nombre des solutions entières de l'équation $\mu.m + \nu.n = 1$ est illimité, mais parmi ces solutions, il suffit de soumettre à l'essai celles qui correspondent, dans l'équation $z^2 - D = M.s$ à des valeurs de z non supérieures à $\frac{M}{2}$; car, si une de ces dernières, z_1, par exemple, donne un système $x = m$, $y = n$ de l'équation primitive proposée, la valeur $z_1 \pm M.t$, solution de z, donnera le même système pour l'équation première; en effet, les solutions μ et ν de l'équation $\mu.m + \nu.n = 1$ étant représentées par les formules $\mu_1 = \mu \pm n.t$, $\nu_1 = \nu \mp mt$, remplaçons dans l'équation [A] les nombres μ et ν par les nombres μ_1 et ν_1, on a

$$[(\mu \pm nt)(mb + nc) - (\nu \mp mt)(ma + nb)]^2 - (b^2 - ac)[m(\mu \pm nt) + n(\nu \mp mt)]$$
$$= (am^2 + 2bmn + cn^2)[a(\nu \mp mt)^2 - 2b(\mu \pm nt)(\nu \mp mt) + c(\mu \pm nt)^2],$$

ou

$$[\mu(mb + nc) - \nu(ma + nb) \pm t(am^2 + 2bmn + cn^2]^2 - (b^2 - ac)(\mu m + \nu n)$$
$$= (am^2 + 2bmn + cn^2)\{a\nu^2 - 2b\mu\nu + c\mu^2 + 2t[\mu(mb + nc) - \nu(ma + nb]\},$$

ou

$$(z_1 \pm M.t)^2 - D = M[s_1 \pm t(2z_1 \pm M.t);$$

Ainsi le système $x = m$, $y = n$ de l'équation primitive, système correspondant à la solution z_1 de l'équation [B] et solution non supérieure à $\frac{M}{2}$, sera le système correspondant aux solutions $z_1 \pm M.t$ de la même équation [B].

Le calcul précédent prouve que si l'on veut obtenir un système-solution $x = m$, $y = n$ de l'équation $ax^2 + 2bxy + cy^2 = M$, les nombres m et n étant entiers et en outre premiers entre eux, cette recherche devra être précédée de celles des solutions entières et non supérieures à $\frac{M}{2}$ de l'équation auxiliaire $z^2 - D = M.s$; or, les solutions mathématiques sont nécessairement subordonnées à des propriétés que doivent avoir les quantités données, car ces quantités sont parties intégrantes des questions elles-mêmes : ces propriétés particulières des grandeurs données sont telles, que les essais peuvent seuls en constater la réalité; sans doute la théorie régularise la marche de ces essais, dont elle peut diminuer mais non anéantir le nombre; on peut affirmer que jusqu'ici la résolution de l'équation $z^2 - D = M.s$, ou comme cette résolution a été indiquée par *Gauss*, la connaissance des résidus quadratiques était un simple fait dû, en général, au hasard : des essais non méthodiques* la donnaient quelquefois, mais le plus souvent étaient inutiles. Dans la première partie de ce traité, nous croyons avoir démontré que le nombre des essais, limité évidemment jusqu'ici par le nombre $\frac{M}{4}$, essais par conséquent presque toujours interminables, que ce nombre devait être limité, dans le cas le plus défavorable, le nombre M premier, par $\frac{M}{16}$, c'est-à-dire par le premier quart du nombre des essais antérieurs.

55. Les recherches qui suivent ont pour but d'examiner les relations qui peuvent avoir lieu entre une solution de l'équation $z^2-D=M.s$ et une solution de l'équation proposée, l'examen de ces relations est subordonné à celui des trinômes**, examen pénible, sans doute, mais examen que les travaux des géomètres ont pleinement éclairé : nous devions peut-être, pour ces recherches, nous reporter complétement à celles qui ont occupé particulièrement *Gauss;* mais nous avons cédé au désir de présenter un traité complet d'analyse indéterminée du second degré à deux inconnues, traité dont on n'a donné jusqu'ici que des fragments plus ou moins étendus; nous avons cédé à l'espoir de rendre plus accessible ce genre de recherches en simplifiant ou même en changeant plusieurs démonstrations, et surtout en supprimant les notations adoptées par Gauss; d'ailleurs s'il ne nous a pas été donné d'être entièrement neuf dans cette partie, nous croyons avoir bien mérité de la science en rendant cet exposé plus méthodique, plus rapide; enfin ce serait même avoir été utile que de provoquer de nouvelles recherches sur cette partie importante et ardue de l'étude des nombres.

---

* On désigne quelquefois par le mot *méthode* un ensemble d'essais dont le nombre est limité, essais qui prouvent la possibilité ou l'impossibilité de remplir les conditions posées dans une question mathématique : les essais successifs des nombres entiers compris entre 0 et $\frac{P}{2}$ indiquent, il est vrai, l'existence ou la non-existence d'une valeur de Z, applicable à l'équation $Z^2+A=P.y$, par conséquent, le procédé connu est méthodique; néanmoins nous croyons que la définition précédente du mot méthode, définition vraie en général, peut devenir inexacte lorsque la limite des essais apparaît d'elle même, ou du moins est le résultat d'un examen très-superficiel de la question : deux nombres A et B étant donnés, si l'on s'est assuré que le plus faible, B, par exemple, ne divise pas exactement le plus élevé A, la recherche du plus grand diviseur commun à ces deux nombres peut avoir lieu par des essais successifs, faits avec la suite naturelle des nombres, suite limitée par la moitié de B, ce moyen mérite-t-il le nom de *méthode?*

** Au mot *forme*, adopté par Gauss, nous substituons le mot plus logique et ancien *trinôme*

EXAMEN DES PROPRIÉTÉS GÉNÉRALES DES TRINOMES DU SECOND DEGRÉ.

56. Nous désignons sous le nom de *trinômes du second degré,* ou simplement de *trinômes*, les fonctions représentées par le polynôme $ax^2+2bxy+cy^2$, les nombres a, b, c étant entiers, les nombres x, y étant indéterminés. De l'étude des propriétés des trinômes, on peut déduire, sauf les exceptions qui comprennent toute la partie précédente, et le dernier chapitre de notre troisième partie, on peut déduire une solution en nombres entiers d'une équation du second degré à deux inconnues; nous représenterons toujours le trinôme $ax^2+2bxy+cy^2$ par l'expression numérique (a, b, c), quand il ne s'agira pas des indéterminées x et y; ainsi ce symbole (a, b, c) désignera la somme de trois parties, 1° le produit d'un nombre entier a par le carré d'une quantité indéterminée; 2° le double produit de b par cette indéterminée multipliée par une seconde; 3° le produit de c par le carré de cette seconde indéterminée; par exemple $(2, 0, 3)$, représente $2x^2+3y^2$, c'est-à-dire le double d'un carré ajouté au triple d'un autre carré. Les principales propriétés du trinôme (a, b, c) dépendent de la valeur et du signe de la quantité b^2-ac déjà indiquée, quantité que nous nommerons avec Gauss, *Déterminant*, et que nous indiquerons, en général, par la lettre D; enfin, nous remarquerons que dans toute l'étude qui suit, le nombre D n'est pas nul.

Si le trinôme $F_0=(a_0\ b_0\ c_0)$, dont les indéterminées sont x_0, y_0, peut être changé en un autre, $F_1=(a_1\ b_1\ c_1)$ dont les indéterminées sont x_1, y_1, en substituant à x_0 et à y_0 les valeurs $x_0=\alpha_0x_1+\beta_0y_1$, $y_0=\gamma_0x_1+\delta_0y_1$, les nombres α_0, β_0, γ_0, δ_0, étant entiers, nous dirons que *le premier trinôme* F_0 *renferme le second trinôme* F_1, ou qu'il y a *transformation du premier trinôme en le second*; ou, enfin, que *le premier trinôme devient le second;* soient les deux trinômes $F_0=(a_0\ b_0\ c_0)$, $F_1=(a_1\ b_1\ c_1)$, les indéterminées étant pour le premier x_0, y_0, pour le second x_1, y_1; si le premier trinôme renferme le second, on a les trois égalités hypothétiques :

$$a_0(\alpha_0)^2+2b_0(\alpha_0\gamma_0)+c_0(\gamma_0)^2=a_1,\qquad a_0\alpha_0\beta_0+b_0(\alpha_0\delta_0+\beta_0\gamma_0)+c_0\gamma_0\delta_0=b_1,$$
$$a_0(\beta_0)^2+2b_0(\beta_0\delta_0)+c_0(\delta_0)^2=c_1;$$

de là on déduit

$$[A]\qquad (b_1)^2-a_1c_1=[(b_0)^2-a_0c_0](\alpha_0\delta_0-\beta_0\gamma_0)^2;$$

ainsi le Déterminant du second trinôme a le signe, et est un multiple du second.

Les transformations de F_0 en F_1 seront en général nombreuses, et auront lieu par les divers systèmes

$$x_0 = \alpha_0 x_1 + \beta_0 y_1,\quad x_0 = \alpha_1 x_1 + \beta_1 y_1,\quad x_0 = \alpha_2 x_1 + \beta_2 y_1 \ldots,\quad x_0 = \alpha_n x_1 + \beta_n y_1,$$

$$y_0 = \gamma_0 x_1 + \delta_0 y_1,\quad y_0 = \gamma_1 x_1 + \delta_1 y_1,\quad y_0 = \gamma_2 x_1 + \delta_2 y_1 \ldots,\quad y_0 = \gamma_n x_1 + \delta_n y_1,$$

on aura alors la suite d'égalités

$$(b_1)^2 - a_1 c_1 = [(b_0)^2 - a_0 c_0](\alpha_0\delta_0 - \beta_0\gamma_0)^2,\quad (b_1)^2 - a_1 c_1 = [(b_0)^2 - a_0 c_0](\alpha_1\delta_1 - \beta_1\gamma_1)^2, \ldots$$

$$(b_1)^2 - a_1 c_1 = [(b_0)^2 - a_0 c_0](\alpha_n\delta_n - \beta_n\gamma_n)^2.$$

Les *transformations semblables* seront celles qui donneront le même signe aux nombres $\alpha_0\delta_0 - \beta_0\gamma_0$, $\alpha_1\delta_1 - \beta_1\gamma_1 \ldots$, $\alpha_n\delta_n - \beta_n\gamma_n$, il y aura donc deux espèces de transformations semblables, mais nous étudierons plus particulièrement celles qui donnent le signe positif aux nombres précités.

Si le trinôme $F_1 = (a_1\ b_1\ c_1)$ devient le trinôme $F_0 = (a_0\ b_0\ c_0)$ par la substitution des valeurs $x_1 = \alpha_0 x_0 + \beta_0 y_0$, $y_1 = \gamma_0 x_0 + \delta_0 y_0$, on aura pour ce changement l'égalité

$$\text{[B]}\qquad (b_0)^2 - a_0 c_0 = [(b_1)^2 - a_1 c_1](\alpha_0\delta_0 - \beta_0\gamma_0)^2;$$

si, en outre, les trinômes F_0 et F_1 présentent la relation suivante; si les nombres α_0, β_0, γ_0, δ_0, exacts pour cette dernière transformation, sont ceux qui sont nécessaires pour la transformation précédente, c'est-à-dire s'il y a entre les deux trinômes F_0 et F_1 transformation réciproque, des égalités [A] et [B] on déduit $(\alpha_0\delta_0 - \beta_0\gamma_0)^2 = 1$; de là $\alpha_0\delta_0 - \beta_0\gamma_0 = \pm 1$, l'un des trinômes est alors *contenu dans l'autre*, les Déterminants sont égaux; nous dirons alors que ces trinômes sont *équivalents;* cette égalité des Déterminants est une condition nécessaire pour l'équivalence des trinômes, mais elle n'est pas suffisante : l'égalité $\alpha_0\delta_0 - \beta_0\gamma_0 = \pm 1$ montre, comme nous l'avons dit, que chacune des transformations indiquées peut avoir lieu de deux manières: de là les distinctions, trinômes *proprement* et *improprement* équivalents, transformations *propre* et *impropre*, selon que le signe du nombre $\alpha_0\delta_0 - \beta_0\gamma_0$ est positif ou est négatif; ces deux états ont été, pour la première fois, parfaitement caractérisés par Gauss; mais, comme le dit cet auteur, le second est utile dans quelques recherches délicates, et nous avons cru devoir faciliter notre exposé en le supprimant d'une manière à peu près complète; ainsi, dans cette théorie, *deux trinômes équivalents auront leurs Déterminants égaux et de même signe; par conséquent l'un renferme l'autre, et la transformation de l'un en l'autre aura lieu par le système* $x_0=\alpha_0 x_1+\beta_0 y_1$, $y_0=\gamma_0 x_1+\delta_0 y_1$, *les nombres* α_0, β_0, γ_0, δ_0 *vérifiant l'égalité* $\alpha_0\delta_0-\beta_0\gamma_0=+1$.

57. Théorème. Si le trinôme $F_0=(a_0\ b_0\ c_0)$ renferme le trinôme $F_1=(a_1\ b_1\ c_1)$, et si le trinôme $F_1=(a_1\ b_1\ c_1)$ renferme le trinôme $F_2=(a_2\ b_2\ c_2)$, le premier trinôme F_0 renferme le troisième F_2.

Si les lettres x_0, y_0, x_1, y_1, x_2, y_2 désignent par ordre les indéterminées des trinômes F_0, F_1, F_2, on est certain 1° que F_0 devient F_1 par le système $x_0=\alpha_0 x_1+\beta_0 y_1$, $y_0=\gamma_0 x_1+\delta_0 y_1$; 2° que F_1 devient F_2 par le système $x_1=\alpha_1 x_2+\beta_1 y_2$, $y_1=\gamma_1 x_2+\delta_1 y_2$; il est alors évident que F_0 devient F_2 par le système

$$x_0=\alpha_0(\alpha_1 x_2+\beta_1 y_2)+\beta_0(\gamma_1 x_2+\delta_1 y_2) \qquad y_0=\gamma_0(\alpha_1 x_2+\beta_1 y_2)+\delta_0(\gamma_1 x_2+\delta_1 y_2),$$

c'est-à-dire que le trinôme F_0 devient le trinôme F_2 par le système

$$x_0=(\alpha_0\alpha_1+\beta_0\gamma_1)x_2+(\alpha_0\beta_1+\beta_0\delta_1)y_2, \qquad y_0=(\gamma_0\alpha_1+\delta_0\gamma_1)x_2+(\gamma_0\beta_1+\delta_0\delta_1)y_2,$$

on a ensuite la condition

$$(\alpha_0\alpha_1+\beta_0\gamma_1)(\gamma_0\beta_1+\delta_0\delta_1)-(\alpha_0\beta_1+\beta_0\delta_1)(\gamma_0\alpha_1+\delta_0\gamma_1)=(\alpha_0\delta_0-\beta_0\gamma_0)(\alpha_1\delta_1-\beta_1\gamma_1)=1;$$

ainsi les trinômes F_0 et F_2 vérifient les conditions nécessaires de transformation, donc le premier renferme le second; il suit de là que si le trinôme F_0 est équivalent au trinôme F_1, et si d'autre part celui-ci est équivalent à un troisième trinôme F_2, le premier F_0 sera équivalent au troisième F_2; il suit encore de là que si plusieurs trinômes F_0, F_1, F_2, F_3, F_4, etc. sont tels que chacun d'eux renferme le suivant, le premier renfermera le dernier.

Les trinômes $F_0=(a_0\ b_0\ c_0)$ $f_0=(a_0\ -b_0\ c_0)$ que nous appelons trinômes opposés, sont équivalents; en effet, le premier devient le second par le système $x_0=0.x_1-y_1$, $y_0=x_1+0.y_1$, d'ailleurs les Déterminants sont égaux et de même signe. Si les trinômes $F_0=(a_0\ b_0\ c_0)$, $F_1=(c_0\ b_1\ c_1)$ ont le même Déterminant et véritient l'égalité $b_0+b_1=p.c_0$, le nombre p étant entier, nous dirons que ces trinômes sont des trinômes contigus, et si plus de précision est nécessaire, nous dirons que le premier est contigu au second par sa dernière partie, donc le second sera contigu au premier par sa première partie. Les trinômes contigus sont toujours équivalents; le trinôme $(a_0\, b_0\, c_0)$ dont les indéterminées sont x_0, y_0 étant contigu, par sa dernière partie, au trinôme $(c_0\, b_1\, c_1)$, dont les indéterminées sont x_1, y_1, le premier devient le second par le système $x_0=0.x_1-y_1$, $y_0=x_1+\frac{b_0+b_1}{c_0}y_1$, le nombre $\frac{b_0+b_1}{c_0}$ étant entier, cette transformation est prouvée par un simple calcul, en se servant de l'égalité $(b_0)^2-a_0c_0=(b_1)^2-c_0c_1$; on a, d'ailleurs, l'égalité de condition $0.\frac{b_0+b_1}{c_0}-(1)(-1)=1$: il suit de là que les trinômes $F_0=(a_0b_0c_0)$, $f_0=(a_0b_1c_1)$, sont équivalents lorsque l'on a l'égalité $b_0-b_1=h.a_0$, le nombre h étant entier; en effet, le premier trinôme $F_0=(a_0b_0c_0)$ est équivalent au trinôme $\varphi=(c_0-b_0a_0)$, et celui-ci est contigu par sa dernière partie au trinôme $f_0=(a_0\, b_1\, c_1)$.

58. Théorème. Si le trinôme $(a_0\, b_0\, c_0)$ renferme le trinôme $(a_1\, b_1\, c_1)$, tout diviseur des nombres a_0, b_0, c_0, est diviseur des nombres a_1, b_1, c_1; tout diviseur des nombres a_0, $2b_0$, c_0 sera aussi diviseur des nombres a_1, $2b_1$, c_1; il suffit d'examiner les trois égalités hypothétiques, n° **56**, pour reconnaître la vérité de ces deux principes, en ayant soin, pour le second, de multiplier par 2 la seconde égalité; il suit de là que le plus grand commun diviseur des nombres a_0, b_0, $2b_0$, c_0 doit diviser celui des nombres a_1, b_1, $2b_1$, c_1; donc si les trinômes sont équivalents, ces deux plus grands communs diviseurs sont égaux.

59. Problème. Étant donnée une série de trinômes F_0, F_1, F_2, F_3,.... F_m, tels que chacun d'eux soit contigu par sa dernière partie, au trinôme qui le suit, trouver une transformation du premier en un quelconque de la série. Soit la série de trinômes $(a_0b_0a_1)$ $(a_1b_1a_2)$ $(a_2b_2a_3)$,.... $(a_{m-1}b_{m-1}a_m)$ $(a_m\,b_m\,a_{m+1})$, les données hypothétiques sont

$$\frac{b_0+b_1}{a_1}=h_1,\quad \frac{b_1+b_2}{a_2}=h_2,\quad \frac{b_2+b_3}{a_3}=h_3,\ldots \frac{b_{m-1}+b_m}{a_m}=h_m,$$

nommons $x_0\,y_0$, $x_1\,y_1$, $x_2\,y_2$, $x_3\,y_3$,.... $x_m\,y_m$ les indéterminées des trinômes successifs; enfin admettons que

Le trinôme F_0 devienne le trinôme F_1 par le système

$$x_0 = \alpha_1 x_1 + \beta_1 y_1, \qquad y_0 = \gamma_1 x_1 + \delta_1 y_1,$$

Le trinôme F_0 devienne le trinôme F_2 par le système

$$x_0 = \alpha_2 x_2 + \beta_2 y_2, \qquad y_0 = \gamma_2 x_2 + \delta_2 y_2,$$

Le trinôme F_0 devienne le trinôme F_3 par le système

$$x_0 = \alpha_3 x_3 + \beta_3 y_3, \qquad y_0 = \gamma_3 x_3 + \delta_3 y_3,$$

Le trinôme F_0 devienne le trinôme F_4 par le système

$$x_0 = \alpha_4 x_4 + \beta_4 y_4, \qquad y_0 = \gamma_4 x_4 + \delta_4 y_4,$$

$$\vdots \qquad \vdots \qquad \vdots \qquad \vdots$$

Le trinôme F_0 devienne le trinôme F_m par le système

$$x_0 = \alpha_m x_m + \beta_m y_m, \qquad y_0 = \gamma_m x_m + \delta_m y_m,$$

de là on déduit facilement

$$\begin{array}{llll}
\alpha_1 = 0 & \beta_1 = \quad -1 & \gamma_1 = 1 & \delta_1 = h_1 \\
\alpha_2 = \beta_1 & \beta_2 = h_2\beta_1 - \alpha_1 & \gamma_2 = \delta_1 & \delta_2 = h_2\delta_1 - \gamma_1 \\
\alpha_3 = \beta_2 & \beta_3 = h_3\beta_2 - \alpha_2 & \gamma_3 = \delta_2 & \delta_3 = h_3\delta_2 - \gamma_2 \\
\vdots \quad \vdots & \vdots \quad \vdots \quad \vdots & \vdots \quad \vdots & \vdots \quad \vdots \\
\alpha_{m-1} = \beta_{m-2} & \beta_{m-1} = h_{m-1}\beta_{m-2} - \alpha_{m-2} & \gamma_{m-1} = \delta_{m-2} & \delta_{m-1} = h_{m-1}\delta_{m-2} - \gamma_{m-2} \\
\alpha_m = \beta_{m-1} & \beta_m = h_m\beta_{m-1} - \alpha_{m-1} & \gamma_m = \delta_{m-1} & \delta_m = h_m\delta_{m-1} - \gamma_{m-1},
\end{array}$$

et par suite

$$\begin{array}{llll}
\alpha_1 = 0 & \beta_1 = \quad -1 & \gamma_1 = 1 & \delta_1 = h_1 \\
\alpha_2 = \beta_1 & \beta_2 = h_2\beta_1 & \gamma_2 = \delta_1 & \delta_2 = h_2\delta_1 - 1 \\
\alpha_3 = \beta_2 & \beta_3 = h_3\beta_2 - \beta_1 & \gamma_3 = \delta_2 & \delta_3 = h_3\delta_2 - \delta_1 \\
\vdots \quad \vdots & \vdots \quad \vdots \quad \vdots & \vdots \quad \vdots & \vdots \quad \vdots \quad \vdots \\
\alpha_{m-1} = \beta_{m-2} & \beta_{m-1} = h_{m-1}\beta_{m-2} - \beta_{m-3} & \gamma_{m-1} = \delta_{m-2} & \delta_{m-1} = h_{m-1}\delta_{m-2} - \delta_{m-3} \\
\alpha_m = \beta_{m-1} & \beta_m = h_m\beta_{m-1} - \beta_{m-2} & \gamma_m = \delta_{m-1} & \delta_m = h_m\delta_{m-1} - \delta_{m-2}.
\end{array}$$

Cet *algorithme* très-simple, et dont on peut démontrer la généralité, est analogue à celui que l'on emploie pour la formation des réduites d'une fraction continue, la solution précédente comprend tous les cas, excepté celui de l'égalité à zéro de l'un des nombres a_0, a_1, a_2,... a_m.

Si le trinôme $F_0=(a_0\ b_0\ c_0)$ devient le trinôme $F_1=(a_1\ b_1\ c_1)$, tout nombre qui pourra être représenté par F_1, pourra être aussi représenté par F_0 : soient $x_0 y_0$, $x_1 y_1$, les indéterminées des trinômes F_0 et F_1 : 1° admettons que le nombre M puisse être représenté par F_1, au moyen du système $x_1=m$, $y_1=n$; 2° supposons que F_0 devienne F_1 par le système $x_0=\alpha_0 x_1+\beta_0 y_1$, $y_0=\gamma_0 x_1+\delta_0 y_1$, les nombres α_0, β_0, γ_0, δ_0 vérifiant l'égalité $\alpha_0\delta_0-\beta_0\gamma_0=1$; il est évident que le polynôme $a_0(x_0)^2+2b_0x_0y_0+c_0(y_0)^2$, dont le symbole est $(a_0\ b_0\ c_0)$, devient M par la substitution $x_0=\alpha_0 m+\beta_0 n$, $y_0=\gamma_0 m+\delta_0 n$: si le nombre M peut être représenté de plusieurs manières par F_1, le même nombre M pourra être aussi représenté de plusieurs manières par F_0; si, par exemple, le nombre M est représenté par F_1 en employant le système $x_1=m_1$, $y_1=n_1$, ce même nombre sera représenté par F_0 en employant le système $x_0=\alpha_0 m_1+\beta_0 n_1$, $y_0=\gamma_0 m_1+\delta_0 n_1$, et remarquons que l'inégalité des deux systèmes $x_1=m\ y_1=n$, $x_1=m_1\ y_1=n_1$, qui donnent les deux représentations de M par F_1, amène l'inégalité des deux systèmes correspondants qui constituent les représentations de M par F_0; si effectivement les égalités simultanées

$$\alpha_0 m+\beta_0 n=\alpha_0 m_1+\beta_0 n_1,\quad \gamma_0 m+\delta_0 n=\gamma_0 m_1+\delta_0 n_1$$

étaient exactes : 1° multipliant la première par δ_0, la seconde par β_0, et retranchant les résultats, on aurait $m(\alpha_0\delta_0-\beta_0\gamma_0)=m_1(\alpha_0\delta_0-\beta_0\gamma_0)$; 2° multipliant la première par γ_0, la seconde par α_0, et retranchant les résultats, on aurait $n(\alpha_0\delta_0-\beta_0\gamma_0)=n_1(\alpha_0\delta_0-\beta_0\gamma_0)$, et, par conséquent, on aurait $m=m_1$, $n=n_1$; il suit de là que le nombre de représentations de M par F_0, est au moins égal au nombre de représentations de M par F_1; si donc les trinômes F_0 et F_1 sont équivalents, c'est-à-dire si l'un d'eux renferme l'autre, tout nombre qui pourra être représenté d'une ou de plusieurs manières par l'un, sera représenté d'une ou d'autant de manières par l'autre; remarquons aussi que le plus grand commun diviseur des nombres m et n, est égal au plus grand commun diviseur des nombres $(\alpha_0 m+\beta_0 n)$, $(\gamma_0 m+\delta_0 n)$; admettons, en effet, que Δ_0 étant le plus grand commun diviseur des nombres m et n, le plus grand commun diviseur des nombres $(\alpha_0 m+\beta_0 n)$, $(\gamma_0 m+\delta_0 n)$, soit Δ_1; choisissons deux nombres μ et ν qui vérifient l'égalité $m\mu+n\nu=\Delta_0$ *, un simple calcul prouve l'exactitude de l'égalité

$$(\delta_0\mu-\gamma_0\nu)(\alpha_0 m+\beta_0 n)-(\beta_0\mu-\alpha_0\nu)(\gamma_0 m+\delta_0 n)=(\alpha_0\delta_0-\beta_0\gamma_0)(m\mu+n\nu)=\pm\Delta_0,$$

ainsi le plus grand commun diviseur Δ_1 des nombres $(\alpha_0 m+\beta_0 n)$ et $(\gamma_0 m+\delta_0 n)$, divise exactement Δ_0; or, ce dernier nombre Δ_0 divise exactement Δ_1, puisqu'il divise exactement les nombres $\alpha_0 m$, $\beta_0 n$, $\gamma_0 n$, $\delta_0 n$; donc, ces deux diviseurs sont égaux, et si les nombres m et n sont premiers entre eux, cette dernière condition aura lieu entre les nombres $(\alpha_0 m+\beta_0 n)$ et $(\gamma_0 m+\delta_0 n)$.

Si les trinômes $F_0=(a_0 b_0 c_0)$, $F_1=(a_1 b_1 c_1)$ sont équivalents, c'est-à-dire si leur Déterminant commun étant D, le second devient le premier par le système $x_1=\alpha_0 x_0+\beta_0 y_0$, $y_1=\gamma_0 x_0+\delta_0 y_0$ avec la condition $\alpha_0\delta_0-\beta_0\gamma_0=1$; si enfin le nombre M est représenté par le trinôme F_0, en posant $x_0=m_0$, $y_0=n_0$, et par suite est représenté par le trinôme F_1, en posant $m_1=x_1=\alpha_0 m_0+\beta_0 n_0$, $n_1=y_1=\gamma_0 m_0+\delta_0 n_0$, les nombres m_0, n_0 d'une part, les nombres m_1, n_1 de l'autre étant premiers entre eux : les deux représentations du nombre M *seront liées, appartiendront* à la même solution $z_1\, s_1$ de l'équation auxiliaire $Z^2-D=M.S$: le nombre M est représenté par le trinôme F_0 lorsque l'on remplace, dans ce trinôme, les indéterminées $x_0\, y_0$ par les nombres $m_0\, n_0$; or, si deux nombres entiers μ_0 ν_0 vérifient, ce qui est toujours possible, l'équation $m_0\mu_0+n_0\nu_0=1$, et si l'on désigne par $z_0\, s_0$ la solution de l'équation $Z^2-D=M.S$ à laquelle *est liée, appartient* le système $x_0=m_0$, $y_0=n_0$ de l'équation primitive; dans ces conditions, on a démontré, n° **84**, l'exactitude des égalités

$$\mu_0(m_0 b_0+n_0 c_0)-\nu_0(m_0 a_0+n_0 b_0)=z_0;\quad a_0(\nu_0)^2-2b_0\mu_0\nu_0+c_0(\mu_0)^2=s_0:$$

---

* Si Δ est le plus grand commun diviseur des nombres A, B, C, D, etc., on peut toujours calculer des nombres entiers a, b, c, d, etc., qui vérifient l'égalité

$$A.a+B.b+C.c+D.d+\text{etc.}=\Delta;$$

soit λ le plus grand commun diviseur des nombres A et B, les quotients p et q étant premiers entre eux, on a l'égalité $p.x+q.y=1$, et par suite $\lambda.p.x+\lambda.q.y=\lambda$ ou $Ax+By=\lambda$, les nombres x et y étant entiers; désignant par λ_1 le plus grand commun diviseur des nombres λ et C, on déduira $\lambda.z+C.t=\lambda_1$ ou $A.x.z+B.y.z+C.t=\lambda_1$, ainsi de suite.

le nombre M est, par hypothèse, représenté par le trinôme F_1, lorsque, dans ce trinôme, on remplace les indéterminées $x_1\ y_1$ par les nombres $m_1\ n_1$; donc, si deux nombres $\mu_1\ \nu_1$ vérifient, ce qui est toujours possible, l'équation $m_1\mu_1+n_1\nu_1=1$, et si on désigne par $z_1 s_1$ la solution de $Z^2-D=M.S$ à laquelle *est liée, appartient* le système $x_1=m_1, y_1=n_1$ de l'équation primitive, on a, comme ci-dessus, les égalités $\mu_1(m_1b_1+n_1c_1)-\nu_1(m_1a_1+n_1b_1)=z_1$, $a_1(\nu_1)^2-2b_1\mu_1\nu_1+c_1(\mu_1)^2=s_1$; or, l'exposé qui suit démontre l'exactitude de l'égalité $z_0=z_1$.

1° Un simple calcul vérifie l'égalité

$$[A]\quad (\delta_0\mu_0-\gamma_0\nu_0)(\alpha_0m_0+\beta_0n_0)-(\beta_0\mu_0-\alpha_0\nu_0)(\gamma_0m_0+\delta_0n_0)=(\alpha_0\delta_0-\beta_0\gamma_0)(m_0\mu_0+n_0\nu_0),$$

cette égalité prend la forme

$$[B]\quad \frac{\delta_0\mu_0-\gamma_0\nu_0}{\alpha_0\delta_0-\beta_0\gamma_0}(\alpha_0m_0+\beta_0n_0)+\left(-\frac{\beta_0\mu_0-\alpha_0\nu_0}{\alpha_0\delta_0-\beta_0\gamma_0}\right)(\gamma_0m_0-\delta_0n_0)=1,$$

et cela par suite de l'égalité $m_0\mu_0+n_0\nu_0=1$; or, la condition $\alpha_0m_0+\beta_0n_0=m_1$, $\gamma_0m_0+\delta_0n_0=n_1$, donne à l'égalité [B] la forme

$$\left(\frac{\delta_0\mu_0-\gamma_0\nu_0}{\alpha_0\delta_0-\beta_0\gamma_0}\right)m_1+\left(-\frac{\beta_0\mu_0-\alpha_0\nu_0}{\alpha_0\delta_0-\beta_0\gamma_0}\right)n_1=1,$$

on peut donc, par suite de la condition $m_1\mu_1+n_1\nu_1=1$, poser les égalités

$$\mu_1=\frac{\delta_0\mu_0-\gamma_0\nu_0}{\alpha_0\delta_0-\beta_0\gamma_0},\qquad \nu_1=-\frac{\beta_0\mu_0-\alpha_0\nu_0}{\alpha_0\delta_0-\beta_0\gamma_0},$$

et ces nombres entiers donnent les diverses valeurs de μ_1 et de ν_1;

2° Le trinôme F_1 devient le trinôme F_0 par le système $x_1=\alpha_0x_0+\beta_0y_0$, $y_1=\gamma_0x_0+\delta_0y_0$, on a donc les égalités

$$a_1(\alpha_0)^2+2b_1\alpha_0\gamma_0+c_1(\gamma_0)^2=a_0,\quad a_1(\alpha_0\beta_0)+b_1(\alpha_0\delta_0+\beta_0\gamma_0)+c_1\gamma_0\delta_0=b_0,$$
$$a_1(\beta_0)^2+2b_1(\beta_0\delta_0)+c_1(\delta_0)^2=c_0.$$

Si actuellement on remplace : 1° dans z_1 les nombres $m_1n_1\mu_1\nu_1$; 2° dans z_0 les nombres $a_0b_0c_0$ par leurs valeurs respectives, le résultat final est, après réduction, $z_0=z_1$; on a donc, par suite, $s_0=s_1$: si donc on a plusieurs représentations du nombre M par le trinôme $(a_0\ b_0\ c_0)$, les divers systèmes $x\ y$ qui vérifient ces représentations, étant composés de nombres premiers entre eux, et chacun de ces systèmes *étant lié appartenant* à des solutions différentes de l'équation auxiliaire $Z^2-D=M.S$: les représentations du même nombre M par le trinôme $a_1\ b_1\ c_1$, équivalent au précédent, *seront liées*, *appartiendront* aux mêmes solutions de l'équation auxiliaire $Z^2-D=M.S$; et s'il n'y a pour le nombre M et par le trinôme $(a_0\ b_0\ c_0)$ aucune représentation qui *soit liée, appartienne* à une certaine solution de l'équation auxiliaire $Z^2-D=M.S$, il n'y en aura aucune non plus qui *soit liée, appartienne* à cette même solution par un trinôme équivalent au premier.

Si le nombre M peut être représenté par le trinôme $(a_0\ b_0\ c_0)$, dont les indéterminées sont $x_0\ y_0$, en substituant à $x_0 y_0$ les nombres m et n qui sont premiers entre eux, si l'équation auxiliaire étant $Z^2-D=M.S$, les nombres $z_1\ s_1$ constituent la solution à laquelle *appartient* cette représentation, les deux trinômes $(a_0\ b_0\ c_0)$ et $(s_1\ z_1\ M)$ sont équivalents. On a démontré, n° 54, que les nombres μ et ν vérifiant l'égalité possible $m.\mu+n.\nu=1$, le nombre $\mu(mb_0+nc_0)-\nu(ma_0+nb_0)$ était une valeur entière de Z applicable à l'équation $Z^2-D=M.S$; les nombres μ et ν peuvent être déterminés d'une infinité de manières; et si, à ces lettres, on substitue les valeurs générales $\mu_1=\mu\pm nt$, $\nu_1=\nu\mp mt$, la quantité $\mu(mb_0+nc_0)-\nu(ma_0+nb_0)\pm M.t$ est encore une solution de Z; or, puisqu'il existe une valeur z_1 correspondante au système $x=m$, $y=n$ solution de l'équation proposée, on est certain d'obtenir pour μ et ν des nombres entiers qui vérifient les deux égalités

$$m.\mu+n\nu=1,\quad \mu(mb_0+nc_0)-\nu(ma_0+nb_0)=z_1;$$

ce calcul fait, le système $x_0=m.x_1-\nu.y_1$, $y_0=n.x_1+\mu.y_1$ change le trinôme $(a_0\ b_0\ c_0)$ en un autre (A B C); examinons la nature de ce dernier trinôme, 1° on a les trois égalités [H]

$$A=a_0m^2+2b_0m.n+c_0\,n^2,\quad B=-a_0m.\nu+b_0(m.\mu-n\nu)+c_0n\mu,$$
$$C=a_0.\nu^2-2b_0\mu.\nu+c_0\mu_2,$$

et par suite

$$B^2-AC=[(b_0)^2-a_0c_0](m.\mu+n.\nu)^2\quad \text{ou}\quad B^2-AC=(b_0)^2-a_0c_0;$$

on a d'ailleurs l'égalité $\mu m+\nu n=1$; donc les deux trinômes $(a_0\ b_0\ c_0)$ et (A B C) sont, n° 56, équivalents; 2° des égalités [H] et de l'égalité $B^2-AC=(b_0)^2-a_0c_0$, on déduit $A=M$, $B=z_1$, $C=\frac{B^2-D}{A}=s_1$; donc, enfin, les deux trinômes $(a_0\ b_0\ c_0)$ et $(s_1\ z_1\ M)$ sont équivalents.

60. Les principes généraux établis sur les trinômes, donnent une partie des éléments nécessaires pour calculer un système $x=m$, $y=n$, applicable à une équation $A_0x^2+2B_0xy+C_0y^2=M$, les nombres m et n étant premiers entre eux : admettons, en effet, que l'équation précitée offre un Déterminant $(B_0)^2-A_0C_0$ non égal à zéro ; on a calculé une solution z_1 s_1 de l'équation auxiliaire $Z^2-D=M.S$ *, le résultat de cette dernière opération présentera alors une des circonstances suivantes ; *ou bien* cette solution *sera liée*, *appartiendra* à un système-solution de l'équation primitive donnée, et alors on *pourra* établir une série plus ou moins étendue de trinômes contigus successifs, analogues à ceux qui formaient la série n° **59**, le symbole du premier trinôme étant $(A_0\ B_0\ C_0)$, et celui du dernier étant $(s_1\ z_1\ M)$, chacun des trinômes de cette série étant d'ailleurs contigu par sa dernière partie à celui qui le suit ; *ou bien* cette solution z_1 s_1 de l'équation auxiliaire $Z^2-D=M.S$ *ne sera pas liée*, *n'appartiendra pas* à un système-solution de l'équation primitive proposée, et alors on devra la négliger, on *ne pourra pas* constituer la série contiguë indiquée ; supposons que la première circonstance se présente, un calcul que nous donnerons plus loin, fera connaître la série $(A_0\ B_0\ C_0)(C_0\ B_1\ A_1)(A_1\ B_2\ C_2)(C_2\ B_3\ A_3)\ldots s_1)(s_1\ z_1\ M)$, le problème résolu n° **59** donne alors un système final $x_0=\alpha_0x+\beta_0y$, $y_0=\gamma_0x+\delta_0y$, qui transforme le symbole $(A_0\ B_0\ C_0)$, c'est-à-dire le polynôme $A_0(x_0)^2+2B_0x_0y_0+C_0(y_0)^2$ en le symbole $(s_1\ z_1\ M)$, c'est-à-dire en $s_1x^2+2z_1xy+My^2$; de là les égalités

$$A_0(\alpha_0)^2+2B_0\alpha_0\gamma_0+C_0(\gamma_0)^2=s_1, \qquad A_0(\beta_0)^2+2B_0\beta_0\delta_0+C_0(\delta_0)^2=M ;$$

ainsi les nombres β_0 δ_0 premiers entre eux constituent un système $x_0=\beta_0$, $y_0=\delta_0$, applicable à l'équation primitive proposée ; les nombres α_0 γ_0 premiers entre eux constituent un système $x_0=\alpha_0$, $y_0=\gamma_0$, applicable à l'équation $A_0(x_0)^2+2B_0x_0y_0+C_0(y_0)^2=s_1$, que nous appellerons *équation conjuguée* **.

---

* L'ensemble des principes qui font connaître cette solution, constitue la première partie.

** Les deux équations $A_0(x_0)^2+2B_0x_0y_0+C_0(y_0)^2=M$ et $Z^2-D=M.S$, ont une relation tellement caractérisée, qu'une solution z_1 s_1, applicable à la seconde, fait connaître, en général, une solution de la première ; or, il est manifeste que lorsque cette déduction est possible, la position symétrique parfaite des nombres s_1 et M doit amener deux valeurs, l'une convenable à l'équation primitive proposée ; l'autre convenable à l'équation conjuguée ; précisons cette circonstance.

Les derniers trinômes de la série contiguë peuvent présenter deux états distincts ; admettons,

Les considérations actuelles sont peut-être anticipées, mais elles ont un but, elles sont destinées à éclairer notre marche, et par suite à nous guider dans la route que nous devons parcourir; nous devons rechercher maintenant, 1° les conditions qui assurent l'existence des trinômes intermédiaires précités; 2° quel doit être le calcul qui fera connaître les trinômes dont l'existence aura été démontrée : les raisonnements qui peuvent amener les réponses à ces deux questions varient avec la nature du Déterminant de l'équation proposée; ce Déterminant peut être, 1° négatif quelconque; 2° positif non carré; 3° positif carré.

RECHERCHES SUR LES TRINOMES DONT LE DÉTERMINANT EST NÉGATIF, DES TRINOMES RÉDUITS.

61. Étant donné le trinôme $(A_0\ B_0\ A_1)$, dont le Déterminant est $-D=(B_0)^2-A_0A_1$; nous appelons trinôme réduit le symbole numérique $(a_0\ b_0\ a_1)$, qui représente un trinôme équivalent au trinôme donné, qui est par consé-

---

par exemple, que la solution de l'équation auxiliaire $Z^2-D=M.S$, solution soumise à l'essai, soit z_1 et s_1, si le dernier trinôme de la série contiguë est celui qui est dans le texte, et si les valeurs qui établissent le passage du premier au dernier trinôme sont $x_0=\alpha_0x+\beta_0y$, $y_0=\gamma_0x+\delta_0y$, alors

1° Le système-solution de l'équation proposée

$$A_0(x_0)^2+2B_0x_0y_0+C_0(y_0)^2=M \quad \text{sera} \quad x_0=\beta_0,\ y_0=\delta_0,$$

2° Le système-solution de l'équation conjuguée

$$A_0(x_0)^2+3B_0x_0y_0+C_0(y_0)^2=s_1 \quad \text{sera} \quad x_0=\alpha_0,\ y_0=\gamma_0,$$

la loi qui gouverne la série de trinômes contigus peut exiger que le trinôme pénultième soit $(s_1-z_1\ M)$, et dans ce cas la série sera terminée par le trinôme $(M\ z_1\ s_1)$, si les valeurs qui établissent le passage sont $x_0=\alpha_0y+\beta_0y$, $y_0=\gamma_0x+\delta_0y$, alors

1° Le système-solution de l'équation proposée

$$A_0(x_0)^2+2B_0x_0y_0+C_0(y_0)^2=M \quad \text{sera} \quad x_0=\alpha_0,\ y_0=\gamma_0,$$

2° Le système-solution de l'équation conjuguée

$$A_0(x_0)^2+2B_0x_0y_0+C_0(y_0)^2=s_1 \quad \text{sera} \quad x_0=\beta_0,\ y_0=\delta_0,$$

cette difficulté appartient d'ailleurs à la théorie, et ne peut faire naître d'incertitude dans les opérations pratiques, on pourrait établir une règle unique en convenant, par exemple, que le dernier terme de la série contiguë sera $(s_1\pm z_1\ M)$.

quent comme ce dernier, une solution de l'équation $Z^2+D=M.S$, mais le trinôme réduit $(a_0\ b_0\ a_1)$ vérifie en outre les trois conditions

$$a_0<2\sqrt{\frac{D}{3}},\qquad b_0=<\frac{a_0}{2},\qquad a_1=>a_0.$$

62. LEMME. Étant donné le trinôme $(A_0\ B_0\ A_1)$, qui représente une solution de l'équation $Z^2+D=M.S$, tout nombre entier B, qui vérifie l'égalité $\frac{B_0+B}{A_1}=n$, le nombre n étant entier, donne un trinôme $(A_1\ B\ A)$ contigu par la première partie au trinôme primitif proposé; il suffit, n° **57**, d'établir l'identité des deux Déterminants; or, on a

$$B^2=(B_0)^2-2B_0A_1n+(A_1n)^2,\quad \text{ou}\quad B^2+D=(B^0)^2+D-A_1(2B_0)n-A_1n)$$

ou

$$B^2+D=A_1(A_0-2B_0n+A_1n)^2$$

ou enfin $B^2+D=A_1A$. La lettre B représente une suite indéfinie de nombres entiers, si, parmi ces nombres, on adopte le plus petit B_1, en valeur absolue, on aura un trinôme particulier $(A_1\ B_1\ A_2)$ contigu par la première partie, au trinôme primitif proposé, le nombre A_2 sera d'ailleurs déterminé par l'équation $(B_1)^2+D=A_1A_2$; si la valeur absolue de ce dernier nombre A_2 est inférieure à celle de A_1, le nouveau trinôme $(A_1\ B_1\ A_2)$ sera le point de départ d'une opération parfaitement semblable à l'opération précédente; on déterminera le plus petit nombre B_2 en valeur absolue qui vérifie l'égalité $\frac{B_1+B_2}{A_2}=n_1$, et calculant le nombre A_3 par l'opération $(B_2)^2+D=A_2.A_3$, on aura un autre trinôme $(A_2\ B_2\ A_3)$ contigu par sa première partie au trinôme précédent, etc. On continuera le même genre d'opérations, jusqu'à ce que l'on obtienne un trinôme $(A_m\ B_m\ A_{m+1})$ dans lequel le nombre A_{m+1} est non inférieur à A_m, et cette circonstance est fatale puisque la suite des nombres entiers $A_1\ A_2\ A_3\ldots A_m\ A_{m+1}$ ne peut décroître indéfiniment : le trinôme $(A_m\ B_m\ A_{m+1})$ équivalent, n° **57**, au trinôme primitif proposé sera le *trinôme réduit* cherché; en effet, 1° le nombre B_m est en valeur absolue, le plus petit nombre qui vérifie l'égalité $\frac{B_{m-1}+B_m}{A_m}=N$; on a donc $B_m<\frac{A^m}{2}$; 2° les deux conditions $A_{m+1}=>A_m$ $(B_m)^2+D=A_m.A_{m+1}$ donnent $(B_m)^2+D>(A_m)^2$, ou, puisque le nombre B_m n'est pas supérieur à $\frac{A_m}{2}$, on a $\frac{(A_m)^2}{4}+D>(A_m)^2$, ou enfin $A_m=<2\sqrt{\frac{D}{3}}$: ainsi le trinôme $(A_m\ B_m\ A_{m+1})$ vérifie les conditions exigées, et son mode de création prouve que l'on peut toujours calculer un *trinôme réduit* lié par une suite de trinômes contigus à tout trinôme proposé.

63. Problème. Trouver les conditions nécessaires pour que deux trinômes réduits de même Déterminant négatif, soient équivalents. Les deux trinômes $(a_0\ b_0\ c_0)$ et $(a_1\ b_1\ c_1)$ vérifient les conditions suivantes :

[1] $a_0 =< 2\sqrt{\frac{D}{3}}$, [5] $c_0 => a_0$

[2] $a_1 =< 2\sqrt{\frac{D}{3}}$, [6] $c_1 => a_1$,

[3] $b_0 =< \frac{a_0}{2}$, [7] $a_0c_0 = (b_0)^2 + D$,

[4] $b_1 =< \frac{a_1}{2}$, [8] $a_1c_1 = (b_1)^2 + D$.

Nous admettons, ce qui est permis, que l'on a $a_1 =< a_0$; enfin, de l'équivalence des trinômes réduits donnés, on déduit que le premier devient le second par le système $x_0 = \alpha_0 x_1 + \beta_0 y_1$, $y_0 = \gamma_0 x_1 + \delta_0 y_1$, les nombres $\alpha_0\ \beta_0\ \gamma_0\ \delta_0$ étant entiers; de là les trois égalités

[9] $$a_0(\alpha_0)^2 + 2b_0\alpha_0\gamma_0 + c_0(\gamma_0)^2 = a_1,$$

[10] $$a_0\alpha_0\beta_0 + b_0(\alpha_0\delta_0 + \beta_0\gamma_0) + c_0\gamma_0\delta_0 = b_1,$$

[11] $$\alpha_0\delta_0 - \beta_0\gamma_0 = 1;$$

l'égalité [9] pouvant prendre la forme

[12] $$a_0a_1 = (a_0\alpha_0 + b_0\gamma_0)^2 + D(\gamma_0)^2,$$

on reconnaît que le produit a_0a_1 doit être positif, et cette condition, réunie à celles qui sont indiquées [7] et [8], prouve que les nombres $a_0\ c_0\ a_1\ c_1$ doivent avoir le même signe : les égalités [1] et [2] donnent $a_0a_1 =< \frac{4D}{3}$; donc, par suite de [12] on a $D(\gamma_0)^2 < \frac{4D}{3}$, et par suite $\gamma_0 = 0$ ou $\gamma_0 = \pm 1$.

1er Cas. $\gamma_0 = 0$. L'équation [11] donne $\alpha_0\delta_0 = 1$, par suite $\alpha_0 = \pm 1$, donc égalité [9] $a_0 = a_1$ et égalité [10] $b_1 - b_0 = a_0\beta_0$; or, dans l'état général, chacun des nombres b_0 et b_1 doit être non supérieur, le premier à a_0, le second à a_1;

donc dans le cas actuel chacun des nombres b_0 et b_1 doit être égal ou inférieur à $\frac{a_0}{2}$, et la différence algébrique de ces nombres doit être un multiple de a_0, il est donc certain 1° que si ces nombres ont le même signe, chacun d'eux est égal à $\frac{a_0}{2}$, et les deux trinômes réduits donnés sont alors identiques; 2° que si ces nombres ont des signes contraires, la valeur absolue de chacun d'eux est encore $\frac{a_0}{2}$, et les deux trinômes réduits sont alors opposés, n° **57**, avec la condition $2b_0=a_0$; remarquons d'ailleurs que ce dernier état est réellement l'état identique des deux trinômes réduits donnés, puisque l'égalité $b_0=b_1=\frac{a_0}{2}$ indique que si l'on change d'une unité le quotient de la division qui donne b_0, le signe de ce dernier nombre qui était d'abord contraire deviendra semblable au signe du nombre b_1.

2° Cas. $\gamma_0=\pm 1$. L'équation [9] donne $a_0(\alpha_0)^2+c_0-a_1=\pm 2b_0\alpha_0$, or le nombre c_0 est égal ou supérieur au nombre a_0, donc au nombre a_1; par suite on a $2b_0\alpha_0=>a_0(\alpha_0)^2$, et puisque le nombre $2b_0$ est égal ou inférieur à a_0, on a certainement $\alpha_0=>(\alpha_0)^2$; par conséquent l'égalité première $\gamma_0=\pm 1$ amène l'une des deux circonstances $\alpha_0=0$, $\alpha_0=\pm 1$: 1° Si $\alpha_0=0$ l'équation [9] donne $a_1=c_0$, et puisque les limites du nombre a_0 sont c_0 et a_1, on a évidemment $\alpha_0=a_1=c_0$, or l'équation [11] donne $\beta_0\gamma_0=-1$, donc l'équation [10] donne $b_0+b_1=\pm\delta_0c_0=\delta_0\alpha_0$; on pourra donc, comme dans le cas précédent, admettre l'une des deux égalités $b_0=b_1$ ou $b_0=-b_1$, la première de ces égalités donne l'identité, et la seconde donne l'état opposé avec la condition $2b_0=a_0$ des deux trinômes réduits donnés; 2° Si $\alpha_0=\pm 1$, l'équation [9] donne $a_0+c_0-a_1=\mp 2b_0$, or chacun des nombres a_0 c_0 est égal ou supérieur à a_1, donc le nombre $2b_0$ doit être égal ou supérieur soit à a_0, soit à c_0, donc on a nécessairement $2b_0=a_0=c_0$, mais alors l'équation précédente $a_0+c_0-a_1=\mp 2b_0$ donne $\pm 2b_0=a_1$, et par suite l'équation [10] devient $a_0(\alpha_0\beta_0+\gamma_0\delta_0)+b_0(\alpha_0\delta_0+\beta_0\gamma_0)=b_1$, laquelle, en employant l'égalité $\alpha_0\delta_0-\beta_0\gamma_0=1$ devient

$$a_0(\alpha_0\beta_0+\gamma_0\delta_0)+b_0(1+2\beta_0\gamma_0)=b_1 \quad \text{ou} \quad b_1-b_0=a_0(\alpha_0\beta_0+\gamma_0\delta_0)+2b_0\beta_0\gamma_0,$$

ou enfin, puisque $2b_0=a_0$, on a $b_1-b_0=a_0(\alpha_0\beta_0+\gamma_0\delta_0\pm\beta_0\gamma_0)$: le nombre b_1-b_0 doit donc être un multiple de a_0, on doit avoir comme précédemment, soit l'égalité $b_1=b_0$, soit l'égalité $b_1=-b_0$; la première supposition amène l'identité et la seconde amène l'état opposé avec la condition $2b_0=a_0$ des deux trinômes réduits donnés.

Concluons de ce qui précède que deux trinômes réduits $(a_0\ b_1\ c_1)$ et $(a_1\ b_1\ c_1)$ sont équivalents lorsqu'ils offrent une des trois conditions suivantes : 1° état identique; 2° état opposé avec la condition $2b_1=a_1$; 3° l'état opposé avec la condition d'égalité entre tous les termes extrêmes.

64. Problème. Étant donnés deux trinômes $F_0=(A_0\ B_0\ A_1)$ et $f_0=(a_0\ b_0\ a_1)$ de même Déterminant négatif, chercher si ces deux trinômes sont équivalents. On déterminera les deux trinômes réduits F_1 et f_1 correspondants, et l'état relatif de ces deux trinômes réduits sera celui des deux trinômes donnés.

Les trinômes dont le Déterminant est $-D$, c'est-à-dire les solutions entières de l'équation $z^2+D=M.S$, sont en nombre illimité, mais les trinômes réduits dont le Déterminant est le même, sont en nombre fini et ont des propriétés tellement caractérisées que leur recherche ne présente aucune difficulté; ils peuvent être obtenus par diverses méthodes qui s'offriront d'elles-mêmes à l'esprit du lecteur; nous remarquerons seulement que si, parmi tous ces trinômes réduits de même Déterminant négatif, on supprime un des deux qui, sans être identiques, sont équivalents, ceux qui resteront auront une propriété remarquable. *Un trinôme quelconque sera équivalent à un d'entre eux et à un seul*, autrement il y aurait encore dans la série formée des trinômes équivalents; ainsi tous les trinômes de même Déterminant négatif, peuvent être distribués en autant de classes qu'il sera resté de trinômes réduits.

65. Problème. Étant donnés deux trinômes $F_0=(A_0\ B_0\ A_1)$ et $f_0=(a_0\ b_0\ a_1)$ de même Déterminant négatif et équivalents, trouver une transformation de l'un en l'autre : on déterminera pour chacun des trinômes donnés la série de trinômes contigus qui amène le trinôme réduit correspondant; on aura ainsi les deux séries

$$(A_0\ B_0\ A_1)(A_1\ B_1\ A_2)(A_2\ B_2\ A_3)(A_3\ldots\ldots A_{m-1})(A_{m-1}\ B_{m-1}\ A_m)(A_m\ B_m\ A_{m+1})$$

et $$(a_0\ b_0\ a_1)(a_1\ b_1\ a_2)(a_2\ldots\ldots a_{n-1})(a_{n-1}\ b_{n-1}\ a_n)(a_n\ b_n\ a_{n+1})$$

les deux trinômes réduits $(A_m\ B_m\ A_{m+1})$ et $(a_n\ b_n\ a_{n+1})$ offriront l'un des trois états suivants; ils seront, n° **63**, soit identiques, soit opposés avec les conditions $2B_m=A_m$, $2b_n=a_n$, soit opposés avec l'égalité entre tous les termes extrêmes.

1er Cas. Les deux trinômes réduits sont identiques, on a les égalités $A_m=a_n$, $B_m=b_n$, $A_{m+1}=a_{n+1}$; en outre les trinômes qui terminent chaque série donnent les égalités $\frac{B_{m-1}+B_m}{A_m}=K$, $\frac{b_{n-1}+b_n}{a_n}=H$, les nombres K et H étant entiers, de là, en employant l'égalité $A_m=a_n$, et retranchant les deux dernières égalités qui précèdent, on a $\frac{B_{m-1}+B_m-b_{n-1}-b_n}{A_m}=P$, ou $\frac{B_{m-1}-b_{n-1}}{A_m}=P$ puisque $B_m=b_n$, ainsi les deux séries précédentes forment la série unique,

$$(A_0\ B_0\ A_1)(A_1\ B_1\ A_2)(A_2\ldots)(A_{m-1}\ B_{m-1}\ a_n)(a_n\ -b_{n-1}\ a_{n-1})(a_{n-1}\ldots(a_2\ -b_1\ a_1)(a_1\ -b_0\ a_0)$$

dans laquelle un trinôme quelconque est contigu, par sa première partie, à celui qui le précède; par conséquent, on pourra, n° **59**, obtenir une transformation de F_0 en f_0.

2ᵉ Cas. Les deux trinômes réduits sont opposés avec la condition $2B_m=A_m$; reprenons les notations adoptées dans le cas précédent, on a les égalités

$$A_m=a_n,\quad B_m=-b_n,\ A_{m+1}=a_{n+1},\ \frac{B_{m-1}+B_m}{A_m}=K,\ \frac{b_{n-1}+b_n}{a_n}=H,$$

ajoutant les deux dernières égalités et remarquant que l'on a $B_m+b_n=0$, $A_m=a_n$, on aura alors $\frac{B_{m-1}+b_{n-1}}{a_n}=P$, et par suite, les deux séries primitives donnent une série unique

$$(A_0\ B_0\ A_1)(A_1\ B_1\ A_2)(A_2\ldots)(A_{m-1}\ B_{m-1}\ A_n)(a_n\ b_{n-1}\ a_{n-1})(a_{n-1}\ b_{n-2}\ a_{n-2})\ldots(a_2\ b_1\ a_1)(a_1\ b_0\ a_0).$$

3ᵉ Cas. Les deux trinômes réduits sont opposés et leurs termes extrêmes sont égaux; conservant les notations précédentes, les deux séries primitives, par suite des égalités $A_m=A_{m+1}=a_{n+1}$ et $B_m=-b_n$, formeront la série unique

$$(A_0\ B_0\ A_1)(A_1\ B_1\ A_2)(A_2\ldots)(A_{m-1}\ B_{m-1}\ A_m)(A_m\ B_m\ A_{m+1})(a_{n+1}\ b_n\ a_n)(a_n\ b_{n-1}\ a_{n-1})\ldots$$
$$\ldots(a_2\ b_1\ a_1)(a_1\ b_0\ a_0).$$

Ainsi dans les trois cas, la transformation de $F_0=(A_0\ B_0\ A_1)$ en $f_0=(a_0\ b_0\ a_1)$ aura lieu en suivant les règles indiquées par le problème n° **59**; constatons aussi que, de la solution du problème actuel, c'est-à-dire de la recherche d'une transformation propre de F_0 en f_0, on déduit facilement la solution du problème suivant.

66. Problème. Étant donnés deux trinômes $F_0=(A_0\ B_0\ A_1)$ et $f_0=(a_0\ b_0\ a_1)$ *improprement* équivalents, n° **56**, trouver une transformation *impropre* de F_0 en f_0, soit $f_1 = a_0t^2 + 2b_0tu + a_1u^2$ le polynôme *improprement* équivalent au polynôme $F_0 = A_0x^2 + 2B_0xy + A_1y^2$, il est évident que le polynôme $g_0 = a_0p^2 - 2b_0pq + a_1q^2$ qui est opposé à f_1 sera proprement équivalent à F_1, on cherchera donc, par le problème précédent, une transformation propre de F_0 en g_0, soit $x = \alpha_0p + \beta_0q$, $y = \gamma_0p + \delta_0q$ le système qui opère cette transformation, il est certain que F_0 deviendra f_1 par le système $x_0 = \alpha_0t - \beta_0u$, $y = \gamma_0t - \delta_0u$, et que cette dernière transformation sera *impropre*.

OBSERVATION. Si on a bien compris l'ensemble des deux problèmes sur l'équivalence et sur la transformation propre de deux trinômes dont le Déterminant est négatif, on doit reconnaître que ces principes constatés établissent un fait rigoureux et qu'une induction attentive pouvait prévoir. *Deux trinômes quelconques, de même Déterminant négatif, seront équivalents, pourront donner lieu à une transformation, lorsqu'après avoir calculé les deux trinômes réduits correspondants, on pourra, soit sans, soit avec l'emploi de ces derniers, constituer une série de trinômes contigus, série dont les trinômes primitifs donnés seront les trinômes extrêmes.* De là on déduit la règle suivante, pour la recherche d'une solution, en nombres entiers, de l'équation soumise à l'examen actuel.

67. Étant donnée à résoudre, en nombres entiers, une équation

$$A_0x^2 + 2B_0xy + A_1y^2 = M,$$

dont le Déterminant $(B_0)^2 - A_0A_1$ est $-D$; on obtiendra d'abord une solution $z_1\ s_1$, le nombre z_1 n'étant pas supérieur à $\frac{M}{2}$ de l'équation auxiliaire

$$Z^2 + D = M.S,$$

et cette dernière recherche reçoit, des principes posés dans notre première partie, un caractère pratique qui lui manquait jusqu'ici. Cette solution $z_1\ s_1$ étant, s'il y a lieu, obtenue, on aura deux trinômes $(A_0\ B_0\ A_1)$, $(M\ z_1\ s_1)$ de même Déterminant négatif; on cherchera les trinômes réduits inhérents : de là, s'il y a lieu, c'est-à-dire si les trinômes réduits offrent l'un des trois états relatifs suivants : 1° identiques, 2° opposés avec la condition $2B_m = A_m$, 3° opposés avec la condition d'égalité de tous les termes extrêmes, de là, disons-nous, on déduira que la solution $z_1\ s_1$ *est liée, appartient* à une solution de l'équation primitive proposée : on pourra donc établir la série de trinômes contigus :

$$(A_0\ B_0\ A_1)(A_1\ B_1\ A_2)(A_2 \ldots s_1)(s_1 \pm z_1\ M).$$

De là, par conséquent, on déduira une transformation de $F_0 = (A_0\ B_0\ A_1)$ en $f_0 = (s_1\ z_1\ M)$, et si, $x_0 y_0$, $x_1 y_1$ étant les indéterminées de ces trinômes, cette transformation a lieu par les valeurs $x_0 = \alpha_0 x_1 + \beta_0 y_1$ $y_0 = \gamma_0 x_1 + \delta_0 y_1$, on aura les deux faits suivants : 1° $x_0 = \beta_0$ $y_0 = \delta_0$ sera une solution de l'équation proposée $A_0(x_0)^2 + 2B_0 x_0 y_0 + A_1 (y_0)^2 = M$; 2° $x_0 = \alpha_0$ $y_0 = \gamma_0$ sera une solution de l'équation conjuguée $A_0(x_0)^2 + 2B_0 x_0 y_0 + A_1 (y_0)^2 = s_1$.

Exemple. Soit l'équation proposée

[A] $$49(x_0)^2 - 118 x_0 y_0 + 317 (y_0)^2 = 2221,$$

et, par suite, soit l'équation auxiliaire

[B] $$Z^2 + 12052 = 2221\ S.$$

Cette seconde équation doit être résolue en suivant la méthode indiquée dans la partie précédente, n^{os} **41**, **42** et suivants, c'est-à-dire doit être transformée en une autre dont la forme est $x^2 + r = P . y$; les nombres r et P étant positifs, le premier étant inférieur au second, et celui-ci étant premier absolu : cette transformation a lieu, dans le cas actuel, par l'égalité $S = u + 5$, et l'équation [B] devient

[C] $$Z^2 + 947 = 2221\ u.$$

Enfin, celle-ci, soumise aux essais indiqués n° **47**, donne $2221 . 4 = 19^2 + 3^2 . 947$; de là, n° **46**, tableau VII, $3n + 1 = 19$, $n = 6$, $n^2 + r = 983$; donc $u = 3932$, $Z = \pm 2955$, et, par suite, $S = 248$, $Z_1 = \pm 734$. La solution $s_1 = 248$, $z_1 = -734$ *est liée, appartient* à une solution de l'équation primitive proposée : on a effectivement, en suivant la règle indiquée n° **62**, le résumé suivant, qui n'a pas besoin d'explication :

	49	−59	317		2221	−734	248
	317	+59	49	Trinôme réduit	248	−10	49
Trinôme réduit	49	−10	248				

Les deux trinômes réduits sont identiques; on a donc la série de trinômes contigus :

$$(49\ -59\ 317)(317\ +59\ 49)(49\ -10\ 248)(248\ -734\ 2221).$$

Le problème n° 59 établit le passage du premier au quatrième trinôme, et si $x_3\ y_3$ désignent les indéterminées de ce quatrième trinôme, la transformation a lieu par les valeurs $x_0 = -x_3 + 4y_3$, $y_0 = -x_3 + 3y_3$; par conséquent, 1° $x_0 = 4$, $y_0 = 3$ est une solution de l'équation proposée

$$49(x_0)^2 - 118x_0y_0 + 317(y_0)^2 = 2211;$$

2° $x_0 = -1$, $y_0 = -1$ est une solution de l'équation conjuguée

$$49(x_0)^2 - 118x_0y_0 + 317(y_0)^2 = 248.$$

RECHERCHES SUR LES TRINOMES DONT LE DÉTERMINANT EST POSITIF NON CARRÉ.

DES TRINOMES RÉDUITS.

68. Étant donné un trinôme $(A_0\ B_0\ A_1)$ dont le Déterminant positif non carré est $+D = (B_0)^2 - A_0A_1$, nous appelons trinôme réduit le symbole numérique $(a_0 b_0 a_1)$, qui représente un trinôme équivalent au trinôme donné, qui est, par conséquent, comme ce dernier, une solution de l'équation $Z^2 - D = M.S$; mais le trinôme réduit vérifie, en outre, les conditions suivantes : 1° le nombre b_0 est positif et est inférieur à $\sqrt{D}$; 2° le nombre a_0 entier, est compris entre $\sqrt{D} - b_0$ et $\sqrt{D} + b_0$. De ces conditions, on déduit : 1° que les nombres entiers a_0 et a_1 sont de signes contraires; 2° que la valeur absolue, soit de a_0, soit de a_1 est inférieure à $2\sqrt{D}$.

69. Lemme. Étant donné le trinôme $(A_0\ B_0\ A_1)$, qui représente une solution de l'équation $Z^2 - D = M.S$, tout nombre entier B, qui vérifie l'égalité $\frac{B_0 + B}{A_1} = n$, le nombre n étant entier, donne un trinôme contigu, par sa première partie, au trinôme donné. On a, en effet,

$$B^2 = (B_0)^2 - 2B_0A_1n + (A_1)^2n^2, \text{ ou } B^2 - D = (B_0)^2 - D - A_1(2B_0n - A_1n^2),$$

ou $$B^2 - D = A_1(A_0 - 2B_0n + A_1n^2) \text{ ou enfin } B^2 - D = A_1 . A.$$

La lettre B représente une suite indéfinie de nombres entiers; un de ces nombres, un seul, B_1, est compris entre les limites $\sqrt{D}$ et $\sqrt{D} \mp A_1$, en adoptant pour cette seconde limite le signe qui sera contraire à celui que présente A_1 dans le trinôme proposé, adoption dont le résultat est caractérisé par la circonstance suivante; dans les deux cas $(A_0 B_0 + A_1)$, $(A_0 B_0 - A_1)$ que peut offrir le trinôme proposé, si l'on considère comme positive la grandeur absolue de A_1, les limites du nombre B_1 doivent être $\sqrt{D} - A_1$ et $\sqrt{D}$. Désignons par h le nombre entier, immédiatement supérieur à l'expression incommensurable $\sqrt{D}$; formons la suite naturelle des nombres entiers $h - A_1$, $h - A_1 + 1$, $h - A_1 + 2$, $h - A_1 + 3$ ... $h - 3$, $h - 2$, $h - 1$; quel que soit l'état relatif de h et de A_1, ces termes, dont le nombre est A_1, sont compris entre $\sqrt{D} - A_1$ et $\sqrt{D}$; si le premier, $h - A_1$, ajouté à B_0, donne un multiple exact de A_1, on a $B_1 = h - A_1$, nombre placé entre les limites assignées; si le fait précité n'a pas lieu, le nombre $B_0 + h - A_1$ devra, soit positif soit négatif, être augmenté arithmétiquement d'un nombre entier H inférieur à A_1, et tel que la somme $B_0 + h - A_1 + H$ soit un multiple exact de A_1; or, le nombre $h - A_1 + H$, qui représente alors B_1 sera manifestement entre les limites assignées $\sqrt{D} - A_1$ et $\sqrt{D}$: remarquons, d'ailleurs, que le nombre $A_1 - 1$ étant la différence que présentent les termes extrêmes de la suite précédente, il n'y a pour chaque cas hypothétique qu'un seul nombre H admissible, et il n'y a, par suite, qu'un seul nombre B_1 qui réunisse les conditions exigées.

70. Théorème. Étant donné un trinôme $(A_0\ B_0\ A_1)$ qui représente une solution de l'équation $Z^2 - D = M.S$, il existe un seul trinôme réduit équivalent au trinôme proposé, et l'on peut obtenir ce trinôme réduit par une suite de trinômes contigus : parmi les valeurs de la lettre générale B, employée dans le lemme précédent, on adoptera celle qui est comprise entre $\sqrt{D}$ et $\sqrt{D} \mp A_1$, en suivant, pour le signe de cette seconde limite, la règle indiquée; soit B_1 cette valeur, on aura ainsi le trinôme $(A_1\ B_1\ A_2)$ contigu par sa première partie au trinôme primitif; si la valeur absolue de A_2 est inférieure à celle de A_1, le nouveau trinôme $(A_1\ B_1\ A_2)$ sera le point de départ d'une opération semblable à l'opération précédente, et donnera un trinôme $(A_2\ B_2\ A_3)$, etc. ; on continuera le même genre d'opérations jusqu'à ce qu'on obtienne un trinôme $(A_m\ B_m\ A_{m+1})$, dans lequel le nombre A_{m+1} est non inférieur à A_m; et cette circonstance aura lieu, puisqu'une suite de nombres entiers A_1 A_2 A_3 A_4, etc., ne peut décroître indéfiniment; le trinôme $(A_m\ B_m\ A_{m+1})$ équivalent n° 57 au trinôme primitif donné sera le trinôme réduit cherché : on doit actuellement démontrer l'exactitude des conditions, 1° A_m et A_{m+1}, nombres de signes contraires; 2° B_m nombre positif inférieur à $\sqrt{D}$; 3° valeur absolue de A_m comprise entre $\sqrt{D}-B_m$ et $\sqrt{D}+B_m$.

1° Le trinôme final obtenu est $(\pm A_m\ B_m\ A_{m+1})$ et le nombre B_m est par hypothèse compris entre $\sqrt{D}$ et $\sqrt{D}\mp A_m$; le signe à choisir, pour cette seconde limite, étant contraire à celui que le trinôme offre pour le terme A_m; il suit de là que si l'on pose les égalités

$$[G]\quad \sqrt{D}-B_m=p, \qquad\qquad [H]\quad B_m-(\sqrt{D}\mp A_m)=q,$$

les nombres p et q sont essentiellement positifs; de [G] et de [H] on déduit

$$[K]\qquad q^2+2qp+2p\sqrt{D}=D-(B_m)^2+(A_m)^2,$$

et la condition $(B_m)^2-D=A_m.A_{m+1}$ donne à l'égalité [K] la forme

$$q^2+2qp+2p\sqrt{D}=(A_m)^2-A_m.A_{m+1};$$

par conséquent le second membre de cette égalité étant essentiellement positif, le nombre A_m n'étant pas supérieur à A_{m+1}, on est assuré que les nombres A_m et A_{m+1} sont de signes contraires;

2° Des conditions $A_m=<A_{m+1}$, A_m et A_{m+1} de signes contraires, $(B_m)^2-D=A_m.A_{m+1}$, on déduit

B_m (val. absolue) $<\sqrt{D}$ $\quad A_m.A_{m+1}$ (val. abs.) $<D$ $\quad A_m$ (val. abs.) $<\sqrt{D}$;

donc par suite on a $\sqrt{D}\mp A_m$ nombre positif, et par conséquent le nombre B_m compris entre $\sqrt{D}$ et $\sqrt{D}\mp A_m$ est positif;

3° Le nombre $\sqrt{D}\mp A_m-B_m$ étant égal à $-q$, est négatif; le nombre $\sqrt{D}\mp A_m+B_m$ est positif; et par suite, en rappelant le choix à faire pour le double signe de A_m, on reconnaît que ces conditions donnent, dans le même ordre, $\sqrt{D}-A_m-B_m<0$, $\sqrt{D}-A_m+B_m>0$, ou la valeur absolue de A_m comprise entre $\sqrt{D}-B_m$ et $\sqrt{D}+B_m$.

Le trinôme $(\pm A_m\ B_m\ A_{m+1})$ est donc un trinôme réduit, et son mode de création prouve que l'on peut toujours calculer un trinôme réduit lié, par une suite de trinômes contigus, à tout trinôme donné; par exemple le trinôme (20 14 4) donne la série (4 14 20)(20 6 —4)(—4 10 4); le trinôme (956 366 140) donne la série (956 366 140) (140 —86 52) (52 —18 4) (4 10 —4), et chaque trinôme extrême est réduit.

71. Théorème. Soit un trinôme quelconque $(A_0\ B_0\ A_1)$, soit aussi le trinôme réduit correspondant $(a_0\ b_0\ -a_1)$, nous admettons, pour faciliter l'explication, l'état positif de a_0 : le dernier trinôme donné amène nécessairement deux trinômes réduits $(-a_1\ b_1\ a_2)$ et $(-a_{-1}\ b_{-1}\ a_0)$, qui sont contigus au trinôme réduit donné et contigus de telle manière, que si avec l'ensemble on forme une série comme il a été indiqué ci-dessus, le premier trinôme réduit $(a_0\ b_0\ -a_1)$ serait placé entre les deux autres; ces deux nouveaux trinômes réduits sont dans les conditions précitées seuls admissibles : 1° le trinôme primitif donné $(a_0\ b_0\ -a_1)$ est une solution de l'équation $Z^2-D=M.S$, et le nombre a_1 est inférieur à $\sqrt{D}+b_0$; ainsi le nombre a_1 est compris entre $\frac{\sqrt{D}+b_0}{n}$ et $\frac{\sqrt{D}+b_0}{n+1}$; le nombre n étant positif et entier, le trinôme réduit contigu est alors $(-a_1\ na_1-b_0\ a_2)$; en effet, de $a_1<\frac{\sqrt{D}+b_0}{n}$ on déduit $na_1-b_0<\sqrt{D}$; de $a_1>\frac{\sqrt{D}+b_0}{n+1}$ on déduit $a_1>\sqrt{D}-(na_1-b_0)$; de $b_0<\sqrt{D}$ on déduit $a_1<\sqrt{D}+na_1-b_0$; 2° le trinôme primitif donné est $(a_0\ b_0\ -a_1)$, et le nombre a_0 est inférieur à $\sqrt{D}+b_0$; ainsi le nombre a_0 est compris entre $\frac{\sqrt{D}+b_0}{p}$ et $\frac{\sqrt{D}+b_0}{p+1}$; le nombre p étant positif et entier, le trinôme réduit est alors $(-a_{-1}\ pa_0-b_0\ a_0)$; en effet, de $a_0<\frac{\sqrt{D}+b_0}{p}$ on déduit $pa_0-b_0<\sqrt{D}$; de $a_0>\frac{\sqrt{D}+b_0}{p+1}$ on déduit $a_0>\sqrt{D}-(pa_0-b_0)$; de $b_0<\sqrt{D}$ on déduit $a_0<\sqrt{D}+pa_0-b_0$. Chacun de ces trinômes réduits est, dans sa position, seul admissible; constituons en effet la série $(-a_{-1}\ pa_0-b_0\ a_0)(a_0\ b_0\ -a_1)(-a_1\ na_1-b_0\ a_2)$ que nous écrirons comme suit $(-a_1\ b_{-1}\ a_0)(a_0\ b_0\ -a_1)(-a_1\ b_1\ a_2)$: si dans cette dernière série le trinôme $(-a_1\ b_1\ a_2)$ qui suit le trinôme primitif donné, pouvait être remplacé par un autre trinôme également réduit $(-a_1\ b_2\ a_3)$, la différence entre b_1 et b_2 serait un multiple de a_1; soit donc $b_2=a_1+b_1$; or, la condition $a_1>\sqrt{D}-b_1$ donne $a_1+b_1>\sqrt{D}$ ou $b_2>\sqrt{D}$; donc le trinôme $(-a_1\ b_2\ a_3)$ ne peut être un trinôme réduit.

72. Théorème. Tous les trinômes réduits, dont le Déterminant est le même $+D$, 1° sont en nombre pair; 2° sont distribués en périodes dont le nombre de trinômes est également pair : soit en effet un trinôme réduit $(a_0\ b_0\ -a_1)$, si le nombre a_1 est placé entre $\frac{\sqrt{D}+b_0}{n+1}$ et $\frac{\sqrt{D}+b_0}{n}$, le trinôme réduit contigu suivant sera $(-a_1\ na_1-b_0\ -a_1)$, ou si l'on pose $na_1-b_0=b_1$ sera $(-a_1\ b_1\ a_2)$; si dans ce dernier trinôme, le nombre a_2 est entre $\frac{\sqrt{D}+b_1}{p+1}$ et $\frac{\sqrt{D}+b_1}{p}$, le trinôme contigu suivant sera $(-a_2\ pa_2-b_1\ a_2)$, ou si l'on pose $pa_2-b_1=b_2$, sera $(a_2\ b_2\ -a_3)$, etc. Or, le nombre total des trinômes réduits de même Déterminant $+D$ est limité; ainsi, après un certain nombre d'opérations, le premier trinôme réduit employé reparaîtra et quels que soient les signes primitifs que présentent les termes extrêmes de ce premier trinôme, il est manifeste que cette répétition aura lieu après un nombre pair d'opérations. Ce théorème donne une méthode très-simple : 1° pour constituer la période d'un trinôme réduit donné; 2° pour distribuer en périodes tous les trinômes réduits dont le Déterminant est $+D$; pour cette seconde recherche, on obtiendra un premier trinôme réduit, on calculera comme il est dit la période inhérente à ce trinôme, si cette période représente tous les trinômes réduits *, c'est-à-dire toutes les solutions, dans les limites indiquées, de l'équation $Z^2-D=M.S$, l'opération sera terminée; s'il n'en est pas ainsi, on calculera un trinôme réduit étranger aux trinômes réduits connus et on renouvellera l'opération sur ce dernier trinôme; ainsi de suite.

73. Théorème. Étant donnée une série de trinômes réduits contigus, c'est-à-dire étant donnée la série

$$(a_0\ b_0\ -a_1)(-a_1\ b_1\ a_2)(a_2\ b_2\ -a_3)\ldots\ldots(a_{2m}\ b_{2m}\ -a_{2m+1})(-a_{2m+1}\ b_{2m+1}\ a_{2m+2})$$

en admettant, pour fixer les idées que le nombre a_0 soit positif : on a démontré, n° 59, que si, dans ces conditions, on pose les égalités sui-

---

* Si on désigne par $(a_0\ b_0\ -a_1)$ le symbole numérique de tous les trinômes réduits, dont le Déterminant est $+D$, plusieurs procédés peuvent donner les diverses valeurs que prennent les lettres a_0, b_0, a_1, c'est-à-dire peuvent vérifier l'ensemble des opérations consignées dans le numéro précédent; parmi ces procédés nous citerons le suivant : on choisira pour b_0 tous les nombres positifs inférieurs à $\sqrt{D}$, et pour chaque valeur de b_0 on décomposera le nombre $(b_0)^2-D$ de toutes les manières possibles en deux facteurs qui soient compris entre $\sqrt{D}-b_0$ et $\sqrt{D}+b_0$, abstraction faite du signe, un de ces facteurs sera a_0, il est évident que chaque décomposition donnera deux trinômes réduits.

vantes, les nombres h_1 h_2 h_3, etc., étant entiers et positifs :

$$\begin{array}{lll}
\text{n}^\circ\ 1. & \text{n}^\circ\ 2. & \text{n}^\circ\ 3. \\
\frac{b_0+b_1}{-a_1} = -h_1 & \alpha_1 = 0 & \beta_1 = -1 \\
\frac{b_1+b_2}{a_2} = +h_2 & \alpha_2 = \beta_1 & \beta_2 = h_2\beta_1 \\
\frac{b_2+b_3}{-a^3} = -h_3 & \alpha_3 = \beta_2 & \beta_3 = -h_3\beta_2 - \beta_1 \\
\vdots & \vdots & \vdots \\
\frac{b_{2m-1}+b_{2m}}{-a_{2m-1}} = +h_{2m} & \alpha_{2m} = \beta_{2m-1} & \beta_{2m} = h_{2m}\beta_{2m-1} - \beta_{2m-2} \\
\frac{b_{2m}+b_{2m+1}}{a_{2m}} = -h_{2m+1} & \alpha_{2m+1} = \beta_{2m} & \beta_{2m+1} = -h_{2m+1}\beta_{2m} - \beta_{2m-1} \\
\frac{b_{2m+1}+b_{2m+2}}{-a_{2m+1}} = +h_{2m+2} & \alpha_{2m+1} = \beta_{2m+1} & \beta_{2m+2} = h_{2m+2}\beta_{2m+1} - \beta_{2m}
\end{array}$$

$$\begin{array}{ll}
\text{n}^\circ\ 4. & \text{n}^\circ\ 5. \\
\gamma_1 = 1 & \delta_1 = -h_1 \\
\gamma_2 = \delta_1 & \delta_2 = h_2\delta_1 - 1 \\
\gamma_3 = \delta_2 & \delta_3 = -h_3\delta_2 - \delta_1 \\
\vdots & \vdots \\
\gamma_{2m} = \delta_{2m-1} & \delta_{2m} = h_{2m}\delta_{2m-1} - \delta_{2m-2} \\
\gamma_{2m+1} = \delta_{2m} & \delta_{2m+1} = -h_{2m+1}\delta_{2m} - \delta_{2m-1} \\
\gamma_{2m+2} = \delta_{2m+1} & \delta_{2m+2} = h_{2m+2}\delta_{2m+1} - \delta_{2m}
\end{array}$$

on a démontré, n° 59, que la transformation du premier trinôme $(a_0\, b_0 - a_1)$ en un trinôme de l'ordre p, a lieu par le système $x_0 = \alpha_p x_p + \beta_p y_p$, $y_0 = \gamma_p x_p + \delta_p y_p$ en admettant que les lettres $x_0 y_0$, $x_1 y_1$, $x_2 y_2 \ldots x_p y_p \ldots x_m y_m$ soient, par ordre, les indéterminées des trinômes contigus successifs; examinons la nature des nombres

$$\frac{\alpha_1}{\gamma_1} = \frac{0}{1},\quad \frac{\alpha_2}{\gamma_2} = \frac{\beta_1}{\delta_1},\quad \frac{\alpha_3}{\gamma_3} = \frac{\beta_2}{\delta_2} \ldots \frac{\alpha_{2m}}{\gamma_{2m}} = \frac{\beta_{2m-1}}{\delta_{2m-1}},\quad \frac{\alpha_{2m+1}}{\gamma_{2m+1}} = \frac{\beta_{2m}}{\delta_{2m}}, \text{ etc.}$$

A cet effet, éliminons 1° des égalités de la colonne n° 3, les quantités β_1 β_2 β_3, etc.; 2° des égalités de la colonne n° 5 les quantités δ_1 δ_2 δ_3, etc., on a

$$\begin{aligned}
\beta_1 &= -1 && && = -B_1, \\
\beta_2 &= h_2(-B_1) && = -(h_2\, B_1) && = -B_2, \\
\beta_3 &= -h_3(-B_2) + B_1 && = +(h_3\, B_2 + B_1) && = +B_3, \\
\beta_4 &= h_4(+B_3) + B_2 && = +(h_4\, B_3 + B_2) && = +B_4, \\
\beta_5 &= -h_5(+B_4) - B_3 && = -(h_5\, B_4 + B_3) && = -B_5, \\
\beta_6 &= h_6(-B_5) - B_4 && = -(h_6\, B_5 + B_4) && = -B_6, \\
\beta_7 &= -h_7(-B_6) + B_5 && = +(h_7\, B_6 + B_5) && = +B_7,
\end{aligned}$$

etc., etc.

$$\begin{aligned}
\delta_1 &= -h_1 && = -\Delta_1,\\
\delta_2 &= +h_2(-\Delta_1)-1 &&= -(h_2\Delta_1+1) = -\Delta_2,\\
\delta_3 &= -h_3(-\Delta_2)+\Delta_1 &&= +(h_3\Delta_2+\Delta_1) = +\Delta_3,\\
\delta_4 &= +h_4(+\Delta_3)+\Delta_2 &&= +(h_4\Delta_3+\Delta_2) = +\Delta_4,\\
\delta_5 &= -h_5(+\Delta_4)-\Delta_3 &&= -(h_5\Delta_4+\Delta_3) = -\Delta_5,\\
\delta_6 &= +h_6(-\Delta_5)-\Delta_4 &&= -(h_6\Delta_5+\Delta_4) = -\Delta_6,\\
\delta_7 &= -h_7(-\Delta_6)+\Delta_5 &&= +(h_7\Delta_6+\Delta_5) = +\Delta_7,
\end{aligned}$$

etc., etc.

La loi de formation de ces nombres est bien connue, elle est, aux signes près, celle qui caractérise la transformation d'une grandeur en fractions continues, et si l'on établit les valeurs des expressions $\frac{\alpha_1}{\gamma_1}$, $\frac{\alpha_2}{\gamma_2}$, $\frac{\alpha_3}{\gamma_3}$, etc., on a

$$\frac{\alpha_1}{\gamma_1}=\frac{0}{1},\quad \frac{\alpha_2}{\gamma_2}=\frac{\beta_1}{\delta_1}=\frac{1}{h_1},\quad \frac{\alpha_3}{\gamma_3}=\frac{\beta_2}{\delta_2}=\frac{B_2}{\Delta_2},\quad \frac{\alpha_4}{\gamma_4}=\frac{\beta_3}{\delta_3}=\frac{B_3}{\Delta_3}\ldots\frac{\alpha_p}{\gamma_p}=\frac{\beta_{p-1}}{\delta_{p-1}}=\frac{B_{p-1}}{\Delta_{p-1}},\ \text{etc.},$$

et on reconnait que ces quantités 1° ont toutes le signe de a_0 (dans l'état actuel nous avons admis, mais seulement pour fixer les idées, le signe positif); 2° sont les diverses réduites d'une grandeur L transformée en fractions continues, grandeur dont les quotients incomplets sont $h_1\ h_2\ h_3$, etc.; or, notre but est de prouver l'exactitude de l'égalité $L=\frac{\sqrt{D}-b_0}{a_0}$, c'est-à-dire de prouver le lemme suivant :

74. Lemme. Les quantités $\frac{\alpha_1}{\gamma_1}$, $\frac{\alpha_2}{\gamma_2}$, $\frac{\alpha_3}{\gamma_3}$, etc., sont les réduites consécutives de l'expression $\frac{\sqrt{D}-b_0}{a_0}$ transformée en fractions continues; constatons d'abord que des égalités colonne n° 1 et des théorèmes **71** et **72**, on déduit les faits suivants :

[1] $b_1 \;= a_1 . h_1 \;\; - b_0$ le nombre a_1 entre $\frac{\sqrt{D}+b_0}{h_1+1}$ et $\frac{\sqrt{D}+b_0}{h_1}$

ou $\frac{\sqrt{D}+b_0}{a_1} = h_1 + \frac{1}{u_1}$,

[2] $b_2 \;= a_2 . h_2 \;\; - b_1$ le nombre a_2 entre $\frac{\sqrt{D}+b_1}{h_2+1}$ et $\frac{\sqrt{D}+b_1}{h_2}$

ou $\frac{\sqrt{D}+b_1}{a_2} = h_2 + \frac{1}{u_2}$

[3] $b_3 = a_3 . h_3 - b_2$ le nombre a_3 entre $\dfrac{\sqrt{D}+b_2}{h_3+1}$ et $\dfrac{\sqrt{D}+b_2}{h_3}$

ou $\dfrac{\sqrt{D}+b_2}{a_3} = h_3 + \dfrac{1}{u_3}$,

....

[$2m+1$] $b_{2m+1} = a_{2m+1} . h_{2m+1} - b_{2m}$ le nombre a_{2m+1} entre $\dfrac{\sqrt{D}+b_{2m}}{h_{2m+1}+1}$ et $\dfrac{\sqrt{D}+b_{2m}}{h_{2m+1}}$

ou $\dfrac{\sqrt{D}+b_{2m}}{a_{2m+1}} = h_{2m+1} + \dfrac{1}{u_{2m+1}}$

[$2m+2$] $b_{2m+2} = a_{2m+2} . h_{2m+2} - b_{2m+1}$ le nombre a_{2m+2} entre $\dfrac{\sqrt{D}+b_{2m+1}}{h_{2m+2}+1}$ et $\dfrac{\sqrt{D}+b_{2m+1}}{u_{2m+2}}$

ou $\dfrac{\sqrt{D}+b_{2m+1}}{a_{2m+2}} = h_{2m+2} + \dfrac{1}{u_{2m+2}}$.

Ces préliminaires établis, recherchons la nouvelle forme que l'on peut donner à la quantité $\dfrac{\sqrt{D}-b_0}{a_0}$; or, on a $(b_0)^2 - D = -a_0 a_1$, ou $\dfrac{\sqrt{D}-b_0}{a_0} = \dfrac{a_1}{\sqrt{D}+b_0}$, ou $\dfrac{\sqrt{D}-b_0}{a_0} = \dfrac{1}{\left(\dfrac{\sqrt{D}+b_0}{a_1}\right)}$, ou enfin, si on emploie l'égalité finale de la premiere ligne du tableau qui précède, on a $\dfrac{\sqrt{D}-b_0}{a_0} = \dfrac{1}{h_1+\dfrac{1}{u_1}}$ [H] : examinons actuellement la valeur de u_1; remarquons d'abord que l'égalité finale de [1] déjà citée donne $\dfrac{\sqrt{D}+b_0-a_1h_1}{a_1} = \dfrac{1}{u_1}$, ou, en tenant compte de la première égalité du tableau qui précède, on a $\dfrac{\sqrt{D}-b_1}{a_1} = \dfrac{1}{u_1}$: il nous reste à trouver la valeur du premier membre de cette dernière égalité; or, on a $(b_1)^2 - D = -a_1 a_2$, ou $\dfrac{\sqrt{D}-b_1}{a_1} = \dfrac{a_2}{\sqrt{D}+b_1}$, ou $\dfrac{\sqrt{D}-b_1}{a_1} = \dfrac{1}{\left(\dfrac{\sqrt{D}+b_1}{a_2}\right)}$, ou enfin, si l'on emploie l'égalité finale de la seconde ligne du tableau qui précède $\dfrac{\sqrt{D}-b_1}{a_1} = \dfrac{1}{h_2+\dfrac{1}{u_2}}$, et par conséquent $\dfrac{1}{u_1} = \dfrac{1}{h_2+\dfrac{1}{u_2}}$; substituant cette valeur dans l'égalité [H], on a $\dfrac{\sqrt{D}-b_0}{a_0} = \dfrac{1}{h_1+\dfrac{1}{h_2+\dfrac{1}{u_2}}}$: on est donc assuré que les nombres h_1 h_2 h_3 sont les premiers quotients incomplets donnés par la transformation de $\frac{\sqrt{D}-b_0}{a_0}$ en fractions continues, et la généralité de cette loi sera une conséquence de l'exactitude d'une égalité de la forme $u_{2p+1}=h_{2p+2}+\frac{1}{u_{2p+2}}$; or, si l'on conserve les notations adoptées, on a

$$1^\circ \qquad \frac{\sqrt{D}+b_{2p}}{a_{2p+1}}=h_{2p+1}+\frac{1}{u_{2p+1}} \quad \text{ou} \quad \frac{\sqrt{D}+b_{2p}-a_{2p+1}h_{2p+1}}{a_{2p+1}}=\frac{1}{u_{2p+1}},$$

ou enfin, si l'on emploie l'égalité $\frac{b_{2p}+b_{2p+1}}{-a_{2p+1}}=-h_{2p+1}$, on aura

$$[P] \qquad \frac{\sqrt{D}-b_{2p+1}}{a_{2p+1}}=\frac{1}{u_{2p+1}};$$

$$2^\circ\ (b_{2p+1})^2-D=-a_{2p+1}.a_{2p+2}, \text{ ou } \frac{\sqrt{D}-b_{2p+1}}{a_{2p+1}}=\frac{a_{2p+2}}{\sqrt{D}+b_{2p+1}}, \text{ ou } \frac{\sqrt{D}-b_{2p+1}}{a_{2p+1}}=\frac{1}{\left(\frac{\sqrt{D}+b_{2p+1}}{a_{2p+2}}\right)};$$

ou enfin, si l'on emploie l'égalité correspondante $\frac{\sqrt{D}+b_{2p+1}}{a_{2p+2}}=h_{2p+2}+\frac{1}{u_{2p+2}}$, qui appartient au tableau précédent, on aura

$$[Q] \qquad \frac{\sqrt{D}-b_{2p+1}}{a_{2p+1}}=\frac{1}{h_{2p+2}+\frac{1}{u_{2p+2}}}.$$

La comparaison des égalités [P] et [Q] démontre l'exactitude de l'égalité $u_{2p+1}=h_{2p+2}+\frac{1}{u_{2p+2}}$ et par conséquent prouve la vérité du lemme énoncé.

Les fractions $\frac{\alpha_1}{\gamma_1}$, $\frac{\alpha_2}{\gamma_2}$, $\frac{\alpha_3}{\gamma_3}$ etc. ont, avec la quantité génératrice $L=\frac{\sqrt{D}-b_0}{a_0}$, les relations bien connues, relations parmi lesquelles nous remarquerons celles qui nous seront utiles, 1° les réduites impaires $\frac{\alpha_1}{\gamma_1}$, $\frac{\alpha_3}{\gamma_3}$, $\frac{\alpha_5}{\gamma_5}$ etc. croissent, sont au-dessous et s'approchent indéfiniment de L; 2° les réduites paires $\frac{\alpha_2}{\gamma_2}$, $\frac{\alpha_4}{\gamma_4}$, $\frac{\alpha_6}{\gamma_6}$ etc. décroissent, sont au-dessus et s'approchent indéfiniment de L; 3° la quantité L est placée entre deux réduites consécutives; 4° les réduites $\frac{\alpha_1}{\gamma_1}$, $\frac{\alpha_2}{\gamma_2}$, $\frac{\alpha_3}{\gamma_3}$ etc. sont irréductibles; 5° toute fraction $\frac{E}{F}$, dont la différence avec L est inférieure soit à $L-\frac{\alpha_{2p+1}}{\gamma_{2p+1}}$, soit à $\frac{\alpha_{2p+2}}{\gamma_{2p+2}}-L$ vérifie les inégalités $E>\alpha_{2p+1}$, $E>\alpha_{2p+2}$, $F>\gamma_{2p+1}$, $F>\gamma_{2p+2}$ *.

La valeur positive donnée au nombre a_0 facilite l'explication : si l'on admet la valeur négative de ce nombre, un calcul semblable au précédent démontre que les fractions $\frac{\alpha_1}{\gamma_1}$, $\frac{\alpha_2}{\gamma_2}$, $\frac{\alpha_3}{\gamma_3}$ etc. ont le signe négatif et sont encore, en valeur absolue, les diverses réduites de la quantité $\frac{\sqrt{D}-b_0}{a_0}$ transformée en fractions continues; on peut donc établir l'état relatif suivant des grandeurs citées, c'est-à-dire classer les réduites de la quantité génératrice par ordre de grandeur de la manière suivante :

$$\frac{\alpha_1}{\gamma_1},\ \frac{\alpha_3}{\gamma_3},\ \frac{\alpha_5}{\gamma_5}\ldots\ldots\frac{\alpha_{2m+1}}{\gamma_{2m+1}},\ldots\, L \quad \text{ou} \quad \frac{\sqrt{D}-b_0}{a_0}\ldots\ldots\frac{\alpha_{2m+2}}{\gamma_{2m+2}}\ldots\ldots\frac{\alpha_6}{\gamma_6},\ \frac{\alpha_4}{\gamma_4},\ \frac{\alpha_2}{\gamma_2}.$$

Nous avons jusqu'ici examiné les trinômes réduits qui *suivent* le trinôme réduit primitif donné $(a_0\, b_0 - a_1)$; faisons un examen analogue pour les trinômes réduits qui *précèdent* le trinôme réduit donné : l'emploi des notations négatives régularise l'ensemble et donne la série suivante :

$$[a_{-(2m+2)}\ b_{-(2m+2)}\ -a_{-2m+1}]\,[-a_{-(2m+1)}\ b_{-(2m+1)}\ a_{-2m}]\ldots\ldots\ldots$$
$$\ldots\ldots\ldots[-a_{-3}\ b_{-3}\ a_{-2}][a_{-2}\ b_{-2}\ -a_{-1}][-a_{-1}\ b_{-1}\ a_0][a_0\ b_0\ -a_1]$$

Si nous indiquons par $x_{-1}\ y_{-1}$, $x_{-2}\,y_{-2}$, $x_{-3}\,y_{-3}\ldots$, les indéterminées des trinômes réduits antérieurs à ce premier trinôme; enfin, les lettres $\alpha_1\ \beta_1\ \gamma_1\ \delta_1$, $\alpha_2\ \beta_2\ \gamma_2\ \delta_2$ etc., ayant été, par ordre, les coefficiens des indéterminées dans la transformation du trinôme $(a_0\ b_0 - a_1)$ en un trinôme quelconque de la suite qui a

* La première partie du lemme actuel conduit immédiatement aux cinq propositions connues et énoncées sur les réduites; toutefois ce passage demande peut-être quelques éclaircissements; on a vu, n° 59, que la loi des nombres $\alpha_2=\beta_1$, $\alpha_3=\beta_2$, etc., $\gamma_2=\delta_1$, $\gamma_3=\delta_2$, etc., n'était pas exactement celle qui régit la formation des réduites d'une fraction continue, mais si dans l'emploi actuel que l'on fait de la loi du n° 59, on remarque les trois faits suivants : 1° les quotients incomplets $-h_1$, $-h_3\ldots\ldots-h_{2m+1}$ sont négatifs; 2° dans le calcul des nombres α_2, $\alpha_3\ldots\gamma_2$, $\gamma_3\ldots$, la formation d'un terme quelconque exige, non l'addition, comme dans la loi relative aux fractions continues, mais la soustraction du terme antépénultième; 3° les formes finales sont toujours les résultats de divisions, c'est-à-dire sont $\frac{\alpha_2}{\gamma_1}=\frac{\beta_1}{\delta_1}$, etc.; si, disons-nous, on tient compte de ces trois circonstances, on reconnaîtra, et même on pourra facilement démontrer d'une manière générale, que toute complication de signes disparaît dans le résultat final, lequel présente exactement l'ensemble des réduites indiquées dans le texte. Remarquons aussi que les théorèmes, n°s 72 et 73, donnent la période inhérente à tout trinôme réduit dont le Déterminant est $+D$, évitent ainsi la recherche et le classement en périodes de tous ces trinômes; opération pénible et jusqu'ici indispensable dans la résolution des équations dont le Déterminant est positif et non carré.

été l'objet de notre premier examen ; si nous posons les égalités $\alpha_0 = 1$, $\beta_0 = 0$, $\gamma_0 = 0$, $\delta_0 = 1$, ces quantités constitueront les coefficients des indéterminées $x_0 y_0$, pour la transformation du trinôme réduit $(a_0\, b_0\, -a_1)$ *en lui-même*, et si alors nous désignons par $\alpha_{-1}\, \beta_{-1}\, \gamma_{-1}\, \delta_{-1}$, $\alpha_{-2}\, \beta_{-2}\, \gamma_{-2}\, \delta_{-2}$, $\alpha_{-3}\, \beta_{-3}\, \gamma_{-3}\, \delta_{-3}$.... les coefficients nécessaires pour les transformations du trinôme réduit primitif en un quelconque de la série antérieure, la nouvelle suite fera avec l'ancienne, une seule suite générale prolongée à l'infini dans les deux sens, et les formules de transformations nouvelles donneront le tableau suivant :

N° 1.	N° 2.	N° 3.
$\dfrac{b_{-1}+b_0}{a_0} = h_0$	$\alpha_{-1} = h_0$	$\beta_{-1} = 1$
$\dfrac{b_{-2}+b_{-1}}{-a_{-1}} = -h_{-1}$	$\alpha_{-2} = -h_{-1}.\alpha_{-1} \quad -1$	$\beta_{-2} = \alpha_{-1}$
$\dfrac{b_{-3}+b_{-2}}{a_{-2}} = h_{-2}$	$\alpha_{-3} = h_{-2}.\alpha_{-2} \quad -\alpha_{-1}$	$\beta_{-3} = \alpha_{-2}$
$\vdots$	$\vdots$	$\vdots$
$\dfrac{b_{-(2m+1)}+b_{-2m}}{a_{-2m}} = h_{-2m}$	$\alpha_{-(2m+1)} = h_{-2m}.\alpha_{-2m} \quad -\alpha_{-(2m-1)}$	$\beta_{-(2m+1)} = \alpha_{-2m}$
$\dfrac{b_{-(2m+2)}+b_{-(2m+1)}}{-a_{-(2m+1)}} = -h_{-(2m+1)}$	$\alpha_{-(2m+2)} = -h_{-(2m+1)}.\alpha_{-(2m+1)} - \alpha_{-2m}$	$\beta_{-(2m+2)} = \alpha_{-(2m+1)}$

N° 4.	N° 5.
$\gamma_{-1} = -1$	$\delta_{-1} = 0$
$\gamma_{-2} = -h_{-1}.\gamma_{-1}$	$\delta_{-2} = \gamma_{-1}$
$\gamma_{-3} = h_{-2}.\gamma_{-2} \quad -\gamma_{-1}$	$\delta_{-3} = \gamma_{-2}$
$\vdots$	$\vdots$
$\gamma_{-(2m+1)} = h_{-2m}.\gamma_{-2m} \quad -\gamma_{-(2m-1)}$	$\delta_{-(2m+1)} \quad \gamma_{-2m}$
$\gamma_{-(2m+2)} = -h_{-(2m+1)}\, \gamma_{-(2m+1)} - \gamma_{-2m}$	$\delta_{-(2m+2)} = \gamma_{-(2m+1)}$

Éliminons 1° des égalités de la colonne n° 2, les quantités α_{-1}, α_{-2}, etc., 2° des égalités de la colonne n° 4, les quantités γ_{-1}, γ_{-2}, etc. On a les résultats suivants :

$$
\begin{array}{llll}
\alpha_0 = 1 & & = 1 & = +A_0 \\
\alpha_{-1} = h_0 & & = h_0 & = +A_{-1} \\
\alpha_{-2} = -h_{-1} & (A_{-1}) - 1 & = -(h_{-1}A_{-1} + 1\ ) & = -A_{-2} \\
\alpha_{-3} = h_{-2} & (-A_{-2}) - A_{-1} & = -(h_{-2}A_{-2} + A_{-1}) & = -A_{-3} \\
\alpha_{-4} = -h_{-3} & (-A_{-3}) + A_{-2} & = +(h_{-3}A_{-3} + A_{-2}) & = +A_{-4} \\
\alpha_{-5} = h_{-4} & (A_{-4}) + A_{-3} & = +(h_{-4}A_{-4} + A_{-3}) & = +A_{-5} \\
 & \text{etc.} & & \text{etc.}
\end{array}
$$

$$
\begin{aligned}
\gamma_0 &= 0 & &= 0 & &= 0 \\
\gamma_{-1} &= -1 & & & &= -\Gamma_{-1} \\
\gamma_{-2} &= -h_{-1}(-\Gamma_{-1}) & &= h_{-1}\Gamma_{-1} & &= +\Gamma_{-2} \\
\gamma_{-3} &= h_{-2}(\Gamma_{-2}) \quad \Gamma_{-1} & &= h_{-2}(\Gamma_{-2}+\Gamma_{-1}) & &= +\Gamma_{-3} \\
\gamma_{-4} &= -h_{-3}(\Gamma_{-3}) - \Gamma_{-2} & &= -h_{-3}(\Gamma_{-3}+\Gamma_{-2}) & &= -\Gamma_{-4} \\
\gamma_{-5} &= h_{-4}(-\Gamma_{-4}) - \Gamma_{-3} & &= -(h_{-4}\Gamma_{-4}+\Gamma_{-3}) & &= -\Gamma_{-5}
\end{aligned}
$$

etc.

La loi qui régit ces grandeurs est celle qui a été indiquée dans le cas analogue précédent, et si l'on établit les valeurs des expressions $\frac{\gamma_0}{\alpha_0}$, $\frac{\gamma_{-1}}{\alpha_{-1}}$, $\frac{\gamma_{-2}}{\alpha_{-2}}$, etc., on a $\frac{\gamma_0}{\alpha_0}=\frac{0}{1}$, $\frac{\gamma_{-1}}{\alpha_{-1}}=-\frac{\Gamma_{-1}}{A_{-1}}$, $\frac{\gamma_{-2}}{\alpha_{-2}}=-\frac{\Gamma_{-2}}{A_{-2}}$, etc. et on reconnait que ces quantités 1° ont dans le calcul actuel le signe négatif, c'est-à-dire un signe contraire à celui de a_0 ; 2° sont, en valeur absolue, les diverses réduites d'une grandeur L_1, transformée en fractions continues, grandeur dont les quotients incomplets sont h_{-1}, h_{-2}, h_{-3}, etc. ; or, on peut démontrer le lemme suivant.

75. Lemme. Les fractions : $-\frac{\gamma_0}{\alpha_0}$, $-\frac{\gamma_{-1}}{\alpha_{-1}}$, $-\frac{\gamma_{-2}}{\alpha_{-2}}$, etc., sont les réduites consécutives de la quantité $L_1=\frac{-\sqrt{D}+b_0}{a_1}$, transformée en fractions continues. Constatons d'abord que, des égalités colonne n° 1 précédente, des théorèmes n° **72** et n° **73**, on déduit les faits suivants :

$b_{-1}=a_0 . h_0 \quad -b_0$ le nombre a_0 entre $\frac{\sqrt{D}+b_0}{h_0+1}$ et $\frac{\sqrt{D}+b_0}{h_0}$

ou $\frac{\sqrt{D}+b_0}{a_0}=h_0+\frac{1}{u_0}$

$b_{-2}=a_{-1} . h_{-1} \quad -b_{-1}$ le nombre a_{-1} entre $\frac{\sqrt{D}+b_{-1}}{h_{-1}+1}$ et $\frac{\sqrt{D}+b_{-1}}{h_{-1}}$

$\frac{\sqrt{D}+b_{-1}}{a_{-1}}=h_{-1}+\frac{1}{u_{-1}}$

$b_{-3}=a_{-2} . h_{-2} \quad -b_{-2}$ le nombre a_{-2} entre $\frac{\sqrt{D}+b_{-2}}{h_{-2}+1}$ et $\frac{\sqrt{D}+b_{-2}}{h_{-2}}$

ou $\frac{\sqrt{D}+b_{-2}}{a_{-2}}=h_{-2}+\frac{1}{u_{-2}}$

....

$b_{-2m}=a_{-2m} . h_{-2m} \quad -b_{-2m}$ le nombre a_{-2m} entre $\frac{\sqrt{D}+b_{-2m}}{h_{-2m}+1}$ et $\frac{\sqrt{D}+b_{-2m}}{h_{-2m}}$

ou $\frac{\sqrt{D}+b_{-2m}}{a_{-2m}}=h_{-2m}+\frac{1}{u_{-2m}}$.

$b_{-(2m+1)}=a_{-(2m+1)} . h_{-(2m+1)}-b_{-(2m+1)}$ le nombre $a_{-(2m+1)}$ entre $\frac{\sqrt{D}+b_{-(2m+1)}}{h_{-(2m+1)}+1}$ et $\frac{\sqrt{D}+b_{-(2m+1)}}{h_{-(2m+1)}}$

ou $\frac{\sqrt{D}+b_{-(2m+1)}}{a_{-(2m+1)}}=h_{-(2m+1)}+\frac{1}{u_{-(2m+1)}}$

Recherchons la nouvelle forme que l'on peut donner à la quantité $\frac{-\sqrt{D}+b_0}{a_1}$.

Or, on a $(b_0)^2-D=-a_0a_1$ ou $\frac{-\sqrt{D}+b_0}{a_1}=\frac{-a_0}{\sqrt{D}+b_0}$ ou $\frac{-\sqrt{D}+b_0}{a_1}=\frac{1}{\left(\frac{\sqrt{D}+b_0}{a_0}\right)}$, ou enfin, si l'on emploie l'égalité finale de la première ligne du tableau précédent, $\frac{-\sqrt{D}+b_0}{a_1}=-\frac{1}{h_0+\frac{1}{u_0}}$ [K]. Examinons actuellement la valeur de u_0 : remarquons d'abord que l'égalité finale déjà citée donne $\frac{\sqrt{D}+b_0-a_0h_0}{a_0}=\frac{1}{u_0}$, ou, en tenant compte de la première égalité du tableau précédent, on a $\frac{\sqrt{D}-b_{-1}}{a_0}=\frac{1}{u_0}$: il nous reste à trouver la valeur de cette dernière expression; or, on a $(b_{-1})^2-D=-a_0a_1$, ou $\frac{\sqrt{D}-b_{-1}}{a_0}=\frac{a_{-1}}{\sqrt{D}+b_{-1}}$, ou $\frac{\sqrt{D}-b_{-1}}{a_0}=\frac{1}{\left(\frac{\sqrt{D}+b_{-1}}{a_{-1}}\right)}$, ou enfin, si l'on emploie l'égalité finale de la seconde ligne du tableau précédent, $\frac{\sqrt{D}-b_{-1}}{a_0}=\frac{1}{h_{-1}+\frac{1}{u_{-1}}}$.

Substituant alors convenablement dans l'égalité [K], on a $\frac{-\sqrt{D}+b_0}{a_0}=\frac{1}{h_0+\frac{1}{h_{-1}+\frac{1}{u_{-1}}}}$.

La loi générale sera prouvée, comme il est dit dans le cas analogue précédent; par conséquent, le lemme est démontré, et l'on peut établir, comme suit, l'état relatif des quantités $\frac{\gamma_0}{\alpha_0}$, $\frac{\gamma_{-1}}{\alpha_{-1}}$, $\frac{\gamma_{-2}}{\alpha_{-2}}$ etc. et L_1, savoir :

$$\frac{\gamma_0}{\alpha_0},\ \frac{\gamma_{-2}}{\alpha_{-2}},\ \frac{\gamma_{-4}}{\alpha_{-4}}\ \ldots\ L_1\ \ldots\ \frac{\gamma_{-5}}{\alpha_{-5}},\ \frac{\gamma_{-3}}{\alpha_{-3}},\ \frac{\gamma_{-1}}{\alpha_{-1}}.$$

Ces grandeurs ont entre elles les relations inhérentes aux fractions continues, relations indiquées dans la partie analogue du cas précédent, et notre remarque sur l'état positif ou négatif du nombre a_0 est pleinement applicable au cas actuel. Constatons, enfin, que les relations qui existent : 1° entre les fractions $\frac{\alpha_1}{\gamma_1}$, $\frac{\alpha_2}{\alpha_2}$, $\frac{\alpha_3}{\gamma_3}$ etc. et $L=\frac{+\sqrt{D}-b_0}{a_0}$; 2° entre les fractions $\frac{\gamma_0}{\alpha_0}$, $\frac{\gamma_{-1}}{\alpha_{-1}}$, $\frac{\gamma_{-2}}{\alpha_{-2}}$, etc. et $L_1=\frac{-\sqrt{D}+b_0}{a_1}$, peuvent donner la période inhérente à tout trinôme réduit donné; mais ce procédé est moins simple que celui qui est indiqué n° **72** *.

76. Lemme. Si le trinôme réduit $(a_0\ b_0\ -a_1)$, dont le Déterminant positif non carré est $+D$, devient le trinôme réduit $(A_0\ B_0\ -A_1)$, par le système $x_0=\alpha_0 x_1+\beta_0 y_1\quad y_0=\gamma_0 x_1+\delta_0 y_1$; 1° la quantité $\frac{\pm\sqrt{D}-b_0}{a_0}$ est comprise entre $\frac{\alpha_0}{\gamma_0}$ et $\frac{\beta_0}{\delta_0}$, pourvu que l'on n'ait ni $\gamma_0=0$, ni $\delta_0=0$, c'est-à-dire pourvu que les limites soient finies; en prenant le signe supérieur du radical, lorsque les limites précitées, d'une part, et le nombre a_0, de l'autre, ont le même signe; et le signe inférieur du radical, lorsque les limites, d'une part, et le nombre a_0, de l'autre, ont des signes contraires; 2° la quantité $\frac{\pm\sqrt{D}+b_0}{a_1}$ est comprise entre $\frac{\gamma_0}{\alpha_0}$ et $\frac{\delta_0}{\beta_0}$, pourvu que l'on n'ait ni $\alpha_0=0$, ni $\beta_0=0$, et en prenant le signe du radical comme il est dit précédemment. Remarquons d'abord que l'énoncé général de ce lemme admet implicitement que les limites ont le même signe : or, effectivement, cette circonstance a toujours lieu; la transformation de $(a_0\ b_0\ -a_1)$ en $(A_0\ B_0\ -A_1)$, par le système $x_0=\alpha_0 x_1+\beta_0 y_1\quad y_0=\gamma_0 x_1+\delta_0 y_1$ exige que les nombres $\alpha_0\ \beta_0\ \gamma_0\ \delta_0$ obéissent à la condition $\alpha_0\delta_0-\beta_0\gamma_0=1$; donc les limites présentent des fractions irréductibles; en outre, de cette même condition $\alpha_0\delta_0-\beta_0\gamma_0=1$ on déduit que les nombres fractionnaires $\frac{\alpha_0}{\gamma_0}, \frac{\beta_0}{\delta_0}, \frac{\gamma_0}{\alpha_0}, \frac{\delta_0}{\beta_0}$ ont le même signe **. L'hypothèse admise dans l'énoncé donne les six égalités suivantes, dont les quatre dernières sont des déductions des deux premières :

$$[1]\quad a_0(\alpha_0)^2+2b_0\alpha_0\gamma_0-a_1(\gamma_0)^2=A_0 \qquad [2]\quad a_0(\beta_0)^2+2b_0\beta_0\delta_0-a_1(\delta_0)^2=-A_1$$

$$[3]\quad \frac{\alpha_0}{\gamma_0}=\frac{-b_0\pm\sqrt{D+\frac{a_0A_0}{(\gamma_0)^2}}}{a_0} \qquad [4]\quad \frac{\beta_0}{\delta_0}=\frac{-b_0\pm\sqrt{D-\frac{a_0A_1}{(\delta_0)^2}}}{a_0}$$

$$[5]\quad \frac{\gamma_0}{\alpha_0}=\frac{+b_0\pm\sqrt{D-\frac{a_1A_0}{(\alpha_0)^2}}}{a_1} \qquad [6]\quad \frac{\delta_0}{\beta_0}=\frac{+b_0\pm\sqrt{D+\frac{a_1A_1}{(\beta_0)^2}}}{a_1}.$$

* Les trinômes réduits dont le Déterminant est $+D$ sont distribués en périodes dont le nombre de trinômes est pair, n° **72**; par conséquent chacun des deux groupes, 1° $h_1, h_2\ h_3 \ldots h_{n-1}, h_n$; 2° $h_0=h_{n-1}, h_{-1}=h_{n-2} \ldots h_{-(n-3)}=h_2, h_{-(n-2)}=h_1, h_{-(n-1)}=h_1$, lié à la même période, offre un nombre pair de termes et reparaît dans le même ordre indéfiniment; si donc chacune des expressions $\frac{\sqrt{D}-b_0}{a_0}$, $\frac{-\sqrt{D}+b_0}{a_1}$ est, dans les conditions stipulées, réduite en fractions dites continues, chacune de ces dernières fractions présente des dénominateurs ou, comme on les nomme, des quotients incomplets en nombre pair, lesquels reparaissent ensuite dans le même ordre : on retrouve ainsi le théorème bien connu sur la réduction d'un radical carré en fractions continues.

** Voy. note du n° **77**.

Chacune des deux circonstances indiquées dans l'énoncé général présente deux parties, et l'explication sera plus claire en la subdivisant comme suit :

Ire Partie du Ier Cas. Les nombres a_0 et $\frac{\alpha_0}{\gamma_0}$, $\frac{\beta_0}{\delta_0}$ ont le même signe; par suite, les produits $\frac{a_0\alpha_0}{\gamma_0}$, $\frac{a_0\beta_0}{\delta_0}$ sont positifs; on doit donc, dans chacune des équations [3] et [4], adopter le radical à l'état positif; d'ailleurs, les nombres A_0 et A_1 ont le même signe; ainsi la quantité $\sqrt{D}$ est certes placée entre $\sqrt{D+\frac{a_0A_0}{(\gamma_0)^2}}$ et $\sqrt{D-\frac{a_0A_1}{(\alpha_0)^2}}$; par conséquent $\frac{\sqrt{D}-b_0}{a_0}$ est entre $\frac{\alpha_0}{\gamma_0}$ et $\frac{\beta_0}{\delta_0}$.

IIe Partie du IIe Cas. Les nombres a_0 et $\frac{\gamma_0}{\alpha_0}$, $\frac{\delta_0}{\beta_0}$ ont des signes contraires; par suite, les produits $\frac{a_1\gamma_0}{\alpha_0}$, $\frac{a_1\delta_0}{\beta_0}$ sont négatifs, puisque les nombres a_0 et a_1 ont le même signe; on doit donc, dans chacune des équations [5] et [6] adopter le radical à l'état négatif; d'ailleurs les nombres A_0 et A_1 ont le même signe; ainsi la quantité $-\sqrt{D}$ est certes placée entre $-\sqrt{D-\frac{a_1A_0}{(\delta_0)^2}}$ et $-\sqrt{D+\frac{a_1A_1}{(\beta_0)^2}}$; par conséquent $\frac{-\sqrt{D}+b_0}{a_1}$ est une grandeur placée entre $\frac{\gamma_0}{\alpha_0}$ et $\frac{\delta_0}{\beta_0}$.

IIe Partie du Ier Cas. Les nombres a_0 et $\frac{\alpha_0}{\gamma_0}$, $\frac{\beta_0}{\delta_0}$ ont des signes contraires. On a démontré, dans le paragraphe précédent, que si les quantités a_1, $\frac{\gamma_0}{\alpha_0}$, $\frac{\delta_0}{\beta_0}$ ont des signes contraires, la valeur de $\frac{-\sqrt{D}+b_0}{a_1}$ est placée entre $\frac{\gamma_0}{\alpha_0}$ et $\frac{\delta_0}{\beta_0}$; or, 1° les fractions $\frac{\alpha_0}{\gamma_0}$, $\frac{\beta_0}{\delta_0}$ ont le même signe, et ce signe est celui des mêmes fractions renversées $\frac{\gamma_0}{\alpha_0}$, $\frac{\delta_0}{\beta_0}$; 2° l'égalité $(b_0)^2-D=-a_0a_1$ donne $\frac{-\sqrt{D}-b_0}{a_0}=\frac{a_1}{-\sqrt{D}+b_0}$; par conséquent, puisque la valeur $\frac{-\sqrt{D}+b_0}{a_1}$ est placée entre les fractions $\frac{\gamma_0}{\alpha_0}$ et $\frac{\delta_0}{\beta_0}$, l'expression renversée $\frac{a_1}{-\sqrt{D}+b_0}$, ou son égale $\frac{-\sqrt{D}-b_0}{}$ sera une quantité placée entre $\frac{\alpha_0}{\gamma_0}$ et $\frac{\beta_0}{\delta_0}$.

Ire Partie du IIe Cas. Les nombres a_0 et $\frac{\gamma_0}{\alpha_0}$, $\frac{\delta_0}{\beta_0}$ ont le même signe. On a démontré, dans le premier paragraphe, que si les quantités a_0, $\frac{\alpha_0}{\gamma_0}$, $\frac{\beta_0}{\delta_0}$ ont le même signe, la valeur de $\frac{\sqrt{D}-b_0}{a_0}$ est placée entre $\frac{\alpha_0}{\gamma_0}$ et $\frac{\beta_0}{\delta_0}$; l'expression renversée $\frac{a_0}{\sqrt{D}-b_0}$, ou son égale $\frac{\sqrt{D}+b_0}{a_1}$, est donc placée entre $\frac{\gamma_0}{\alpha_0}$ et $\frac{\delta_0}{\beta_0}$.

Observation. Si l'on approfondit les quatre raisonnements qui précèdent, on reconnait que le caractère général qui appartient aux deux premiers, ne se retrouve plus dans les deux autres; ceux-ci admettent implicitement, le premier, que les nombres α_0 et β_0, le second, que les nombres γ_0 et δ_0 ne sont pas nuls; or, effectivement, ces états nuls sont inadmissibles. 1° Admettons les hypothèses $\alpha_1=0$ et a_0, $\frac{\alpha_0}{\gamma_0}$, $\frac{\beta_0}{\delta_0}$ de signes contraires : l'égalité $\alpha_0\delta_0-\beta_0\gamma_0=1$ donne alors $\beta_0=\pm1$, $\gamma_0=\mp1$; par conséquent, l'égalité [1] devient $A_0=-a_1$; ainsi les nombres A_0 et a_1, par suite les nombres A_1 et a_0, ont des signes contraires; le radical de l'égalité [4] doit être négatif, puisque l'état contraire donnerait le même signe aux nombres $\frac{\beta_0}{\delta_0}$ et a_0; or, ce radical négatif donne $\frac{\beta_0}{\delta_0}>\frac{-\sqrt{D}-b_0}{a_0}$, ou, puisque le trinôme $(a_0\,b_0-a_1)$ est réduit et présente $a_0<\sqrt{D}+b_0$; on a certainement $\frac{\beta_0}{\delta_0}>1$, et les hypothèses $\beta_0=\pm1$, δ_0, nombre entier, rendent cette conclusion inadmissible. 2° Admettons les hypothèses $\beta_0=0$, a_0 et $\frac{\alpha_0}{\gamma_0}$, $\frac{\beta_0}{\delta_0}$ de signes contraires : l'égalité $\alpha_0\delta_0-\beta_0\gamma_0=1$ donne alors $\alpha_0=\pm1$, $\delta_0=\pm1$; l'égalité [2] devient $a_1=A_1$, et partant les nombres a_0 et A_0 ont le même signe; le radical de l'égalité [3] est négatif, et cette adoption est inadmissible, car elle donne $\frac{\alpha_0}{\gamma_0}>1$. 3° Admettons les hypothèses $\gamma_0=0$, a_0 et $\frac{\gamma_0}{\alpha_0}$, $\frac{\delta_0}{\beta_0}$ de mêmes signes; on a alors $\alpha_0=\pm1$, $\delta_0=\pm1$; l'égalité [1] devient $a_0=A_0$; ainsi les nombres a_1 et A_1 ont le même signe; le radical de l'égalité [6] est alors positif, mais de cette adoption on déduit la condition impossible $\frac{\delta_0}{\beta_0}>1$. 4° Admettons les hypothèses $\delta_0=0$, a_0 et $\frac{\gamma_0}{\alpha_0}$, et $\frac{\delta_0}{\beta_0}$ de mêmes signes; on a alors $\beta_0=\pm1$, $\gamma_0=\mp1$; l'égalité [2] devient $-A_1=a_0$. Le radical de l'égalité [5] est positif; mais de cette adoption on déduit la condition inadmissible $\frac{\gamma_0}{\alpha_0}>1$.

72. Théorème. Si deux trinômes réduits sont équivalents, l'un d'eux est dans la période de l'autre. Les trinômes réduits donnés $f_0=(a_0\,b_0-a_1)$, $F_0=(A_0\,B_0-A_1)$ ont les indéterminées $x_0\,y_0$, $X_0\,Y_0$, ont le même Déterminant $+D$: le premier trinôme devient le second, par le système $x_0 = kX_0 + lY_0$, $y_0 = pX_0 + qY_0$: on a calculé, les nombres k, l, p, q entiers; 1° la période du trinôme f_0, c'est-à-dire la suite indéfinie, dans les deux sens, des trinômes réduits inhérents à f_0; 2° les systèmes correspondants qui opèrent la transformation de f_0 en ces derniers trinômes : les résultats donnés par les calculs sont les suivants :

f_{-m}	....	f_{-2}	f_{-1}	f_0	f_1	f_2	....	f_m, etc.
$\pm a_{-m}\, b_{-(m-1)} \mp a_{-(m-1)}$	..	$a_{-2}\, b_{-2} - a_{-1}$	$-a_{-1}\, b_{-1}\, a_0$	$a_0\, b_0 - a_1$	$-a_1\, b_1\, a_2$	$a_2\, b_2 - a_3$	...	$\pm a_m\, b_m \mp a_{m+1}$, etc.
$\alpha_{-m}\, \beta_{-m}\, \gamma_{-m}\, \delta_{-m}$	....	$\alpha_{-2}\, \beta_{-2}\, \gamma_{-2}\, \delta_{-2}$	$\alpha_{-1}\, \beta_{-1}\, \gamma_{-1}\, \delta_{-1}$		$\alpha_1\, \beta_1\, \gamma_1\, \delta_1$	$\alpha_2\, \beta_2\, \gamma_2\, \delta_2$	...	$\alpha_m\, \beta_m\, \gamma_m\, \delta_m$, etc.

Les couples $x_1 y_1$, $x_2 y_2$, etc. $x_{-1}\, y_{-1}$, x_{-2}, y_{-2} etc. indiquent les indéterminées des trinômes f_1, f_2, etc. f_{-1}, f_{-2}, etc., chaque système α, β, γ, δ représentant l'ensemble des coefficients de la couple $x\,y$, qui opère la transformation; ainsi, par exemple, $x_0 = \alpha_1 x_1 + \beta_1 y_1$, $y_0 = \gamma_1 x_1 + \delta_1 y_1$ transforme f_0 en f_1. Ces préliminaires établis, et rappelant que le système $x_0 = kX_0 + lY_0$, $y_0 = pX_0 + qY_0$ transforme f_0 en F_0, nous démontrons que cet ensemble de conditions amène l'une des deux circonstances suivantes; ou bien le nombre k est égal au premier terme d'un des systèmes, à α_m, par exemple, et alors on a les égalités $l = \beta_m$, $p = \gamma_m$, $q = \delta_m$; ou bien le nombre $-k$ sera égal au premier terme d'un des systèmes, à α_m, par exemple, et alors on aura les égalités $-l = \beta_m$, $-p = \gamma_m$, $-q = \delta_m$; dans l'une et dans l'autre circonstance, on aura évidemment $F_0 = f_m$; la démonstration est une conséquence de l'examen des quatre égalités hypothétiques.

$$[1]\quad a_0 k^2 + 2b_0 kp - a_1 p^2 = A_0, \qquad [2]\quad a_0 kl + b_0(kq + pl) - a_1 pq = B_0,$$

$$[3]\quad a_0 l^2 + 2b_0 lq - a_1 q^2 = -A_1, \qquad [4]\quad kq - pl = 1;$$

examinons d'abord et successivement les divers cas de nullité de l'un des nombres k, l, p, q.

1° $k = 0$, l'égalité [4] donne $pl = -1$, de là $l = \pm 1$, $p = \mp 1$, l'égalité [1] donne $-a_1 = A_0$, l'égalité [2] donne $\frac{B_0 + b_0}{-a_1} = \mp q$; ainsi dans l'hypothèse actuelle, le trinôme $F_0 = (A_0\ B_0 - A_1)$ est $[-a_1\ (-b_0 \pm a_1 q)\ M]$, il est donc contigu au trinôme $f_0 = (a_0\ b_0 - a_1)$; et puisqu'il est réduit, il doit, dans la période de f_0, être placé immédiatement après f_0; on a d'ailleurs, n° 89, $\frac{B_0 + b_0}{-a_1} = -h_1$, et par conséquent on a

$$k = \alpha_1 = 0, \quad \mp l = \beta_1 = -1, \quad \mp p = \gamma_1 = 1, \quad \mp q = \delta_1 = -h_1;$$

2° $l=0$, l'égalité [4] donne $kq=1$, de là $k=\pm 1$, $q=\pm 1$, l'égalité [3] donne $a_1=A_1$, l'égalité [2] donne $b_0-B_0=\pm a_1 p$; or les trinômes F_0 et f_0 sont réduits, donc les deux nombres b_0 et B_0 sont placés entre $\sqrt{D}$ et $\sqrt{D}\mp a_1$, n° 69, suivant que ce dernier nombre est positif ou est négatif, on a donc $b_0=B_0$, et par suite $p=0$, de là $\pm k=\alpha_0=1$, $l=\beta_0=0$, $p=\gamma_0=0$, $\pm q=\delta_0=1$, et les deux trinômes f_0 et F_0 sont identiques;

3° $p=0$, l'égalité [4] devient $kq=1$, de là $k=\pm 1$, $q=\pm 1$, l'égalité [1] donne $a_0=A_0$, l'égalité [2] donne $b_0-B_0=\mp a_0 l$; on a donc, comme dans le cas précédent, $b_0=B_0$, et les deux trinômes f_0 et F_0 sont identiques;

4° $q=0$, l'égalité [4] devient $pl=-1$, de là $l=\pm 1, p=\mp 1$, l'égalité [3] donne $a_0=-A_1$, l'égalité [2] donne $b_0+B_0=\pm a_0 k$; on a donc la suite d'égalités $\pm k=\alpha_{-1}=h_0$, $\pm l=\beta_{-1}=1$, $\pm p=\gamma_{-1}=-1$, $q=\delta_{-1}=0$, et dans la période générale indiquée le trinôme $F_0=(A_0\ B_0\ -A_1)$ est égal au trinôme $f_{-1}=(-a_{-1}\ b_{-1}\ a_0)$.

Démontrons actuellement l'exactitude du théorème lorsqu'aucun des nombres entiers k, l, p, q, n'est égal à zéro; et remarquons d'abord que les nombres fractionnaires $\frac{k}{p}, \frac{l}{q}, \frac{p}{k}, \frac{q}{l}$ ayant nécessairement le même signe *, ces nombres d'une part, le nombre a_0 de l'autre, peuvent avoir, 1° le même signe; 2° des signes contraires.

1er Cas. Les nombres $a_0\ \frac{k}{p}, \frac{l}{q}, \frac{p}{k}, \frac{q}{l}$ ont le même signe. Si nous conservons les notations adoptées dans les lemmes précédents, et si nous désignons les fractions

$$\frac{\alpha_1}{}=\frac{0}{1},\quad \frac{\alpha_2}{\gamma_2}=\frac{\beta_1}{\delta_1},\quad \frac{\alpha_3}{\gamma_3}=\frac{\beta_2}{\delta_2},\ \ldots\ \frac{\alpha_{2m}}{\gamma_{2m}}=\frac{\beta_{2m-1}}{\gamma_{2m-1}},\quad \frac{\alpha_{2m+1}}{\gamma_{2m+1}}=\frac{\beta_{2m}}{\gamma_{2m}},\quad \frac{\alpha_{2m+2}}{\gamma_{2m+2}}=\frac{\beta_{2m+1}}{\delta_{2m+1}},\ \text{etc.};$$

par

$$\varphi_1\ \varphi_2\ \varphi_3\ \ldots\ \varphi_{2m}\ \varphi_{2m+1}\ \varphi_{2m+2},\ \text{etc.}$$

* Si avec les nombres entiers k, l, p, q, dont aucun n'est nul et qui vérifient l'égalité $kq-pl=1$, on forme les quotients $\frac{k}{p}$ et $\frac{l}{q}$, ces quotients ne peuvent alors avoir des signes contraires; remarquons, en effet, que si les deux éléments de l'un de ces quotients, que si, par exemple, les nombres k et p constituent un quotient positif, c'est-à-dire que si les nombres k et p ont tous deux le même signe, soit positif, soit négatif; les nombres l et q ne peuvent alors avoir des signes contraires, c'est-à-dire ne peuvent donner un quotient négatif, conclusion à laquelle conduit l'égalité hypothétique $kq-pl=1$; d'ailleurs, le signe des deux nombres fractionnaires $\frac{k}{p}$ $\frac{l}{q}$ est aussi celui des nombres fractionnaires $\frac{p}{k}$ $\frac{q}{l}$.

On a prouvé, n° 77, 1° que la quantité irrationnelle $L = \frac{\sqrt{D} - b_0}{a_0}$ est alors comprise entre $\frac{l}{q}$ et $\frac{k}{p}$; 2° que les diverses réduites de cette même quantité L transformée en fractions continues, sont par ordre les fractions

$$\varphi_1 \ \varphi_2 \ \varphi_3, \ \ldots \ \varphi_{2m+2}, \text{ etc.}$$

Toutes ces grandeurs ont le même signe, et nous admettrons, mais seulement pour fixer les idées, 1° que ces réduites sont positives, 2° que dans les deux groupes [M] et [N] les quantités croissent par ordre vers la droite.

$$[\mathrm{M}] \qquad \frac{l}{q}, \quad \frac{\sqrt{D} - b_0}{a_0} \text{ ou } L \quad \frac{k}{p},$$

$$[\mathrm{N}] \qquad \varphi_1 \ \varphi_3 \ \varphi_5 \ \varphi_7 \ldots \varphi_{2m+1} \ldots \frac{\sqrt{D} - b_0}{a_0} \text{ ou } L \ldots \varphi_{2m} \ldots \varphi_8 \ \varphi_6 \ \varphi_4 \ \varphi_2.$$

Quelle sera, dans la suite [N], la position du nombre fractionnaire $\frac{k}{p}$? la position à la droite de φ_2 est inadmissible; en effet, dans tout le cas actuel, la quantité L étant placée entre $\frac{l}{q}$ et $\frac{k}{p}$, si l'inégalité $\frac{k}{p} > \varphi_2$ était exacte, on aurait, 1° la quantité φ_2 placée entre $\frac{l}{q}$ et $\frac{k}{p}$, par suite le dénominateur de φ_2 serait supérieur au nombre q; 2° la fraction $\frac{l}{q}$ serait placée entre $\varphi_1 = 0$ et φ_2; par suite le nombre q serait supérieur au dénominateur de φ_2, et ces deux conditions finales impliquent contradiction : ainsi, il est démontré que la fraction $\frac{k}{p}$ est *ou* une des réduites $\varphi_1 \ \varphi_2 \ \varphi_3$, etc., *ou du moins* est placée entre deux de ces réduites. Si, après avoir rappelé l'inégalité admise $\frac{k}{p} > \frac{l}{q}$, nous supposons que la fraction $\frac{k}{p}$ est placée entre φ_{2m} et φ_{2m+2}, il est certain que cette hypothèse amène l'égalité $\frac{l}{q} = \varphi_{2m+1}$: en effet, 1° les réduites $\varphi_{2m} \ \varphi_{2m+2} \ \varphi_{2m+4}$, etc., sont supérieures à la quantité L, et décroissent; 2° les réduites $\varphi_{2m-1} \ \varphi_{2m+1} \ \varphi_{2m+3}$, etc., sont inférieures à la quantité L, et croissent; 3° la fraction $\frac{k}{p}$ est supérieure à la fraction $\frac{l}{q}$; 4° la quantité $L = \frac{\sqrt{D} - b_0}{a_0}$ est placée entre $\frac{l}{q}$ et $\frac{k}{p}$; on a donc alors la suite décroissante [H] φ_{2m}, $\frac{k}{p}$, φ_{2m+2}, L, φ_{2m+1}; si l'égalité problématique $\frac{l}{q} = \varphi_{2m+1}$ est inadmissible, cette fraction $\frac{l}{q}$ est, dans [H], placée à droite ou à gauche de la réduite φ_{2m+1}; or, la position à droite, c'est-à-dire l'inégalité $\frac{l}{q} < \varphi_{2m+1}$, amène les conclusions, 1° la fraction φ_{2m+1} placée entre $\frac{k}{p}$ et $\frac{l}{q}$, par suite le dénominateur de φ_{2m+1} supérieur à p; 2° la fraction $\frac{k}{p}$ placée entre φ_{2m} et φ_{2m+1}; par suite le nombre p supérieur au dénominateur de φ_{2m+1}, conclusions finales contradictoires : la position à gauche, c'est-à-dire l'inégalité $\frac{l}{q} > \varphi_{2m+1}$ donne les conclusions, 1° la fraction $\frac{l}{q}$ placée entre φ_{2m+1} et φ_{2m+2}; par suite le dénominateur q supérieur au dénominateur de φ_{2m+2}; 2° la fraction φ_{2m+2} placée entre $\frac{k}{p}$ et $\frac{l}{q}$, par suite le dénominateur de φ_{2m+2} supérieur à q, conclusions finales contradictoires; concluons, les égalités $\frac{l}{q} = \varphi_{2m+1} = \frac{\alpha_{2m+1}}{\gamma_{2m+1}} = \frac{\beta_{2m}}{\delta_{2m}}$, sont donc exactes; et puisque les fractions $\frac{l}{q}$, $\frac{\beta_{2m}}{\delta_{2m}}$ sont irréductibles, on a $\beta_{2m} = \pm l$, $\delta_{2m} = \pm q$. Les hypothèses premières établissent que le trinôme réduit $f_0 = (a_0\ b_0 - a_1)$ devient le trinôme réduit f_{2m} par le système $x_0 = \alpha_{2m}x_{2m} + \beta_{2m}y_{2m}$, $y_0 = \gamma_{2m}x_{2m} + \delta_{2m}y_{2m}$; on a donc les égalités suivantes liées aux égalités [1], [2], [3], [4].

[5] $$a_0(\alpha_{2m})^2 + 2b_0\alpha_{2m}\gamma_{2m} - a_1(\gamma_{2m})^2 = \pm a_{2m},$$

[6] $$a_0(\beta_{2m})^2 + 2b_0\beta_{2m}\delta_{2m} - a_1(\delta_{2m})^2 = \mp a_{2m+1},$$

[7] $$a_0\alpha_{2m}\beta_{2m} + b_0(\alpha_{2m}\delta_{2m} + \beta_{2m}\gamma_{2m}) - a_1\gamma_{2m}\delta_{2m} = b_{2m},$$

[8] $$\alpha_{2m}\delta_{2m} - \beta_{2m}\gamma_{2m} = 1.$$

Si dans l'égalité [8] et aux nombres β_{2m}, δ_{2m} on substitue les valeurs $\pm l$, $\pm q$, le résultat est $q\alpha_{2m} - l\gamma_{2m} = \pm 1$; or, cette dernière égalité réunie à l'égalité [4], donne $q(\alpha_{2m} \mp k) - l(\gamma_{2m} \mp p = 0$ ou $\frac{\alpha_{2m} \mp k}{\gamma_{2m} \mp p} = \frac{l}{q}$; ou enfin $\alpha_{2m} = rl \pm k$, $\gamma_{2m} = rq \pm p$; si dans l'égalité [7] et aux nombres α_{2m}, β_{2m}, γ_{2m}, δ_{2m}, on substitue $rl \pm k$, $\pm l$, $rq \pm p$, $\pm q$, le résultat, en ayant égard à [2] et à [3], est $r(-A_1) + B_0 = b_{2m}$, or, les trinômes F_0 et f_{2m} étant réduits, on a certainement $b_{2m} = B_0$, par suite $r = 0$, $\alpha_{2m} = \pm k$, $\gamma_{2m} = \pm p$; ainsi l'hypothèse admise $\frac{k}{p}$, nombre placé entre φ_{2m} et φ_{2m+2}, amène l'égalité $\frac{k}{p} = \varphi_{2m} = \frac{\alpha_{2m}}{\gamma_{2m}}$.

Si *a priori* on avait admis l'égalité $\frac{k}{p}=\varphi_{2m}$, on aurait eu évidemment $\pm k=\alpha_{2m}$, $\pm p=\gamma_{2m}$, et dans les deux circonstances, 1° la comparaison des égalités [1] et [5] donnerait $A_0=\pm a_{2m}$; 2° un calcul analogue au calcul précédent et fait avec les égalités [8], [4], [7], donnerait $rA_0+B_0=b_{2m+1}$, et de là $b_{2m}=B_0$, par suite $r=0$, $\beta_{2m}=\pm l$, $\delta_{2m}=\pm q$; 3° l'examen simultané des égalités [6] et [3] donnerait $-A_1=\pm a_{2m+1}$; les deux trinômes réduits F_0 et f_{2m} sont donc identiques. On peut d'ailleurs prouver que le signe de k et de p, d'une part, est celui que doivent avoir, de l'autre, les nombres l et q : reprenons les égalités $kq-lp=1$, $\alpha_{2m}\delta_{2m}-\beta_{2m}\gamma_{2m}=1$, on déduit

[Q] $$kq-lp=\alpha_{2m}\delta_{2m}-\beta_{2m}\gamma_{2m};$$

admettons l'exactitude des égalités $\alpha_{2m}=+k$, $\gamma_{2m}=+p$; l'égalité [Q] donnera $k(q-\delta_{2m})=p(l-\beta_{2m})$ ou $\frac{k}{p}=\frac{l-\beta_{2m}}{q-\delta_{2m}}$; si alors les égalités $\beta_{2m}=-l$, $\delta_{2m}=-q$ étaient exactes, on aurait évidemment $k=l$, $p=q$, et la condition $kq-pl=1$, rend ces dernières égalités inadmissibles.

2° Cas. Les nombres a_0 $\frac{k}{p}$, $\frac{l}{q}$, $\frac{p}{k}$, $\frac{q}{l}$ ont des signes contraires; nous indiquerons seulement les points principaux de la démonstration qui est semblable à celle qui précède. Le lemme n° **76** prouve que, dans le cas actuel, la quantité $\frac{-\sqrt{D}+b_0}{a_1}$ est placée entre $\frac{p}{k}$ et $\frac{q}{l}$; ainsi, en admettant pour fixer les idées, l'état positif de a_0, par suite l'inégalité en valeur absolue $\frac{q}{l}>\frac{p}{k}$; enfin, en désignant par $\varphi_0\ \varphi_{-1}\ \varphi_{-2}\ldots\ \varphi_{-(2m-1)}\ \varphi_{-2m}\ \varphi_{-(2m+1)}$, etc., les fractions

$$\frac{\gamma_0}{\alpha_0},\ \frac{\gamma_{-1}}{\alpha_{-1}},\ \frac{\gamma_{-2}}{\alpha_{-2}}\ \ldots.\ \frac{\gamma_{-(2m-1)}}{\alpha_{-(2m-1)}},\ \frac{\gamma_{-2m}}{\alpha_{-2m}},\ \frac{\gamma_{-(2m+1)}}{\alpha_{-(2m+1)}},\ \text{etc.};$$

on a par ordre de grandeur les deux groupes $[M_1]$, $[N_1]$ suivants :

$[M_1]$ $$\frac{p}{k},\quad \frac{-\sqrt{D}+b_0}{a_1}\ \text{ou}\ L_1\quad \frac{q}{l},$$

$[N_1]$ $$\varphi_0\ \varphi_{-1}\ \varphi_{-2}\ldots\varphi_{-2m}\ldots\frac{-\sqrt{D}+b_0}{a_1}\ \text{ou}\ L_1\ldots\varphi_{2m+1}\ldots\varphi_{-7}\ \varphi_{-5}\ \varphi_{-3}\ \varphi_{-1}.$$

1° La fraction $\frac{q}{l}$ ne peut être placée au delà, c'est-à-dire à droite de φ_{-1}; 2° l'égalité $\frac{q}{l}=\varphi_{-(2m-1)}=\frac{\gamma_{-(2m-1)}}{\alpha_{-(2m-1)}}=\frac{\delta_{-2m}}{\beta_{-2m}}$, amène l'égalité $\frac{k}{p}=\varphi_{-2m}$; de la position de $\frac{q}{l}$ à droite de φ_{-1} on déduit deux faits contradictoires; la fraction $\frac{q}{l}$ est placée entre φ_{-1} et φ_0, donc le nombre l est supérieur au dénominateur de φ_{-1}, la fraction φ_{-1} est placée entre $\frac{k}{p}$ et $\frac{q}{l}$, donc le dénominateur de φ_{-1} est supérieur au nombre l; l'exactitude de l'égalité $\frac{q}{l} = \varphi_{-(2m-1)}$ peut être démontrée comme suit; si la fraction $\frac{q}{l}$ n'est pas égale à une des réduites $\varphi_{-(2m-3)}$ $\varphi_{-(2m-1)}$ $\varphi_{-(2m+1)}$, etc., cette fraction sera placée entre deux de ces réduites, par exemple, entre $\varphi_{-(2m-1)}$ et $\varphi_{-(2m+1)}$ on démontre alors, comme dans le cas précédent, que la fraction $\frac{k}{p}$ est nécessairement égale à $\varphi_{-2m} = \frac{\gamma_{-2m}}{\alpha_{-2m}}$; par suite on a les égalités $p = \pm \alpha_{-2m}$, $k = \pm \gamma_{-2m}$; mais, dans les conditions primitives, on sait que le trinôme réduit $f_0 = (a_0\, b_0 - a_1)$ devient le trinôme réduit $f_{-2m} = (\pm a_{-2m}\, b_{-2m} \mp a_{-(2m+1)})$, par le système $x = \alpha_{-2m} x_{-2m} + \beta_{-2m} y_{-2m}$, $y_0 = \gamma_{-2m} x_{-2m} + \delta_{-2m} y_{-2m}$, on déduit trois égalités que l'on réunira à l'égalité $\alpha_{-2m}\delta_{-2m} - \beta_{-2m}\gamma_{-2m} = 1$, et aux égalités [1], [2], [3], [4] de cet ensemble on déduit, 1° que le terme A_0 du trinôme réduit F_0, est égal au premier terme du trinôme réduit f_{-2m}; 2° que le nombre $B_0 + b_{-2m}$ est exactement divisible par le nombre A_0; ces deux dernières conditions, l'état réduit des deux trinômes F_0 et f_{-2m} prouvent l'identité des deux trinômes. Ces considérations démontrent l'exactitude de l'égalité

$$\frac{q}{l} = \frac{\delta_{-2m}}{\beta_{-2m}} = \frac{\gamma_{-(2m-1)}}{\alpha_{-(2m-1)}} = \varphi_{-(2m-1)};$$

et par conséquent nous sommes parvenus à prouver la vérité de cette assertion, en supposant, pour un moment, que cette assertion était inexacte; si on suppose *a priori* $\frac{q}{l} = \frac{\delta_{-2m}}{\beta_{-2m}}$; on démontre, en employant les égalités admises dans la supposition analogue du cas précédent, que l'on a $\frac{p}{k} = \frac{\gamma_{-2m}}{\alpha_{-2m}}$; enfin, au moyen de l'égalité

$$kq - lp = 1 = \alpha_{-2m}\delta_{-2m} - \beta_{-2m}\gamma_{-2m},$$

on prouve que si l'on choisit pour q et l les nombres δ_{-2m} β_{-2m} avec un signe déterminé, on devra choisir pour p et k les nombres γ_{-2m} α_{-2m} avec le même signe; ainsi les deux trinômes réduits F_0 et f_{-2m} sont identiques.

78. Problème. Étant donnés deux trinômes $F_0 = (A_0\, B_0\, A_1)$, $f_0 = (a_0\, b_0\, a_1)$ de même Déterminant positif non carré, reconnaître si ces trinômes sont équivalents. Cette recherche a une utilité qui justifie l'énoncé particulier que nous adoptons, mais la démonstration est tellement facile, qu'une simple indication sera suffisante; on formera les deux trinômes réduits F_1 et f_1 inhérents aux trinômes donnés, on calculera, n° **72**, la période de l'un de ces trinômes réduits, de f_1, par exemple, et l'équivalence ou la non-équivalence des deux trinômes proposés sera indiquée par la présence ou par l'absence de F_1 dans la période de f_1.

79. Problème. Étant donnés deux trinômes $F_0=(A_0\ B_0\ A_1)$, $f_0=(a_0\ b_0\ a_1)$ de même Déterminant positif non carré, et qui, en outre, sont équivalents, trouver une transformation de l'un en l'autre. Le théorème n° **71** donne le moyen de calculer deux suites de trinômes contigus, l'une des suites commençant par F_0, l'autre commençant par f_0, et chacune étant terminée par le trinôme réduit inhérent au premier, on a donc

$$[P]\qquad (A_0\ B_0\ A_1)(A_1\ B_1\ A_2)(A_2\ B_2\ A_3)(A_3 \ldots (\pm A_m\ B_m \mp A_{m+1}),$$

$$[Q]\qquad (a_0\ b_0\ a_1)(a_1\ b_1\ a_2)(a_2\ b_2\ a_3)(a_3 \ldots (\pm a_n\ b_n \mp a_{n+1}).$$

Les deux trinômes primitifs sont équivalents, donc ils présentent deux cas, ils sont identiques ou l'un est placé dans la période de l'autre; l'ensemble offre quatre circonstances, et nous démontrons que l'on pourra dans toutes, et avec les deux suites [P] et [Q], constituer une série unique de trinômes contigus, série dont les deux trinômes primitifs seront les extrêmes : les deux trinômes réduits peuvent être identiques avec ordre direct ou avec ordre inverse; l'un des trinômes réduits peut être placé dans la période de l'autre avec un ordre direct ou avec un ordre inverse.

1er Cas. Identité avec ordre direct; on a les égalités $A_m=a_n$, $B_m=b_n$, $A_{m+1}=a_{n+1}$, les deux séries [P] et [Q] donnent la série unique

$$(A_0\ B_0\ A_1)\ (A_1\ B_1\ A_2)\ (A_2\ B_2\ A_3)\ (A_3 \ldots$$
$$\ldots)(A_m\ B_m\ A_{m+1})(a_{n+1} - b_n\ a_n)(a_n - b_{n-1}\ a_{n-1})(a_{n-1}\ldots)(a_2 - b_1\ a_1)(a_1 - b_0\ a_0);$$

on pourra alors calculer un système $x_0=\alpha x+6y$, $y_0=\gamma x+\delta y$ qui opère la transformation de $(A_0\ B_0\ A_1)$ en $(a_0\ b_0\ a_1)$.

2e Cas. Identité avec ordre inverse; on a les égalités $A_m=a_{n+1}$, $B_m=b_n$,

$A_{m+1}=a_n$; ces deux séries [P] et [Q] donnent la série unique

$$(A_0\ B_0\ A_1)(A_1\ B_1\ A_2)(A_2\ldots\ldots$$
$$\ldots)(A_m\ B_m\ A_{m+1})(a_n\ -b_n\ a_{n-1})(a_{n-1}\ldots)(a_2\ -b_1\ a_1)(a_1 - b_0\ a_0);$$

et la conclusion est celle qui est indiquée dans le cas précédent.

3e Cas. Simple présence, ordre direct de $(a_n\ b_n\ a_{n+1})$ dans la période donnée par $(A_m\ B_m\ A_{m+1})$; calculons d'abord, n° **72**, la période donnée par ce dernier trinôme, en admettant, ce qui est permis, que le premier trinôme de cette période soit $(A_m\ B_m\ A_{m+1})$, on aura la série

$$(A_m\ B_m\ A_{m+1})(A_{m+1}\ldots)(H_{\nu-1}\ K_{\nu-1}\ H_\nu)(H_\nu\ K_\nu\ H_{\nu+1},\ \text{etc.}$$

Admettons enfin l'identité, ordre direct des trinômes $(a_n\ b_n\ a_{n+1})$ et $H_\nu\ K_\nu\ H_{\nu+1}$; de ces conditions on déduit $a_n=H_\nu$, $b_n=K_\nu$, $a_{n+1}=H_{\nu+1}$; si actuellement on intercale un trinôme réduit opposé à $(a_n\ b_n\ a_{n+1})$, on formera la série

$$(A_0\ B_0\ A_1)(A_1\ B_1\ A_2)(A_2\ldots)(A_m\ B_m\ A_{m+1})\ (A_{m+1}\ldots)(H_{\nu-1}\ K_{\nu-1}\ H_\nu)(a_n\ b_n\ a_{n+1})$$
$$(a_{n+1}\ -b_n\ a_n)\ (a_n\ -b_{n-1}\ a_{n-1})(a_{n-1}\ldots)(a_2\ -b_1\ a_1)\ (a_1\ -b_0\ a_0);$$

la contiguïté de ces trinômes est évidente, et notre conclusion est celle qui est indiquée dans les deux cas précédents.

4e Cas. Simple présence, ordre inverse de $(a_n\ b_n\ a_{n+1})$ dans la période donnée par $(A_m\ B_m\ A_{m+1})$; si cette période est celle qui est donnée dans le 3e cas, on a $H_{\nu+1}=a_n$, $K_\nu=b_n$, $H_\nu=a_{n+1}$, on obtiendra, en supprimant le trinôme réduit $(a_n\ b_n\ a_{n+1})$, la série unique suivante :

$$(A_0B_0A_1)(A_1B_1A_2)(A_2\ldots)(H_{\nu-1}K_{\nu-1}H_\nu)(H_\nu K_\nu H_{\nu+1})(a_n b_n a_{n-1})(a_{n-1}\ldots)(a_2 b_1 a_1)(a_1 b_1 a_0);$$

l'état contigu de ces trinômes est évident, 1° depuis $(A_0\ B_0\ A_1)$ jusqu'à $H_\nu\ K_\nu\ H_{\nu+1}$ inclusivement; 2° depuis $(a_n\ b_{n-1}\ a_{n-1})$ jusqu'à l'extrémité; il suffit donc d'établir l'état contigu des trinômes $(H_\nu\ K_\nu\ H_{\nu+1})$ et $(a_n\ b_{n-1}\ a_{n-1})$; or, on a $a_n=H_{\nu+1}$ et l'égalité hypothétique $\dfrac{b_n+b_{n-1}}{a_n}=E$ (nombre entier) est réellement l'égalité

$\frac{K_\nu + b_{n-1}}{H_{\nu+1}} = E$, donc notre conclusion est encore celle qui est indiquée dans les cas précédents.

Si les trinômes F_0 et f_0 sont improprement équivalents, le trinôme f_0 sera proprement équivalent au trinôme φ_0 dont l'opposé est, n° **57**, F_0; or, le problème précédent donne une transformation de f_0 en φ_0, et si cette transformation a lieu par le système $x_0 = \alpha x_1 + \beta y_1$, $y_0 = \gamma x_1 + \delta y_1$, on reconnaît facilement que le trinôme f_0 devient F_0 par le système $x_0 = \alpha x_1 - \beta y_1$, $y_0 = \gamma x_1 - \delta y_1$.

80. Les trinômes dont le Déterminant est un nombre positif non carré, ont des analogies avec ceux dont le Déterminant est négatif, mais ils présentent des difficultés plus sérieuses, néanmoins on a pu remarquer que ces difficultés sont essentiellement pratiques, le but théorique est le même; un trinôme de cette nature étant donné, on doit rechercher un second trinôme équivalent au premier et tel que l'on puisse, en tenant compte des deux trinômes réduits inhérents aux deux trinômes connus, constituer une série de trinômes contigus, série dont les deux trinômes primitifs seront les extrêmes; ainsi la règle finale indiquée, n° **67**, sera encore notre guide dans l'étude actuelle. Étant donnée à résoudre, en nombre entiers, une équation $A_0(x_0)^2 + 2B_0x_0y_0 + A_1(y_0)^2 = M$, dont le Déterminant positif non carré est $D = (B_0)^2 - A_0A_1$; on cherchera une solution z_1 s_1 de l'équation auxiliaire $Z^2 - D = M.S$, le nombre z_1 étant non supérieur à $\frac{M}{2}$; cette solution et les coefficients A_0 B_0 A_1 du premier membre de l'équation proposée, constitueront deux trinômes $(A_0\ B_0\ A_1)$ et $(M\ z_1\ s_1)$; on déterminera, n° **70**, les deux trinômes réduits inhérents, et n° **72**, la période de l'un de ces derniers; s'il y a, entre les deux trinômes réduits, l'un des états relatifs suivant : 1° identité, soit ordre direct, soit ordre inverse; 2° simple présence, soit ordre direct, soit ordre inverse de l'un des trinômes dans la période de l'autre, on sera assuré que la solution z_1 s_1 de l'équation $Z^2 - D = M.S$ *est liée*, *appartient* à une solution de l'équation proposée, on pourra alors former la série de trinômes contigus successifs

$$(A_0\ B_0\ A_1)(A_1\ B_1\ A_2)\ldots\ldots s_1)(s_1 \pm z_1\ M);$$

de là, par conséquent, on déduira une transformation de

$$F_0 = (A_0\ B_0\ A_1) \quad \text{en} \quad f_0 = (a_0\ b_0\ a_1) = (s_1 \pm z_1\ M)$$

et si, les lettres x_0 y_0, x_1 y_1 étant les indéterminées des deux trinômes, cette transformation a lieu par le système $x_0 = \alpha_0 x_1 + \beta_0 y_1$, $y_0 = \gamma_0 x_1 + \delta_0 y_1$, on a les faits suivants; $x_0 = \beta_0$ $y_0 = \delta_0$ est une solution de l'équation proposée

$$A_0(x_0)^2 + 2B_0 x_0 y_0 + A_1(y_0)^2 = M,$$

$x_0 = \alpha_0$ $y_0 = \gamma_0$ est une solution de l'équation conjuguée

$$A_0(x_0)^2 + 2B_0 x_0 y_0 + A_1(y_0)^2 = s_1 \text{ *}.$$

Exemple. Soit l'équation proposée

[A] $$4(x_0)^2 + 28 x_0 y_0 + 20(y_0)^2 = 956$$

et par suite soit l'équation auxiliaire

[B] $$Z^2 - 116 = 956 . S;$$

cette seconde équation doit être résolue en suivant la méthode indiquée dans la partie précédente, c'est-à-dire être d'abord transformée en une autre dont la forme est $x^2 + r = P . y$; les nombres r et P étant positifs, le premier étant inférieur au second, et celui-ci étant premier absolu; cette transformation a lieu par l'égalité $4S = u - 1$ et l'équation [B] devient

[C] $$Z^2 + 123 = 239 u;$$

enfin celle-ci, soumise aux essais indiqués n° **47** donne $239 . 3 = 15^2 + 2^2 . 123$, de là tableau VII, n° **46**, $2n + 1 = 15$, $n = 7$, $n^2 + r = 172$, donc $u = 516$, $z = \pm 351$; si on emploie les formules générales n° **39**, toutes les solutions de l'équation [C], rangées par ordre de grandeur, sont $z = \pm 112$, $u = 53$, $z = \pm 127$, $u = 68$, $z = \pm 351$, $u = 516$, $z = \pm 366$, $u = 561$. $z = \pm 590$, $u = 1457$, etc., etc.; or, on a l'égalité $4S = u - 1$; donc si, après avoir diminué d'une unité les valeurs de u, on choisit les multiples de 4, et si on opère la division par ce nombre 4, on a $z_1 = \pm 112$, $s_1 = 13$; $z_1 = \pm 366$, $s_1 = 140$, ces derniers systèmes représentent, parmi toutes les solutions de l'équation auxiliaire primitive [B], tous les systèmes *utiles* pour l'équation proposée, on devra donc soumettre à l'essai quatre couples de trinômes; nous choisissons la couple

[D] (4 14 20) [E] (956 366 140);

* Voir la note seconde indiquée n° 60.

les trinômes réduits correspondants sont, n° **70**,

[D'] (—4 10 4) [E'] (4 10 —4);

il y a donc, entre les deux trinômes réduits [D'], [E'] identité avec ordre inverse n° **79**, 2e cas; nous sommes donc assurés 1° que la solution $z_1 = 366$, $s_1 = 140$ de l'équation auxiliaire $Z^2 - 116 = 956S$, *est liée*, *appartient* à l'équation primitive proposée; 2° que l'on peut *unir* les deux trinômes [D] et [E] par la série de trinômes contigus successifs

(4 14 20) (20 6 —4) (—4 10 4) (4 —18 52) (52 —86 140) (140 366 956);

le problème. n° **59**, établit le passage du premier au sixième trinôme, et si les indéterminées de ce dernier sont désignées par x_5 y_5, la transformation a lieu par les valeurs $x_0 = 10x_5 + 27y_5$, $y_0 = -13x_5 - 35y_5$; par conséquent 1° le système $x_0 = 27$, $y_0 = -35$ est une solution de l'équation proposée $4(x_0)^2 + 28x_0y_0 + 20(y_0)^2 = 956$; 2° le système $x_0 = 10$, $y_0 = -13$ est une solution de l'équation conjuguée $4(x_0)^2 + 28x_0y_0 + 20(y_0)^2 = 140$.

RECHERCHES SUR LES TRINOMES DONT LE DÉTERMINANT EST POSITIF ET CARRÉ, DES TRINOMES RÉDUITS.

81. Étant donné un trinôme $F_0 = (A_0\ B_0\ A_1)$, dont le Déterminant positif carré est $D = h^2 = (B_0)^2 - A_0A_1$, nous appelons trinôme réduit le symbole numérique $(a_0\ b_0\ a_1)$, qui représente, comme $(A_0\ B_0\ A_1)$, une solution de l'équation $Z^2 - h^2 = M.S$; mais le trinôme $(a_0\ b_0\ a_1)$ vérifie en outre les conditions; le nombre entier a_0, compris entre 0 et $2h - 1$, inclusivement; $b_0 = h$, $a_1 = 0$: les recherches suivantes font connaître le trinôme indiqué.

L'égalité $(B_0)^2 - A_0A_1 = h^2$ donne

$$[E] \qquad \frac{h - B_0}{A_0} = \frac{-A_1}{h + B_0} = \frac{\beta_0}{\delta_0},$$

en désignant par $\frac{\beta_0}{\delta_0}$ une fraction numérique irréductible; or, cette dernière condition amène la possibilité de la résolution, en nombres entiers, de l'équation indéterminée $\alpha_0\delta_0 - \beta_0\gamma_0 = 1$, et, par suite de cette dernière résolution, on obtiendra quatre nombres entiers α_0, β_0, γ_0, δ_0, lesquels pourront former un système $x_0=\alpha_0 x_1+\beta_0 y_1$, $y_0=\gamma_0 x_1+\delta_0 y_1$, et ce système changera le trinôme proposé $(A_0\,B_0\,A_1)$ en un trinôme équivalent $f_0=(a_0\,b_0\,a_1)$, et si le nombre a_0 est entre les limites 0 et $2h-1$ inclusivement, ce trinôme est celui dont on fait la recherche; il obéit effectivement aux conditions $b_0=h$, $a_1=0$: la transformation indiquée donne les égalités

$$[G] \qquad b_0=A_0\alpha_0\beta_0+B_0(\alpha_0\delta_0+\beta_0\gamma_0)+A_1\gamma_0\delta_0,$$

$$[H] \qquad a_1=A_0(\beta_0)^2+2B_0\beta_0\delta_0+A_1(\delta_0)^2.$$

Or, si l'on emploie les égalités $A_0\beta_0=\delta_0(h-B_0)$, $A_1\delta_0=-\beta_0(h+B_0)$, déduites de la condition [E], les deux égalités [G] et [H] prennent la forme $b_0=h_1$, $a_1=0$. Si le nombre a_0, premier terme du trinôme calculé $f_0=(a_0 b_0 a_1)$, n'est pas limité par 0 et $2h-1$, on cherchera le plus faible reste positif entier ${}_0a_0$ de la division $\frac{a_0}{2h}=q+\frac{{}_0a_0}{2h}$; ce reste sera limité par 0 et $2h-1$; alors le trinôme réduit cherché sera $({}_0a_0\;b_0\;a_1)$, c'est-à-dire $({}_0a_0\;h\;0)$: en effet, ce dernier trinôme est manifestement réduit; on doit donc prouver qu'il est équivalent au trinôme primitif proposé $(A_0\,B_0\,A_1)$; or, 1° celui-ci est équivalent au trinôme intermédiaire $(a_0 b_0 a_1)=(a_0\,h\;0)$; 2° l'équivalence des trinômes $(a_0\,h\;0)$ et $({}_0a_0\,h\;0)$ est démontrée en se servant de l'égalité $a_0=2hq+{}_0a_0$; on reconnaît, en effet, que le trinôme $(a_0\,h\;0)$ devient le trinôme $({}_0a_0\,h\;0)$ par le système $x_0=x_1$, $y_0=-qx_1+y_1$, lequel système vérifie la condition générale $\alpha_0\delta_0-\beta_0\delta_0=1$. On peut donc calculer un trinôme réduit équivalent à un trinôme quelconque dont le Déterminant est positif carré: remarquons, d'ailleurs, que le nom est la seule similitude que présentent ces trinômes comparés aux trinômes réduits calculés dans les circonstances analogues qui précèdent.

82. Théorème. Deux trinômes réduits $(a_1\,h\;0)$ et $(a_0\;h\;0)$, qui sont équivalents, sont nécessairement identiques. Si le système qui établit le passage du premier trinôme au second est $x_0=\alpha_0 x_1+\beta_0 y_1$, $y_0=\gamma_0 x_1+\delta_0 y_1$, on a les égalités

$$[1] \quad a_0(\alpha_0)^2+2h\alpha_0\gamma_0=a_1, \qquad [2] \quad a_0\alpha_0\beta_0+h(\alpha_0\delta_0+\beta_0\gamma_0)=h,$$

$$[3] \quad a_0(\beta_0)^2+2h\beta_0\delta_0=0, \qquad [4] \quad \alpha_0\delta_0-\beta_0\gamma_0=1,$$

De l'égalité [3] on déduit l'une des deux égalités $\beta_0=0$, $\alpha_0\beta_0+2h\delta_0=0$; mais la seconde est inadmissible: soit en effet, $\alpha_0\beta_0+2h\delta_0=0$, les égalités [2] et [4] donnent $\beta_0(a_0\alpha_0+2h\gamma_0=0$ c'est-à-dire $a_0\alpha_0+2h\gamma_0=0$, résultat qui, par suite de l'égalité [1], annulerait le nombre a_1; on a donc seulement $\beta_0=0$, et par conséquent on a $\alpha_0\delta_0=1$ ou $\alpha_0=\pm 1$: l'égalité [4] devient alors $a_0\pm 2h\gamma_0=a_1$, et puisque chacun des nombres a_0 et a_1 est entre les limites 0 et $2h-1$, le nombre γ_0 est nul, et de là l'égalité obligatoire $a_0=a_1$, qui prouve l'état identique des deux trinômes réduits donnés.

83. Problème. Étant donnés deux trinômes $F_0=(A_0\ B_0\ A_1)$ et $f_0=(a_0\ b_0\ a_1)$ de même Déterminant positif carré h^2, reconnaître si ces trinômes sont équivalents. On calculera les deux trinômes réduits F_1 et f_1, inhérents aux deux trinômes proposés, et l'état identique ou non identique de F_1 et f_1 indiquera l'équivalence ou la non équivalence des trinômes proposés.

84. Problème. Étant donnés deux trinômes $F_0=(A_0\ B_0\ A_1)$ et $f_0=(a_0\ b_0\ a_1)$ de même Déterminant positif carré h^2, et équivalents, trouver une transformation de l'un en l'autre. Appelons φ_0, n° 81, le trinôme réduit unique inhérent aux deux trinômes proposés, et, pour plus de facilité, désignons par $X_0\ Y_0$, $x_0\ y_0$, $x_1\ y_1$ les indéterminées des trinômes F_0, f_0, φ_0; les données hypothétiques établissent 1° que le trinôme F_0 devient le trinôme φ_0, par le système

$$[P] \qquad X_0=\alpha_0x_1+\beta_0y_1, \qquad Y_0=\gamma_0x_1+\delta_0y_1;$$

2° que f_0 devient φ_0, par le système

$$[Q] \qquad x_0=\alpha_1x_1+\beta_1y_1, \qquad y_0=\gamma_1x_1+\delta_1y_1;$$

par conséquent, le trinôme φ_0 devient le trinôme f_0 par le système

$$[R] \qquad x_1=\delta_1x_0-\beta_1y_0, \qquad y_1=-\gamma_1x_0+\alpha_1y_0.$$

Substituant les valeurs x_1, y_1 du système [R] dans le système [P], on aura la transformation cherchée, c'est-à-dire la transformation de F_0 en f_0, par le système

$$X_0=(\alpha_0\delta_1-\beta_0\gamma_1)x_0+(\beta_0\alpha_1-\alpha_0\beta_1)y_0, \qquad Y_0=(\gamma_0\delta_1-\delta_0\gamma_1)x_0+(\delta_0\alpha_1-\gamma_0\beta_1)y_0.$$

85. Étant donnée à résoudre, en nombres entiers, l'équation

$$A_0(X_0)^2+2B_0X_0Y_0+A_1(Y_0)^2=M,$$

dont le Déterminant $(B_0)^2-A_0A_1$ est un carré exact entier h^2, on recherchera immédiatement une solution de l'équation auxiliaire $Z^2-h^2=M.S$; cette solution est $Z=z_1$, $S=s_1$; on obtiendra ainsi deux trinômes $F_0=(A_0\ B_0\ A_1)$ et $f_0=(M\ h\ 0)$, qui donneront ensuite deux trinômes réduits : si ces derniers sont identiques, par conséquent, peuvent être représentés par $\varphi_0=(a_0\ h\ 0)$, si enfin on conserve les notations admises dans le problème précédent, c'est-à-dire si on désigne par $X_0\ Y_0$, $x_0\ y_0$, $x_1\ y_1$ les indéterminées de F_0, f_0, φ_0, 1° le système $X_0=\alpha_0 x_1+\beta_0 y_1$, $Y_0=\gamma_0 x_1+\delta_0 y_1$ change F_0 en f_0; 2° le système $x_0=\alpha_1 x_1+\beta_1 y_1$, $y_0=\gamma_1 x_1+\delta_1 y_1$ change f_0 en φ_0*; 3° le système $X_0=(\alpha_0\delta_1-\beta_0\gamma_1)x_0+(\beta_0\alpha_1-\alpha_0\beta_1)y_0$, $Y_0=(\gamma_0\delta_1-\delta_0\gamma_1)x_0+(\delta_0\alpha_1-\gamma_0\beta_1)y_0$ change F_0 en f_0; par conséquent, 1° le système $X_0=(\alpha_0\delta_1-\beta_0\gamma_1)$, $Y_0=(\beta_0\alpha_1-\alpha_0\beta_1)$ est une solution de l'équation proposée; 2° le système $X_0=(\beta_0\alpha_1-\alpha_0\beta_1)$, $Y_0=(\delta_0\alpha_1-\alpha_0\delta_1)$ est une solution de l'équation conjuguée**.

Exemple. $11X_0^2-34X_0Y_0+24Y_0^2=75$. L'équation auxiliaire $Z^2-25=75S$ présente la solution *utile* $z_1=10$, $s_1=1$; de là deux trinômes $F_0=(11\ -17\ 24)$ et $f_0=(75\ 10\ 1)$, dont le trinôme réduit commun est $\varphi_0=(1\ 5\ 0)$, par suite transformation de F_0 en f_0 par le système $X_0=-17x_0-y_0$, $Y_0=-16x_0-y_0$, et finalement les solutions $X_0=-17$, $Y_0=-16$, $X_0=-1$, $Y_0=-1$ sont applicables, la première à l'équation proposée, la seconde à l'équation conjuguée.

Observation sur les trinômes dont le Déterminant est un carré exact entier h^2. La transformation qui termine l'exposé de la théorie sur les trinômes dont le Déterminant est h^2, donne, comme cela a été dit pour les autres trinômes, une solution de l'équation $A_0(x_0)^2+2B_0x_0y_0+A_1(y_0)^2=M$, et la recherche des autres solutions, soit dans le cas actuel, soit dans les deux cas précédents, exige la résolution d'une équation auxiliaire $t^2-Du^2=m^2$, résolution qui sera indiquée plus loin. L'ensemble de cette partie présente ainsi un ordre régulier méthodique que nous avons dû maintenir aussi sévère que possible : mais lorsque le nombre $D=(B_0)^2-A_0A_1$ est un carré exact entier h^2, on peut résoudre l'équation $A_0(x_0)^2+2B_0x_0y_0+A_1(y_0)^2=M$ par une méthode propre à ce cas particulier. Reprenons les égalités $\frac{h-B_0}{A_0}=\frac{-A_1}{h+B_0}=\frac{\beta_0}{\delta_0}$ (n° 81); la fraction $\frac{\beta_0}{\delta_0}$

* Les deux systèmes $\alpha_0\ \beta_0\ \gamma_0\ \delta_0$, $\alpha_1\ \beta_1\ \gamma_1\ \delta_1$ seront calculés suivant la méthode indiquée n° 81.

** Les deux trinômes $F_0=A_0\ B_0\ A_1$, $f=a_0\ b_0\ a_1$ proposés dans le premier paragraphe du n° actuel, peuvent avoir un trinôme réduit unique et néanmoins ce trinôme reste quelquefois non apparent parce que l'on a dû opérer 1° directement pour F_0 par exemple; 2° indirectement pour f_0, c'est-à-dire en faisant, pour ce dernier, usage de la remarque auxiliaire consignée n° 81; on doit alors reprendre l'opération relative à f_0, changer la solution de l'équation $\delta_0\alpha_0-\beta_0\gamma_0$, même n° 81, ce changement amènera le trinôme réduit déjà donné pour F_0, et par suite donnera l'ensemble des nombres α_0, β_0, γ_0, δ_0 du n° 81.

étant irréductible, chaque nombre A_0, A_1 est respectivement multiple de β_0, de δ_0: de ces égalités on déduit $\frac{h-B_0}{\beta_0}=\frac{A_0}{\delta_0}=p$ et $\frac{h+B_0}{\delta_0}=\frac{-A_1}{\beta_0}=q$; les nombres p et q sont entiers, et un simple calcul prouve l'exactitude de l'égalité

$$(\delta_0x_0-\beta_0y_0)(px_0+qy_0)=A_0(x_0)^2+2B_0x_0y_0+A_1(y_0)^2=M.$$

Ainsi, à toute représentation du nombre M par le trinôme $(A_0\, B_0\, A_1)$, c'est-à-dire à toute résolution, en nombres entiers, de l'équation proposée, correspond une décomposition du nombre M en deux facteurs entiers; si donc on désigne par m tout diviseur positif ou négatif de M, on aura toutes les solutions possibles de l'équation proposée, en recherchant successivement les solutions entières de toutes les équations représentées par les deux formules $\delta_0x_0-\beta_0y_0=m$, $px_0+qy_0=\frac{M}{m}$: remarquons, d'ailleurs, que les valeurs $x_0=\frac{M\beta_0+qm^2}{m(\beta_0p+\delta_0q)}$, $y_0=\frac{M\delta_0-pm^2}{m(\beta_0p+\delta_0q)}$, déduites des formules précédentes, sont déterminées, et cela pour tous les nombres entiers substitués à m; on reconnaît effectivement que le nombre $\beta_0p+\delta_0q$ ne peut jamais être égal à zéro.

RÉSOLUTION, EN NOMBRES ENTIERS, DE L'ÉQUATION $A_0(x_0)^2+2B_0x_0y_0+A_1(y_0)^2=0$.

86. L'équation proposée est l'équation du numéro précédent, modifiée par l'hypothèse M=0; or, la méthode indiquée paraît inapplicable. Mais si nous reprenons les notations alors adoptées, il est évident que les solutions de l'équation nouvelle sont données par la résolution, en nombres entiers, de l'une des équations $\delta_0x_0-\beta_0y_0=0$; $p_1x_0+q_1y_0=0$, les nombres p_1, q_1 étant les quotients entiers et premiers entre eux obtenus en divisant les nombres p et q par le plus grand commun diviseur de ces deux mêmes nombres : ainsi les systèmes applicables à l'équation proposée sont $x_0=\beta_0z$, $y_0=\delta_0z$; $x_0=q_1z$, $y_0=-p_1z$; le nombre z étant entier quelconque, les nombres β_0, δ_0, d'une part, p_1 q_1 de l'autre, sont premiers entre eux.

RÉSOLUTION, EN NOMBRES ENTIERS, DE L'ÉQUATION $A_0(x_0)^2+2B_0x_0y_0+A_1(y_0)^2=M$, LORSQUE LE DÉTERMINANT D EST NUL, C'EST-A-DIRE LORSQUE LE PREMIER MEMBRE DE L'ÉQUATION VÉRIFIE L'ÉGALITÉ $(B_0)^2-A_0A_1=0$.

87. Les principes développés dans l'étude du trinôme $(A_0B_0A_1)$ excluent l'hypothèse $D=0$, n° 56, et sont, par conséquent, non applicables à la résolution.

en nombres entiers, de l'équation proposée, mais, dans la condition précitée, l'équation est résoluble par une méthode particulière. Remarquons d'abord que tout polynôme de la forme $A_0(x_0)^2 \pm 2B_0x_0y_0 + A_1(y_0)^2$, qui vérifie l'égalité $(B_0)^2 - A_0A_1 = 0$, peut prendre la forme $m(gx_0 \pm hy_0)^2$, les nombres entiers g et h étant premiers entre eux : soit, en effet, d le plus grand commun diviseur des nombres A_0 et A_1; donnons à d le signe qui nécessairement appartient aux deux nombres A_0 et A_1; les quotients $\frac{A_0}{d}$, $\frac{A_1}{d}$, entiers et premiers entre eux, donnent le produit $\frac{A_0A_1}{d^2}$, lequel est égal au carré exact entier $\left(\frac{B_0}{d}\right)^2$; par suite, ces quotients sont des carrés exacts entiers g^2, h^2, les nombres g et h étant premiers entre eux; on a donc $g.h = \pm\frac{B_0}{d}$, et la substitution de cette valeur dans le polynôme indiqué donne l'égalité

$$A_0(x_0)^2 + 2B_0x_0y_0 + A_1(y_0)^2 = d(gx_0 \pm hy_0)^2.$$

Ainsi l'équation proposée prend l'une des formes

$$d(gx_0 + hy_0)^2 = M, \quad d(gx_0 - hy_0)^2 = M.$$

L'adoption de la première forme donne à résoudre l'équation

$$d(gx_0 + hy_0)^2 = M,$$

et le nombre $\frac{M}{d}$, carré exact entier, étant représenté par K^2, les solutions de l'équation primitive proposée sont données par la résolution des équations

$$gx_0 + hy_0 = \pm K;$$

les nombres g et h étant premiers entre eux; par conséquent, à ces équations toujours résolubles, on appliquera les méthodes connues.

RECHERCHE DES DIVERSES SOLUTIONS $x = m$, $y = n$, DE L'ÉQUATION $ax^2 + 2bxy + cy^2 = M$. (Les nombres m et n étant premiers entre eux.)

88. PROBLÈME. Si le trinôme $F_0 = (a_0\ b_0\ c_0)$, dont les indéterminées sont x_0 y_0, *renferme* le trinôme $F_1 = (a_1\ b_1\ c_1)$, dont les indéterminées sont x_1, y_1, et si l'on connaît une quelconque des transformations de F_0 en F_1, déduire de cette première transformation toutes les transformations semblables (n° 86). Le système connu qui opère la première transformation étant $x_0 = \alpha_0 x_1 + \beta_0 y_1$, $y_0 = \gamma_0 x_1 + \delta_0 y_1$; admettons comme connu le système $x_0 = \alpha_1 x_1 + \beta_1 y_1$, $y_0 = \gamma_1 x_1 + \delta_1 y_1$, qui vérifie une seconde transformation semblable à la première : désignons par D et D_1 les Déterminants des deux trinômes, on aura la suite des égalités :

$$[1] \qquad a_0(\alpha_0)^2 + 2b_0\alpha_0\gamma_0 + c_0(\gamma_0)^2 = a_1,$$

$$[2] \qquad a_0(\alpha_1)^2 + 2b_0\alpha_1\gamma_1 + c_0(\gamma_1)^2 = a_1,$$

$$[3] \qquad a_0\alpha_0\beta_0 + b_0(\alpha_0\delta_0 + \beta_0\gamma_0) + c_0\gamma_0\delta_0 = b_1,$$

$$[4] \qquad a_0\alpha_1\beta_1 + b_0(\alpha_1\delta_1 + \beta_1\gamma_1) + c_0\gamma_1\delta_1 = b_1,$$

$$[5] \qquad a_0(\beta_0)^2 + 2b_0\beta_0\delta_0 + c_0(\delta_0)^2 = c_1,$$

$$[6] \quad a_0(\beta_1)^2 + 2b_0\beta_1\delta_1 + c_0(\delta_1)^2 = c_1, \; D_1 = D(\alpha_0\delta_0 - \beta_0\gamma_0)^2, \; D_1 = D(\alpha_1\delta_1 - \beta_1\gamma_1)^2,$$
$$\alpha_0\delta_0 - \beta_0\gamma_0 = \alpha_1\delta_1 - \beta_1\gamma_1.$$

Préparons successivement les valeurs de $(a_1)^2$, $2a_1b_1$, $4(b_1)^2$, a_1c_1, $2b_1c_1$, $(c_1)^2$.

1° Le produit des égalités [1] et [2] donne

$$[a_0\alpha_0\alpha_1 + b_0(\alpha_0\gamma_1 + \alpha_1\gamma_0) + c_0\gamma_0\gamma_1]^2 - D(\alpha_1\gamma_0 - \alpha_0\gamma_1)^2 = (a_1)^2,$$

et ce produit, si l'on pose

$$a_0\alpha_0\alpha_1 + b_0(\alpha_0\gamma_1 + \alpha_1\gamma_0) + c_0\gamma_0\gamma_1 = A,$$

devient $\quad [7] \qquad A^2 - D(\alpha_1\gamma_0 - \alpha_0\gamma_1)^2 = (a_1)^2.$

2° Le produit des égalités [1] et [4], celui des égalités [2] et [3], donnent, après l'addition générale, une somme que l'on peut écrire

$$A(a_0\alpha_0\beta_1 + a_0\beta_0\alpha_1 + b_0\alpha_0\delta_1 + b_0\delta_0\alpha_1 + b_0\beta_0\gamma_1 + b_0\gamma_0\beta_1 + c_0\gamma_0\delta_1 + c_0\delta_0\gamma_1)$$
$$- D(\alpha_0\gamma_1 - \gamma_0\alpha_1)(\alpha_0\delta_1 - \delta_0\alpha_1 + \beta_0\gamma_1 - \gamma_0\beta_1) = 2a_1b_1,$$

ou

$$A[a_0(\alpha_0\beta_1 + \beta_0\alpha_1) + b_0(\alpha_0\delta_1 + \delta_0\alpha_1 + \beta_0\gamma_1 + \gamma_0\beta_1) + c_0(\gamma_0\delta_1 + \delta_0\gamma_1)]$$
$$- D(\alpha_0\gamma_1 - \gamma_0\alpha_1)(\alpha_0\delta_1 - \delta_0\alpha_1 + \beta_0\gamma_1 - \gamma_0\beta_1) = 2a_1b_1,$$

ou enfin, après avoir posé l'égalité

$$a_0(\alpha_0\beta_1+\beta_0\alpha_1)+b_0(\alpha_0\delta_1+\delta_0\alpha_1+\beta_0\gamma_1+\gamma_0\beta_1)+c_0(\gamma_0\delta_1+\delta_0\gamma_1)=2B,$$

on a

$$[8] \qquad 2AB-D(\alpha_0\gamma_1-\gamma_0\alpha_1)(\alpha_0\delta_1-\delta_0\alpha_1+\beta_0\gamma_1-\gamma_0\beta_1)=2a_1b_1.$$

3° Le produit des égalités [1] et [6], celui des égalités [2] et [5], deux fois celui des égalités [3] et [4] donnent, après l'addition générale, une somme que l'on peut écrire

$$4B^2-D[(\alpha_0\delta_1-\delta_0\alpha_1+\beta_0\gamma_1-\gamma_0\beta_1)^2+2(\alpha_0\delta_0-\beta_0\gamma_0)(\alpha_1\delta_1-\beta_1\gamma_1)]=2(b_1)^2+2a_1c_1;$$

or, on a

$$2D(\alpha_0\delta_0-\beta_0\gamma_0)(\alpha_1\delta_1-\beta_1\gamma_1)=2D(\alpha_0\delta_0-\beta_0\gamma_0)^2=2D_1=2[(b_1)^2-a_1c_1],$$

et, si on remplace dans l'égalité immédiatement précédente, on a

$$[9] \qquad 4B^2-D(\alpha_0\delta_1-\delta_0\alpha_1+\beta_0\gamma_1-\gamma_0\beta_1)^2=4(b_1)^2$$

4° Le produit des égalités [3] et [4] donne après réductions

$$A(a_0\beta_0\beta_1+b_0\beta_0\delta_1+b_0\delta_0\beta_1+c_0\delta_0\delta_1)-D(\alpha_0\delta_1-\gamma_0\beta_1)(\beta_0\gamma_1-\delta_0\alpha_1)=(b_1)^2,$$

et si l'on pose

$$\alpha_0\beta_0\beta_1+b_0(\beta_0\delta_1+\delta_0\beta_1)+c_0\delta_0\delta_1=C,$$

on aura $\qquad A.C-D(\alpha_0\delta_1-\gamma_0\beta_1)(\beta_0\gamma_1-\delta_0\alpha_1)=(b_1)^2$:

on a d'ailleurs aussi les égalités

$$D(\alpha_0\delta_1-\gamma_0\beta_1)(\beta_0\gamma_1-\delta_0\alpha_1)=D(\alpha_0\gamma_1-\gamma_0\alpha_1)(\beta_0\delta_1-\delta_0\beta_1)-D(\alpha_0\delta_0-\beta_0\gamma_0)(\alpha_1\delta_1-\beta_1\gamma_1),$$

ou $\qquad D(\alpha_0\delta_1-\gamma_0\beta_1)(\beta_0\gamma_1-\delta_0\alpha_1)=D(\alpha_0\gamma_1-\gamma_0\alpha_1)(\beta_0\delta_1-\delta_0\beta_1)-[(b_1)^2-a_1c_1],$

et si l'on substitue dans la valeur précédente de $(b_1)^2$, on a

$$[10] \qquad A.C-D(\alpha_0\gamma_1-\gamma_0\alpha_1)(\beta_0\delta_1-\delta_0\beta_1)=a_1c_1.$$

5° Le produit des égalités [3] et [6], celui des égalités [4] et [5] donnent, après l'addition générale, une somme que l'on peut écrire

$$[11] \qquad 2BC-D(\alpha_0\delta_1-\delta_0\alpha_1+\beta_0\gamma_1-\gamma_0\beta_1)(\beta_0\delta_1-\delta_0\beta_1)=2b_1c_1.$$

6° Le produit des égalités [5] et [6] peut être écrit

[12] $$C^2 - D(\beta_0\delta_1 - \delta_0\beta_1)^2 = (c_1)^2.$$

Le résumé général des six paragraphes précédents est composé des six égalités finales [7], [8], [9], [10], [11], [12], simplifiées par l'emploi des notations

$$a_0\alpha_0\alpha_1 + b_0(\alpha_0\gamma_1 + \gamma_0\alpha_1) + c_0\gamma_0\gamma_1 = A,$$

$$a_0(\alpha_0\beta_1 + \beta_0\alpha_1) + b_0(\alpha_0\delta_1 + \delta_0\alpha_1 + \beta_0\gamma_1 + \gamma_0\beta_1) + c_0(\gamma_0\delta_1 + \delta_0\gamma_1) = 2B,$$

$$a_0\beta_0\beta_1 + b_0(\beta_0\delta_1 + \delta_0\beta_1) + c_0\delta_0\delta_1 = C.$$

Admettons que m soit le plus grand commun diviseur des nombres a_1, $2b_1$, c_1, et désignons par g, h, k, des nombres entiers qui vérifient l'égalité

$$g.a_1 + 2hb_1 + k.c_1 = m\,^*.$$

Si actuellement on multiplie respectivement et par ordre les égalités [7], [8], [9], [10], [11], [12] par les nombres g^2, $2gh$, h^2, $2gk$, $2hk$, k^2, si on ajoute les produits, le résultat est

$$(Ag + 2Bh + Ck)^2 - D[g(\alpha_0\gamma_1 - \gamma_0\alpha_1) + h(\alpha_0\delta_1 - \delta_0\alpha_1 + \beta_0\gamma_1 - \gamma_0\beta_1) + k(\beta_0\delta_1 - \delta_0\beta_1)]^2 = m^2;$$

enfin, si pour abréger, on pose les égalités

[13] $$Ag + 2Bh + Ck = T,$$

[14] $$g(\alpha_0\gamma_1 - \gamma_0\alpha_1) + h(\alpha_0\delta_1 - \delta_0\alpha_1 + \beta_0\gamma_1 - \gamma_0\beta_1) + k(\beta_0\delta_1 - \delta_0\beta_1) = U,$$

l'égalité qui précède immédiatement devient $T^2 - DU^2 = m^2$, les nombres T et U étant manifestement des nombres entiers, par conséquent

Étant donnés deux systèmes semblables

$$x_0 = \alpha_0 x_1 + \beta_0 y_1,\quad y_0 = \gamma_0 x_1 + \delta_0 y_1,\quad x_0 = \alpha_n x_1 + \beta_n y_1,\quad y_0 = \gamma_n x_1 + \delta_n y_1,$$

qui transforment le trinôme $F_0 = (a_0\, b_0\, c_0)$ en le trinôme $F_1 = (a_1\, b_1\, c_1)$; on déduit de ces quantités connues une solution T et U de l'équation $t^2 - Du^2 = m^2$; or, la démonstration qui précède ne demande pas l'inégalité des trinômes F_0 et F_1, et si on admet l'égalité des deux trinômes, c'est-à-dire si on admet les égalités $a_0 = a_1$, $b_0 = b_1$, $c_0 = c_1$, deux cas peuvent se présenter : 1° si les deux systèmes

* Voir la note du n° 80.

de transformations sont identiques, on a $\alpha_n = \alpha_0$, $\beta_n = \beta_0$, $\gamma_n = \gamma_0$, $\delta_n = \delta_0$, et l'examen des égalités [13] et [14], en rappelant que l'ancienne notation est $n = 1$, indique la solution évidente $U = 0$, $T = m$; 2° si les deux systèmes de transformations ne sont pas identiques, en d'autres termes, si un trinôme F_0 est transformé *en lui-même* par deux systèmes différents, les équations [13] et [14] donneront une solution de l'équation $t^2 - Du^2 = m^2$; nous indiquerons d'ailleurs ci-après deux équations dont l'emploi, dans ce cas, est préférable à celui des équations [13] et [14]. Dans l'état actuel de la question, constatons les faits : 1° il existe une relation entre deux systèmes de transformation et une solution entière de l'équation $t^2 - Du^2 = m^2$; 2° la connaissance des deux systèmes amène celle de la solution. Reprenons l'examen général du problème et modifions une partie des quantités données, c'est-à-dire considérons comme étant connus 1° le système de transformation $x_0 = \alpha_0 x_1 + \beta_0 y_1$, $y_0 = \gamma_0 x_1 + \delta_0 y_1$; 2° une solution de l'équation $t^2 - Du^2 = m^2$ et de ces quantités données, déduisons, s'il y a lieu, le second système de transformation $x_0 = \alpha_n x_1 + \beta_n y_1$, $y_0 = \gamma_n x_1 + \delta_n y_1$, en d'autres termes cherchons la relation qui existe entre les nombres α_0, β_0, γ_0, δ_0, t, u d'une part et les nombres α_n, β_n, γ_n, δ_n de l'autre.

1° Multiplions respectivement et par ordre les égalités [1], [2], [3], [4] par les nombres $\delta_0\alpha_1 - \beta_0\gamma_1$, $\alpha_0\delta_1 - \gamma_0\beta_1$, $\alpha_0\gamma_1 - \gamma_0\alpha_1$, $\gamma_0\alpha_1 - \alpha_0\gamma_1$ et ajoutons les produits; le premier membre du résultat peut être écrit

$$(a_0\alpha_0\alpha_1 + b_0(\alpha_0\gamma_1 + \gamma_0\alpha_1) + c_0\gamma_0\gamma_1)(\alpha_0\delta_0 - \beta_0\gamma_0 + \alpha_1\delta_1 - \beta_1\gamma_1),$$

c'est-à-dire

$$A(\alpha_0\delta_0 - \beta_0\gamma_0 + \alpha_1\delta_1 - \beta_1\gamma_1)$$

le deuxième membre du résultat est manifestement

$$a_1(\alpha_0\delta_1 + \delta_0\alpha_1 - \beta_0\gamma_1 - \gamma_0\beta_1);$$

on a donc l'égalité finale

$$[15] \qquad (\alpha_0\delta_0 - \beta_0\gamma_0 - \alpha_1\delta_1 - \beta_1\gamma_1)A = a_1(\alpha_0\delta_1 + \delta_0\alpha_1 - \beta_0\gamma_1 - \gamma_0\beta_1).$$

2° Multiplions respectivement et par ordre chaque partie des couples des égalités [1] et —[2], [3] et [4], [5] et —[6] par $\delta_0\beta_1 - \beta_0\delta_1$, $\alpha_0\delta_1 - \beta_0\gamma_1 + \delta_0\alpha_1 - \gamma_0\beta_1$, $\alpha_0\gamma_1 - \gamma_0\alpha_1$, additionnons les produits, la somme des premiers membres est

$$[a_0(\alpha_0\beta_1 + \beta_0\alpha_1) + b_0(\alpha_0\delta_1 + \delta_0\alpha_1 + \beta_0\gamma_1 + \gamma_0\beta_1) + c_0(\gamma_0\delta_1 + \delta_0\gamma_1)](\alpha_0\delta_0 - \beta_0\gamma_0 + \alpha_1\delta_1 - \beta_1\gamma_1)$$

c'est-à-dire est $2B(\alpha_0\delta_0-\beta_0\gamma_0+\alpha_1\delta_1-\beta_1\gamma_1)$; la somme des seconds membres est $2b_1(\alpha_0\delta_1+\delta_0\alpha_1-\beta_0\gamma_1-\gamma_0\beta_1)$; on a donc l'égalité finale

$$[16] \qquad 2(\alpha_0\delta_0-\beta_0\gamma_0+\alpha_1\delta_1-\beta_1\gamma_1)B=2(\alpha_0\delta_1+\delta_0\alpha_1-\beta_0\gamma_1-\gamma_0\beta_1)b_1.$$

3° Multiplions respectivement et par ordre : 1° chaque partie de la couple des égalités [3] et —[4]; 2° l'égalité [5]; 3° l'égalité [6]; par $\delta_0\beta_1-\beta_0\delta_1$, $\alpha_0\delta_1-\gamma_0\beta_1$, $\delta_0\alpha_1-\beta_0\gamma_1$; additionnons ces quatre produits; la somme des premiers membres est $[a_0\beta_0\beta_1+b_0(\beta_0\delta_1+\delta_0\beta_1)+c_0\delta_0\delta_1]$ $(\alpha_0\delta_0-\beta_0\gamma_0+\alpha_1\delta_1-\beta_1\gamma_1)$, c'est-à-dire est $C(\alpha_0\delta_0-\beta_0\gamma_0+\alpha_1\delta_1-\beta_1\gamma_1)$; le second membre est $c_1(\alpha_0\delta_1-\gamma_0\beta_1+\delta_0\alpha_1-\beta_0\gamma_1)$, on a donc l'égalité finale

$$[17] \qquad (\alpha_0\delta_0-\beta_0\gamma_0+\alpha_1\delta_1-\beta_1\gamma_1)\,C=(\alpha_0\delta_1+\delta_0\alpha_1-\gamma_0\beta_1-\beta_0\gamma_1)c_1.$$

Si des équations [15], [16], [17] on déduit les valeurs de A, 2B, C en faisant usage de l'égalité $\alpha_0\delta_0-\beta_0\gamma_0=\alpha_1\delta_1-\beta_1\gamma_1$, les résultats sont

$$A=\frac{a_1(\alpha_0\delta_1+\delta_0\alpha_1-\gamma_0\beta_1-\beta_0\gamma_1)}{2(\alpha_0\delta_0-\beta_0\gamma_0)},\quad 2B=\frac{2b_1(\alpha_0\delta_1+\delta_0\alpha_1-\beta_0\gamma_1-\gamma_0\beta_1)}{2(\alpha_0\delta_0-\beta_0\gamma_0)},\quad C=\frac{c_1(\alpha_0\delta_1+\delta_0\alpha_1-\gamma_0\beta_1-\beta_0\gamma_1)}{2(\alpha_0\delta_0-\beta_0\gamma_0)};$$

substituant ces diverses valeurs dans l'égalité [13] qui représente la valeur de T, on a

$$(\alpha_0\delta_1+\delta_0\alpha_1-\gamma_0\beta_1-\beta_0\gamma_1)(ga_1+2hb_1+kc_1)=2(\alpha_0\delta_0-\beta_0\gamma_0)T$$

ou

$$[18] \qquad 2(\alpha_0\delta_0-\beta_0\gamma_0)T=m(\alpha_0\delta_1+\delta_0\alpha_1-\gamma_0\beta_1-\beta_0\gamma_1);$$

cette dernière équation donne la valeur de T et doit être préférée à l'équation [13]. Divisons cette égalité [18] par chacune des égalités [15], [16], [17], les résultats sont :

$$T.a_1=m.A,\quad 2T.b_1=2m.B,\quad T.c_1=m.C,$$

et si dans les égalités [7], [8], [9], [10], [11], [12], on substitue convenablement ces diverses valeurs, en ayant égard à la condition $T^2-DU^2=m^2$, on a

$$\begin{array}{lll}
[I] & (\alpha_0\gamma_1-\gamma_0\alpha_1)^2m^2 & =(a_1)^2U^2,\\
[II] & (\alpha_0\gamma_1-\gamma_0\alpha_1)(\alpha_0\delta_1-\delta_0\alpha_1+\beta_0\gamma_1-\gamma_0\beta_1)m^2 & =2a_1b_1U^2,\\
[III] & (\alpha_0\delta_1-\delta_0\alpha_1+\beta_0\gamma_1-\gamma_0\beta_1)^2m^2 & =4(b_1)^2U^2,\\
[IV] & (\alpha_0\gamma_1-\gamma_0\alpha_1)(\beta_0\delta_1-\delta_0\beta_1)m^2 & =a_1c_1U^2,\\
[V] & (\alpha_0\delta_1+\beta_0\gamma_1-\delta_0\alpha_1-\gamma_0\beta_1)(\beta_0\delta_1-\delta_0\beta_1)m^2 & =2b_1c_1U^2,\\
[VI] & (\beta_0\delta_1-\delta_0\beta_1)^2m^2 & =(c_1)^2U^2.
\end{array}$$

On peut, avec ces six équations, former trois groupes; le premier présentant la première, la deuxième, la quatrième égalité; le second présentant la deuxième, la troisième, la cinquième; le troisième, présentant la quatrième, la cinquième, la sixième, et si on multiplie chacun de ces groupes respectivement par g, h, k, on a

$$[1]\quad\left\{\begin{array}{ll} g(\alpha_0\gamma_1-\gamma_0\alpha_1)^2m^2 & = g(a_1)^2U^2, \\ h(\alpha_0\gamma_1-\gamma_0\alpha_1)(\alpha_0\delta_1-\delta_0\alpha_1+\beta_0\gamma_1-\gamma_0\beta_1)m^2 & = 2a_1b_1hU^2, \\ k(\alpha_0\gamma_1-\gamma_0\alpha_1)(\beta_0\delta_1-\delta_0\beta_1)m^2 & = ka_1c_1U^2, \end{array}\right.$$

$$[2]\quad\left\{\begin{array}{ll} g(\alpha_0\gamma_1-\gamma_0\alpha_1)(\alpha_0\delta_1-\delta_0\alpha_1+\beta_0\gamma_1-\gamma_0\beta_1)m^2 & = 2a_1b_1gU^2, \\ h(\alpha_0\delta_1-\delta_0\alpha_1+\beta_0\gamma_1-\gamma_0\beta_1)^2m^2 & = 4(b_1)^2hU^2, \\ k(\alpha_0\delta_1-\delta_0\alpha_1+\beta_0\gamma_1-\gamma_0\beta_1)(\beta_0\delta_1-\delta_0\beta_1)m^2 & = 2b_1c_1kU^2, \end{array}\right.$$

$$[3]\quad\left\{\begin{array}{ll} g(\alpha_0\gamma_1-\gamma_0\alpha_1)(\beta_0\delta_1-\delta_0\beta_1)m^2 & = a_1c_1gU^2, \\ h(\alpha_0\delta_1-\delta_0\alpha_1+\beta_0\gamma_1-\gamma_0\beta_1)(\beta_0\delta_1-\delta_0\beta_1)m^2 & = 2b_1c_1hU^2, \\ k(\beta_0\delta_1-\delta_0\beta_1)^2m^2 & = k(c_1)^2U^2; \end{array}\right.$$

en ajoutant les égalités de chaque groupe, opérant les réductions convenables, les résultats sont

$$[19]\qquad a_1U = m(\alpha_0\gamma_1-\gamma_0\alpha_1),$$

$$[20]\qquad 2b_1U = m(\alpha_0\delta_1-\delta_0\alpha_1+\beta_0\gamma_1-\gamma_0\beta_1)$$

$$[21]\qquad c_1U = m(\beta_0\delta_1-\delta_0\beta_1),$$

et l'une quelconque de ces équations est, pour obtenir la valeur de U, préférable à l'équation [14]; enfin l'examen de ces équations et de l'équation [18] prouve que les valeurs de T et de U, sont indépendantes, et cela devait être, des nombres en partie indéterminés g, h, k.

Les équations [18] et [20] combinées par addition et par soustraction, donnent les deux équations

$$[22]\qquad (\alpha_0\delta_0-\beta_0\gamma_0)T+b_1U = m(\alpha_0\delta_1-\gamma_0\beta_1)$$

$$[23]\qquad (\alpha_0\delta_0-\beta_0\gamma_0)T-b_1U = m(\delta_0\alpha_1-\beta_0\gamma_1);$$

d'un autre côté les équations [19], [21], [22], [23], peuvent prendre les formes

$$\alpha_0\gamma_1-\gamma_0\alpha_1=\frac{a_1U}{m},\quad \beta_0\delta_1-\delta_0\beta_1=\frac{c_1U}{m},\quad \alpha_0\delta_1-\gamma_0\beta_1=\frac{(\alpha_0\delta_0-\beta_0\gamma_0)T+b_1U}{m},$$

$$\delta_0\alpha_1-\beta_0\gamma_1=\frac{(\alpha_0\delta_0-\beta_0\gamma_0)T-b_1U}{m};$$

enfin, ces dernières équations sont du premier degré en α_1, β_1, γ_1, δ_1, et après le remplacement des valeurs de a_1, b_1, c_1, données par les égalités primitives [1], [3], [5], on a les résultats

$$\alpha_1=\frac{1}{m}[\alpha_0T-(b_0\alpha_0+c_0\gamma_0)U],\quad \beta_1=\frac{1}{m}[\beta_0T-(b_0\beta_0+c_0\delta_0)U],$$

$$\gamma_1=\frac{1}{m}[\gamma_0T+(a_0\alpha_0+b_0\gamma_0)U],\quad \delta_1=\frac{1}{m}[\delta_0T+(a_0\beta_0+b_0\delta_0)U];$$

de là, en désignant par t et u un système quelconque, solution de $t^2-Du^2=m^2$, on a

$$\text{[E]}\qquad x_0=\frac{1}{m}[\alpha_0t-(b_0\alpha_0+c_0\gamma_0)u]x_1+\frac{1}{m}[\beta_0t-(b_0\beta_0+c_0\delta_0)u]y_1$$

$$y_0=\frac{1}{m}[\gamma_0t+(a_0\alpha_0+b_0\gamma_0)u]x_1+\frac{1}{m}[\delta_0t+(a_0\beta_0+b_0\delta_0)u]y_1.$$

89. L'analyse précédente démontre : 1° que toute transformation de $F_0=(a_0b_0c_0)$ en $F_1=(a_1b_1c_1)$, semblable à la transformation donnée par le système $x_0=\alpha_0x_1+\beta_0y_1$, $y_0=\gamma_0x_1+\delta_0y_1$, est comprise dans les formules [E]; 2° qu'il n'y a pas de transformation semblable à la transformation proposée qui ne soit contenue dans les mêmes formules, les lettres t et u désignant indéfiniment tous les nombres entiers qui satisfont à l'équation $t^2-Du^2=m^2$, en outre

1° Toute transformation donnée par les formules [E] est semblable à la transformation première, on a en effet

$$\frac{1}{m^2}[\alpha_0t-(b_0\alpha_0+c_0\gamma_0)u][\delta_0t+(a_0\beta_0+b_0\delta_0)u]-\frac{1}{m^2}[\beta_0t-(b_0\beta_0+c_0\delta_0)u][\gamma_0t+(a_0\alpha_0+b_0\gamma_0)u]$$

$$=\frac{1}{m^2}(\alpha_0\delta_0-\beta_0\gamma_0)(t^2-Du^2)=(\alpha_0\delta_0-\beta_0\gamma_0)=1;$$

2° Les nombres t et u constituant, avons-nous dit, un système quelconque, solution de l'équation $t^2-Du^2=m^2$; les valeurs x_0, y_0 données par les formules [E] changent le trinôme F_0 en le trinôme F_1; en effet les hypothèses sont

$$F_0=(a_0\,b_0\,c_0)=a_0(x_0)^2+2b_0x_0y_0+c_0(y_0)^2$$

$$F_1=(a_1\,b_1\,c_1)=a_1(x_1)^2+2b_1x_1y_1+c_1(y_1)^2,$$

$$t^2-Du^2=m^2 \qquad a_0(\alpha_0)^2+2b_0\alpha_0\gamma_0+c_0(\gamma_0)^2=a_1,$$

$$a_0\alpha_0\beta_0+b_0(\alpha_0\delta_0+\beta_0\gamma_0)+c_0\gamma_0\delta_0=b_1,$$

$$a_0(\beta_0)^2+2b_0\beta_0\delta_0+c_0(\delta_0)^2=c_1,$$

$$mx_0=[\alpha_0t-(b_0\alpha_0+c_0\gamma_0)u]x_1+[\beta_0t-(b_0\beta_0+c_0\delta_0)u]y_1,$$

$$my_0=[\gamma_0t+(a_0\alpha_0+b_0\gamma_0)u]x_1+[\delta_0t+(a_0\beta_0+b_0\delta_0)u]y_1;$$

on doit prouver que les deux dernières formules transforment F_0 en F_1: or, si l'on prépare les valeurs de $m^2(x_0)^2$, $m^2x_0y_0$, $m^2(y_0)^2$; si on multiplie respectivement et par ordre ces valeurs par a_0, $2b_0$, c_0; enfin, si on additionne les produits, on remarque que l'ensemble des coefficients du terme $(t.u)$ constitue deux sommes qui sont égales et de signes contraires, par suite ce terme est annulé et le résultat général est

$$a_0m^2(x_0)^2+2b_0m^2x_0y_0+c_0m^2(y_0)^2=\{[a_0(\alpha_0)^2+2b_0\alpha_0\gamma_0+c_0(\gamma_0)^2]t^2-[(b_0)^2-a_0c_0]$$
$$[a_0(\alpha_0)^2+2b_0\alpha_0\gamma_0+c_0(\gamma_0)^2]u^2\}(x_1)^2+2\{[a_0\alpha_0\beta_0+b_0(\alpha_0\delta_0+\beta_0\gamma_0)+c_0\gamma_0\delta_0]t^2-[(b_0)^2-a_0c_0]$$
$$[a_0\alpha_0\beta_0+b_0(\alpha_0\delta_0+\beta_0\gamma_0)+c_0\gamma_0\delta_0]u^2\}x_1y_1+\{[a_0(\beta_0)^2+2b_0\beta_0\delta_0+c_0(\delta_0)^2]t^2-[(b_0)^2-a_0c_0]$$
$$[a_0(\beta_0)^2+2b_0\beta_0\delta_0+c_0(\delta_0)^2]u^2\}(y_1)^2,$$

ou, après les substitutions indiquées par les conditions hypothétiques,

$$a_0m^2(x_0)^2+2b_0m^2x_0y_0+c_0m^2(y_0)^2=(t^2-Du^2)[a_1(x_1)^2+2b_1x_1y_1+c_1(y_1)^2]$$

ou enfin $\quad a_0(x_0)^2+2b_0x_0y_0+c_0(y_0)^2=a_1(x_1)^2+2b_1x_1y_1+c_1(y_1)^2.$

3° En donnant des valeurs arbitraires aux Déterminants D et D_1, nous avons conservé à la démonstration précédente un caractère général; mais il faut alors supprimer les solutions fractionnaires données par les formules [E] : dans la théorie qui nous occupe, les nombres D et D_1 sont égaux, or, dans cette hypothèse, toutes les solutions données par les formules [E] sont des nombres entiers, en effet le nombre m étant le plus grand commun diviseur des nombres a_1, $2b_1$, c_1, ce nombre a, n° 38, la même propriété, relativement aux nombres a_0, $2b_0$, c_0; on a d'ailleurs les égalités $t^2-Du^2=m^2$, $t^2-[(b_0)^2-a_0c_0]u^2=m^2$,

$t^2-(b_0)^2u^2=m^2-a_0c_0u^2$; par conséquent les nombres $\frac{t^2-(b_0)^2u^2}{m^2}$ et $\frac{4t^2-4(b_0)^2u^2}{m^2}$ sont entiers; or, le nombre $2b_0$ est exactement divisible par m, donc le nombre $\frac{2t}{m}$ est entier, par suite les nombres $\frac{2}{m}(t+b_0u)$, $\frac{2}{m}(t-b_0u)$ sont entiers, la différence de ces deux nombres est donc entière, et en outre cette différence est un nombre pair, ainsi ces deux nombres sont tous deux pairs ou tous deux impairs, mais cette seconde circonstance est inadmissible par suite de l'état pair du produit $\frac{4}{m^2}[t^2-(b_0)^2u^2]$ de ces deux mêmes nombres; concluons de là que les deux nombres indiqués $\frac{2}{m}(t+b_0u)$, $\frac{2}{m}(t-b_0u)$, sont pairs, les moitiés $\frac{t+b_0u}{m}$, $\frac{t-b_0u}{m}$ sont des nombres entiers, et par suite les formules [E] donnent des nombres entiers.

4° Toutes les solutions de l'équation $t^2-Du^2=m^2$ donnent toutes les transformations semblables de F_0 en F_1, c'est-à-dire font connaître tous les systèmes x, y, dont les nombres sont : 1° pour chaque solution, premiers entre eux; 2° constituent des solutions entières de l'équation primitive proposée, de là l'étude suivante.

RECHERCHE DES SOLUTIONS DE L'ÉQUATION $t^2-Du^2=m^2$.

90. L'équation $t^2-Du^2=m^2$ présente trois circonstances distinctes, selon que le nombre D est négatif, positif carré, positif non carré; ainsi considérée d'une manière générale, cette équation prendra place dans une des trois études précédentes; l'une des méthodes indiquées sera donc applicable, et la résolution aura lieu par les principes généraux connus : là devrait donc s'arrêter notre examen, et tel est en effet l'ensemble théorique; mais dans l'état particulier de la question, l'équation $t^2-Du^2=m^2$ n'est pas complétement isolée, sa résolution est réellement un *lemme* qui conduit à la connaissance des divers systèmes liés à un système primitif x_0, y_0 dont les nombres sont premiers entre eux, système qui vérifie une autre équation $A_0(x_0)^2+2B_0x_0y_0+A_0(y_0)^2=M$; or, dans ces conditions, on a déjà vu, n° 89, 1° que les solutions t et u de l'équation $t^2-Du^2=m^2$ donnent toutes les transformations semblables du trinôme $F_0=(a_0\ b_0\ c_0)$ en un autre trinôme $F_1=(a_1\ b_1\ c_1)$ équivalent au premier; 2° que le nombre m est le plus grand commun diviseur des nombres a_0, $2b_0$, c_0, et par suite des nombres a_1, $2b_1$, c_1; ces relations simplifient quelques parties du problème général, laissent de côté certains principes que la résolution de l'équation isolée rendraient indispensables, toutefois ce caractère particulier que prend l'équation $t^2-Du^2=m^2$ conserve intacte la distinction première basée sur la nature du Déterminant D; dans les deux premières hypothèses, $D=-k$, $D=+h^2$, la recherche des solutions entières de t^2-Du^2 ne présente aucune difficulté, le nombre de ces solutions est limité, et nous ferons rapidement cet examen, mais dans la troisième hypothèse $D=+K$, les solutions entières de $t^2-Du^2=m^2$ sont en nombre illimité; cette recherche est pénible et demande des développements assez étendus, surtout lorsque l'on veut, et tel est notre dessein, préciser les divers points qui séparent la méthode générale de toute méthode particulière fondée sur un concours de circonstances fortuites.

RECHERCHE DES SOLUTIONS ENTIÈRES DE L'ÉQUATION $t^2+Du^2=m^2$, LORSQUE CETTE ÉQUATION, ÉTANT LIÉE A UN TRINOME $F_0=(A_0\ B_0\ A_1)$ QUI PRÉSENTE, 1° LE MÊME SIGNE POUR A_0 ET A_1, 2° L'INÉGALITÉ $(B_0)^2<A_0A_1$; LE NOMBRE D NÉGATIF EST ÉGAL A $(B_0)^2-A_0A_1$, ET LE NOMBRE m EST LE PLUS GRAND COMMUN DIVISEUR DES NOMBRES A_0, $2B_0$, A_1.

91. On a l'égalité $4D-4A_0A_1=4(B_0)^2$ et par suite l'égalité $\frac{4D}{m^2}-\frac{4A_0A_1}{m^2}=\frac{(2B_0)^2}{m^2}$, le nombre $\frac{4D}{m^2}$ est donc entier et peut, dans les conditions précitées, présenter trois cas : 1° $\frac{4D}{m^2}>4$, 2° $\frac{4D}{m^2}=4$, 3° $\frac{4D}{m^2}=3$; nous démontrerons que les égalités $\frac{4D}{m^2}=2$, $\frac{4D}{m^2}=1$ sont inadmissibles.

1er CAS. $\frac{4D}{m^2}>4$; on a alors $D>m^2$, et par suite, les seuls systèmes applicables à l'équation $t^2+Du^2=m^2$ sont $t=+m$, $u=0$; $t=-m$, $u=0$; si on connaît les valeurs $x_0=\alpha_0x_1+\beta_0y_1$, $y_0=\gamma_0x_1+\delta_0y_1$ qui opèrent la transformation de $F_0=(A_0\ B_0\ A_1)$ en $f_1=(s_1\ z_1\ M)$; les substitutions successives des couples $t=+m$, $u=0$; $t=-m$, $u=0$, dans les formules [E], n° **88**, vers la fin, donnent

$$[K_0]\quad x_0=\alpha_0x_1+\beta_0y_1,\ y_0=\gamma_0x_1+\delta_0y_1;\quad x_0=-\alpha_0x_1-\beta_0y_1,\ y_0=-\gamma_0x_1-\delta_0y_1;$$

il est d'ailleurs évident que dans les formules [E] on a dû substituer, aux lettres $a_0\ b_0\ c_0$, la nouvelle notation, c'est-à-dire les lettres $A_0\ B_0\ A_1$; l'équation proposée $A_0(x_0)^2+2B_0x_0y_0+A_1(y_0)^2=M$ aura deux solutions liées à la solution $Z=z_1$ $S=s_1$ de l'équation auxiliaire $Z^2+D=M.S.$ Nous rappellerons que dans le cas actuel et dans toutes les études analogues liées aux autres Déterminants, la recherche complète de toutes les solutions dont les nombres sont, pour chaque couple, premiers entre eux, exige que l'on soumette aux essais toutes les solutions utiles de l'équation auxiliaire $Z^2 \pm D = M.S.$

2e Cas. $\frac{4D}{m^2} = 4$, on a alors $D = m^2$, et par suite les deux systèmes applicables à l'équation $t^2 + Du^2 = m^2$ sont $t = +m$, $u = 0$; $t = -m$, $u = 0$; $t = 0$, $u = 1$; $t = 0$, $u = -1$; si on connait les valeurs $x_0 = \alpha_0 x_1 + \beta_0 y_1$, $y_0 = \gamma_0 x_1 + \delta_0 y_1$ qui opèrent la transformation de $F_0 = (A_0\ B_0\ A_1)$ en $f_0 = (s_1\ z_1\ M)$; les substitutions successives des couples t et u dans les formules [E], donnent

$$[K_1] \qquad x_0 = \pm \alpha_0 x_1 \pm \beta_0 y_1, \qquad y_0 = \pm \gamma_0 x_1 \pm \delta_0 y_1,$$

$$x_0 = \mp \left(\frac{B_0\alpha_0 + A_1\gamma_0}{m}\right) x_1 \mp \left(\frac{B_0\beta_0 + A_1\delta_0}{m}\right) y_1, \quad y_0 = \pm \left(\frac{A_0\alpha_0 + B_0\gamma_0}{m}\right) x_1 \pm \left(\frac{A_0\beta_0 + B_0\delta_0}{m}\right) y_1;$$

l'équation proposée aura quatre solutions liées à la solution $z = z_1$, $s = s_1$ de l'équation auxiliaire $Z^2 + D = M.S.$

3e Cas. $\frac{4D}{m^2} = 3$, on a alors $4D = 3m^2$; et si on donne à l'équation $t^2 + Du^2 = m^2$ la forme $\frac{4t^2}{m^2} + \frac{4Du^2}{m^2} = 4$, on reconnait, 1° que le nombre m doit être pair; 2° que le nombre u^2 doit être inférieur à $\frac{4}{3}$; de là on déduit les six solutions suivantes applicables à l'équation $t^2 + Du^2 = m^2$; $t = m$, $u = 0$; $t = -m$, $u = 0$; $t = \frac{m}{2}$, $u = 1$; $t = -\frac{m}{2}$, $u = 1$; $t = \frac{m}{2}$, $u = -1$; $t = -\frac{m}{2}$, $u = -1$; si on connait les valeurs $x_0 = \alpha_0 x_1 + \beta_0 y_1$, $y_0 = \gamma_0 x_1 + \delta_0 y_1$ qui opèrent la transformation de $F_0 = (A_0\ B_0\ A_1)$ en $f_0 = (s_1\ z_1\ M)$, les substitutions successives des couples t et u dans les formules [E], donnent

$$[K_2] \qquad x_0 = \pm \alpha_0 x_1 \pm \beta_0 y_1, \qquad y_0 = \pm \gamma_0 x_1 \pm \delta_0 y_1;$$

$$x_0 = \left(\pm \frac{\alpha_0}{2} - \frac{B_0\alpha_0 + A_1\gamma_0}{m}\right) x_1 + \left(\pm \frac{\beta_0}{2} - \frac{B_0\beta_0 + A_1\delta_0}{m}\right) y_1,$$

$$y_0 = \left(\pm \frac{\gamma_0}{2} + \frac{A_0\alpha_0 + B_0\gamma_0}{m}\right) x_1 + \left(\pm \frac{\delta_0}{2} + \frac{A_0\beta_0 + B_0\delta_0}{m}\right) y_1;$$

$$x_0 = \left(\pm \frac{\alpha_0}{2} + \frac{B_0\alpha_0 + A_1\gamma_0}{m}\right) x_1 + \left(\pm \frac{\beta_0}{2} + \frac{B_0\beta_0 + A_1\delta_0}{m}\right) y_1,$$

$$y_0 = \left(\pm \frac{\gamma_0}{2} - \frac{A_0\alpha_0 + B_0\gamma_0}{m}\right) x + \left(\pm \frac{\delta_0}{2} - \frac{A_0\beta_0 + B_0\delta_0}{m}\right) y_1;$$

l'équation proposée aura six solutions liées à la solution $Z=z_1$, $S=s_1$ de l'équation auxiliaire $Z^2+D=M.S$.

Démontrons actuellement l'impossibilité des égalités $\frac{4D}{m^2}=2$, $\frac{4D}{m^2}=1$, 1° des deux égalités $\frac{4D}{m^2}=2$ et $A_0A_1-(B_0)^2=D$ on déduit

$$\text{[P]} \qquad 4\frac{A_0A_1}{m^2}-\left(\frac{2B_0}{m}\right)^2=2;$$

2° des deux égalités $\frac{4D}{m^2}=1$ et $A_0A_1-(B_0)^2=D$, on déduit

$$\text{[Q]} \qquad \frac{4A_0A_1}{m^2}-\left(\frac{2B_0}{m}\right)^2=1;$$

or, les nombres $\frac{A_0A_1}{m}$ et $\frac{2B_0}{m}$ sont entiers, donc les égalités finales [P] et [Q] sont inadmissibles.

RECHERCHE DES SOLUTIONS ENTIÈRES DE L'ÉQUATION $t^2-h^2u^2=m^2$, LORSQUE CETTE ÉQUATION EST LIÉE AU TRINOME $F_0=(A_0\ B_0\ A_1)$, C'EST-À-DIRE LORSQUE LE NOMBRE D, CARRÉ EXACT ENTIER h^2, REPRÉSENTE $(B_0)^2-A_0A_1$, ET LORSQUE m EST LE PLUS GRAND COMMUN DIVISEUR DES NOMBRES A_0, $2B_0$, A_1.

92. L'équation $t^2-h^2u^2=m^2$ n'admet, dans les conditions indiquées, que deux systèmes de solution $t=m$, $u=0$; $t=-m$, $u=0$; un système θ υ, étranger aux deux systèmes précédents, donnerait l'égalité $\theta^2-h^2\upsilon^2=m^2$; et par suite donnerait

$$\text{[R]} \qquad \frac{4\theta^2}{m^2}-\frac{4h^2\upsilon^2}{m^2}=4,$$

or, le nombre $\frac{4h^2\upsilon^2}{m^2}$ est entier, puisque le nombre m^2 divise exactement $4h^2$; ainsi l'égalité [R] exige que la différence de deux carrés exacts entiers soit égale à 4; et cette dernière condition exige que le plus faible carré soit nul; de là $\upsilon=0$, et par suite $\theta=\pm m$. Les solutions de $t^2-h^2u^2=m^2$ sont donc $t=+m$, $u=0$; $t=-m$, $u=0$, si l'on connait les valeurs $x_0=\alpha_0x_1+\beta_0y_1$, $y_0=\gamma_0x_1+\delta_0y_1$ qui opèrent la transformation de $F_0=(A_0\ B_0\ A_1)$ en $f_0=(s_1\ z_1\ M)$; les substitutions successives des couples t et u dans les formules [E] donnent

$$\text{[K}_0\text{]} \qquad x_0=\pm\alpha_0x_1\pm\beta_0y_1, \qquad y_0=\gamma_0x_1\pm\delta_0y_1;$$

l'équation proposée aura deux solutions liées à la solution $Z=z_1$, $S=s_1$ de l'équation auxiliaire $Z^2+D=M.S$ *.

RECHERCHE DE LA PLUS PETITE SOLUTION, EN NOMBRES ENTIERS, DE L'ÉQUATION $t^2-Du^2=m^2$, LORSQUE CETTE ÉQUATION EST LIÉE AU TRINOME $F_0=(A_0\ B_0\ A_1)$, C'EST-A-DIRE LORSQUE LE NOMBRE D POSITIF NON CARRÉ REPRÉSENTE $(B_0)^2-A_0A_1$, ET LORSQUE LE NOMBRE m EST LE PLUS GRAND COMMUN DIVISEUR DES NOMBRES A_0, $2B_0$ A_1.

93. On choisira un des trinômes réduits $\varphi_0=(a_0\ b_0\ -a_1)$, dont le Déterminant D est tel que le nombre m soit le plus grand commun diviseur des nombres a_0 $2b_0$ a_1; ce choix limité est toujours possible, puisque l'on peut adopter un trinôme réduit équivalent au trinôme $(A_0\ B_0\ A_1)$, et que ce trinôme remplit les conditions indiquées; on pourra d'ailleurs ici calculer un trinôme réduit quelconque, pourvu que ce trinôme vérifie les conditions exigées; on formera la période de φ_0, n° **71**, cette période présentera un nombre pair, n° **72**, de trinômes réduits $\varphi_1\ \varphi_2\ \varphi_3 \ldots \varphi_{n-1}\ \varphi_n$, de sorte que les trinômes φ_0 et φ_n sont identiques; le système $x_0=\alpha_n x_1+\beta_n y_1$, $y_0=\gamma_n x_1+\delta_n y_1$, calculé par le principe du n° **59**, change $\varphi_0=(a_0\ b_0-a_1)$ en $\varphi_n=(a_n\ b_n-a_{n+1})$; mais puisque les trinômes φ_0 et φ_n sont identiques, le système $x_0=x_1+0.y_1$, $y_0=0.x_1+y_1$ change aussi φ_0 en φ_n; de ces deux transformations semblables on déduit, n° **88**, une solution en nombres entiers de l'équation $t^2-Du^2=m^2$: si dans les for-

---

* Si l'on compare les résultats consignés K_0 K_1 K_2 K_3 dans le texte à ceux que présente Gauss, *Disquisitiones arithmeticæ*, dans les mêmes circonstances, on reconnaîtra que les solutions de l'équation proposée liées à une solution de l'équation auxiliaire $Z^2+D=M.S$, semblent être, dans notre étude, en nombre généralement inférieur à celui qui est indiqué par Gauss : or, cette infériorité est dans la forme, non dans le fond; elle prend sa cause dans la suppression que nous avons faite des transformations impropres, suppression qui donne plus de rapidité à notre exposé; on peut d'ailleurs s'assurer que, même après cette suppression plus apparente que réelle, le nombre complet de toutes les solutions utiles applicables à l'équation auxiliaire $Z^2+D=M.S$ donnera toutes les solutions de l'équation primitive proposée.

Il n'était pas nécessaire de signaler tous les changements que nous avons cru devoir faire à la méthode déjà connue et dont l'étude est consignée dans cette partie; ainsi, par exemple, les auteurs qui ont indiqué la théorie particulière de la résolution en nombres entiers de l'équation $A_0x^2+2B_0xy+A_1y^2=M$ ne parlent pas de l'équation conjuguée $A_0x^2+2B_0xy+A_1y^2=s_1$; cette omission jette de l'incertitude dans l'indication des solutions de l'équation proposée; nous renvoyons d'ailleurs, sur ce point, à la note du n° **60**.

mules [18] et [19] aux notations alors adoptées on substitue les notations nouvelles, c'est-à-dire si l'on remplace les lettres α_0, β_0, γ_0, δ_0, α_1, β_1, γ_1, δ_1 par les quantités 1, 0, 0, 1, α_n, β_n, γ_n, δ_n; la solution de l'équation $t^2-Du^2=m^2$ sera, $T=\frac{(\alpha_n+\delta_n)m}{2}$, $U=\frac{m\gamma_n}{a_0}$; ces valeurs, prises positivement, si elles ne sont pas telles, seront les plus petits nombres entiers applicables à t et à u, excepté toutefois $t=m$, $u=0$; admettons en effet qu'il y ait un système θ et υ vérifiant les inégalités $\theta<T$, $\upsilon<U$, et applicable à l'équation $t^2-Du^2=m^2$; le trinôme $\varphi_0=(a_0\ b_0\ -a_1)$, 1° a le Déterminant D; 2° donne le nombre m lorsque l'on cherche le plus grand commun diviseur des nombres $a_0\ 2b_0\ a_1$; 3° est transformé *en lui-même* par les valeurs $x_0=x_1+0.y_1$, $y_0=0.x_1+y_1$; alors, par suite du problème, n° 88, ce trinôme est aussi transformé *en lui-même* par les valeurs $x_0=\alpha_1x_1+\beta_1y_1$, $y_0=\gamma_1x_1+\delta_1y_1$, les nombres α_1, β_1, γ_1, δ_1, étant donnés par les formules

$$\alpha_1=\frac{1}{m}[\alpha_0t-(b_0\alpha_0+c_0\gamma_0)u],\qquad \beta_1=\frac{1}{m}[\beta_0t-(b_0\beta_0+c_0\delta_0)u],$$

$$\gamma_1=\frac{1}{m}[\gamma_0t+(a_0\alpha_0+b_0\gamma_0)u],\qquad \delta_1=\frac{1}{m}[\delta_0t+(a_0\beta_0+b_0\delta_0)u],$$

pourvu toutefois que, dans ces formules et aux lettres α_0, β_0, γ_0, δ_0, a_0, b_0, c_0, t, u, on substitue par ordre les termes 1, 0, 0, 1, a_0, b_0, $-a_1$, θ, υ, les résultats sont $\alpha_1=\frac{1}{m}(\theta-b_0\upsilon)$, $\beta_1=\frac{1}{m}(a_1\upsilon)$, $\gamma_1=\frac{1}{m}(a_0\upsilon)$, $\delta_1=\frac{1}{m}(\theta+b_0\upsilon)$; ainsi le trinôme $\varphi_0=(a_0\ b_0\ -a_1)$ est transformé *en lui-même* par le système

$$x_0=\frac{1}{m}(\theta-b_0\upsilon)x_1+\frac{1}{m}(a_1\upsilon)y_1,\qquad y_0=\frac{1}{m}(a_0\upsilon)x_1+\frac{1}{m}(\theta+b_0\upsilon)y_1;$$

examinons les conséquences de cette conclusion : les quantités $\frac{\theta-b_0\upsilon}{m}$, $\frac{a_1\upsilon}{m}$, $\frac{a_0\upsilon}{m}$, $\frac{\theta+b_0\upsilon}{m}$ représentent des nombres désignés n° 77, par les lettres k, l, p, q; par suite on a $\frac{k}{p}=\frac{\theta-b_0\upsilon}{a_0\upsilon}$; remarquons, en outre, que l'on a les égalités successives

$$\theta^2-D\upsilon^2=m^2\quad \text{ou}\quad \theta^2=(b_0)^2\upsilon^2+a_0a_1\upsilon^2+m^2;$$

et puisque les nombres a_0 a_1 ont le même signe, on a $\theta^2>(b_0)^2\upsilon^2$ ou $\theta-b_0\upsilon>0$, donc les nombres $\frac{\theta-b_0\upsilon}{a_0\upsilon}$ ou $\frac{k}{p}$, a_0, a_1, ont le même signe; dans ces conditions, les principes exposés, n° **77**, 1er cas, démontrent que le nombre $\frac{\theta - b_0 \upsilon}{m}$ représenté par la lettre k, doit être égal à l'un des nombres α_1, α_2, α_3, etc. : soit l'égalité $\frac{\theta - b_0 \upsilon}{m} = \alpha_\mu$ *, de cette égalité on déduit, n° **77**, 1er cas, $\frac{a_1 \upsilon}{m} = \beta_\mu$, $\frac{a_0 \upsilon}{m} = \gamma_\mu$, $\frac{\theta + b_0 \upsilon}{m} = \delta_\mu$; la comparaison des égalités $U = \frac{m\gamma_n}{a_0}$, $\frac{a_0 \upsilon}{m} = \gamma_\mu$ montre que l'hypothèse $\upsilon < U$ amène l'inégalité $\gamma_\mu < \gamma_n$; or rappelons actuellement que les quantités $\frac{\alpha_1}{\gamma_1}, \frac{\alpha_2}{\gamma_2}, \frac{\alpha_3}{\gamma_3}, \frac{\alpha_4}{\gamma_4} \ldots \frac{\alpha_n}{\gamma_n}$, sont, par ordre, les diverses réduites de l'expression $\frac{\sqrt{D} - b_0}{a_0}$ transformée en fractions continues, n° **74** ; ainsi les dénominateurs γ_1, γ_2, γ_3, etc., croissent, et par suite de l'inégalité $\gamma_\mu < \gamma_n$, l'indice μ donné à γ_μ est placé entre 0 et n exclusivement, mais le trinôme φ_μ qui correspond à l'indice μ et le trinôme φ_0, sont identiques, et cette identité est inadmissible, puisque la période $\varphi_0\, \varphi_1\, \varphi_2 \ldots \varphi_\mu \ldots \varphi_{n-1} \varphi_n$ est une suite de trinômes contigus différents ; donc enfin U est la plus petite valeur entière de u ; d'ailleurs des deux égalités $T^2 - DU^2 = m^2$, $\theta^2 - D\upsilon^2 = m^2$ on déduit $\theta^2 - T^2 = D(\upsilon^2 - U^2)$, et par suite $T < \theta$.

RECHERCHE DES SOLUTIONS ENTIÈRES DE L'ÉQUATION $t^2 - Du^2 = m^2$, CONNAISSANT LA PLUS PETITE SOLUTION T, U DE LA MÊME ÉQUATION.

94. L'égalité $T^2 - DU^2 = m^2$ peut prendre la forme

$$\left(\frac{T}{m} + \frac{U\sqrt{D}}{m}\right)\left(\frac{T}{m} - \frac{U\sqrt{D}}{m}\right) = 1 ; \quad \text{de là} \quad \left(\frac{T}{m} + \frac{U\sqrt{D}}{m}\right)^e \left(\frac{T}{m} - \frac{U\sqrt{D}}{m}\right)^e = 1,$$

le nombre e étant entier quelconque, posons pour abréger

$$[H] \quad \frac{m}{2}\left(\frac{T}{m} + \frac{U\sqrt{D}}{m}\right)^e + \frac{m}{2}\left(\frac{T}{m} - \frac{U\sqrt{D}}{m}\right)^e = t_e \quad \frac{m}{2\sqrt{D}}\left(\frac{T}{m} + \frac{U\sqrt{D}}{m}\right)^e - \frac{m}{2\sqrt{D}}\left(\frac{T}{m} - \frac{U\sqrt{D}}{m}\right)^e = u_e,$$

de manière que si à e, exposant dans les premiers membres et indice dans les seconds, on substitue la suite naturelle 0, 1, 2, 3, etc., on ait, jusqu'à l'infini, des systèmes $t_0\, u_0$, $t_1\, u_1$, $t_2\, u_2$, $t_3\, u_3$, etc., on peut alors démontrer 1° que tout

---

* L'égalité $k = \alpha_\mu$ admet, n° **77**, l'état non nul des nombres k et p ; or, nous démontrons dans le texte l'impossibilité des égalités $\frac{\theta - b_0 \upsilon}{m} = 0$, $\frac{a_0 \upsilon}{m} = 0$.

système $t_e\ u_e$ est une solution de l'équation $t^2 - Du^2 = m^2$; 2° que tout système présente des nombres entiers ; 3° que toute solution entière de l'équation $t^2 - Du^2 = m^2$ est comprise dans les systèmes indiqués.

1° Les égalités

$$t_e = \frac{m}{2}\left(\frac{T}{m} + \frac{U\sqrt{D}}{m}\right)^e + \frac{m}{2}\left(\frac{T}{m} - \frac{U\sqrt{D}}{m}\right)^e, \quad u_e\sqrt{D} = \frac{m}{2}\left(\frac{T}{m} + \frac{U\sqrt{D}}{m}\right)^e - \frac{m}{2}\left(\frac{T}{m} - \frac{U\sqrt{D}}{m}\right)^e,$$

donnent après addition et soustraction successives

$$t_e + u_e\sqrt{D} = m\left(\frac{T}{m} + \frac{U\sqrt{D}}{m}\right)^e, \quad t_e - u_e\sqrt{D} = m\left(\frac{T}{m} - \frac{U\sqrt{D}}{m}\right)^e,$$

et la multiplication de ces dernières égalités donne $(t_e)^2 - D(u_e)^2 = m^2$.

2° Les nombres t_e et u_e sont entiers ; remarquons d'abord que les deux suites $t_0\ t_1\ t_2 \ldots\ldots t_e$, etc., $u_0\ u_1\ u_2 \ldots\ldots u_e$, etc., constituent deux séries récurrentes dont l'échelle de relation est commune et est représentée par $\frac{2T}{m} - 1$, en effet, les égalités [H] additionnées convenablement donnent

$$t_{e+1} + t_{e-1} = \frac{m}{2}\left(\frac{T}{m} + \frac{U\sqrt{D}}{m}\right)^e \left\{\frac{T}{m} + \frac{U\sqrt{D}}{m} + \frac{1}{\frac{T}{m} + \frac{U\sqrt{D}}{m}}\right\}$$
$$+ \frac{m}{2}\left(\frac{T}{m} - \frac{U\sqrt{D}}{m}\right)^e \left\{\frac{T}{m} - \frac{U\sqrt{D}}{m} + \frac{1}{\frac{T}{m} - \frac{U\sqrt{D}}{m}}\right\}$$

$$u_{e+1} + u_{e-1} = \frac{m}{2\sqrt{D}}\left(\frac{T}{m} + \frac{U\sqrt{D}}{m}\right)^e \left\{\frac{T}{m} + \frac{U\sqrt{D}}{m} + \frac{1}{\frac{T}{m} + \frac{U\sqrt{D}}{m}}\right\}$$
$$- \frac{m}{2\sqrt{D}}\left(\frac{T}{m} - \frac{U\sqrt{D}}{m}\right)^e \left\{\frac{T}{m} - \frac{U\sqrt{D}}{m} + \frac{1}{\frac{T}{m} - \frac{U\sqrt{D}}{m}}\right\};$$

or, si l'on tient compte de l'égalité $t^2 - Du^2 = m^2$, chacun des deux polynômes

$$\frac{T}{m} + \frac{U\sqrt{D}}{m} + \frac{1}{\frac{T}{m} + \frac{U\sqrt{D}}{m}} \quad \text{et} \quad \frac{T}{m} - \frac{U\sqrt{D}}{m} + \frac{1}{\frac{T}{m} - \frac{U\sqrt{D}}{m}}$$

donne le même résultat qui est $\frac{2T}{m}$; on a alors les égalités

$$t_{e+1}+t_{e-1}=\frac{2T}{m}\left[\frac{m}{2}\left(\frac{T}{m}+\frac{U\sqrt{D}}{m}\right)^e+\frac{m}{2}\left(\frac{T}{m}-\frac{U\sqrt{D}}{m}\right)^e\right]$$

et $$u_{e+1}+u_{e-1}=\frac{2T}{m}\left[\frac{m}{2\sqrt{D}}\left(\frac{T}{m}+\frac{U\sqrt{D}}{m}\right)^e-\frac{m}{2\sqrt{D}}\left(\frac{T}{m}-\frac{U\sqrt{D}}{m}\right)^e\right],$$

ou finalement $t_{e+1}+t_{e-1}=\frac{2T}{m}t_e$ et $u_{e+1}+u_{e-1}=\frac{2T}{m}u_e$: ces divers nombres sont entiers; rappelons qu'il existe un trinôme $F_0=(A_0\ B_0\ A_1)$ dont le Déterminant est D, dont le trinôme réduit est $\varphi_0=(a_0\ b_0\ -a_1)$ et qui donne m lorsque l'on cherche le plus grand commun diviseur des nombres A_0 $2B_0$ A_1; on a donc $T^2-U^2(B_0^2-A_0\ A_1)=m^2$, donc le nombre $4T^2$ est exactement divisible par m^2, et par suite $\frac{2T}{m}$ est un nombre entier positif; donc enfin les divers nombres $t_0\ t_1\ t_2\ldots.\ t_e,\ u_0\ u_1\ u_2\ldots.u_e$ sont entiers et les termes de chaque série croissent indéfiniment.

3° Toute solution entière de l'équation $t^2-Du^2=m^2$ est comprise dans les deux suites $t_0\ t_1\ t_2\ldots t_e,\ u_0\ u_1\ u_2\ldots.\ u_e$; admettons l'hypothèse de deux nombres entiers $T_1\ U_1$, constituant une solution de l'équation $t^2-Du^2=m^2$ et étrangers aux séries précitées : les termes des deux séries croissent indéfiniment; ainsi le nombre U_1 est nécessairement placé entre deux termes u_n et u_{n+1} de la série $u_0\ u_1\ u_2\ldots.\ u_e$; on a donc $U_1>u_n$ et $U_1<u_{n+1}$; or, nous voulons prouver que ces deux dernières égalités sont inadmissibles, et la démonstration présentant quelque longueur sera subdivisée en plusieurs paragraphes désignés par les lettres *a*), *b*), *c*), *d*), *e*), *f*).

a). Les systèmes $T_1\ U_1,\ t_n\ u_n$ constituant deux solutions de l'équation $t^2-Du^2=m^2$, un simple calcul prouve que le système $\theta=\frac{1}{m}(T_1.t_n-D.U_1.u_n)$, $\upsilon=\frac{1}{m}(U_1t_n-T_1u_n$ est une solution de la même équation.

b) Les nombres θ et υ sont entiers : 1° rappelons qu'il existe un trinôme $(A_0\ B_0\ A_1)$ dont le Déterminant est D; 2° que le nombre m est le plus grand commun diviseur des nombres A_0, $2B_0$, A_1; 3° que les systèmes $T_1\ U_1,\ t_n\ u_n$ sont des solutions de l'équation $t^2-Du^2=m^2$; ces diverses conditions donnent les égalités

[1] $(T_1)^2-D(U_1)^2=m^2$ [2] $(t_n)^2-D(u_n)^2=m^2$ [3] $(B_0)^2-D=A_0A_1$;

constatons aussi 1° que les produits de chacune des égalités [1] et [2] par le nombre 4 prouvent, si on les rapproche de [3], l'état entier des nombres $\frac{2T_1}{m}$, $\frac{2t_n}{m}$; 2° que les produits de l'égalité [3] par chacun des nombres $(U_1)^2$, $(u_n)^2$ peuvent être écrits

[5] $$(B_0U_1+T_1)(B_0U_1-T_1)=A_0A_1(U_1)^2-m^2;$$

[6] $$(B_0u_n+t_n)(B_0u_n-t_n)=A_0A_1(u_n)^2-m^2;$$

les premiers membres sont des multiples de m^2; or, dans l'état actuel des faits, chaque facteur de ces membres est un multiple de m; en effet, 1° l'état non-multiple de m, admis, par exemple, pour chacun des deux facteurs du premier membre de [5], donne, après division par m, deux restes r_0, r_1, lesquels, par suite des conditions $\frac{2B_0}{m}$, $\frac{2T_1}{m}$ nombres entiers, sont nuls, car ces restes doivent vérifier les égalités $r_0+r_1=0$, $r_0-r_1=0$; 2° l'état multiple de m attribué à l'un des facteurs du premier membre de [5] ne peut, le nombre $2T_1$ étant multiple de m, être nié pour l'autre; concluons : l'état multiple de m appartient à chacun des quatre facteurs précités, appartient donc au nombre $U_1(t_n+B_0u_n)-u_n(B_0U_1+T_1)$, ou, après réductions, appartient au nombre $U_1t_n-u_nT_1$; donc, paragraphe a), le nombre υ est entier, et par suite de l'égalité $\theta^2-D\upsilon^2=m^2$ le nombre θ est entier.

c) L'égalité $\upsilon=0$ est inadmissible; de cette égalité admise, on déduit $U_1t_n=u_nT_1$, ou $(U_1)^2(t_n)^2=(u_n)^2(T_1)^2$, ou $(U_1)^2[D(u_n)^2+m^2]=(u_n)^2[D(U_1)^2+m^2]$, ou $U_1=u_n$, circonstance que l'hypothèse première $U_1>u_n$ rend impossible, ainsi le nombre υ n'est pas inférieur à U, à ce nombre qui dans toute cette théorie, a désigné la plus faible valeur entière, après zéro, applicable à la lettre générale u.

d) Des valeurs de t_n t_{n+1}, u_n u_{n+1} on déduit facilement les égalités

$$u_{n+1}t_n-t_{n+1}u_n=u_nt_{n-1}-t_nu_{n-1}t_{n+1},\quad t_{n+1}t_n-Du_{n+1}u_n=\pm 2Tm\mp(t_nt_{n-1}-Du_nu_{n-1}),$$

et l'abaissement successif des indices amène, quel que soit le nombre entier n, les égalités finales

$$u_{n+1}t_n-t_{n+1}u_n=u_1t_0-t_1u_0=mU,\qquad t_{n+1}t_n-Du_{n+1}u_n=mT;$$

de là résulte que l'égalité $\upsilon=U$ qui amène l'égalité $\theta=T$ est inadmissible, car cet état donne, paragraphe a), les égalités $u_{n+1}=U$, $t_{n+1}=T_1$, lesquelles réunies à l'hypothèse première impliquent contradiction, enfin de l'ensemble actuel, rapproché des paragraphes *a*) et *c*), on déduit l'inégalité $mu > mU$, et par suite on déduit la condition $U_1 t_n - T_1 u_n > u_{n+1} t_n - t_{n+1} u_n$.

e) Les équations $(T_1)^2 - D(U_1)^2 = m^2$, $(t_{n+1})^2 - D(u_{n+1})^2 = m^2$, donnent

$$\frac{T_1}{U_1} = \sqrt{D + \frac{m^2}{(U_1)^2}}, \quad \frac{t_{n+1}}{u_{n+1}} = \sqrt{D + \frac{m^2}{(u_{n+1})^2}};$$

de là, et par suite de l'inégalité primitive $U_1 < u_{n+1}$, on déduit $\frac{T_1}{U_1} = > \frac{t_{n+1}}{u_{n+1}}$.

f) Les conditions finales indiquées *d*) et *e*) donnent

$$(U_1 . t_n - T_1 u_n)\left(t_n + u_n \frac{T_1}{U_1}\right) > (u_{n+1} t_n - t_{n+1} u_n)\left(t_n + u_n \frac{t_{n+1}}{u_{n+1}}\right),$$

$$\text{ou} \quad U_1 (t_n)^2 - \frac{(u_n)^2 (T_1)^2}{U_1} > u_{n+1} (t_n)^2 - \frac{(u_n)^2 (t_{n+1})^2}{u_{n+1}};$$

substituant à $(T_1)^2$, $(t_n)^2$, $(t_{n+1})^2$ les valeurs respectives $m^2 - D(U_1)^2$, $m^2 - D(u_n)^2$, $m^2 - D(u_{n+1})^2$, le résultat, après réduction et après division par m^2, est $U_1 - \frac{(u_n)^2}{U_1} > u_{n+1} - \frac{(u_n)^2}{U_1}$, or ce dernier résultat est inadmissible par suite de l'hypothèse primitive $U_1 < u_{n+1}$, ainsi les suites $t_0\ t_1\ t_2 \dots t_n$, $u_0\ u_1\ u_2 \dots u_n$ représentent tous les systèmes entiers applicables à l'équation $t^2 - Du^2 = m^2$, et nous pouvons établir la règle générale suivante :

95. Étant donnée à résoudre, en nombres entiers, l'équation

$$A_0 (x_0)^2 + 2 B_0 x_0 y_0 + A_1 (y_0)^2 = M,$$

dont le Déterminant $D = (B_0)^2 - A_0 A_1$ est un nombre positif non carré; si l'équation auxiliaire $Z^2 - D = M.S$ donne une solution $z_1\ s_1$ *liée* à l'équation proposée, on peut établir une série de trinômes contigus, série dont les trinômes premier et dernier sont $(A_0\ B_0\ A_1)$ et $(s_1\ z_1\ M)$, par suite on peut, n° 89, calculer les valeurs $x_0 = \alpha_0 x_1 + \beta_0 y_1$, $y_0 = \gamma_0 x_1 + \delta_0 y_1$ qui opèrent la transformation de $(A_0\ B_0\ A_1)$ en $(s_1\ z_1\ M)$; de là enfin, on déduit, 1° $x_0 = \beta_0$, $y_0 = \delta_0$ solution de l'équation proposée, 2° $x_0 = \alpha_0$, $y_0 = \gamma_0$ solution de l'équation conjuguée; nous savons actuellement que toutes les transformations de $(A_0\ B_0\ A_1)$ en $(s_1\ z_1\ M)$, transformations semblables à la première, sont données par les formules [E], n° 88, vers la fin, pourvu que dans ces formules, on remplace, comme l'exige la nouvelle notation, les lettres $a_0\ b_0\ c_0$ par les lettres $A_0\ B_0\ A_1$, on a ainsi

$$x_0=\frac{1}{m}[\alpha_0 t-(B_0\alpha_0+A_1\gamma_0)u]x_1+\frac{1}{m}[\beta_0 t-(B_0\beta_0+A_1\delta_0)u]y_1,$$

$$y_0=\frac{1}{m}[\gamma_0 t+(A_0\alpha_0+B_0\gamma_0)u]x_1+\frac{1}{m}[\delta_0 t+(A_0\beta_0+B_0\delta_0)u]y_1,$$

par conséquent, les lettres t et u désignant les systèmes de solution de l'équation $t^2-Du^2=m^2$, on peut représenter toutes les solutions 1° de l'équation proposée

$$A_0(x_0)^2+2B_0x_0y_0+A_1(y_0)^2=M,$$

par les valeurs $x_0=\frac{1}{m}[\beta_0 t-(B_0\beta_0+A_1\delta_0)u]$, $y_0=\frac{1}{m}[\delta_0 t+(A_0\beta_0+B_0\delta_0)u]$;

2° de l'équation conjuguée

$$A_0(y_0)^2+2B_0x_0y_0+A_1(y_0)^2=s_1,$$

par les valeurs $x_0=\frac{1}{m}[\alpha_0 t-(B_0\alpha_0+A_1\gamma_0)u]$, $y_0=\frac{1}{m}[\gamma_0 t+(A_0\alpha_0+B_0\gamma_0)u]$,

les nombres qui constituent chaque système sont premiers entre eux.

96. Les transformations données par les diverses solutions t et u sont toutes semblables, par conséquent le calcul qui fera connaître un nouveau système applicable à l'équation proposée, aura pour éléments d'abord $A_0\ B_0\ A_1$ et les valeurs t et u qui suivent immédiatement celles qui ont été employées dans le calcul qui aura précédé; enfin la recherche suivante aura comme éléments *ou* les valeurs premières α_0, β_0, γ_0, δ_0, *ou* les valeurs α_1, β_1, γ_1, δ_1 données par l'opération qui a précédé; si l'on conserve les valeurs α_0, β_0, γ_0, δ_0, les coefficients de t et de u, dans les formules ci-dessus, deviennent invariables, peuvent être représentés par les quantités, 1° G, H, K, L, pour l'équation proposée; 2° G_1, H_1, K_1, L_1, pour l'équation conjuguée, et ces formules sont, 1° $x_0=\frac{1}{m}(Gt+Hu)$, $y_0=\frac{1}{m}(Kt+Lu)$; 2° $x_0=\frac{1}{m}(G_1t+H_1u)$, $y_0=\frac{1}{m}(K_1t+L_1u)$.

Suite de l'exemple numérique présenté n° **80.** L'équation proposée était $4(x_0)^2+28x_0y_0+20(y_0)^2=956$, l'équation auxiliaire $Z^2-116=956.S$ a donné les quatre solutions utiles $z_1=+112$, $s_1=+13$; $z_1=-112$, $s_1=+13$; $z_1=+366$, $s_1=+140$; $z_1=-366$, $s_1=+140$; la troisième solution soumise à l'essai a donné les valeurs $x_0=10x_1+27y_1$, $y_0=-13x_1-35y_1$, et ces valeurs établissent dans la série de trinômes contigus le passage du premier au sixième trinôme, de là on déduit le système $x_0=27$, $y_0=-35$, applicable à l'équation proposée. Cherchons actuellement les diverses solutions qui dérivent de cette première; l'équation nécessaire $t^2-Du^2=m^2$ est $t^2-116u^2=16$; le trinôme que nous admettons comme étant lié à cette équation, c'est-à-dire le trinôme F_0 est (956 366 140), le trinôme réduit φ_0, n^{os} **80** et **93**, est (4 10 —4), enfin la période de ce dernier trinôme est, n° **72** (4 10 —4)(—4 10+4)(+4 10—4); or le problème, n° **59**, donne la transformation du trinôme (4 10 —4) *en lui-même*, on a $\alpha_1=\alpha_n=-1$, $\beta_1=\beta_n=-5$, $\gamma_1=\gamma_n=-5$, $\delta_1=\delta_n=-26$; ainsi la plus faible solution en nombres entiers de l'équation $t^2-Du^2=m^2$, est, n° **93**, $T=\frac{(\alpha_n+\delta_n)m}{2}=-54$, $U=\frac{m\gamma_n}{a_0}=-5$, si on emploie les deux séries récurrentes indiquées, séries dont l'échelle de relation est $\frac{2T}{m}=27$, on a les systèmes positifs $u_0=0$, $t_0=4$; $u_1=U=5$, $t_1=T=54$; $u_2=135$, $t_2=1454$; $u_3=3640$, $t_3=39204$, etc., applicables à l'équation $t^2-116u^2=16$; la connaissance de ces systèmes amène celle des solutions de l'équation

$$4(x_0)^2+28x_0y_0+20(y_0)^2=956,$$

qui sont liées à la première solution $x_0=27$, $y_0=-35$; le premier mode de transformation de (4 14 20) en (140 366 956), étant, n° **80**, représenté par les égalités $\alpha_0=10$, $\beta_0=27$, $\gamma_0=-13$, $\delta_0=-35$; le second mode, qui est alors inconnu, est représenté, n° **88**, par α_1, β_1, γ_1, δ_1; on doit, 1° reprendre les formules données n° **88** et n° **93**.

$$[\text{H}]\qquad \alpha_1=\frac{1}{m}[\alpha_0t-(b_0\alpha_0+c_0\gamma_0)u],\qquad \beta_1=\frac{1}{m}[\beta_0t-(b_0\beta_0+c_0\delta_0)u],$$

$$\gamma_1=\frac{1}{m}[\gamma_0t+(a_0\alpha_0+b_0\gamma_0)u],\qquad \delta_1=\frac{1}{m}[\delta_0t+(a_0\beta_0+b_0\delta_0)u];$$

2° aux lettres m, α_0, β_0, γ_0, δ_0, a_0, b_0, c_0, substituer par ordre les nombres 4, 10, 27, —13, —35, 4, 14, 20, les résultats sont:

$$[\text{K}]\qquad \alpha_1=\tfrac{1}{4}(10t+120u),\qquad \beta_1=\tfrac{1}{4}(27t+322u),\qquad \gamma_1=\tfrac{1}{4}(-13t-142u),$$
$$\delta_1=\tfrac{1}{4}(-35t-382u),$$

si à t et à u on substitue le plus faible système $t=54$, $u=5$, on a $\alpha_1=285$, $\beta_1=767$, $\gamma_1=-353$, $\delta_1=-950$; ainsi les valeurs $x_0=285x_1+767y_1$,

$y_0 = -353x_1 - 950y_1$, donnent une seconde transformation de (4, 14, 20) en (956, 366, 140); par conséquent, 1° le système $x_0 = 767$, $y_0 = -950$ est une solution de l'équation primitive proposée $4(x_0)^2 + 28x_0y_0 + 20(y_0)^2 = 956$; 2° le système $x_0 = 285$, $y_0 = -353$ est une solution de l'équation conjuguée $4(x_0)^2 + 28x_0y_0 + 20(y_0)^2 = 140$. Si dans les formules [K] on substitue au système t et u les nombres 1454 et 135, les résultats seront $\alpha_2 = 7685$, $\beta_2 = 20682$, $\gamma_2 = -9518$, $\delta_2 = -25615$, et par suite, 1° le système $x_0 = 20682$, $y_0 = -25615$ est une solution de l'équation proposée; 2° $x_0 = 7685$, $y_0 = -9518$ est une solution de l'équation conjuguée. Si dans les formules [H] on substitue, 1° à t et à u le système 1454 et 135; 2° aux lettres α_0, β_0, γ_0, δ_0, les nombres-lettres $\alpha_1 = 285$, $\beta_1 = 767$, $\gamma_1 = -353$, $\delta_1 = -950$ obtenus dans la première opération, les résultats sont $\alpha_3 = 207210$, $\beta_3 = 557647$, $\gamma_3 = -256633$, $\delta_3 = -690655$, et par conséquent, 1° le système $x_0 = 557647$, $y_0 = -690655$ est une solution de l'équation primitive proposée; 2° le système $x_0 = 207210$, $y_0 = -256633$ est une solution de l'équation conjuguée.

97. L'équation $t^2 - Du^2 = m^2$ considérée d'une manière générale, n'est pas toujours résoluble en nombres entiers, mais elle a cette dernière propriété lorsque le nombre m étant le plus grand commun diviseur des nombres A_0, $2B_0$, A_1, le trinôme $(A_0\ B_0\ A_1)$ présente le Déterminant D; la question suivante peut donc offrir quelque intérêt, elle nous sera d'ailleurs utile dans la suite de cette partie; quelles sont, entre les nombres D et m, les relations qui placent l'équation $t^2 - Du^2 = m^2$ dans les conditions précitées, c'est-à-dire parmi celles dont nous venons de faire l'examen. Décomposons le nombre D en deux facteurs n^2 et D_1, le nombre n^2, qui peut être l'unité, contenant l'ensemble des facteurs carrés qui entrent dans D, deux cas peuvent se présenter.

1er Cas. $D_1 = 4k + 1$. Tout nombre g diviseur de $2n$ sera une valeur convenable pour m, et réciproquement toute valeur convenable pour m sera un diviseur de $2n$, 1° si le nombre g divise $2n$, la résolution en nombres entiers de l'équation $t^2 - Du^2 = m^2$ est possible; en effet, le nombre D est le Déterminant du trinôme $\left(g\ n\ \frac{-n^2(D_1-1)}{g}\right)$; en outre, le nombre g est le plus grand commun diviseur des nombres g $2n$ $\frac{n^2(D_1-1)}{g}$, puisque le nombre $\frac{n^2(D_1-1)}{g^2}$ est égal à $\frac{4n^2}{g^2}\left(\frac{D_1-1}{4}\right)$ qui est manifestement un nombre entier; 2° si le nombre g représente m, si le trinôme $(A_0\ B_0\ A_1)$ a le Déterminant D, enfin si le nombre g

est le plus grand commun diviseur des nombres A_0, $2B_0$, A_1; les trois nombres $\frac{(2B_0)^2-4A_0A_1}{g^2}$, $\frac{4D}{g^2}$, $\frac{4n^2D_1}{g^2}$ sont entiers; or ce dernier nombre prouve le principe énoncé; si, effectivement, le plus grand commun diviseur des nombres $2n$ et g était un nombre δ inférieur à g, posant $2n=\delta n'$ $g=\delta . g'$, et substituant dans $\frac{4n^2D_1}{g^2}$, le résultat $\frac{(n')^2D_1}{(g')^2}$ serait un nombre entier; or les nombres g' et n' sont premiers entre eux, ainsi le nombre D renfermerait le facteur carré $(g')^2$, et par suite le nombre n^2 ne serait pas le facteur carré maximum contenu dans le Déterminant D.

2e Cas. $D_1=4k+2$ ou $D_1=4k+3$. Tout nombre g diviseur de n sera une valeur convenable pour m, et réciproquement toute valeur convenable pour m sera un diviseur de n, 1° si le nombre g divise n, la résolution en nombres entiers de l'équation $t^2-Du^2=m^2$ est possible; en effet le nombre D est le Déterminant du trinôme $\left(g\ 0 - \frac{n^2D_1}{g}\right)$, le nombre g est le plus grand commun diviseur des nombres g, $0\ \frac{n^2D_1}{g}$; 2° si le nombre g représente m, si le trinôme $(A_0\ B_0\ A_1)$ a le Déterminant D; enfin si le nombre g est le plus grand commun diviseur des nombres A_0, $2B_0$, A_1, le nombre g sera diviseur de n; un raisonnement parfaitement semblable à celui qui a été fait précédemment, prouve que le nombre $\frac{2n}{g}$ est alors entier, or ce nombre entier ne peut être impair; soit en effet $\frac{2n}{g}=2p+1$, de là on déduit $\frac{4n^2}{g^2}=4Q+1$, ou puisque l'une des deux égalités $D_1=4k+2$, $D_1=4k+3$ est exacte, on aurait alors soit $\frac{4n^2D_1}{g^2}=4v+2$, soit $\frac{4n^2D_1}{g^2}=4s+3$, c'est-à-dire soit $\frac{4D}{g^2}=4V+2$, soit $\frac{4D}{g^2}=4s+3$, conditions inadmissibles; ainsi le nombre entier $\frac{2n}{g}$ est pair, donc le nombre g est diviseur de n.

Des deux démonstrations précédentes on peut déduire deux faits remarquables, 1° l'unité est dans tous les cas une valeur convenable pour m; en d'autres termes, la résolution en nombres entiers de l'équation $t^2-Du^2=1$ est toujours possible; 2° le nombre 2 ne sera valeur convenable pour m que lorsque le nombre D présentera l'une des formes $4k$ ou $4k+1$.

98. Théorème. Étant donnée à résoudre, en nombres entiers, l'équation $t^2-Du^2=m^2$, si le nombre m est convenable, c'est-à-dire place l'équation dans les deux conditions indiquées n° 93, la résolution de cette équation peut être ramenée à celle d'une équation semblable dans laquelle on a $m=1$ ou $m=2$. Reprenons l'égalité $D=n^2D_1$; deux cas peuvent se présenter.

1er Cas. Si le nombre m divise n, alors le nombre m^2 divise D, et si l'on pose l'équation $\theta-\frac{D}{m^2}v=1$, les solutions applicables à cette dernière équation étant ensuite multipliées par m, seront les solutions de l'équation proposée.

2e Cas. Si le nombre m ne divise pas n, au moins divise-t-il $2n$, puisque l'équation proposée est résoluble en nombres entiers, d'ailleurs l'égalité $\left(\frac{2B_0}{m}\right)^2-\left(\frac{A_0A_1}{m}\right)=\frac{4n^2D_1}{m^2}$, dans laquelle le premier membre est entier, prouve que m divise $2n$, le nombre m est donc pair et le nombre $\frac{4D}{m^2}$ est entier, si l'on pose l'équation $\theta^2-\frac{4D}{m^2}v^2=2$; les solutions de cette dernière équation donnent, si on les multiplie par $\frac{m}{2}$, les solutions de l'équation primitive proposée.

99. Théorème. Si, comme nous l'avons fait précédemment, on désigne $t_0\ t_1\ t_2\ldots.t_n$, etc., $u_0\ u_1\ u_2\ldots.u_n$ l'ensemble des solutions entières et positives de l'équation possible $t^2-Du^2=m^2$, et si la lettre h désigne un nombre entier quelconque, il existe toujours un indice μ qui rend exactes toutes les égalités suivantes :

$$[A] \quad t_\mu-t_0=p_0h,\quad t_{\mu+1}-t_1=p_1h,\quad t_{\mu+2}-t_2=p_2h\ldots.t_{\mu+k}-t_k=p_kh.$$

$$[B] \quad u_\mu-u_0=q_0h,\quad u_{\mu+1}-u_1=q_1h,\quad u_{\mu+2}-u_2=q_2h\ldots.u_{\mu+k}-u_k=q_kh,\ \text{etc.},$$

la suite illimitée $p_0\ p_1\ p_2\ldots.p_k$, etc., $q_0\ q_1\ q_2\ldots.q_k$, etc., ne présentant que des nombres entiers. Remarquons d'abord qu'il suffit de démontrer l'exactitude des deux premières égalités qui entrent dans chacune des suites [A] et [B]; cette exactitude amène en effet pour chaque série celle de toutes les égalités qui suivent les deux premières; reprenons l'échelle de relation des deux séries récurrentes $t_0\ t_1\ t_2\ldots.t_n$, etc., $u_0\ u_1\ u_2\ldots.u_n$, etc., on a les égalités

$$t_{\mu+2}=\frac{2T}{m}(t_{\mu+1})-t_\mu,\quad t_2=\frac{2T}{m}(t_1)-t_0;\quad \text{ou}\quad t_{\mu+2}-t_2=\frac{2T}{m}(t_{\mu+1}-t_1)-(t_\mu-t_0);$$

ainsi l'admission des deux premières égalités de la suite [A] amène l'admission de la troisième, et généralement amène celle de $t_{\mu+k}-t_k=p_kh$; la même démonstration est applicable à l'égalité $u_{\mu+k}-u_k=q_k h$, on doit donc seulement prouver l'exactitude des quatre égalités problématiques.

$$[C] \quad t_\mu-t_0=p_0 h, \quad t_{\mu+1}-t_1=p_1 h, \quad u_\mu-u_0=q_0 h, \quad u_{\mu+1}-u_1=q_1 h,$$

la troisième de ces égalités est toujours admissible; formons en effet l'équation auxiliaire

$$[E] \qquad \theta^2-h^2 D v^2=m^2,$$

les principes établis n° 97, prouvent que la possibilité reconnue de l'équation $t^2-Du^2=m^2$ s'étend à l'équation [E]; appelons θ_1 v_1 la plus faible solution de cette dernière équation, on déduira le système $t_1=T=\theta_1$, $u_1=U=hv_1$ applicable à l'équation proposée $t^2-Du^2=m^2$, par conséquent le nombre hv_1 est placé dans la série u_0 u_1 $u_2 \ldots. u_n$, etc.; admettons l'égalité $u_\lambda=h.v_1$, alors l'hypothèse $\mu=\lambda$ vérifie la troisième des égalités [C]; et si cette même hypothèse vérifiait les trois autres égalités [C], la démonstration générale serait terminée; or nous voulons prouver que si l'hypothèse $\mu=\lambda$ ne vérifie pas ces mêmes trois égalités [C] précitées, on peut affirmer que l'hypothèse $\mu=2\lambda$ vérifiera les quatre égalités hypothétiques. Rappelons en effet les formules générales qui représentent, n° 95, les valeurs de t_λ, u_λ, $t_{2\lambda}$, $u_{2\lambda}$, on a

$$(t_\lambda)^2=\frac{m^2}{4}\left(\frac{T}{m}+\frac{U\sqrt{D}}{m}\right)^{2\lambda}+\frac{m^2}{2}\left(\frac{T^2}{m^2}+\frac{DU^2}{m^2}\right)^{\lambda}+\frac{m^2}{4}\left(\frac{T}{m}-\frac{U\sqrt{D}}{m}\right)^{2\lambda},$$

$$D(u_\lambda)^2=\frac{m^2}{4}\left(\frac{T}{m}+\frac{U\sqrt{D}}{m}\right)^{2\lambda}-\frac{m^2}{2}\left(\frac{T^2}{m^2}-\frac{DU^2}{m^2}\right)^{\lambda}+\frac{m^2}{4}\left(\frac{T}{m}-\frac{U\sqrt{D}}{m}\right)^{2\lambda},$$

ou, après addition,

$$(t_\lambda)^2+D(u_\lambda)^2=\frac{m^2}{2}\left(\frac{T}{m}+\frac{U\sqrt{D}}{m}\right)^{2\lambda}+\frac{m^2}{4}\left(\frac{T}{m}-\frac{U\sqrt{D}}{m}\right)^{2\lambda};$$

ou, enfin, $$(t_\lambda)^2+D(u_\lambda)^2=m.t_{2\lambda};$$

ainsi on a l'égalité

$$[1] \qquad t_{2\lambda}=\frac{1}{m}\left[(t_\lambda)^2+D(u_\lambda)^2\right];$$

de là on déduit $t_{2\lambda}=m+\frac{2D(u_\lambda)^2}{m}$, ou finalement $\frac{t_{2\lambda}-t_0}{h}=\frac{2D(u_\lambda)^2}{mh}$; or le nombre m^2 divise 4D; donc, à plus forte raison, le nombre m divise D, d'ailleurs le nombre h divise u_λ, donc le nombre $\frac{t_n - t_0}{h}$ est entier. Un calcul analogue à celui qui a donné l'égalité [1], donne l'égalité

$$[2] \qquad u_n = \frac{2}{m} . t_\lambda . u_\lambda ;$$

or le nombre $4(t_\lambda)^2$ qui est égal à $4D(u_\lambda)^2 + 4m^2$, est divisible par m^2, donc le nombre $2.t_\lambda$ est divisible par m; d'ailleurs u_λ est divisible par h, donc le nombre $\frac{u_n - u_0}{h}$ est entier. Un calcul analogue aux deux précédents donne l'égalité

$$[3] \qquad t_{n+1} = t_1 + \frac{2Du_\lambda u_{\lambda+1}}{m},$$

par conséquent le nombre $\frac{t_{\lambda+1} - t_1}{m.h}$ est entier. On a aussi l'égalité

$$[4] \qquad u_{n+1} = u_1 + \frac{2t_{\lambda+1} u_\lambda}{m};$$

or le nombre $2t_{\lambda+1}$ est divisible par m, et le nombre u_λ est divisible par h; donc enfin le nombre $\frac{u_{n+1} - u_1}{h}$ est entier; le théorème général est donc démontré, et son utilité sera indiquée par la suite.

100. Les principes développés dans les trois numéros qui précèdent ne peuvent être étendus, en général, à une équation isolée $t^2 - Du^2 = m^2$, ils permettent, sans doute, de constater, s'il y a lieu, la présence de relations qui peuvent faciliter la résolution, en nombres entiers de cette équation, mais l'absence des caractères distinctifs, n° **97**, ne peut être une preuve de l'impossibilité de la résolution demandée, le recours à la méthode générale exposée dans toute cette partie est alors indispensable; on devra, 1° suivre les règles déjà établies pour obtenir les systèmes dont les nombres, pour chaque système, sont premiers entre eux; 2° soumettre l'équation aux essais dont l'ensemble forme le chapitre suivant, essais qui donnent le moyen non indiqué jusqu'ici d'obtenir les systèmes dont les nombres, pour chaque système, ne sont pas premiers entre eux.

CHAPITRE II.

RECHERCHE DES SOLUTIONS $x=p$, $y=q$ DE L'ÉQUATION $ax^2+2bxy+cy^2=M$ (les nombres p et q non premiers entre eux).

101. La méthode de résolution, en nombres entiers, de l'équation $ax^2+2bxy+cy^2=M$, a été, n° **53**, divisée en deux études distinctes; les principes exposés dans le chapitre précédent font connaître les solutions qui, pour chaque système, présentent des nombres premiers entre eux, nous devons compléter cette théorie en donnant les moyens d'obtenir les systèmes qui ont le caractère indiqué dans le titre actuel.

Étant donnée à résoudre, en nombres entiers, l'équation

$$A_0(X_0)^2+2B_0X_0Y_0+A_1(Y_0)^2=M;$$

la recherche des solutions $X_0=p$, $Y_0=q$, les nombres p et q non premiers entre eux, est tellement simple que l'ordre méthodique adopté est le seul motif qui place cette étude dans un chapitre particulier. Soit en effet le système $X_0=p_1.d$, $Y_0=q_1.d$, les nombres p_1 et q_1 premiers entre eux, applicable à l'équation proposée, on a l'égalité

$$A_0(p_1)^2d^2+2B_0p_1q_1d^2+A_1(q_1)^2d^2=M,$$

ou

$$A_0(p_1)^2+2B_0p_1q_1+A_1(q_1)^2=\frac{M}{d^2};$$

ainsi la recherche générale qui nous occupe est partagée en autant de recherches particulières déjà connues qu'il y a de facteurs carrés dans le nombre donné M; la division de ce dernier nombre par un de ces diviseurs carrés d^2 transforme l'équation primitive proposée en une autre dont la forme est

$$A_0(x_0)^2+2B_0x_0y_0+A_1(y_0)^2=\frac{M}{d^2},$$

et tout système $x_0=a$, $y_0=b$, les nombres a et b premiers entre eux qui est applicable à l'équation transformée, donne le système $X_0=a.d$, $Y_0=b.d$ applicables à l'équation primitive proposée.

Exemple. Équation $(X_0)^2-48(Y_0)^2=1521$; l'équation auxiliaire $Z^2-48=1521S$, modifiée par l'hypothèse $S=u-1$, donne $Z^2+1473=1521u$, et l'on peut agir sur celle-ci, soit directement par les essais indiqués n° **47**, soit indirectement, c'est-à-dire après une transformation opérée sur le nombre $P=1521$; le premier mode offre quelque intérêt comme étant lié à une des particularités consignées n° **46** : les essais directs amènent les égalités

$$[H] \quad 1521.42-3^2.1473=225^2, \quad 1521.61-3^2.1473=282^2,$$

or, la condition, multiple de 3, constatée dans les nombres-racines 225 et 282 crée la difficulté précisée n° **46**, tableau VII; le choix fait d'une des égalités [H], par exemple, de l'égalité

$$1521.61=282^2+3^2.1473,$$

donne, après division par 9, l'égalité

$$169.51= 94^2+1^2.1473,$$

ainsi le système $x=94$, $y=61$ est une solution de l'équation $Z^2+1473=169.t$, et le système correspondant, sera obtenu, s'il y a lieu, par l'emploi des formules générales n° **39**; or, cette recherche est infructueuse, mais il est certain que cette absence de système ne prouve pas, d'une manière péremptoire, l'impossibilité d'avoir pour l'équation proposée un système X_0, Y_0, lié au système $x=94$, $y=61$, et ayant des nombres premiers entre eux : cette impossibilité, réelle dans l'exemple actuel, soit pour le système $x=94$, $y=61$, soit pour le système $x=75$, $y=42$, est le résultat d'une recherche ultérieure, opérée après la transformation du nombre $p=169$ en $p_1=13$, n° **46**, et par conséquent est le résultat de nouveaux essais tentés sur l'égalité $Z^2+1473=13(t_1)$. Concluons de ces divers faits que l'équation auxiliaire $Z^2-48=1521S$ ne présente aucune solution; c'est-à-dire n'a aucun système z_1 s_1, le nombre z_1 non supérieur à $\frac{1521}{2}$; par conséquent l'équation proposée n'a aucun système $X_1=m$, $Y_1=n$ dont les nombres m et n soient premiers entre eux, mais cette équation offre-t-elle des systèmes dont les nombres ne sont pas premiers entre eux? examinons : le nombre 1521 contient deux facteurs carrés $(13)^2$ et $(3)^2$; si nous soumettons à l'essai le nombre $\frac{1521}{3^2}$, l'équation transformée est $(x_0)^2-48(y_0)^2=\frac{1521}{3^2}=169$, l'équation auxiliaire $Z^2-48=169.S$ offre les solutions utiles $z_1=+75$, $s_1=33$; $z_1=-75$, $s_1=33$; la première solution indiquée $z_1=75$, $s_1=33$, donne les deux séries de trinômes contigus

[1°] (1 0 —48)(—48 48 —47)(—47 40 —44)(—44 42 —39)
(—39 36 —32)(—32 28 —23)(—23 18 12)(—12 6 1),

[2°] (169 75 33)(33 —9 1)(1 6 —12);

chaque série est terminée par le trinôme réduit et est obtenue en employant les principes exposés n° **71**, les deux trinômes réduits sont identiques, ordre inverse; on peut donc, n° **79**, 2° *cas*, former la série

$$(1\ \ 0\ -48)(-48\ \ 48\ -47)(-47\ \ 46\ -44)(-44\ \ 42\ -39)(-39\ \ 36\ -32)$$
$$(-32\ \ 28\ -23)(-23\ \ 18\ -12)(-12\ \ 6\ \ 1)(1\ -9\ \ 33)(33\ \ 75\ \ 169)$$

le passage du premier au dixième trinôme a lieu, n° **59**, par les valeurs $x_0=15x_1+37y_1$, $y_0=2x_1+5y_1$, ainsi le système $x_0=37$, $y_0=5$ est applicable à l'équation transformée $(x_0)^2-48(y_0)^2=169$; cherchons les systèmes liés à cette première solution; l'équation $t^2-Du^2=m^2$, à résoudre dans l'exemple actuel, présente la forme $t^2-48u^2=1$; adoptons, n° **93**, le trinôme réduit $(-12\ \ 6\ \ 1)$ dont la période est $(-12\ \ 6\ \ 1)(1\ \ 6\ -12)(-12\ \ 6\ \ 1)$; les valeurs qui transforment *en lui-même*, le trinôme réduit $(-12\ \ 6\ \ 1)$ sont, n° **59**, $x_0=-x_1+y_1$, $y_0=12x_1-13y_1$, et par suite, n° **93**, $t_1=\mathrm{T}=\frac{(\alpha_0+\delta_0)m}{2}=7$, $u=\mathrm{U}=\frac{m\gamma_0}{a_0}=1$, de là les deux séries récurrentes $t_0=1$, $t_1=\mathrm{T}=7$, $t_2=97$, $t_3=1351$, etc., $u_0=0$, $u_1=\mathrm{U}=1$, $u_2=14$, $u_3=195$, etc.; la connaissance des divers systèmes applicables à l'équation $t^2-48u^2=1$ amène celle de la partie des solutions de l'équation $(x_0)^2-48(y_0)^2=169$ qui est liée au premier système $x_0=37$, $y_0=5$ relatif à cette même équation $(x_0)^2-48(y_0)^2=169$; si nous adoptons les notations indiquées, n° **88**, le premier système de transformation étant représenté par α_0, β_0, γ_0, δ_0, le second système de transformation, système alors inconnu, sera représenté par α_1, β_1, γ_1, δ_1, et laissant de côté l'équation conjuguée $(x_0)^2-48(y_0)^2=33$, on devra dans les formules suivantes, voir n° **89**, vers la fin,

$$\beta_1=\frac{1}{m}[\beta_0 t-(b_0\beta_0+c_0\delta_0)u],\qquad \delta_1=\frac{1}{m}[\delta_0 t+(a_0\beta_0+b_0\delta_0)u]$$

remplacer les lettres m, α_0, β_0, γ_0, δ_0, a_0, b_0, c_0, par les nombres 1, 15, 37, 2, 5, 1, 0, —48, les résultats sont $\beta_1=37t+240u$, $\delta_1=5t+37u$, etc. etc., l'équation proposée $(\mathrm{X}_0)^2-48(\mathrm{Y}_0)^2=1521$, dont les solutions sont obtenues en multipliant par le nombre 3 les solutions de l'équation transformée $(x_0)^2-48(y_0)^2=169$, l'équation proposée présente les divers systèmes $\mathrm{X}_0=111$, $\mathrm{Y}_0=15$; $\mathrm{X}_0=1497$, $\mathrm{Y}_0=216$, etc.

TROISIÈME PARTIE.

RÉSOLUTION DE L'ÉQUATION $aX^2+2bXY+cY^2+2dX+2eY+f=0$.

---

102. Cette recherche sera divisée en deux chapitres selon l'état non nul ou l'état nul de b^2-ac.

CHAPITRE PREMIER.

RÉSOLUTION DE L'ÉQUATION $aX^2+2bXY+cY^2+2dX+2eY+f=0$, AVEC LA CONDITION $b^2-ac \gtreqless 0$.

103. Étant donnée à résoudre, en nombres entiers, et avec la condition précitée, l'équation

$$[A] \qquad aX^2+2bXY+cY^2+2dX+2eY+f=0;$$

si, par une transformation bien connue, on substitue aux variables X et Y les variables x et y, c'est-à-dire si l'on pose les égalités

$$[B] \qquad X=\frac{x+cd-be}{b^2-ac}, \qquad Y=\frac{y+ae-bd}{b^2-ac},$$

l'équation [A] prend la forme

$$[C] \qquad ax^2+2bxy+cy^2=M,$$

en faisant pour abréger

$$(b^2-ac)(ae^2-2bed+cd^2)+f(b^2-ac)^2=-M;$$

la résolution de l'équation proposée est donc remplacée par celle de l'équation [C]; l'état entier des nombres X, Y donne évidemment le même état aux nombres x et y, mais la proposition réciproque est, en général, inexacte, et parmi les solutions entières x et y, si toutefois la résolution en nombres entiers de l'équation [C] est possible; on devra choisir les systèmes x_1, y_1, qui donnent à X et à Y l'état de nombres entiers : nous connaissons les diverses circonstances que peut présenter l'équation [C], cette connaissance peut-elle amener celle des lois de possibilité ou d'impossibilité de l'équation [A] proposée? Examinons : 1° si l'équation [C] n'est pas résoluble en nombres entiers, la même impossibilité a lieu pour l'équation primitive [A] proposée; 2° si l'équation [C] a un Déterminant positif carré avec la condition $M \gtrless 0$, ou si cette même équation a un Déterminant négatif, elle donne un nombre limité de solutions; par conséquent le passage indiqué du système $x\ y$ au système X Y a un nombre limité d'opérations, par suite la connaissance de la loi de possibilité de l'équation proposée ne présente aucune difficulté; 3° Si l'équation [C] a un Déterminant positif carré avec la condition $M=0$, ou si cette même équation a un Déterminant positif non carré, les solutions sont en nombre illimité et par suite, les essais à faire pour le passage du système $x\ y$, au système X Y pourraient être indéfiniment prolongés, et toute conclusion serait impossible : on doit donc, dans ce troisième cas, établir, s'il y a lieu, une règle qui permette d'affirmer que toute recherche d'un système X Y, applicable à l'équation proposée, si celle-ci est impossible, serait inutile; les raisonnements qui donnent cette règle sont consignés dans les deux numéros suivants.

104. La recherche générale des solutions, en nombres entiers, de l'équation [A] a été remplacée par celle des solutions, aussi en nombres entiers, de l'équation $ax^2+2bxy+cy^2=M$, dont le Déterminant b^2-ac est un carré exact entier, et dont le terme connu M est nul; or, on a prouvé, n° **86**, que dans ces conditions, les systèmes sont compris dans les deux formules

$$[D] \qquad x=\beta z \quad y=\delta z, \qquad [E] \qquad x=q_1 z \quad y=-p_1 z,$$

le nombre z est entier quelconque, les nombres β et δ d'une part, p_1 et q_1, de l'autre sont premiers entre eux; on établira le passage général du système $x\ y$ au système X Y, en substituant à x et à y, et dans les égalités [B], n° **103**, les deux genres de valeurs [D] et [E] les résultats sont

$$[D_1] \qquad X=\frac{\beta z+cd-be}{b^2-ac}, \qquad Y=\frac{\delta z+ae-bd}{b^2-ac};$$

$$[E_1] \qquad X=\frac{q_1 z+cd-be}{b^2-ac} \qquad Y=\frac{p_1 z+ae-bd}{b^2-ac}.$$

Ces diverses quantités seront, en général, fractionnaires, excepté lorsque l'on aura l'égalité $b^2-ac=1$; recherchons les nombres entiers z qui donnent à chacun des systèmes l'état entier, et remarquons d'ailleurs que notre démonstration restreinte au premier groupe [D] et [D_1] sera applicable au second groupe [E] et [E_1] : les nombres β et δ sont premiers entre eux, l'égalité

$$[F] \qquad \beta m+\delta n=1$$

est donc toujours résoluble en nombres entiers; substituons, dans cette dernière équation, à β et à δ les valeurs déduites de [D_1] le résultat est

$$z=(b^2-ac)(mX+nY)-m(cd-be)-n(ae-bd);$$

substituons cette valeur de z dans les égalités [D_1], posons l'égalité $mX+nY=t$, ayons égard à l'égalité [F], on a

$$X=\beta t+n\left[\frac{\delta(cd-be)-\beta(ae-bd)}{b^2-ac}\right], \quad Y=\delta.t-m\left[\frac{\delta(cd-be)-\beta(ae-bd)}{b^2-ac}\right];$$

or, le nombre entier $\delta(cd-be)-\beta(ae-bd)$ *sera* ou *ne sera pas* un multiple exact de b^2-ac; dans le premier cas, les solutions de l'équation primitive proposée seront en nombre illimité et seront les résultats obtenus en substituant successivement à t la suite naturelle 0, 1, 2, 3, etc.; dans le second cas, la résolution proposée est impossible.

105. La recherche générale des solutions, en nombres entiers, de l'équation

$$aX^2+2bXY+cY^2+2dX+2eY+f=0$$

est remplacée par celles des solutions, aussi en nombres entiers, de l'équation

$$ax^2+2bxy+cy^2=M,$$

dans laquelle le Déterminant b^2-ac est un nombre positif non carré, or, on a prouvé, n° 96, que dans ce cas, tous les systèmes, s'il y a lieu, applicables à l'équation

$$ax^2+2bxy+cy^2=M$$

sont représentés par les formules

$$[P] \qquad x=\frac{1}{m}(Gt+Hu), \quad y=\frac{1}{m}(Kt+Lu),$$

les nombres G, H, K, L sont connus, le nombre m est le plus grand commun diviseur des nombres a, $2b$, c, les lettres t et u représentent un système quelconque, solution de l'équation $t^2-Du^2=m^2$, les valeurs t et u peuvent être adoptées à l'état positif ou à l'état négatif; nous rendrons l'explication plus claire en donnant à ces valeurs l'état invariable positif, mais alors on devra quadrupler comme suit le nombre des formules [P].

1° [P] $x=\frac{1}{m}(Gt+Hu)$, $y=\frac{1}{m}(Kt+Lu)$;

2° [Q] $x=\frac{1}{m}(-Gt+Hu)$, $y=\frac{1}{m}(-Kt+Lu)$;

3° [R] $x=-\frac{1}{m}(Gt+Hu)$, $y=-\frac{1}{m}(Kt+Lu)$;

4° [S] $x=\frac{1}{m}(Gt-Hu)$, $y=\frac{1}{m}(Kt-Lu)$;

on établira les passages des systèmes x, y aux systèmes X, Y, en substituant successivement à x et à y et dans les équations [B], n° **103**, les quatre genres de groupes [P], [Q], [R], [S]. Nous rechercherons quels sont les systèmes t et u qui donnent aux nombres X et Y l'état entier, et nos raisonnements pour le passage des formules [P] aux formules [B] seront applicables aux trois autres passages : substituons dans les formules [B] les valeurs de x et de y données par le groupe [P], les résultats sont :

[T] $$X=\frac{Gt+Hu+mcd-mbe}{b^2-ac},\qquad Y=\frac{Kt+Lu+mae-mbd}{b^2-ac};$$

on a démontré, n° **94**, que toutes les valeurs positives de t forment une série récurrente $t_0\, t_1\, t_2 \ldots t_n$, et que les valeurs positives de u en forment une autre $u_0\, u_1\, u_2 \ldots u_n$; on a aussi démontré, n° **99**, que l'on peut toujours trouver un nombre entier μ, qui, employé comme indice, vérifie les égalités

[V] $$t_\mu-t_0=p_0h,\quad t_{\mu+1}-t_1=p_1h \ldots t_{\mu+\lambda}-t_\lambda=p_\lambda h, \text{ etc.,}$$
$$u_\mu-u_0=q_0h,\quad u_{\mu+1}-u_1=q_1h \ldots u_{\mu+\lambda}-u_\lambda=q_\lambda h, \text{ etc.,}$$

les nombres $p_0\, p_1 \ldots p_\lambda$, etc., $q_0\, q_1 \ldots q_\lambda$, etc., étant entiers, le nombre h étant aussi entier et quelconque; or, 1° adoptons l'égalité $m(b^2-ac)=h$; 2° désignons successivement par $X_0\, Y_0$, $X_1\, Y_1$, etc., les valeurs que prennent les seconds membres des égalités [T] par les substitutions $t_0\, u_0$, $t_1\, u_1$, etc. ; 3° supposons que le nombre μ soit convenablement déterminé, c'est-à-dire vérifie les égalités [V], on reconnait alors facilement que si un système $t_\lambda\ u_\lambda$ donne à $X_\lambda\ Y_\lambda$ l'état entier, chaque système

$$t_{\lambda+\mu}\ u_{\lambda+\mu},\quad t_{\lambda+2\mu}\ u_{\lambda+2\mu}\ldots t_{\lambda+\omega\mu}\ u_{\lambda+\omega\mu},$$

donne aussi l'état de nombre entier à chacune des valeurs qui composent le système correspondant

$$X_{\lambda+\mu}\ Y_{\lambda+\mu},\quad X_{\lambda+2\mu}\ Y_{\lambda+2\mu}\ldots X_{\lambda+\omega\mu}\ Y_{\lambda+\omega\mu};$$

par conséquent, 1° si parmi les systèmes

$$X_0\ Y_0,\quad X_1\ Y_1\ldots X_{\mu-1}\ Y_{\mu-1},$$

aucun ne présente l'état entier, on sera certain que les formules [T] déduites des formules [P], ou plus simplement, on sera certain que ces dernières formules ne donnent absolument aucun système X, Y applicable à l'équation primitive proposée; 2° si parmi les systèmes

$$X_0\ Y_0,\quad X_1\ Y_1\ldots X_{\mu-1}\ Y_{\mu-1},$$

on trouve plusieurs systèmes $X_\alpha\ Y_\alpha$, $X_\beta\ Y_\beta$, etc., présentant l'état entier, tous les systèmes dont l'état sera entier, applicables à l'équation primitive proposée, et qui sont déduits des formules [P], seront

$$X_{\alpha+\theta\mu}\ Y_{\alpha+\theta\mu},\quad X_{\beta+\theta\mu}\ Y_{\beta+\theta\mu},\ \text{etc.},$$

la lettre θ désignant successivement la série des nombres naturels 0, 1, 2, 3, etc. Les trois groupes [Q], [R], [S] doivent être soumis aux essais indiqués pour le groupe [P], et si l'ensemble de tous ces essais ne donne aucun système X, Y à l'état entier, la résolution en nombres entiers de l'équation proposée est impossible.

Exemple général. Équation proposée.

[A] $$2X^2-6XY+Y^2-14X+10Y+4=0;$$

si l'on pose $X=\frac{x+8}{7}$ $Y=\frac{y-11}{7}$, l'équation [A] devient

[B] $$2x^2-6xy+y^2=581,$$

et celle-ci est, n° 84, liée à l'équation auxiliaire $Z^2-7=581S$; enfin les systèmes *utiles*, solutions de cette dernière sont $z_1 = \pm 182$, $s_1 = 57$; laissant de côté un de ces systèmes, nous recherchérons, 1° une solution de [B] liée au système $z_1 = -182$, $s_1 = 57$; 2° les diverses solutions de [B] liées à cette première solution; 3° les nombres $t_\nu - t_1$, $t_{\nu+1} - t_1$, etc., $u_\nu - u_1$, $u_{\nu+1} - u_1$, etc., multiples exacts de $b^2 - ac = 7$; 4° les relations qui existent entre les deux systèmes x, y et X, Y.

1° Recherche d'une solution de l'équation

$$[B] \qquad 2x^2 - 6xy + y^2 = 581;$$

les deux trinômes extrêmes de la série problématique, n° 60, sont (2 —3 1) et (57 —182 581); chacun de ces trinômes, n° 71, est le point de départ d'une série dont le dernier trinôme est réduit; ces séries sont pour le premier

$$(2\ -3\ 1)(1\ 2\ -3),$$

pour le second

$$(581\ -182\ 57)(57\ -46\ 37)(37\ -28\ 21)(21\ -14\ 9)(9\ -14\ 1)(1\ 2\ -3),$$

et par suite on a, n° 79, la série unique

$$(2\ -3\ 1)(1\ -4\ 9)(9\ -14\ 21)(21\ -28\ 37)(37\ -46\ 57)(57\ -182\ 581);$$

le passage du premier au sixième trinôme aura lieu, n° 59, par les valeurs $x = 4x_1 - 13y_1$, $y = 25x_1 - 81y_1$, égalités qui transforment $2x^2 - 6xy + y^2$ en $57(x_1)^2 - 364x_1y_1 + 581(y_1)^2$, et par conséquent le système $x = -13$, $y = -81$ est une solution de l'équation $2x^2 - 6xy + y^2 = 581$.

2° Recherche des solutions de $2x^2 - 6xy + y^2 = 581$ liées à la première solution $x = -13$, $y = -81$: on doit résoudre en nombres entiers l'équation $t^2 - 7u^2 = 1$, adoptons, n° 93, le trinôme réduit (1 2 —3), et formons, n° 73, la période de ce trinôme, c'est-à-dire

$$(1\ 2\ -3)(-3\ 1\ 2)(2\ 1\ -3)(-3\ 2\ 1)(1\ 2\ -3);$$

le problème, n° 59, montre que les valeurs qui transforment *en lui-même* le trinôme (1 2 —3), sont $x = 2x_1 + 9y_1$, $y = 3x_1 + 14y_1$, on a donc, n° 93,

$$t_1 = \mathrm{T} = \frac{(\alpha_n + \delta_n)m}{2} = 8, \qquad u_1 = \mathrm{U} = \frac{m\gamma_n}{a_0} = 3;$$

la plus faible solution de l'équation $t^2-7u^2=1$ est $T=8$, $U=3$, et par conséquent les deux séries récurrentes sont

$$t_0=1,\ t_1=8,\ t_2=127,\ t_3=2024,\ t_4=32257,\ t_5=514088,\ t_6=8193151,$$
$$t_7=130576328,\ t_8=2081028097, \text{ etc. etc.}$$

$$u_0=0,\ u_1=3,\ u_2=48,\ u_3=765,\ u_4=12192,\ u_5=194307,\ u_6=3096720,$$
$$u_7=49353213,\ u_8=786554688, \text{ etc. etc.};$$

les formules littérales qui donnent les solutions de $2x^2-6xy+y^2=581$ liées à la première solution $x=-13$, $y=-81$, sont, n^{os} **88** et **93**,

$$x=\frac{1}{m}[\beta_0 t-(B_0\beta_0+A_1\delta_0)u], \qquad y=\frac{1}{m}[\delta_0 t+(A_0\beta_0+B_0\delta_0)u],$$

formules dans lesquelles on doit, exemple actuel, substituer à m, α_0, β_0, γ_0, δ_0, A_0, B_0, A_1, les nombres 1, 4, -13, 25, -81, 2, -3, 1, les résultats sont $x=-13t+42u$, $y=-81t+217u$, le remplacement de t, u par les divers systèmes-solutions de $t^2-7u^2=1$, donnerait toutes les solutions de $2x^2-6xy+y^2=581$ liées à la première solution $x=-13$, $y=-81$.

3° Recherche des nombres $t_\mu-t_0$, $t_{\mu+1}-t_1$, $u_\mu-u_0$, $u_{\mu+1}-u_1$, multiples exacts de $m(b^2-ac)=h=7$; on doit, n° **99**, rechercher la plus petite solution applicable à l'équation $\theta^2-h^2D\nu^2=m^2$, équation qui, dans l'exemple actuel, est $t^2-343u^2=1$; adoptons, en suivant le principe, n° **93**, le trinôme réduit (19 1 -18), dont le Déterminant est 343, et formons, n° **73**, la période de ce trinôme

(19 1 -18) (-18 17 3) (3 16 -29) (-29 13 6) (6 17 -9) (-9 10 27)
(27 17 -2) (-2 17 27) (27 10 -9) (-9 17 6) (6 13 -29) (-29 16 3)
(3 17 -18) (-18 1 19) (19 18 -1) (-1 18 19) (19 1 -18).

Le problème, n° **59**, indique que les égalités

$$x=123525869x_n+126908262y_n, \qquad y=133958721x_n+137626787y_n,$$

transforment *en lui-même* le trinôme réduit (19 1 -18), par conséquent la plus faible solution de l'équation $t^2-343u^2=1$, est, n° **93**,

$$t_1=T=\frac{(\alpha_n+\delta_n)m}{2}=130576328, \qquad u=U=\frac{m\gamma_n}{a_0}=7050459;$$

toute valeur de u applicable à l'équation $t^2-7u^2=1$, est obtenue en multipliant par le nombre 7 toute valeur de u applicable à l'équation $t^2-343u^2=1$, par conséquent $u=49353213$ est une solution de u pour l'équation $t^2-7u^2=1$; or, si l'on examine les deux séries récurrentes qui représentent les systèmes de solution applicables à l'équation $t^2-7u^2=1$, on remarque que le nombre 49353213 représente u_7 (paragraphe précédent), ainsi on a u_7-u_0 multiple de 7, on peut d'ailleurs constater que les nombres t_7-t_0 t_8-t_1, u_7-u_0 u_8-u_1 sont des multiples du Déterminant $D=b^2-ac=7$.

4° Recherche des relations qui existent entre les systèmes x y et X Y; reprenant les principes exposés au début du numéro actuel, on a les quatre formules suivantes dans lesquelles les nombres t et u sont positifs :

1° [P] $x=-13t+42u$, $y=-81t+217u$;

2° [Q] $x=13t+42u$, $y=81t+217u$;

3° [R] $x=13t-42u$, $y=81t-217u$;

4° [S] $x=-13t-42u$, $y=-81t-217u$;

on a aussi les égalités $X=\frac{x+8}{7}$, $Y=\frac{y-11}{7}$; or 1° les formules [P] ne présentent depuis t_0 u_0 jusqu'à t_6 u_6 aucun système qui donne à X et à Y l'état de nombres entiers, donc, aucune solution de l'équation primitive proposée

[A] $$2X^2-6XY+Y^2-14X+10Y+4=0$$

ne peut correspondre à ces formules; 2° les formules [Q] dans lesquelles on substitue à t et à u les nombres $t_0=1$, $u_0=0$ donnent $x=13$, $y=81$, et par suite $X=3$, $Y=10$ système applicable à l'équation primitive proposée [A]; on est alors assuré que les formules [Q] dans lesquelles on remplacera successivement par t_7 u_7, t_{14} u_{14}, t_{21} u_{21}, etc., présenteront pour x et y des valeurs qui donneront à X et à Y l'état de nombres entiers : si par exemple, on substitue les valeurs t_7, u_7, le résultat est $x=3770327210$, $y=21286329789$, et par suite $X=53861874$, $Y=3040904254$; 3° les formules [R] donnent des résultats analogues à ceux que présentent les formules [Q], seulement les systèmes t_0 u_0, t_7 u_7 employés pour ces dernières, sont remplacés par les systèmes t_1 u_1, t_8 u_8, etc.; enfin nos remarques sur les formules [P] sont applicables aux formules [S].

CHAPITRE II.

RÉSOLUTION DE L'ÉQUATION $ax^2+2bxy+cy^2+2dx+2ey+f=0$, AVEC LA CONDITION $b^2-ac=0$ *.

106. Etant donnée à résoudre, en nombres entiers, et avec la condition précitée $b^2-ac=0$, l'équation

[A] $$ax^2+2bxy+cy^2+2dx+2ey+f=0;$$

on a démontré, n° **87**, que l'ensemble des trois premiers termes de cette équation pouvait prendre la forme $m(gx+hy)^2$, les nombres g et h étant premiers entre eux, le nombre m étant le plus grand commun diviseur des nombres a, $2b$, c : l'équation [A] devient

[B] $$m(gx+hy)^2+2dx+2ey+f=0,$$

ou si l'on pose [C] $gx+hy=z$

[D] $$z=\frac{u-d}{mg},$$

on a [E] $$u^2+(mfg^2-d^2)=2mg(dh-eg)y:$$

les principes exposés dans la première partie, font connaître, s'il y a lieu, les systèmes applicables à cette dernière équation; désignons par u_1y_1, u_2y_2, u_3y_3, etc., les systèmes dans lesquels les nombres u_1, u_2, u_3, etc., ne sont pas, en valeur absolue, supérieurs au nombre $mg(dh-eg)$; si l'on reprend les formules générales, n° **39**, on reconnait facilement que chaque système u_1y_1 donne une série de systèmes, série représentée par les formules suivantes :

[F] $$U=2mg(dh-eg)(N+1)+u_1,$$

[G] $$Y=2mg(dh-eg)(N+1)^2+2u_1(N+1)+y_1;$$

parmi les systèmes U, Y, on devra rechercher quels sont ceux qui donnent à x

---

* Les nombres a, b, c sont entiers quelconques; si l'égalité $b^2-ac=0$ est une conséquence de l'un des deux groupes de condition $b=0$ $c=0$, $b=0$ $a=0$, l'équation qui vérifie alors la condition $b^2-ac=0$ a été étudiée dans la première partie de ce traité.

et à y l'état de nombres entiers; or, le raisonnement qui amène cette connaissance étant le même pour tous les systèmes $u_1 y_1$, $u_1 y_1$, etc., il nous suffira de l'exposer pour le premier. Reprenons les équations

$$\text{[C]} \quad gx+hy=z \qquad \text{[D]} \quad z=\frac{u-d}{mg},$$

$$\text{[E]} \quad u^2+mfg^2-d^2=2mg(dh-eg)y;$$

de ces équations on déduit 1° que le nombre $\frac{u-d}{mg}=z$ doit être entier; 2° que le nombre $\frac{z-hy}{g}$, représentant x, doit être entier; étudions les conséquences de ces conditions successives : les lettres u et y désignant un système quelconque applicable à l'équation [E] et lié au système u_1 y_1, la condition générale $\frac{u-d}{mg}$, ou z nombre entier est réellement la condition particulière $\frac{u_1-d}{mg}$, ou z_1 nombre entier, on a effectivement, par suite des formules [F], l'égalité

$$\frac{U-d}{mg}=2(dh-eg)(N+1)+\frac{u_1-d}{mg};$$

par conséquent, si le nombre u_1 appartenant au système primitif u_1 y_1 donne au nombre z l'état entier; les valeurs U, déduites de u_1 en employant la formule [F], c'est-à-dire toutes les valeurs déduites de u_1 donneront le même état de nombre entier aux valeurs successives de z, et si le nombre u_1 donne à z_1 l'état fractionnaire, on devra exclure et u_1 et tous les dérivés de ce nombre : admettons l'état entier de $\frac{u_1-d}{mg}$ ou z_1 et examinons la seconde condition $\frac{z_1-hy_1}{g}$ nombre qui doit être entier; si le nombre $\frac{z_1-hy_1}{mg}$ n'est pas un nombre entier, le système primitif $u_1 y_1$ et les dérivés de ce système ne peuvent donner une solution de l'équation proposée; remarquons, en effet, que dans l'hypothèse précitée, le remplacement de u par une valeur u dérivée de u_1, valeur qui conserve à z l'état entier, ne pourrait donner à x l'état entier, le remplacement indiqué donne les résultats

$$z=\frac{u-d}{mg}=2(dh-eg)(N+1)+\frac{u_1-d}{mg};$$

substituons dans l'égalité $gx+hy=z$; 1° à z le nombre entier précédent;

2° à y la valeur générale Y, égalité [G] correspondante à la valeur générale u, on a

$$gx = -2mgh(dh-eg)(N+1)^2 - 2eg(N+1) - 2h(N+1)(u_1-d) + \frac{u_1-d}{mg} - hy_1\,;$$

si nous considérons le second membre de cette égalité; 1° les deux premiers termes sont exactement divisibles par le nombre g; 2° l'hypothèse $\frac{u_1-d}{mg}$ nombre entier prouve que le troisième terme $2h(N+1)(u_1-d)$ est divisible par g, le quatrième $\frac{u_1-d}{mg} - hy_1$, c'est-à-dire $z_1 - hy_1$ n'est pas divisible par g, donc enfin, le nombre x ne peut être entier.

Conclusion. Étant donnée à résoudre, en nombres entiers, l'équation

$$ax^2 + 2bxy + cy^2 + 2dx + 2ey + f = 0$$

avec la condition $b^2 - ac = 0$, on préparera les trois équations

$$gx + hy = z, \quad z = \frac{u-d}{mg}, \quad u^2 + (mfg^2 - d^2) = 2mg(dh-eg)y,$$

on obtiendra les systèmes primitifs $u_1 y_1$, $u_2 y_2$, $u_3 y_3$, etc., c'est-à-dire les systèmes dans lesquels les nombres u_1, u_2, u_3, etc., ne sont pas, en valeur absolue, supérieurs à $mg(dh-eg)$; on adoptera, parmi ces systèmes, ceux qui vérifient les conditions

[M] $\frac{u-d}{mg}$ (nombre entier), [N] $\dfrac{\frac{u-d}{mg} - hy}{g}$ (nombre entier).

Si par exemple, le système $u_2 y_2$ vérifie les deux égalités précédentes, les formules générales [F] et [G] représenteront l'ensemble des systèmes dérivés de $u_2 y_2$ applicables à l'équation proposée ; ces systèmes seront

[P] $$Y = 2mg(dh-eg)(N+1)^2 + 2u_2(N+1) + y_2,$$

[Q] $$X = \dfrac{\frac{U-d}{mg} - hY}{g}:$$

si un système $u_1 y_1$ ne vérifie pas les conditions [M] et [N], ce système et ses dérivés ne pourront donner une solution de l'équation primitive proposée :

finalement 1° si nous admettons, ce qui est toujours permis, n° **39**, que toutes les solutions U de l'équation [E] sont représentées par les formules [F]; 2° si la non vérification des conditions [M] et [N] s'étend à tous les systèmes, en nombre limité $u_1\, y_1$, $u_2\, y_2$, etc., la résolution du problème énoncé est impossible.

Exemple. L'équation proposée est

$$[A] \qquad 245x^2-140xy+20y^2-95x-97y+165=0,$$

ou après multiplication par le nombre 2,

$$[A_1] \qquad 490x^2-280xy+40y^2-190x-194y+330=0;$$

cette dernière équation, si l'on pose $7x-2y=z$ et $z=\frac{u+95}{70}$ devient

$$[A_2] \qquad u^2+152675=121660y;$$

cette dernière équation doit être résolue, en suivant les principes exposés dans notre première partie; si l'on pose $y=\frac{V+1932}{1540}$, elle prend la forme $u^2+47=79V$, et cette dernière équation, soumise aux essais indiqués n° **47**, donne $79.3=7^2+2^2.47$; de là, n° **46**, tableau VII, $2n+1=7$, $n=3$, $n^2+r=56$; donc $V=168$, $u=115$; de là enfin les deux systèmes $V=17$, $u=36$, $v=24$, $u=43$, etc., on doit actuellement chercher les valeurs de V qui donnent à y la propriété d'être un nombre entier; or, on a $y=\frac{V+1932}{1540}$, et par conséquent un examen attentif de l'exemple actuel montre que les nombres V et u^2 doivent être terminés, le premier par 68, le second par 25; si donc on prépare les deux systèmes de u et de V qui remplissent ces conditions, c'est-à-dire les systèmes $u=115$, $V=168$, $u=675$, $V=5768$; on doit ensuite ajouter successivement aux valeurs de u le nombre invariable 79.10, déduire le nombre V, augmenter ce dernier nombre de 1932 et examiner si le résultat est exactement divisible par 1540; ces opérations successives ont une régularité qui permet d'abréger le calcul, elles sont d'ailleurs limitées puisque le nombre u ne doit pas être supérieur à $\frac{121660}{2}$;

cette recherche amène les huit systèmes suivants applicables à l'équation précitée $u^2+152675=121660y$,

$$u_1=\pm 675,\quad y_1=5;\quad u_2=\pm 4855,\quad y_2=195;$$
$$u_3=\pm 16705,\quad y_3=2295;\quad u_4=\pm 22235,\quad y_4=4065;$$
$$u_5=\pm 38595,\quad y_5=12245;\quad u_6=\pm 44125,\quad y_6=16005;\quad u_7=\pm 55975,$$
$$y_7=25755;\quad u_8=\pm 60155,\quad y_8=29745;$$

parmi ces groupes, adoptons ceux qui donnent aux quantités $\frac{u-d}{mg}=z$, $\frac{z-hy}{g}=x$, la propriété d'être des nombres entiers, on a

$$u_1=+675,\quad y_1=5;\quad u_2=-4855,\quad y_2=195;\quad u_3=16705,\quad y_3=2295,$$
$$u_4=22235,\ y_4=4065;\quad u_5=-38595,\ y_5=12245;\quad u_6=-44125,$$
$$y_6=16005;\quad u_7=55975,\quad y_7=25755;\quad u_8=-60155,\quad y_8=29745:$$

Ces couples font connaître les solutions de l'équation proposée; ainsi par exemple, le système $u_2=-4855, y_2=195$ donne 1° à $\frac{u_2-d}{mg}$, c'est-à-dire à z_2, la valeur -68; 2° à $\frac{z_2-hy_2}{g}$ la valeur $+46$; par conséquent, le système $y=195$, $x=46$ est une solution de l'équation proposée : si actuellement, dans la formule générale $U=2mg(dh-eg)(N+1)+u_1$, on suppose $N=1$, $u_1=u_2=-4855$, on obtient une valeur dérivée de u_2, c'est-à-dire $U=238465$; si ensuite dans [P], conclusion précédente, on substitue à N, y_1, u_1, les nombres 1, 195, -4855, on obtient $Y=467415$; si enfin, dans [Q] et à U, Y, on substitue les nombres 238465, 467415, on obtient $X=134034$, et le système $Y=467415$, $X=134034$, système dérivé de $u_2 y_2$, constitue une autre solution de l'équation proposée; dans les mêmes conditions l'égalité $N=3$ donne $Y=1907915$, $X=546102$, etc.

QUATRIÈME PARTIE.

RECHERCHES SUR LES RACINES PRIMITIVES. — TABLE DE CES RACINES POUR LES NOMBRES PREMIERS COMPRIS ENTRE 1 ET 10000 *.

107. La théorie qui fait le sujet principal de cet essai, doit, comme la théorie précédente, son origine à Euler; elle a été reprise successivement par Lagrange, Legendre, Gauss, Poinsot, Cauchy, Jacobi, etc. Plus récemment, M. Poinsot, ajoutant divers théorèmes à la partie déjà connue, a cru devoir rappeler, en termes aussi lucides qu'élégants, l'attention des géomètres sur l'importance de cette étude; encouragé par cet appel, nous avons continué des recherches entreprises depuis plusieurs années, le Traité qui précède montre que le sujet a pris quelque extension; la réunion du Mémoire actuel à ce Traité n'est pas d'ailleurs une adjonction sans cause, la plupart des principes que nous exposons plus loin, trouvent leur application dans le travail précédent, et Legendre a dit avec raison, un seul et même titre, *Théorie des Nombres*, doit comprendre cet ensemble mathématique. Nous divisons cette étude en trois chapitres : 1° Préliminaires, développements sur le théorème de Fermat; 2° Relations des racines primitives entre elles; 3° Recherche d'une racine primitive d'un nombre.

---

* Cette partie présente plusieurs applications des principes précédents à la recherche des racines primitives : détachée de l'étude actuelle sous le nom de *Mémoire*, elle a été présentée à l'Académie des sciences; l'Académie, après rapport, a ordonné l'insertion du Mémoire au recueil des savants étrangers; mais, on le sait, cette insertion est toujours tardive et formera d'ailleurs une publication incomplète. Remarquons que le Mémoire, dont le fond est resté le même, a subi des changements par suite d'études faites après la présentation, changements tels que l'ensemble forme ici un examen assez complet des racines primitives, ce chapitre peu étudié jusqu'ici, et néanmoins important dans la théorie des nombres.

CHAPITRE PREMIER.

PRÉLIMINAIRES, DÉVELOPPEMENTS SUR LE THÉORÈME DE FERMAT.

108. Lemme. Si on a, 1° une progression géométrique [A] $\varepsilon^0\ \varepsilon^1\ \varepsilon^2\ \varepsilon^3, \ldots \varepsilon^t$, etc. le nombre ε entier; 2° un nombre P premier à ε; il existe, outre le terme ε^0 de la progression, au moins un terme ε^t, le nombre t inférieur à P, tel que l'expression $\frac{\varepsilon^t-1}{P}$ est un nombre entier. Le nombre P premier à ε est premier à une puissance de ε, par conséquent aucun terme de la progression n'est divisible par P; si donc on considère plus de P—1 termes, ces termes ne pourront tous avoir des restes différents; ainsi depuis ε^0 jusqu'à ε^{P-1} il y a *au moins* deux termes qui donnent des restes égaux; admettons l'exactitude des égalités $\varepsilon^m = P.Q+R$, $\varepsilon^n = P.Q_1+R$, soit $m>n$, on a après soustraction $\varepsilon^n(\varepsilon^{m-n}-1)=P.H$; par suite $\varepsilon^{m-n}=M:P+1$, le principe est donc démontré.

Observation. Les restes qui suivent la reproduction du reste 1, sont exactement et dans le même ordre, ceux qui ont été obtenus dans la première série d'opérations; en effet, chaque reste est déduit de celui qui précède, en multipliant ce dernier par ε, et en divisant le produit par P; deux restes égaux amènent donc évidemment deux restes qui ont entre eux la même propriété; cette circonstance caractéristique partage les restes en un nombre indéfini de groupes ou périodes; or, on peut établir le lemme suivant.

109. Lemme. Si les données et les notations du lemme précédent subsistent, si le nombre P est premier absolu; si le premier reste 1 reproduit correspond au terme ε^t de la progression [A], c'est-à-dire si le nombre des termes de la période est t, le nombre t est un diviseur exact de P—1; reprenons la progression géométrique [A], notons les restes donnés par les divisions successives; dans ces conditions, on a les deux suites :

[A]	Dividendes	ε^0	ε^1	ε^2	$\varepsilon^3 \ldots \varepsilon^{t-1}$	ε^t	$\varepsilon^{t+1} \ldots \varepsilon^{P-1}$,		
[B]	Restes	1	R_1	R_2	$R_3 \ldots R_{t-1}$	1	$R_1 \ldots 1$,		

multiplions par 2 tous les nombres de la suite [A], et consignons les divers restes donnés par les produits divisés par P, on a dans le même ordre la suite.

$[B_1]$	Restes	2	S_1	S_2	$S_3 \ldots S_{t-1}$	2	$S_1 \ldots 2 \ldots$ etc.;

si on répète sur [A] cette opération, en substituant à 2 et successivement la suite naturelle 3, 4, 5....P—1, si après chaque opération on note les restes obtenus, l'ensemble de ces restes donne le tableau suivant :

1	R_1	R_2	$R_3 \dots R_n$	$R_{n+1} \dots R_q$	$R_{q+1} \dots 1$	R_1	etc.
2	S_1	S_2	$S_3 \dots S_n$	$S_{n+1} \dots S_q$	$S_{q+1} \dots 2$	S_1	etc.
3	T_1	T_2	$T_3 \dots T_n$	$T_{n+1} \dots T_q$	$T_{q+1} \dots 3$	T_1	etc.
4	U_1	U_2	$U_3 \dots U_n$	$U_{n+1} \dots U_q$	$U_{q+1} \dots 4$	U_1	etc.
⋮	⋮	⋮	⋮ ⋮	⋮ ⋮	⋮ ⋮	⋮	
P—1	V_1	V_2	$V_3 \dots V_n$	$V_{n+1} \dots V_q$	$V_{q+1} \dots$ P—1	V_1	etc.

1° Si l'on considère deux séries horizontales consécutives, troisième et quatrième, par exemple, la similitude entre ces deux séries de restes ne peut être partielle; cette similitude est complète ou nulle; en effet, l'égalité de deux restes, par exemple, l'égalité $T_n = U_q$ amène nécessairement l'égalité $T_{n+1} = U_{q+1}$, ainsi de suite; 2° si on compte d'une manière arbitraire le nombre des restes différents que contient ce tableau, on remarque que tous ces restes n'étant pas supérieurs à P—1, le nombre des restes différents ne peut être supérieur à P—1, mais ce nombre est exactement P—1, puisque la première colonne verticale présente la suite naturelle 1, 2, 3....P—1; ainsi en désignant ce nombre par N, on a $N = P - 1$: si actuellement on fait le même compte en additionnant les lignes horizontales, la première de ces lignes présente t restes différents; si à ce nombre on ajoute ceux de la seconde ligne horizontale qui sont eux-mêmes tous différents, en comptant jusqu'à la première réapparition du nombre 2, la somme sera t ou sera $2t$, puisque les termes de cette seconde série sont tous égaux ou tous inégaux à ceux de la première série; cette nouvelle somme partielle, augmentée des restes de la troisième ligne, donne une somme qui est t, $2t$, $3t$, suivant l'état de similitude que présentent les trois lignes précitées; continuant les additions successives, le total général sera un multiple de t, par conséquent le nombre N est un multiple de t, de là $mt = P - 1$, et par suite $t = \frac{P-1}{m}$; le principe est donc démontré.

Observation. Dans les hypothèses admises, on a la suite d'égalités *Reste* de $\varepsilon^t = 1$, *Reste* de $\varepsilon^{2t} = 1$, ... *Reste* de $\varepsilon^{mt} = 1$, c'est-à-dire *Reste* de $\varepsilon^{P-1} = 1$, ou finalement $\frac{\varepsilon^{P-1} - 1}{P}$ égal à un nombre entier; ainsi : *Le binôme* $\varepsilon^{P-1} - 1$, *dans le-*

quel le nombre P *est premier, est toujours divisible par* P, *en prenant pour* ε *un nombre quelconque premier à* P. Ce principe, remarquable par son élégance et par sa grande utilité, s'appelle ordinairement *Théorème* de **FERMAT**, du nom de l'auteur; il régularise la relation générale, qui, dans les conditions indiquées, unit les diverses parties des deux séries

[A] $\varepsilon^0\ \varepsilon^1\ \varepsilon^2 \ldots\ \varepsilon^t\ \varepsilon^{t+1} \ldots\ \varepsilon^n\ \varepsilon^{n+1} \ldots\ \varepsilon^{P-1}$,

[B] $1\ R_1\ R_2 \ldots 1\ R_1\ \ldots\ 1\ R_1\ \ldots\ 1$.

De cet ensemble on déduit plusieurs remarques curieuses que nous ne ferons qu'indiquer, en renvoyant, pour explications plus amples, aux traités sur la matière.

1° Si on multiplie par un nombre g, premier à P, tous les termes de la série [A], si on divise les produits par P, cette opération laisse invariable le nombre des termes de la période, et si le nombre de ces termes était inférieur à P — 1, les termes de la nouvelle période sont tous égaux, mais dans un autre ordre, ou tous inégaux à ceux de l'ancienne période [B].

2° Si le nombre des termes de la période est *maximum*, c'est-à-dire est P — 1, le nombre ε reçoit ordinairement le nom de *Racine primitive* de P; si alors on multiplie par g tous les termes de la progression [A], si on divise les produits par P, il est manifeste que chaque terme de la nouvelle période a son égal dans la période [B] : le rang de ce terme dépend de la valeur de g.

3° Le produit de tous les termes d'une période est 1° un multiple de P, augmenté de l'unité, lorsque le nombre des termes de cette période est impair; 2° un multiple de P, diminué de l'unité, lorsque le nombre des termes de cette période est pair : or, si la période est maximum, cette période est d'ordre pair; on a donc le théorème suivant, attribué à Wilson : *Le produit, de tous les nombres entiers plus petits qu'un nombre premier* P *étant augmenté de l'unité est divisible par ce nombre premier.*

4° La somme, soit de tous les termes d'une période, soit des nombres naturels 1 2 3 .... P — 1, le nombre P premier, est toujours divisible par P.

110. Les remarques que nous venons de consigner ne sont liées que d'une manière très-indirecte à notre étude actuelle; il nous était donc permis, peut-être même ordonné de renvoyer le lecteur aux traités sur la matière; ce motif n'est plus de mise pour la question suivante, qui est réellement notre point de départ dans les recherches qui composent cette partie. Tout nombre premier a-t-il des racines primitives? en d'autres termes, un nombre P premier absolu étant donné, peut-on toujours trouver des nombres tels que chacun d'eux, élevé aux puissances successives 1 2 3 .... P — 1, donne, si on divise les résultats par P, le nombre maximum de restes différents? la réponse, qui est affirmative, exige des développements assez considérables, se compose de divers lemmes ou théorèmes que nous allons examiner.

111. Lemme. Une équation indéterminée

$$Ax^m + Bx^{m-1} + Cx^{m-2} + \dots + Sx + T = P.y$$

du degré m, ne peut avoir, si le nombre P est premier, plus de m solutions de x en nombres entiers et inférieurs à P*. Considérons le polynôme rationnel et entier du degré m et de la forme $x^m + px^{m-1} + qx^{m-2} + \dots sx + t$; prenons m quantités quelconques α, β, γ, δ .... σ, τ; divisons le polynôme que nous appelons X par le binôme $x - \alpha$ jusqu'à ce que le reste ne contienne plus la lettre x, ce qui est toujours possible; on aura l'équation $X = (x-\alpha)X' + X_\alpha$, le quotient X' étant un polynôme du degré $m - 1$ en x, et le reste X_α étant le polynôme proposé où l'on a changé x en α; divisons de même X' par $(x - \beta)$, le résultat sera $X' = (x-\beta)X'' + X'_\beta$; continuons de même de diviser X'' par $(x - \gamma)$, et ainsi de suite jusqu'au dernier polynôme $X^{(m-1)}$, qui ne sera plus que du premier degré en x; divisons $X^{(m-1)}$ par $(x - \tau)$, et nous aurons enfin $X^{(m-1)} = (x-\tau) + X_\tau^{(m-1)}$; substituons maintenant, dans la première équation, à la place de X' sa valeur donnée par la seconde, et, dans l'équation résultante, à la place de X'' sa valeur donnée par la troisième, ainsi de suite, nous aurons l'équation finale

$$[A] \quad X = X_\alpha + (x-\alpha)X'_\beta + (x-\alpha)(x-\beta)X''_\gamma + (x-\alpha)(x-\beta)(x-\gamma)X'''_\delta + \dots$$
$$\dots + (x-\alpha)(x-\beta)(x-\gamma)\dots(x-\sigma)(x-\tau),$$

équation identique, c'est-à-dire qui aura lieu, quelles que soient les quantités substituées aux lettres α, β, γ, δ .... σ, τ.

Soit actuellement P un nombre premier quelconque; considérons les nombres entiers x inférieurs à P et qui peuvent rendre le polynôme X divisible par P;

---

* Une solution de x en nombres entiers, étant supérieure à P, peut perdre un multiple de ce dernier nombre; les solutions inférieures à P sont donc les seules qui méritent examen, le nombre des autres étant toujours indéterminé.

ces nombres entiers seront les solutions ou racines de l'équation indéterminée $X = \mathfrak{M} : P$, en désignant par $\mathfrak{M} : P$ un multiple quelconque de P; or il est certain que cette équation ne peut avoir plus de racines qu'il n'y a d'unités dans le degré m de la proposée. Reprenons, en effet, l'équation [A] : 1° nous voyons que α étant un nombre entier inférieur à P, et donnant au polynôme X l'état multiple de P, de manière que X_α, c'est-à-dire $\alpha^m + p\alpha^{m-1} + q\alpha^{m-2} + \ldots + s\alpha + t$ soit multiple de P; ce même polynôme X devient alors, à ce dernier multiple près de P,

$$[B] \quad X = (x-\alpha)X'_\alpha + (x-\alpha)(x-\beta)X''_\gamma + \ldots + (x-\alpha)(x-\beta)(x-\gamma)\ldots \ldots (x-\sigma)(x-\tau);$$

2° De même si β est un nombre entier inférieur à P et donnant à X l'état multiple de P, de manière que X_β, c'est-à-dire $\beta^m + p\beta^{m-1} + q\beta^{m-2} + \ldots + s\beta + t$, soit multiple de P; comme l'égalité [B], dont le second membre est, à un multiple près de P, le polynôme X devient alors $X_\beta = (\beta - \alpha)X'_\beta$; on a l'égalité $(\beta - \alpha)X'_\beta = \mathfrak{M} : P$; de l'ensemble des conditions $(\beta-\alpha)X'_\beta = \mathfrak{M} : P)$, $(\beta-\alpha)$ non multiple de P, on déduit l'égalité $X'_\beta = \mathfrak{M} : P$, et, par suite, on peut assurer que le polynôme X est, à un multiple près de P, réduit à l'expression

$$[C] \quad X = (x-\alpha)(x-\beta)X''_\gamma + \ldots + (x-\alpha)(x-\beta)(x-\gamma)\ldots(x-\sigma)(x-\tau);$$

3° De même si γ est un nombre entier inférieur à P, et donnant à X l'état multiple de P, de manière que X_γ, c'est-à-dire $\gamma^m + p\gamma^{m-1} + q\gamma^{m-2} + \ldots + s\gamma + t$, soit multiple de P; on en conclura l'égalité $X''_\gamma = \mathfrak{M} : P$; ainsi de suite; de sorte que l'on peut établir le principe suivant : Si les lettres $\alpha, \beta, \gamma, \delta \ldots \sigma, \tau$ désignent m nombres entiers inférieurs à P, qui rendent X divisible par P, le polynôme X du degré m sera, à des multiples près de P, équivalent au produit de m facteurs binômes $x-\alpha$, $x-\beta$, $x-\gamma \ldots x-\sigma$, $x-\tau$; ainsi il n'y aura pas plus de manières de rendre le polynôme X divisible par P qu'il n'y en a pour le produit équivalent dont il s'agit : or, le nombre P étant premier, ne peut devenir divisible par P qu'autant que l'un des facteurs le sera séparément, mais il est évident que chacun d'eux, tel que $(x-\alpha)$, ne peut l'être que pour une seule valeur de x inférieure à P, c'est-à-dire $x = \alpha$; donc l'équation indéterminée $X = \mathfrak{M} : P$ du degré m ne peut avoir plus de m racines ou solutions, en nombres entiers inférieurs à P.

Nous avons admis que le coefficient de x^m était l'unité, parce que l'on peut toujours réduire à cette forme une équation quelconque

$$Ax^m + Bx^{m-1} + Cx^{m-2} + \text{etc.},$$

en ajoutant aux coefficients B, C, etc. des multiples convenables de P qui les rendent tous divisibles par le coefficient A que nous supposons premier à P; ces multiples, qui ne changent pas le nombre des racines de la proposée, sont obtenus par des équations indéterminées et toujours possibles du premier degré et de la forme $B + K.P = A.e$. Si le nombre A n'est pas premier à P, ce nombre a la forme P.H, on peut alors supprimer le premier terme de l'équation proposée, laquelle ne serait ainsi que du degré $m-1$.

Cette démonstration suppose essentiellement que le nombre P soit un nombre premier, car s'il s'agissait d'un nombre non premier N, le produit des binômes $(x-\alpha)(x-\beta)(x-\gamma)\ldots(x-\sigma)(x-\tau)$ pourrait encore être divisible par N sans qu'aucun d'eux le fût séparément; il suffirait que l'un de ces binômes fût divisible par un facteur de N et un autre par l'autre facteur; ainsi, l'équation $X = \mathfrak{M} : N$ peut avoir, si N est un nombre composé, plus de racines qu'il n'y a d'unités dans l'exposant de son degré; on pourrait d'ailleurs compter le nombre des solutions possibles par le nombre de toutes les manières possibles de décomposer le nombre N en différents facteurs premiers entre eux.

112. Théorème. Si on désigne par α, β, γ, δ, etc. les facteurs simples inégaux qui entrent dans la composition d'un nombre quelconque N, la formule $n = \frac{N(\alpha-1)(\beta-1)(\gamma-1)\ldots}{\alpha.\beta.\gamma\ldots}$ indique combien il y a de nombres qui soient inférieurs et premiers à N. Si de la suite [A] 1 2 3 4 .... N on ôte tous les multiples de α, si des nombres restants on ôte tous les multiples de β, ainsi de suite, il est clair qu'on aura ôté tous les nombres qui peuvent avoir, avec N, quelque commun diviseur; alors les nombres restants, qui ne peuvent avoir aucun des facteurs simples de N, seront nécessairement premiers à N; précisons les résultats de ces soustractions successives : 1° Le nombre N étant un multiple de α, et pouvant être caractérisé par $p.\alpha$, la suite naturelle [A] présente la suite [H] α, 2α, 3α, 4α .... $p\alpha$, c'est-à-dire présente $p = \frac{N}{\alpha}$ multiples de α, et par conséquent la suite [A], modifiée par la soustraction des termes de [H], ne présente plus que [B] $N' = N - \frac{N}{\alpha}$ termes; 2° de la suite des N′ nombres non consécutifs il faut ôter les multiples de β; or je dis qu'il y en a, proportionnellement, la même partie aliquote que dans les N premiers nombres consécutifs de [A], c'est-à-dire qu'il y en a $\frac{N'}{\beta}$, car je puis voir cet ensemble de N' termes comme composé de la suite totale [A] des N premiers termes, moins la suite [H] $\alpha\ 2\alpha\ 3\alpha \ldots\ p\alpha$, formant les $\frac{N}{\alpha}$ multiples de α; or la suite totale [A], formée de N nombres consécutifs, présente, paragraphe 1°, $\frac{N}{\beta}$ multiples de β; la suite [H], formée de p termes, présente, proportionnellement, la même partie aliquote, c'est-à-dire $\frac{p}{\beta}$ multiples de β, puisque, divisant par α chaque terme de cette suite [H] (division qui est sans influence sur *le nombre* des multiples de β), la nouvelle suite formée par p nombres consécutifs, offrirait certes alors, paragraphe 1°, $\frac{p}{\beta}$ multiples de β. Concluons : Dans chacune des suites [A] et [B]; suites présentant, la première N, la seconde p termes; le nombre des multiples de β est, proportionnellement, la même partie aliquote, c'est-à-dire est $\frac{N}{\beta}$ pour la première, $\frac{p}{\beta}$ pour la seconde; par conséquent, dans la suite, composée de N' termes, qui est comme la différence des deux précédentes, le nombre des multiples de β est encore, proportionnellement, la même aliquote, c'est-à-dire est $\frac{N'}{\beta}$; désignant par N'' les termes restants, on a $N''=N'-\frac{N'}{\beta}$; de ces nombres N'' il faut ôter les multiples de γ; or, je dis qu'il y en a, proportionnellement, la même partie aliquote que dans les N premiers termes, ou dans les N' seconds, c'est-à-dire qu'il y en a $\frac{N''}{\gamma}$, car je puis voir ces N'' restants comme composés des N' précédents, moins les $\frac{N'}{\beta}$ multiples de β qui y sont contenus; or la première suite renferme $\frac{N'}{\gamma}$ multiples de γ, et la seconde renferme la même aliquote; donc, dans la différence N'' il y a $\frac{N''}{\gamma}$ multiples de γ; en les ôtant, on aura, pour les N''' restants [D], $N'''=N''-\frac{N''}{\gamma}$; ainsi de suite : des égalités [B] [C] [D] on déduit $N'''=n=\frac{N(\alpha-1)(\beta-1)(\gamma-1)}{\alpha.\beta.\gamma}$; le principe est donc démontré.

Corollaire. Le nombre donné N étant égal à $\alpha^{\lambda}\beta^{\mu}\gamma^{\nu}$, la formule précédente peut prendre la forme $n=\alpha^{\lambda-1}(\alpha-1)\beta^{\mu-1}(\beta-1)\gamma^{\nu-1}(\gamma-1)$; or, les facteurs $\alpha^{\lambda-1}(\alpha-1)$, $\beta^{\mu-1}(\beta-1)$, $\gamma^{\nu-1}(\gamma-1)$ marquent respectivement et par ordre combien il y a de nombres inférieurs et premiers aux nombres α^λ, β^μ, γ^ν, c'est-à-dire aux facteurs premiers entre eux du nombre N; par conséquent, si le nombre N est décomposé en facteurs Q, R, S, etc., premiers entre eux, le nombre n qui représente combien il y a de nombres inférieurs et premiers à N est égal au produit de ceux qui représentent combien il y a de nombres inférieurs et premiers à chacun des facteurs Q, R, S, etc., de N; ainsi, en indiquant, comme l'a fait *Euler*, par la notation $\varphi(N)$ la multitude des nombres inférieurs et premiers à un nombre N; si l'on suppose ce nombre décomposé d'une manière quelconque en facteurs Q, R, S, etc., premiers entre eux, on a la formule

$$\varphi(N)=\varphi(Q)\cdot\varphi(R)\cdot\varphi(S), \text{ etc.}$$

113. Théorème. Si l'on considère tous les diviseurs possibles d'un nombre quelconque N et qu'on veuille compter combien il y a de nombres inférieurs et premiers à chacun de ces diviseurs, la somme totale est le nombre N lui-même; en d'autres termes, si l'on désigne les diviseurs de N par les lettres d, d', d'', etc., et si l'on adopte la notation indiquée par Euler, on a la formule suivante $\varphi(d)+\varphi(d')+\varphi(d'')+\ldots=N$. Le nombre N étant égal à $\alpha^\lambda\,\beta^\mu\,\gamma^\nu$, les diviseurs de N sont les produits 2 à 2, 3 à 3 des termes que présentent les trois progressions géométriques

$$1\;\alpha^1\;\alpha^2\;\alpha^3\ldots\alpha^\lambda,\quad 1\;\beta^1\;\beta^2\;\beta^3\ldots\beta^\mu,\quad 1\;\gamma^1\;\gamma^2\;\gamma^3\ldots\gamma^\nu;$$

par conséquent, si on ne considère d'abord que les diviseurs élémentaires qui constituent les termes des progressions, on a une partie des nombres inférieurs et premiers aux diviseurs de N, partie représentée par les formules

$$1+\varphi(\alpha)+\varphi(\alpha^2)+\varphi(\alpha^3)+\ldots\varphi(\alpha^\lambda),\quad 1+\varphi(\beta)+\varphi(\beta^2)+\varphi(\beta^3)+\ldots\varphi(\beta^\mu),$$
$$1+\varphi(\gamma)+\varphi(\gamma^2)+\varphi(\gamma^3)+\ldots\varphi(\gamma^\nu);$$

or, il est manifeste, corollaire précédent, que si l'on fait les produits de ces dernières séries, on a pour résultat une suite de termes dont chacun marque combien il y a de nombres inférieurs et premiers à chaque terme du produit de nos progressions, et par conséquent à tous les diviseurs possibles de N, mais chaque série $1+\varphi(\alpha)+\varphi(\alpha^2)+\ldots\varphi(\alpha^\lambda)$ est égale, n° précédent, à

$$1+(\alpha-1)+\alpha(\alpha-1)+\alpha^2(\alpha-1)+\alpha^3(\alpha-1)+\ldots\alpha^{\lambda-1}(\alpha-1),$$

c'est-à-dire est égal à l'unité augmentée d'une progression géométrique dont la somme est $\alpha^\lambda - 1$; ainsi la première série est égale à $1 + \alpha^\lambda - 1 = \alpha^\lambda$; de même la seconde série vaut en somme β^μ, la troisième γ^ν, ainsi de suite ; donc le produit de ces séries ou le nombre des termes qui marque combien il y a de nombres inférieurs et premiers à tous les diviseurs de N est $\alpha^\lambda\,\beta^\mu\,\gamma^\nu$, c'est-à-dire le nombre N lui-même.

114. Reprenons actuellement la question principale, n° **110** : nous avons caractérisé la nature de la relation qui unit les deux séries dividendes $\varepsilon^0\,\varepsilon^1\,\varepsilon^2 \ldots \varepsilon^t \ldots \varepsilon^{P-1}$, restes $1\ R_1\ R_2 \ldots 1 \ldots 1$; dans les conditions indiquées les nombres qui sont diviseurs de $P-1$ peuvent seuls, n° **109**, servir d'exposants aux plus petites puissances de ε *, capables de donner le reste 1, on est donc porté à chercher si tous les diviseurs de $P-1$, possèdent cette propriété ; en d'autres termes, étant donné un diviseur quelconque d de $P-1$, peut-on toujours trouver un nombre ε_1 inférieur à P, tel que si on divise par P chaque terme de la progression $\varepsilon_1^0\,\varepsilon_1^1\,\varepsilon_1^2 \ldots \varepsilon_1^d$, la première reproduction du reste 1 ait lieu pour le dividende ε_1^d, et dans le cas affirmatif, peut-on indiquer combien il y a de nombres qui possèdent cette propriété. Admettons l'existence d'un de ces nombres, désignons-le par a, on a les deux suites

[A]	Dividendes	$a^0\,a^1\,a^2\,a^3 \ldots a^k \ldots a^d$,
[B]	Restes	$1\ R_1\ R_2\ R_3 \ldots R_k \ldots 1$,

l'égalité Reste $a^d = 1$ donne l'égalité Reste de $(a^k)^d = 1$ ou Reste de $(R_k)^d = 1$; par conséquent, admettant l'exactitude de l'hypothèse primitive, on est certain que chacun des termes de la suite [B] élevé à la puissance d donnera le reste 1, et comme cela peut s'exprimer en disant que les restes des nombres $(a^1)^d (a^2)^d (a^3)^d \ldots (a^d)^d$, restes qui sont tous différents, sont les racines entières de l'équation indéterminée $x^d - 1 = \mathfrak{M} : P$, laquelle ne peut avoir, n° **111**, plus de d racines entières différentes, il est évident qu'il n'y a pas de nombres, autres que les restes précités, dont les puissances d donnent le reste 1, ainsi de l'existence admise d'un des nombres que nous cherchons, on conclut que tous les autres doivent avoir place parmi les termes de la suite [B] ; il suffira de faire parmi ces derniers,

* Dans toute cette partie, nous admettons l'exactitude de l'inégalité $\varepsilon < P$: cette hypothèse n'altère pas la généralité du raisonnement ; en effet, toute puissance (ε_1), $\varepsilon_1 > P$, qui donne le reste 1 doit être évidemment rapportée à la puissance t du nombre ε, qui est le nombre ε_1 ayant perdu un multiple de P.

un choix convenable; il suffira d'élever chacun d'eux, ou plus simplement en théorie, il suffira d'élever chaque terme de la suite [A] aux puissances 0, 1, 2, 3, ... d, de diviser le résultat par P et de conserver parmi les nombres de la suite [A], qui sert de point de départ pour chaque opération, ceux dont la puissance d donne la première reproduction du reste 1, or, ce choix est facile lorsque l'on a constaté les deux faits suivants : le nombre k étant premier à d toutes les puissances de a^k inférieures à d ne peuvent donner le reste 1, le nombre k n'étant pas premier à d, si on élève a^k aux diverses puissances 0, 1, 2, 3, ... d, la reproduction du reste 1 correspond à un dividende $(a^k)^h$ dont l'exposant h est inférieur à d : 1° les nombres k et d étant premiers entre eux, on ne peut avoir reste de $(a^k)^e = 1$, le nombre e étant inférieur à d, en effet, les suites [A] et [B] prouvent que les termes $a^d\ a^{2d} \ldots a^{md}$ peuvent seuls, étant divisés par P, donner le reste 1 ; or, les facteurs premiers à d ne peuvent *tous* appartenir au nombre e qui est plus petit que d, le nombre k est premier à d, donc le nombre $e.k$ ne peut être un multiple de d; ainsi, dans les conditions indiquées, l'égalité reste de $(a^k)^e = 1$ est inadmissible ; 2° si les nombres k et d ont un commun diviseur δ, on a les égalités $k = \delta . m$, $d = \delta . n$ et l'inégalité $n < d$; or on a d'ailleurs l'égalité reste de $a^d = 1$, égalité qui peut prendre la forme reste $(a^{\delta n}) = 1$, par suite reste $(a^{\delta . m})^n = 1$, ou enfin reste $(a^k)^n = 1$, égalité qui démontre le second fait énoncé. Concluons : étant donné un diviseur quelconque d de P — 1, si l'on admet l'existence d'un nombre a inférieur à P, et tel que si l'on divise par P, chaque terme de la progression $a^0\ a^1\ a^2 \ldots a^d$, la première reproduction du reste 1 ait lieu pour le dividende a^d, cette existence admise, on est assuré que la lettre a présente autant de valeurs qu'il y a de nombres premiers à d dans la série 1, 2, 3 .... d; adoptant alors la notation indiquée par Euler, le nombre de ces derniers est $\varphi(d)$, et par conséquent, si nous désignons par $\psi(d)$ le nombre encore problématique qui marque combien il existe de nombres relatifs à d possédant la propriété générale précitée; les raisonnements qui précèdent établissent l'exactitude de l'une des deux égalités $\psi(d) = 0$, $\psi(d) = \varphi(d)$; or, les développements qui suivent prouvent que la seconde de ces deux égalités est seule exacte.

Si l'on considère l'un des nombres inférieurs à P, si ce nombre, substitué à la lettre générale ι, n° **108**, est soumis aux opérations indiquées dans ce même n° **108**, il est manifeste qu'une puissance de ce nombre, puissance dont l'exposant est diviseur de P — 1, n° **109**, donne un terme dont le reste est la première reproduction du reste 1 ; si nous admettons, par exemple, que la puissance caractérisée actuellement soit d, le nombre adopté *appartiendra* à la notation $\psi(d)$; or, si l'on soumet ainsi aux calculs indiqués n° **108**, tous les nombres inférieurs à P, chacun de ces nombres appartiendra à un diviseur de $P-1$, c'est-à-dire sera compris dans l'une des notations $\psi(d)$, $\psi(d')$, $\psi(d'')$, etc.; les lettres $d\ d'\ d''$ ... désignant tous les diviseurs de $P-1$, les nombres inférieurs à P seront donc ainsi partagés en groupes tels que chacun de ces groupes devra être désigné par l'une des notations $\psi(d)$, $\psi(d')$, $\psi(d'')$... on a donc l'égalité $\psi(d)+\psi(d')+\psi(d'')+\ldots=P-1$; mais alors si on lie cette égalité au théorème n° **113**, qui démontre l'exactitude de l'égalité $\varphi(d)+\varphi(d')+\varphi(d'')+\ldots=P-1$, on a l'égalité

$$[D] \qquad \psi(d)+\psi(d')+\psi(d'')+\ldots=\varphi(d)+\varphi(d')+\varphi(d'')+, \text{ etc.}$$

On a démontré dans la première partie du n° actuel, que le nombre $\psi(d)$ est nul ou est égal à $\varphi(d)$; par conséquent ce nombre $\psi(d)$ ne peut être supérieur à $\varphi(d)$, et le même état relatif a lieu pour $\psi(d')$ et $\varphi(d')$, pour $\psi(d'')$ et $\varphi(d'')$, etc.; si donc un ou plusieurs de ces nombres $\psi(d)$, $\psi(d')$, etc., était inférieur à ses correspondants parmi les nombres $\varphi(d)$, $\varphi(d')$, etc., l'égalité [D] serait impossible; donc, nous concluons que dans tous les cas on a $\psi(d)=\varphi(d)$, et que, par conséquent $\psi(d)$ ne dépend pas de la grandeur du nombre $P-1$.

Observation. La lettre d représente, dans les deux paragraphes précédents, un diviseur quelconque de $P-1$, si l'on a $d=P-1$, les nombres désignés par la notation $\psi(d)$ sont alors des racines primitives de P; par conséquent un nombre premier P étant donné, il existe des nombres R qui sont des racines primitives de P, c'est-à-dire des nombres qui ont la propriété caractéristique suivante, le nombre R^{P-1} est dans la série $R^{1}\ R^{2}\ R^{3}\ldots\ R^{P-1}$ le premier terme dont le reste est la première reproduction du reste 1, et l'un de ces nombres étant connu, on obtient les autres en cherchant les restes donnés par ce premier, élevé à toutes les puissances dont l'exposant est inférieur et premier à $P-1$.

REMARQUES SUR LA DÉNOMINATION *RACINES PRIMITIVES*, DONNÉE AUX NOMBRES ENTIERS a QUI PRÉSENTENT LE MAXIMUM, C'EST-A-DIRE LE NOMBRE $p-1$ DE RESTES DIFFÉRENTS, LORSQUE L'ON DIVISE PAR p NOMBRE PREMIER LES TERMES DE LA PROGRESSION $a^{0}\ a^{1}\ a^{2}\ a^{3}\ldots\ a^{p-1}$.

115. Cette dénomination due à Euler et adoptée par tous les géomètres, paraît être un effet sans cause, principalement lorsque cette désignation, prise dans un sens restreint, ne comprend, comme dans l'étude actuelle, que les nombres entiers précités; un examen plus attentif des faits, montre que les mots racines primitives, doivent être admis dans une acception plus large, que ces mots doivent désigner un ensemble de grandeurs dont les nombres entiers indiqués forment une assez faible partie; les causes qui justifient alors cette dénomination apparaissent clairement, et sans vouloir faire de ces causes un examen complet qui serait étranger à notre étude, la question offre diverses circonstances parmi lesquelles nous choisirons celles qui nous seront utiles dans la suite : considérons une équation binôme indéterminée [A] $x^n - 1 = \mathfrak{M} : P$, l'expression $\mathfrak{M} : P$ indiquant un multiple général du nombre premier P; soit r une racine autre que l'unité, mais quelconque, de l'équation [A].

1° Si l'exposant n est premier absolu, on sait que la racine r élevée aux puissances successives 1, 2, 3....n, donne toutes les racines de l'équation proposée, et que toute racine de l'équation [A] ne peut appartenir à une équation $x^d - 1 = \mathfrak{M} : P$ dans laquelle l'exposant d est inférieur à n; ainsi dans les conditions établies, toutes les racines de l'équation $x^n - 1 = \mathfrak{M} : P$ sont uniquement propres à cette équation, c'est-à-dire ne résolvent aucune équation binôme de degré inférieur à n, chacune d'elles par les puissances successives 1, 2, 3....n, donne la série complète de toutes les racines différentes de la proposée; elle ne donne l'unité qu'à la puissance $n^{ième}$, après quoi toutes les racines reparaissent dans le même ordre à l'infini; ces propriétés donnent à la racine r un caractère spécial qui lui a mérité la dénomination logique de racine primitive, par opposition à d'autres grandeurs racines d'une équation $x^h - 1 = \mathfrak{M} : P$, mais racines aussi d'une équation $x^d - 1 = \mathfrak{M} : P$, dans laquelle le nombre d est inférieur à h : les racines de l'équation $x^n - 1 = \mathfrak{M} : P$, le nombre n premier, sont donc des quantités que l'on doit en général distinguer des nombres entiers nommés dans ce Mémoire Racines primitives; et pour éviter toute confusion, nous désignerons les racines entières de l'équation $x^n - 1 = \mathfrak{M} : P$ par les mots Racines primitives générales; remarquons d'ailleurs que ce double emploi d'une expression remonte à des temps déjà éloignés, et qu'il a peu d'inconvénients; les deux variétés de grandeurs, racines de l'équation $x^n - 1 = \mathfrak{M} : P$, racines primitives du nombre premier P, ont des points de contact assez nombreux, car les premières contiennent en général les secondes; les inconvénients disparaîtront d'ailleurs à la fin du paragraphe actuel, puisque laissant alors complétement de côté les premières grandeurs, lesquelles présentent un intérêt secondaire, l'expression indiquée caractérisera dans toute la suite les nombres entiers qui sont l'objet principal de notre étude.

2° Si l'exposant n de l'équation $x^n - 1 = \mathfrak{M} : P$ est un nombre composé, il n'y a plus qu'une partie des racines qui soient uniquement propres à l'équation ou qui en soient les racines primitives générales, car les autres résolvent en même temps des équations binômes de degrés inférieurs marqués par les différents diviseurs de n, de sorte que leurs puissances successives ramènent l'unité avant la puissance $n^{\text{ième}}$, et ne peuvent ainsi former la suite complète des racines différentes de la proposée, on est conduit à cette question : une équation binôme indéterminée $x^n - 1 = \mathfrak{M} : P$, quel que soit le nombre n, a-t-elle toujours des racines primitives générales, et si la réponse est affirmative, quel est le nombre de ces racines?

Nous pouvons déjà remarquer que pour l'exposant $n = a$ nombre premier, l'équation $x^a - 1 = \mathfrak{M} : P$ présente $a-1$ racines primitives générales, n° **111**; et en effet l'exposant n n'ayant pas d'autres diviseurs que l'unité, le binôme $x^a - 1 = \mathfrak{M}P$ n'a pas d'autres diviseurs binômes de degré inférieur que le binôme $x-1$; ainsi toutes les racines de l'équation $x^a - 1 = \mathfrak{M}P$, excepté la racine 1, sont uniquement propres à cette équation, ou, comme on l'a dit, en sont les racines primitives générales; si l'on a $n = a^2$, le nombre a étant premier, l'exposant n n'a pas, au-dessous de lui, de binômes diviseurs plus élevés que $x^a - 1$; en rejetant donc de la proposée les a racines de l'équation $x^a - 1 = \mathfrak{M}P$, il reste $a(a-1)$, racines primitives générales de l'équation $x^{(a^2)} - 1 = \mathfrak{M} : P$; si l'on a $x = a^3$, on prouve de même qu'en rejetant les a^2 racines de l'équation $x^{(a^2)} - 1 = \mathfrak{M}P$, on aura rejeté toutes celles qui résolvent, en même temps que la proposée, les équations binômes de degré inférieur, et par suite les racines restantes seront au nombre de $a^2(a-1)$; en général, soit $n = a^\alpha$ le nombre a premier, et par conséquent soit $x^{(a^\alpha)} - 1 = \mathfrak{M} : P$, l'équation proposée, le rejet des racines de l'équation $x^{(a^{\alpha-1})} - 1 = \mathfrak{M}P$ laissera $a^{\alpha-1}(a-1)$, qui seront toutes les racines primitives générales de l'équation proposée; ainsi pour un exposant n qui est une puissance α du nombre premier a, l'équation $x^n - 1 = \mathfrak{M}P$ a toujours des racines primitives générales, et le nombre en est $a^{\alpha-1}(a-1)$, c'est-à-dire qu'il y en a autant que de nombres inférieurs et premier à n, n° **112**; la même démonstration pourrait s'étendre au cas de $n = a^\alpha b^\beta c^\gamma \ldots$, mais nous présenterons la chose d'une manière plus directe, soient donc en général $n = a^\alpha b^\beta c^\gamma, \ldots$ et l'équation $x^{a^\alpha b^\beta c^\gamma \ldots} - 1 = \mathfrak{M} : P$; considérons les équations particulières

$$x^{(a^\alpha)} - 1 = \mathfrak{M} : P, \quad x^{(b^\beta)} - 1 = \mathfrak{M} : P, \quad x^{(c^\gamma)} - 1 = \mathfrak{M} : P \ldots;$$

admettons que l'on connaisse une racine primitive générale de chacune de ces dernières équations, ces racines étant par ordre x' x'' x'''...., le produit $x'.x''.x'''$.... sera alors une racine primitive générale de l'équation proposée, 1° ce produit est évidemment une racine de l'équation $x^n-1=:\mathfrak{M}P$, en d'autres termes ce produit élevé à la puissance $a^\alpha b^\beta c^\gamma$.... donne $1+\mathfrak{M}:P$; 2° ce même produit $x'.x''.x'''$.... ne peut donner l'unité pour aucune puissance d inférieure à n; admettons en effet l'exactitude de l'égalité $(x'.x''.x'''....)^d=1+:\mathfrak{M}P$, l'exposant d serait nécessairement un diviseur de n, n° **109**, or le nombre d étant inférieur à n, il y a au moins quelque facteur simple de n, facteur a, par exemple, qui entre une fois de moins dans le nombre d que dans le nombre n; ainsi d serait un diviseur de $a^{\alpha-1}b^\beta c^\gamma$...., donc puisque le produit $x'.x''.x'''$.... étant élevé à la puissance d, le résultat, divisé par P, donne le reste 1, ce même produit étant élevé à la puissance $a^{\alpha-1}.b^\beta.c^\gamma$...., nombre multiple de d donnerait aussi le reste 1, on aurait donc l'égalité

$$\text{[A]}\qquad (x'.x''.x'''....)^{a^{\alpha-1}b^\beta c^\gamma}=1+\mathfrak{M}:P,$$

or les égalités hypothétiques $(x'')^{b^\beta}=1+\mathfrak{M}:P$, $(x''')^{c^\gamma}=1+\mathfrak{M}:P$...., donnent à l'égalité [A] la forme

$$\text{[B]}\qquad (x')^{a^{\alpha-1}b^\beta c^\gamma}=1+\mathfrak{M}:P;$$

on a aussi par hypothèse $(x')^{a^\alpha}=1+\mathfrak{M}:P$, donc prenant le diviseur commun des deux exposants de ces équations, on aurait $(x')^{a^{\alpha-1}}=1+\mathfrak{M}:P$, donc finalement x' donnerait l'unité avant la puissance a^α, et par suite cette quantité x' ne serait pas une racine primitive générale de l'équation $x^{(a^\alpha)}-1=\mathfrak{M}:P$, ce qui est contre l'hypothèse; donc le produit $x'.x''.x'''$ ... ne peut donner le reste 1 pour aucune puissance inférieure à $a^\alpha.b^\beta.c^\gamma$...., donc il est racine primitive générale de l'équation $x^{a^\alpha.b^\beta.c^\gamma....}-1=\mathfrak{M}:P$; ainsi toute équation $x^n-1=\mathfrak{M}:P$ a des racines primitives générales, et le nombre en est au moins égal à celui de tous les produits différents $x'.x''.x'''$.... qu'on peut faire en combinant les racines primitives générales x' x'' x'''.... des équations respectives

$$(x')^{a^\alpha}-1=\mathfrak{M}:P,\quad (x'')^{b^\beta}-1=\mathfrak{M}:P,\quad (x''')^{c^\gamma}-1=\mathfrak{M}:P....;$$

or, le nombre des racines primitives générales de la première équation, est $a^{\alpha-1}(a-1)$, les racines primitives générales de la seconde équation sont au nombre de $b^{\beta-1}(b-1)$, les racines primitives générales de la troisième équation sont au nombre de $c^{\gamma}(\gamma-1)$, etc.; donc, par la théorie des combinaisons, les racines primitives générales de l'équation proposée $x^n-1=\mathfrak{M}:P$, le nombre n étant égal à $a^{\alpha}b^{\beta}c^{\gamma}\ldots$, sont au moins au nombre de

$$a^{\alpha-1}(a-1).b^{\beta-1}(b-1).c^{\gamma-1}(c-1)\ldots,$$

c'est-à-dire qu'il y en a au moins autant que de nombres inférieurs et premiers à n, n° **112**; au reste, dès qu'on suppose l'existence d'une seule racine primitive générale de $x^n-1=\mathfrak{M}:P$, on peut démontrer tout de suite qu'il y en a précisément le nombre qu'on vient de dire; car, soit r cette racine primitive générale applicable à l'équation $x^n-1=\mathfrak{M}:P$, non applicable à toute équation $x^h-1=\mathfrak{M}:P$ de degré inférieur à n, formons la suite des puissances $r^1\ r^2\ r^3\ldots r^{n-1}\ r^n$, on aura la suite complète des n racines différentes de la proposée; or, si l'on considère un nombre quelconque e inférieur et premier à n, et qu'on prenne les racines de cette même suite en allant de l'une à l'autre de e en e, comme l'intervalle e par lequel on *saute*, est premier à n, on sera obligé de passer par toutes les racines avant de revenir à la racine r d'où l'on est parti, donc la suite $(r^e)^1\ (r^e)^2\ (r^e)^3\cdots(r^e)^n$, nous donne aussi, aux multiples près de P, toutes les différentes racines générales de la proposée, donc (r^e) est une racine primitive générale, donc si l'on suppose *une seule* racine primitive générale r de l'équation $x^n-1=\mathfrak{M}:P$, il s'ensuit qu'il y en a autant que de nombres e inférieurs et premiers à n, et l'on voit en même temps qu'il n'y en a pas davantage, car si l'on va d'une racine à l'autre par un intervalle constant h qui ait avec n un diviseur commun d supérieur à 1, on ne passera jamais que par un nombre $\frac{n}{d}$ de ces racines, de sorte que r^h ne peut jamais être racine primitive générale de l'équation $x^n-1=\mathfrak{M}:P$; mais il est évident, par la même raison, que r^h sera une racine primitive générale de l'équation inférieure $x^{\frac{n}{d}}-1=\mathfrak{M}:P$ *.

* Les éléments principaux qui amènent les faits exposés sur les racines primitives générales, les modes mêmes de démonstrations, appartiennent à un excellent Mémoire de M. POINSOT, pouvions-nous remplacer un pareil emprunt? Nous ne l'avons pas cru; au reste, l'ensemble du n° actuel conserve entièrement intactes les deux questions étudiées n° **114**; cet ensemble a eu seulement pour but de montrer le lien qui unit toutes les racines primitives générales d'une équation indéterminée de la forme $x^n-1=\mathfrak{M}:P$, nous croyons qu'il nous sera permis, après le paragraphe qui suit, de reprendre en pleine connaissance de cause, l'étude des nombres entiers que nous avons, avec Euler, appelés racines primitives du nombre premier P.

Considérons l'équation binôme indéterminée $x^{P-1}-1=\mathfrak{M}:P$, les racines de cette équation présentent certainement des nombres entiers; recherchons effectivement les nombres entiers a qui donnent le maximum, c'est-à-dire le nombre $P-1$ de restes différents lorsque l'on divise par P chaque terme de la suite $a^0\ a^1\ a^2 \ldots . a^{P-1}$; l'existence des nombres a a été démontrée n° **114**, et ces nombres sont manifestement des racines primitives générales de l'équation proposée, ils sont des solutions, et ne peuvent être des solutions d'une équation binôme de degré inférieur à $P-1$; en outre ces nombres, par suite de notre définition, n° **109**, sont des racines primitives du nombre premier P.

Des considérations précédentes on déduit un procédé pour obtenir une racine primitive d'un nombre premier P. Reprenons l'équation $x^{P-1}-1=\mathfrak{M}:P$; décomposons le nombre $P-1$ en facteurs premiers différents $a^\alpha, b^\beta, c^\gamma \ldots .$; formons les équations $x^{a^\alpha}-1=\mathfrak{M}:P$, $x^{b^\beta}-1=\mathfrak{M}:P$, $x^{c^\gamma}-1=\mathfrak{M}:P$; on peut toujours déterminer les racines primitives applicables aux dernières équations précitées; cette possibilité est une conséquence des principes exposés n° **114**; désignons par $h, k, l \ldots .$ les racines primitives adoptées : le produit $h.k.l \ldots .$, divisé par P, s'il y a lieu, donne un reste R inférieur à P et qui est une racine primitive du nombre premier P; l'utilité pratique de ce procédé dépend évidemment de la facilité plus ou moins grande que présentent les déterminations des racines primitives h, k, l, etc.; or, dans quelques circonstances, le calcul que donne une racine primitive H, applicable à l'équation $x^{a^\alpha b^\beta}-1=\mathfrak{M}:P$, est moins simple que les deux calculs qui donnent les nombres entiers h et k, applicables respectivement aux équations $x^{a^\alpha}-1=\mathfrak{M}:P$, $x^{b^\beta}-1=\mathfrak{M}:P$: la racine primitive du nombre premier P sera alors le produit $H.l$; on peut, en effet, considérer le nombre H comme étant le résultat du produit $h.k$, et l'on reprend ainsi les données hypothétiques qui établissent l'exactitude du théorème général énoncé dans le numéro actuel : au reste, dans la recherche d'une racine primitive d'un nombre premier qui a l'une des formes $2Q+1$, $4Q+1$, $6Q+1$, $8Q+1$, $12Q+1$, le nombre Q étant premier absolu, recherche faite dans le troisième chapitre de cette partie, nous verrons que le procédé que nous venons d'indiquer et dont l'exécution était jusqu'ici impossible, acquiert un caractère essentiellement pratique par suite de l'intervention des principes qui font connaître une solution entière des équations dont la forme est $x^2+r=P.y$, principes exposés dans la première partie du traité précédent.

Les faits exposés dans toute cette première étude ont eu pour but de constater l'existence, de caractériser la nature des racines primitives d'un nombre premier P; la plupart de ces principes étaient d'ailleurs connus, et nous avons dû seulement les réunir. L'étude suivante est plus neuve, et est liée plus intimement à la recherche qui est le but spécial de cette partie.

116, Lemme. Le nombre P est premier absolu, le nombre ε est premier à P; si, après les divisions générales indiquées n° **108**, le nombre des termes de la période est *pair*, et si l'on choisit dans cette période deux restes, l'un occupant le rang b à partir du premier, l'autre occupant le même rang b à partir du premier reste de la seconde moitié; la somme de ces deux restes est égale à P. Reprenons les suites [A] et [B] n° **109**; admettons que $2n$ soit le nombre des restes différents, on a les deux suites

$$\varepsilon^0\ \varepsilon^1\ \varepsilon^2 \ldots . \varepsilon^b \ldots . \varepsilon^{2n-1}\ \varepsilon^{2n}, \qquad R_0\ R_1\ R_2 \ldots . R_b \ldots . R_{2n-1}\ R_{2n};$$

de là on déduit trois égalités

$$\varepsilon^0 = P.L + R_0, \quad \varepsilon^n = P.M + R_n, \quad \varepsilon^{2n} = P.N + 1.$$

Ajoutant les deux premières égalités et transformant la troisième, on a

$$\varepsilon^n + 1 = P.K + (R_n + R_0) \quad (\varepsilon^n - 1)(\varepsilon^n + 1) = P.N.$$

La seconde de ces deux égalités prouve que le nombre $\varepsilon^n + 1$ est un multiple de P; la première prouve l'exactitude de l'égalité $R_n + R_0 = P$. Si l'on choisit deux restes R_b R_{n+b} dans les conditions indiquées, on a

$$\varepsilon^b = P.A + R_b \quad \varepsilon^{n+b} = P.B + R_{n+b},$$

ou, après addition, $\varepsilon^b(\varepsilon^n + 1) = P.C + (R_b + R_{n+b})$, c'est-à-dire $R_b + R_{n+b} = P$.

1er Corollaire. Si la série $\varepsilon^0\ \varepsilon^1\ \varepsilon^2$, etc., dont chaque terme est divisé par P, donne un nombre pair de restes différents, le premier reste de la seconde partie est $P - 1$.

2e Corollaire. Si la série $\varepsilon^0\ \varepsilon^1\ \varepsilon^2$, etc., dont chaque terme est divisé par P, donne un nombre impair de restes différents, un de ces restes ne peut être $P - 1$. De l'égalité $\varepsilon^n = P.D + P - 1$ on déduit $\varepsilon^{2n} = P.E + 1$, conclusion inadmissible.

3e Corollaire. Toute période dont un terme est $P - 1$ est d'ordre pair, et toute période qui ne présente pas le reste $P - 1$ est d'ordre impair.

La loi indiquée dans le lemme précédent permet d'écrire immédiatement les restes qui constituent la seconde moitié de toute période d'ordre pair ; on peut d'ailleurs reconnaître aussi qu'elle donne le moyen d'écrire les quotients de la seconde moitié, mais cette loi n'est applicable qu'aux périodes précitées : le lemme suivant est général, permet d'écrire, sans calcul, les restes et les quotients, lorsque l'on connaît un petit nombre de termes de chacune de ces séries.

117. Lemme. Si l'on examine les restes différents qui composent la série déjà employée

$$[B] \qquad R_0\ R_1\ R_2\ R_3,\ \text{etc.},$$

on reconnaît qu'il doit exister, entre ces restes, une infinité de relations *linéaires* telles que si l'on combine ensemble plusieurs de ces restes, le résultat soit un multiple de P : or, toute relation de la nature de celle que nous indiquons est invariable, c'est-à-dire se retrouve entre les restes qui suivent, ceux-ci étant choisis en nombre et en ordre pareils aux premiers. Parmi toutes les relations *linéaires* qui peuvent se présenter, nous adoptons la suivante, dans laquelle les nombres entiers l, m, n, p sont rangés par ordre de grandeur

$$A.R_l + B.R_m + CR_n - D.R_p = \mathfrak{M} : P.$$

Cette hypothèse donne l'égalité

$$\varepsilon^l(A + B.\varepsilon^{m-l} + C.\varepsilon^{n-l} - D.\varepsilon^{p-l}) = \mathfrak{M} : P.$$

Or, les nombres ε^l et P sont premiers entre eux ; on a donc

$$A + B.\varepsilon^{m-l} + C.\varepsilon^{n-l} - D.\varepsilon^{p-l} = \mathfrak{M} : P.$$

Si actuellement nous choisissons les restes qui suivent immédiatement ceux que nous avons adoptés, nous aurons

$$A.R_{l+1} + B.R_{m+1} + C.R_{n+1} - D.R_{p+1} \quad \text{ou} \quad A.\varepsilon^{l+1} + B.\varepsilon^{m+1} + C.\varepsilon^{n+1} - D.\varepsilon^{p+1}.$$

Ce dernier ensemble peut prendre la forme

$$\varepsilon^{l+1}(A + B.\varepsilon^{m-l} + C.\varepsilon^{n-l} - D.\varepsilon^{p-l}).$$

Or, la partie placée entre les parenthèses est un multiple de P ; donc, les restes des divers dividendes $A.\varepsilon^{l+1}$, $B.\varepsilon^{m+1}$, $C.\varepsilon^{n+1}$, $D.\varepsilon^{p+1}$ obéissent à la relation

$$A.R_{l+1}+B.\varepsilon_{m+1}+C.\varepsilon_{n+1}-D.R_{p+1}=M:P.$$

Le principe est donc démontré.

118. Nous pourrions, 1° examiner les conséquences de la loi générale qui précède ; 2° prévoir quels sont, dans une hypothèse numérique de ε, les nombres P qui peuvent créer une relation donnée ; si, par exemple, $\varepsilon=10$ et si on étend suffisamment l'intervalle compris entre les divers restes employés, une partie notable des nombres premiers donne des relations simples par addition ou par soustraction ; 3° donner le procédé général qui permet, lorsque l'on connaît les restes, d'écrire immédiatement les quotients correspondants ; 4° remarquer que la démonstration générale qui précède est indépendante de l'état premier ou non premier du nombre P ; mais, laissant de côté ces faits généraux, dont l'utilité pratique sera toujours secondaire, nous insisterons sur une circonstance principale. Reprenons les deux séries

[A] $\quad \varepsilon^0\ \varepsilon^1\ \varepsilon^2 \ldots\ \varepsilon^{P-1}$ $\qquad$ [B] $\quad R_0\ R_1\ R_2 \ldots\ R_{P-1}$.

Si on divise quelques-uns des termes de la série [A] par un nombre premier absolu, le lemme précédent permet d'écrire les restes lorsque l'on a trouvé une relation linéaire entre deux ou plusieurs restes consécutifs ou distants : le nombre de ces relations dépend du nombre même des restes différents. Rappelons que nous avons nommé racines primitives d'un nombre premier P les nombres entiers *a b c*, etc., qui donnent, pour la série [B], le maximum, c'est-à-dire le nombre P — 1 de restes différents : si donc, dans [A], on remplace ε par a, on aura, en général, le maximum des relations linéaires, et l'on devra, parmi celles-ci, adopter celles qui emploient des restes peu distants.

Exemple. $P=191$, $\varepsilon=a=189$,

série [A]	189^0	189^1	189^2	189^3	189^4	189^5	189^6	189^7, etc.
série [B]	1	189	4	183	16	159	64	63, etc.

le sixième reste diminué du premier donne le septième ; par conséquent le septième reste (augmenté de P s'il y a lieu) diminué du deuxième, donnera le huitième, etc., etc.

Cette loi, dont l'importance sera mieux appréciée dans la recherche des racines primitives, se retrouve, avec quelques modifications dans les quotients correspondants, et nous pouvons ici entrer dans les applications numériques, en opérant dans un système donné; la supposition $\iota=10$ donne un moyen de réduire, presque sans calcul, les fractions ordinaires en fractions de l'ordre décimal; nous faciliterons l'explication en admettant 1° que le dénominateur P de la fraction ancienne est un nombre premier absolu; 2° que l'unité est le numérateur de cette fraction : reprenons les séries [A] et [B], la première avec l'hypothèse $\iota=10$

[A] $\quad 10^0\ 10^1\ 10^2\ 10^3\ 10^4\ 10^5\ 10^6\ 10^7$, etc.

[B] $\quad R_0\ R_1\ R_2\ R_3\ R_4\ R_5\ R_6\ R_7$, etc.

Relation pour addition. Si la suite [B] offre trois termes R_n R_{n+k} R_{n+k+k} qui obéissent à la relation $R_n \pm R_{n+k} = R_{n+k+k}$; cette loi étant invariable, on a aussi $R_{n+1} \pm R_{n+k+1} = R_{n+k+k+1}$; or, cette loi existe aussi, avec quelques modifications, entre les quotients correspondants, on a 1er chiffre à droite de Q_{n+k+k} = 1er chiffre à droite de la somme * $Q_{n+k}+Q_n$, la lettre Q indiquant le quotient, et l'indice de cette lettre indiquant la correspondance du quotient avec le reste; l'hypothèse admise entre les restes donne les trois égalités

$$10 . R_n = P . Q_n + R_{n+1}, \qquad 10 . R_{n+k} = P . Q_{n+k} + R_{n+k+1},$$
$$10 . R_{n+k+k} = P . Q_{n+k+k} + R_{n+k+k+1},$$

ou l'égalité finale

[C] $$[R_{n+k+k} - (R_{n+k}+R_n)] = P[Q_{n+k+k} - (Q_{n+k}+Q_n)] + [R_{n+k+k+1} - (R_{n+k+1}+R_{n+1})],$$

on peut toujours négliger, s'il y a lieu, la dizaine que peut donner la somme des chiffres de droite appartenant à Q_{n+k} et à Q_n, car, si on examine l'égalité

[D] $$10[R_{n+k}+R_n] = P[Q_{n+k}+Q_n] + [R_{n+k+1}+R_{n+1}];$$

on reconnait que cette suppression est sans influence sur la nature du chiffre de

* Nous admettons que le signe + est placé entre les deux termes du premier membre de l'égalité générale hypothétique $R_{n+k} \pm R_n = R_{n+k} + K$.

droite de Q_{n+k+k}, c'est-à-dire sur l'objet même de notre recherche; cet abandon donne à l'égalité [D] la forme

$$[D_1] \qquad 10\,(R_{n+k}+R_n-P)=P\,(Q_{n+k}+Q_n-10)+R_{n+k+1}+R_{n+1};$$

ainsi cet abandon diminue la somme $R_{n+k}+R_n$ du nombre P, alors contenu dans cette somme, et l'égalité [C] prend la forme

$$[C_1] \qquad 10[R_{n+k+k}-(R_{n+k}+R_n-P)]=P[Q_{n+k+k}-(Q_{n+k}+Q_n-10)] \\ +[R_{n+k+k+1}-(R_{n+k+1}+R_{n+1})];$$

les mêmes égalités [C] et [C_1] démontrent aussi que, la même suppression faite s'il y a lieu, on a : 1° le premier chiffre à droite de Q_{n+k+k} est *exactement* le premier chiffre à droite de la somme $Q_{n+k}+Q_n$, si l'on a $R_{n+k+1}+R_{n+1}<P$; 2° le premier chiffre à droite de Q_{n+k+k} est le premier chiffre à droite, *augmenté d'un*, de la somme $Q_{n+k}+Q_n$, si l'on a $R_{n+k+1}+R_{n+1}>P$, ainsi dans ces relations numériques la loi est générale et la détermination du chiffre suivant du quotient exige que l'on porte exclusivement son attention sur les deux restes qui suivent immédiatement les deux restes que l'on vient d'ajouter, remarquons aussi que si les deux restes, créateurs de la relation, sont consécutifs, le second reste du premier groupe sera le premier reste du groupe suivant.

EXEMPLE $\frac{106}{467}$

Restes 106 126 326 458 377 34 340 131 376 24 240 65 183 429 87
403 294 138 446 257 235 15 150 99 56 93 463 427 67, etc.

Quotients

2 2 6 9 8 0 7 2 8 0 5 1 3 9 1 8 6 2 9 5 5 0 3 2 1 1 9 9, etc.;

la somme des restes n° 1 et n° 7 donne le reste n° 19, donc la somme des restes n° 2 et n° 8 donne le reste n° 20, ainsi de suite; or, la somme 2+7 des quotients n° 1 et n° 7 donne exactement 9 ou le quotient n° 19, tandis que la somme 2+2 des quotients n° 2 et n° 8 doit être augmentée de 1 pour donner 5 qui est le quotient n° 20, et cette augmentation est due à cette circonstance, la somme 326+376 des restes n° 3 et n° 9 dépasse le diviseur invariable P=467.

Relation par soustraction. Si la suite [B] offre trois termes R_n R_{n+k} R_{n+k+l}, qui obéissent à la relation $R_{n+k} - R_n = R_{n+k+l}$, cette loi étant invariable, on a aussi $R_{n+k+1} - R_{n+1} = R_{n+k+l+1}$; or, cette loi existe, avec restrictions, entre les quotients correspondants; on a le premier chiffre à droite de Q_{n+k+l} est égal au premier chiffre à droite de la différence $Q_{n+k} - Q_n$: cette loi des quotients donne lieu à une remarque analogue à celle qui a été faite dans la relation précédente; considérons en effet l'égalité hypothétique actuelle

$$[E] \quad 10[R_{n+k+l}-(R_{n+k}-R_n)]=P[Q_{n+k+l}-(Q_{n+k}-Q_n)]+[R_{n+k+l}-(R_{n+k}-R_n)],$$

si nous examinons l'expression $Q_{n+k} - Q_n$, on peut toujours admettre la possibilité de la soustraction dans le sens indiqué; on peut admettre que le premier chiffre à droite de Q_n est inférieur au premier chiffre à droite de Q_{n+k}; s'il en est autrement, on fera à ce dernier une addition de 10 unités, et cette augmentation sera le résultat d'un emprunt fictif fait sur les dizaines de Q_{n+k} ou sur les unités de Q_{n+k-1}, suivons en effet cette unité de dizaines prise sur Q_{n+k-1} dans la route qu'elle parcourt; l'égalité $10R_{n+k-1} = PQ_{n+k-1} + R_{n+k}$ montre que par suite de cet emprunt, R_{n+k} deviendra $P + R_{n+k}$; or, ce changement n'altère pas l'égalité [E] puisqu'il diminue de 10P les deux membres, ainsi cette égalité [E], l'addition indiquée faite s'il y a lieu, montre que 1° le premier chiffre à droite de Q_{n+k+l} est *exactement* le premier chiffre à droite de la différence $Q_{n+k} - Q_n$, si l'on a $R_{n+k+l+1} > R_{n+1}$; 2° le premier chiffre à droite de Q_{n+k+l} est le premier chiffre à droite de $Q_{n+k} - Q_n$, *diminué d'un* si l'on a $R_{n+k+l+1} < R_{n+1}$; ainsi notre remarque précédente sur la nature de l'attention qui doit présider à la détermination des chiffres-quotients est applicable à la relation actuelle, on peut d'ailleurs opérer la soustraction inverse, mais entre d'autres restes; si la loi a lieu cette loi est invariable, on doit seulement alors renverser les conditions d'inégalité relative aux restes qui suivent ceux que l'on vient d'employer : l'exemple suivant est dans cette dernière direction.

Exemple. $\frac{213}{1193}$

Restes 213 937 1019 646 495 178 587 1098 243 44 440 821 1052 976 21 6967 126 67 670, etc.

Quotients 1 7 8 5 4 1 4 9 2 0 3 6 8 8 1 8 1 0 5 6 1, etc.

Le reste n° 3, diminué du reste n° 13 donne le reste n° 29, etc.; or, la différence dans le même ordre des quotients correspondants, c'est-à-dire 8 — 8, ou mieux la différence 18 — 8 = 10 doit être diminué de 1, et donne alors le quotient 9, cette diminution de 1 prend sa cause dans la condition $R_{n+k}=646$ nombre inférieur à $R_{n+k+1}=976$, etc.

Relation par multiplication et par division. L'utilité pratique de ces relations est contestable; par exemple, la relation $10.R_n=P.M+R_{n+1}$ n'apporte évidemment aucune abréviation dans les calculs, néanmoins lorsque cette relation offre une multiplication peu élevée, et lorsque les restes employés sont peu distants, le procédé qui donne les restes est plus expéditif que le procédé ordinaire : si l'on a l'égalité $a.R_n=R_{n+k}$, on aura aussi, avec quelques restrictions, l'égalité, premier chiffre de droite de Q_{n+k} égal au premier chiffre de droite de $a.Q_n$, on démontrerait, comme nous l'avons fait dans les cas analogues précédents, que le premier chiffre à droite de Q_{n+k}, c'est-à-dire que le chiffre unique que l'on doit adopter comme quotient est le premier chiffre à droite de $a.Q_n$, pourvu qu'on augmente ce chiffre de 0, 1, 2, 3... $a-1$, unités selon que le nombre R_{n+k} dépasse R_{n+k+1} de 0, 1, 2.... $a-1$ fois le nombre P. En général, les relations entre les quotients sont évidemment des conséquences des relations entre les restes, toutefois, les premières étant des modifications plus ou moins complexes des secondes, elles n'auront une simplicité suffisante pour la pratique que lorsqu'elles seront le résultat de l'emploi de deux restes; cette complication pour les quotients n'ayant pas lieu pour les restes, on pourra, entre ces derniers, faire usage de relations plus compliquées; nous citerons encore deux exemples pris au hasard dans les nombres premiers compris entre 1 et 10000.

Exemple. $\frac{1}{4583}$. Le reste n° 3 plus le reste n° 12, moins le reste n° 10, donne le reste n° 14.

Exemple. $\frac{1}{5617}$. Le reste n° 2, plus le reste n° 6, moins le reste n° 7, donnent le reste n° 11.

Ces relations linéaires entre les restes donnent naissance à des développements curieux sur la théorie des nombres, mais nous leur avons donné le nom de *lemmes*, parce qu'elles sont seulement des auxiliaires qui nous sont utiles dans la recherche des racines primitives, et ici qu'on nous permette de préciser en quelques mots la nature du travail dont l'ensemble constitue les deux chapitres qui suivent :

119. La recherche des racines primitives d'un nombre premier, a été un sujet de méditations pour les plus grands géomètres, tous ont été ramenés à l'opinion émise par Euler : « On ne peut saisir entre un nombre premier et les racines primitives qui lui appartiennent, aucune relation d'où l'on puisse déduire *une seule* de ces racines, de sorte que la loi qui règne entre elles paraît aussi profondément cachée que celle qui existe entre les nombres premiers eux-mêmes. » On admettra sans doute que nous ne pouvions avoir la prétention de contredire une autorité aussi puissante, et d'ailleurs une semblable prétention aurait été modifiée à la fin d'un travail qui n'a fait que nous confirmer dans notre respect pour Euler, mais cette difficulté qui paraît insurmontable, ne pouvait-on la tourner? partiellement du moins; si dans l'essai que nous présentons, un tâtonnement régulier et invariable est encore, en général, le moyen qui nous donne une seule racine primitive, nous croyons que ce moyen disparaît complétement, pour environ les deux tiers des nombres dans la méthode directe qui donne exclusivement toutes les racines primitives de ce nombre : notre travail étant une étude sur les racines primitives pures, nous avons dû supprimer toute remarque sur l'emploi de ces racines, nous avons dû supprimer quelques observations encore fort incomplètes, sur le mécanisme des grandeurs numériques; puisse un accueil bienveillant nous encourager dans la suite des recherches que nous voulons faire sur cette partie, car pourquoi nous serait-il défendu d'ajouter que nous croyons que l'intelligence humaine, n'a pas, sur ce point, dit son dernier mot et que les opérations nombreuses que nous avons dû faire sur les nombres, ne nous ont pas convaincu de l'impossibilité de saisir, sinon l'ensemble, du moins quelques-uns des anneaux de la chaîne mystérieuse qui unit les racines primitives aux nombres premiers. L'exposé suivant présente deux genres de recherches, dans le premier, nous admettons toujours qu'un nombre P premier absolu étant donné, on connaît une racine primitive de ce nombre, dans l'autre nous donnons un procédé pour trouver la racine primitive dont la connaissance a été admise dans l'étude qui précède.

CHAPITRE II.

RELATION DES RACINES PRIMITIVES ENTRE ELLES.

RECHERCHE DIRECTE DE CES RACINES.

120. LEMME. Étant donnés deux nombres entiers P et a, si on forme les deux séries

$$a^0 \quad a^1 \quad a^2 \quad a^3 \ldots \quad a^n, \text{ etc.}$$

$$(P-a)^0 \quad (P-a)^1 \quad (P-a)^2 \quad (P-a)^3 \ldots (P-a)^n \text{ etc.},$$

si on divise par P chacun des termes de ces deux séries, 1° les restes des mêmes puissances paires a^{2k}, $(P-a)^{2k}$ sont égaux; 2° les restes des mêmes puissances impaires a^{2k+1}, $(P-a)^{2k+1}$ donnent une somme égale à P : la première partie n'a pas besoin d'explication, et il suffira, pour la seconde, de remarquer que le reste de a^{2k+1} étant $+K$, celui de $(P-a)^{2k+1}$ est $P-K$.

121. THÉORÈME. Le nombre P étant premier absolu, le nombre a est une racine primitive de P, 1° si le nombre h est premier à $P-1$, reste de a^h, est une racine primitive de P; nous faciliterons l'explication en partageant la démonstration en deux cas, selon que le nombre P est de la forme $4q+1$ ou de la forme $4q-1$.

1er CAS. $P=4q+1$, on a par hypothèse les deux séries

$$[A] \qquad a^0 \ a^1 \ a^2 \ a^3 \ldots a^q \ldots a^{2q} \ldots a^{3q} \ldots a^{4q} \ldots a^{5q} \ldots a^{6q}, \text{ etc.}$$

$$[B] \qquad 1 \ R_1 \ R_2 \ R_3 \ldots R_q \ldots R_{2q} \ldots R_{3q} \ldots 1 \ldots R_{5q} \ldots R_{6q}, \text{ etc.}$$

Admettons l'état premier relatif des nombres h et $P-1$, remarquons d'abord que dans la série [A], 1° les termes de la forme a^{2lq}, le nombre l entier impair sont les seuls qui puissent donner le reste $P-1$; 2° les termes de la forme a^{4mq} sont les seuls qui puissent donner le reste 1; soit actuellement l'égalité Reste de $(a^h)=b$, formons les deux séries

$$[A_1] \qquad b^0 \ b^1 \ b^2 \ldots b^q \ldots b^{2q} \ldots b^{3q} \ldots b^{4q} \ldots b^{5q}, \text{ etc.}$$

$$[B_1] \qquad 1 \ s_1 \ s_2 \ldots s_q \ldots s_{2q} \ldots s_{3q} \ldots s_{4q} \ldots s_{5q}, \text{ etc.}$$

Les restes des termes de la série $[A_1]$ étant ceux que donne la série

$$(a^h)^0 \quad (a^h)^1 \quad (a^h)^2 \ldots (a^h)^q, \text{ etc.},$$

on peut, aux deux séries $[A_1]$ et $[B_1]$, substituer les deux séries

$$[A_2] \qquad a^0 \quad a^h \quad a^{2h} \ldots a^{qh} \ldots a^{2qh} \ldots a^{4qh} \ldots a^{5qh}, \text{ etc.}$$

$$[B_2] \qquad 1 \quad s_1 \quad s_2 \ldots s_q \ldots \mathrm{P}-1 \ldots 1 \ldots s_{5q}, \text{ etc.},$$

le reste de $(a^h)^{2q}$ est $\mathrm{P}-1$, celui de $(a^h)^{4q}$ est 1; il suffit donc de prouver qu'un terme quelconque a^{nh}, $n<4q$, ne peut donner le reste 1, 1° le nombre n ne peut être égal à l'un des nombres q, $2q$, $3q$; l'admission de l'une de ces égalités donne à l'exposant $n.h$ soit l'état de multiple impair de q, soit l'état de multiple une fois pair du même nombre q, alors la conclusion reste $a^{nh}=1$ est inadmissible; 2° le nombre n ne peut être un nombre entier limité par 0 et $4q$ exclusivement.

	$n=q'$	donne	Reste	$a^{q'h}=1$
on a	$q'h=4mq$	ou		$\dfrac{q'h}{4q}=m$
	$n=q+s$	donne	Reste	$a^{(q+s)h}=1$
on a	$(q+s)h=4mq$	ou		$\dfrac{(q+s)h}{4q}=m$
	$n=2q+s$	donne	Reste	$a^{(2q+s)h}=1$
on a	$(2q+s)h=4mq$	ou		$\dfrac{(2q+s)h}{4q}=m$
	$n=3q+s$	donne	Reste	$a^{(3q+s)h}=1$
on a	$(3q+s)h=4mq$	ou		$\dfrac{(3q+s)h}{4q}=m$

L'état premier relatif des nombres h et $4q$ rend les dernières égalités inadmissibles. Admettons l'état non-premier relatif des nombres h et $4q=\mathrm{P}-1$, posons les égalités $h=h_1.d$, $\mathrm{P}-1=4q=t.d$, et reprenons les séries précédentes $[A_2]$, $[B_2]$, il y aura alors dans la première, entre a^0 et a^{4qh}, *au moins* un terme $a^{n.h}$ qui vérifiera l'égalité reste $a^{n.h}=1$; en effet, dans l'hypothèse actuelle on a $a^{n.h}=a^{n.d.h_1}$, ou si l'on pose $n=t$, $a^{nh}=a^{tdh_1}$ ou $a^{nh}=a^{4qh_1}$, ou enfin reste $a^{nh}=1$; la condition $n=t$ peut toujours être remplie, on doit effectivement substituer à la lettre n tous les nombres entiers compris entre 1 et $2q$, par conséquent on doit, à cette lettre, substituer le nombre t.

2° Cas. $P=4q-1$, posons $P-1=4q-2=2Q$, le nombre Q impair, on a les deux séries

$$[C] \qquad a^0\ a^1\ a^2 \ldots\ a^Q \ldots \quad a^{2Q} \ldots a^{3Q} \ldots\ a^{4Q}, \text{ etc.}$$

$$[D] \qquad 1\ R_1\ R_2 \ldots P-1 \ldots 1 \ldots\ P-1,\ 1, \text{ etc.}$$

Admettons l'état premier relatif des nombres h et $P-1$; remarquons d'abord que dans la série [C], 1° les termes de la forme $a^{(2l+1)Q}$ sont les seuls qui puissent donner le reste $P-1$; 2° les termes de la forme $2m.Q$ sont les seuls qui puissent donner le reste 1 : soit actuellement reste de $a^h=b$, formons les deux séries analogues aux séries [A_1] et [B_1] du cas précédent, et remarquant que l'on peut, aux restes $b^0\ b^1\ b^2 \ldots b^n$, substituer les restes de $(a^h)^0\ \ (a^h)^1\ \ (a^h)^2 \ldots (a^h)^n$, on aura

$$[C_1] \qquad a^0\ a^h\ a^{2h} \ldots a^{h.Q} \ldots\ a^{2hQ} \ldots a^{3hQ} \ldots a^{4hQ}, \text{ etc.}$$

$$[D_1] \qquad 1\ S_1\ S_2 \ldots P-1 \ldots 1 \ldots P-1 \ldots 1, \text{ etc.}$$

La seconde de ces deux séries présente, 1° le terme $P-1$ comme reste de $a^{h.Q}$; 2° le terme 1 comme reste de a^{2hQ}, il suffit de prouver qu'un terme quelconque a^{nh}, si l'on a $n<2Q$, ne peut donner le reste 1, 1° le nombre n ne peut être égal au nombre Q, puisque l'exposant nh du terme a^{nh} étant alors un multiple impair de Q, l'égalité reste $a^{nh}=1$ serait inadmissible; 2° le nombre n ne peut être compris entre 0 et 2Q.

$$n=Q', \qquad Q'<Q \quad \text{donne Reste de} \quad a^{Q'h}=1$$

on a $\qquad Q'h=2mQ \qquad$ ou $\qquad \dfrac{Q'h}{2Q}=m$

$$n=Q'+K, \qquad K<Q \quad \text{donne Reste de} \quad a^{(Q'+K)h}=1$$

on a $\qquad (Q'+K)h=2mQ \qquad$ ou $\qquad \dfrac{(Q'+K)h}{2Q}=m.$

L'état premier relatif des nombres h et 2Q rend les dernières égalités inadmissibles.

Admettons l'état non-premier relatif des nombres h et $P-1$, posons $h=h'd$, $P-1=2Q=t.d$, et reprenons les deux séries [C_1], [D_1], il y aura alors dans la série [C_1] entre 0 et $a^{h'Q}$ au moins un terme a^{nh} qui vérifiera l'égalité reste $a^{nh}=1$; en effet, dans l'hypothèse actuelle, on a $a^{nh}=a^{nh'4}$, ou si l'on pose $n=t$, on a $a^{nh}=a^{th'4}$ ou $a^{nh}=a^{th'Q}$, ou enfin reste $a^{nh}=1$, la condition $n=t$ peut toujours être remplie, la lettre n prenant tous les états numériques entiers compris entre 1 et 2Q, et parmi ces nombres est placé le nombre t, puisque l'on a $t<2Q$.

La subdivision établie dans la démonstration générale qui précède n'était pas indispensable, mais facilitait l'explication; si actuellement on réfléchit sur l'ensemble de cette démonstration, si l'on rappelle que les restes donnés, dans les deux cas, par les séries [A] et [C] comprennent, la première, tous les nombres entiers inférieurs à $P=4q+1$; la seconde, tous les nombres entiers inférieurs à $P=4q-1$, on reconnaîtra que l'on peut établir le théorème général suivant.

122. Théorème. Le nombre P est premier absolu, le nombre a est une racine primitive de P; si on élève a aux diverses puissances marquées par des exposants premiers à $P-1$, ces diverses puissances donnent des restes différents qui constituent toutes les racines primitives de P, donc un nombre premier absolu P a autant de racines primitives qu'il y a au-dessous de $P-1$ de nombres qui soient premiers à $P-1$. Ce théorème entrevu par Lambert a été démontré par Euler, ensuite par Gauss; les exercices mathématiques de M. Cauchy présentent sur le même sujet une démonstration essentiellement algébrique; plus récemment M. Poinsot en a donné une démonstration arithmétique dont l'élégance est remarquable, démonstration dont les éléments sont employés n° **115**; quel motif nous porte donc à maintenir celle qui précède? ce motif le voici : la transformation des séries [A], [A_1], [A_2], [C], [C_1], les liens qui unissent les divers restes des termes de ces séries opposant une première difficulté qui se présentera plus sérieuse dans la suite de ce travail, il nous a paru utile de familiariser le lecteur avec un genre de considérations dont cet essai offrira de nombreux exemples.

Lorsque l'on connaît une seule racine primitive d'un nombre premier P, le théorème précédent donne un procédé pour obtenir toutes les racines primitives de ce nombre; toutefois plusieurs causes rendent cette méthode assez pénible; la formation de tous les restes demande, en général, P multiplications et P divisions, et parmi ces opérations quelles sont celles qui sont essentielles? on sait, n° **112**, que les facteurs premiers inégaux de $P-1$ étant α, β, γ...., le nombre N désignant combien il y a de facteurs inférieurs et premiers à $P-1$, on a $N = \frac{(P-1)(\alpha-1)(\beta-1)(\gamma-1)\ldots}{\alpha.\beta.\gamma\ldots}$, on doit donc conserver les restes qui correspondent à des dividendes dont les exposants sont premiers à P—1; donc, parmi les multiplications et les divisions indiquées, la moitié au moins devient inutile; on évitera en partie cette suite d'opérations en employant le principe de permanence de toute relation linéaire entre deux ou un plus grand nombre de restes consécutifs ou distants n° **117**; toutefois même avec ce principe de permanence, dont l'utilité paraît incontestable, subsiste la nécessité d'écrire des restes dont on opère ensuite la radiation; la méthode suivante a pour but, le nombre a étant une racine primitive de P, d'obtenir immédiatement toutes les autres racines primitives de P. Le nombre P peut présenter deux cas $P=4q+1$, $P=4q-1$.

1er Cas. $P=4q+1$.

123. Théorème. Si le nombre a est une racine primitive de $P=4q+1$, le nombre $P-a$ est aussi une racine primitive de P; formons, 1° les deux séries de dividendes

[A] $a^0 \quad a^1 \quad a^2 \ldots \quad a^{2q} \ldots \quad a^{4q}$.

[B] $(P-a)^0 (P-a)^1 (P-a)^2 \ldots (P-a)^{2q} \ldots (P-a)^{4q}$,

les deux séries de restes correspondants

[A_1] $1 \; R_1 \; R_2 \ldots P-1 \ldots 1$

[B_1] $1 \; S_1 \; S_2 \ldots P-1 \ldots 1$,

on doit prouver que le dividende $(P-a)^{4q}$ est le premier terme qui, dans la série [B], donne le reste 1; or, si l'on avait reste de $(P-a)^{4q-h}=1$, l'exposant $4q-h$ serait pair ou serait impair, dans le premier état on aurait, reste de $a^{4q-h}=1$, et dans le second état on aurait reste de $a^{4q-h}=P-1$, n° **120**, toutes conclusions que l'hypothèse première rend inadmissibles.

124. Théorème. Si le nombre a est racine primitive de $P=4q+1$, et si un nombre h est premier à P—1, le nombre reste de $P-a^h$ est racine primitive de P, les hypothèses indiquent que a^h est une racine primitive de P, n° **121**, par conséquent $P-a^h$ est, n° **123**, une racine primitive de P : nous avons facilité la démonstration de ce théorème en le considérant comme étant un corollaire du théorème précédent, mais l'utilité qu'il présente plus loin lui méritait le nom que nous lui conservons.

Corollaire. 1° Si a est une racine primitive de $P=4q+1$; 2° si h est un nombre premier à $P-1$, si on désigne par

b, c, d, e, f, etc. $(P-a), (P-b), (P-c), (P-d), (P-e), (P-f)$, etc.,

les autres racines primitives de P, on aura les égalités suivantes :

$$b = P - \text{reste } a^h, \quad c = P - \text{reste } b^h = P - \text{reste } a^{(h^2)},$$

$$d = P - \text{reste } c^h = P - \text{reste } b^{(h^2)} = P - \text{reste } a^{(h^3)},$$

$$e = P - \text{reste } d^h = P - \text{reste } c^{(h^2)} = P - \text{reste } b^{(h^3)} = P - \text{reste } a^{(h^4)}, \text{ etc., etc.},$$

en d'autres termes, si les deux données hypothétiques subsistent 1° la racine a donne a^h, dont le reste est b, on obtient donc ainsi deux racines b et $P-b$, la racine b donne b^h, dont le reste est c, on obtient donc ainsi deux racines c et $P-c$, ainsi de suite; la rapidité de l'opération dépendra, 1° du choix fait pour le nombre h (ce nombre sera le plus faible possible); 2° de la réapparition plus ou moins rapide de la racine primitive a que nous appellerons, mais seulement pour faire image, *racine-type;* or, nous pouvons sur ce point établir quelques principes; la première racine reproduite sera toujours a : la réapparition aura lieu après une suite d'opérations dont le nombre est un diviseur exact du nombre total N des racines primitives de P; si après avoir déduit les racines liées à a, le nombre de ces racines est inférieur à N, on devra choisir une racine-type nouvelle, c'est-à-dire une racine étrangère à toutes celles que l'on connaît, et une seconde suite d'opérations donnera un nombre égal au premier de racines nouvelles : l'exactitude de ces divers faits est-elle une conséquence immédiate de cette solidarité intime qui lie toutes les racines primitives d'un nombre? Toujours est-il que nous avons cru devoir donner à ces propositions toute la rigueur mathématique. Recherchons les causes qui amènent la réapparition, soit de la racine-type a, soit de la racine $P-a$, puisque dans l'hypothèse actuelle $P=4q+1$, les deux racines sont simultanées; reprenons les séries

$$a^0 \; a^1 \; a^2 \ldots a^h \; a^{h+1} \ldots a^{(h^2)} \; a^{(h^3)} \ldots a^{(h^m)} \ldots a^{2q} \ldots \quad a^{4q}$$

$$1 \; R_1 \; R_2 \ldots R_h \; R_{h+1} \ldots R_{h^2} \; R_{h^3} \ldots R_{h^m} \ldots P-1 \ldots 1.$$

1° Si l'on a reste $a^{h^m}=a$, on aura les deux égalités $a^{h^m}=P.Q+a$, $a=P.Q'+a$, et par suite $a(a^{h^m-1}-1)=P.Q$; or, puisque a est une racine primitive de P, l'exposant h^m-1 du dividende $a^{h^m-1}-1$ est un multiple de $P-1$; ainsi la réapparition de la racine-type a aura lieu après un nombre m d'opérations, ce nombre m étant le plus faible nombre entier qui vérifie l'égalité h^m-1 multiple de $P-1$; 2° si l'on a reste $a^{h^m}=P-a$, on aura les deux égalités $a^{h^m}=PQ+P-a$, $a=P.Q'+a$, et par suite $a(a^{h^m-1}+1)=PQ$, ou $a^{h^m-1}=P.V+P-1$; donc alors le dividende a^{h^m-1} occupe le rang milieu d'une des séries périodiques données par la racine primitive a, on a donc $h^m-1=$ multiple de $\frac{P-1}{2}$; or, 1° le nombre h est impair, le nombre $\frac{P-1}{2}=2q$ est pair; nous pouvons donc établir la règle générale suivante applicable a tous les nombres premiers absolus dont la forme est $4q+1$: la reproduction de l'une des deux racines-types a ou $P-a$ a lieu après un nombre m d'opérations, le nombre m étant le plus faible nombre entier qui vérifie l'égalité $h^m-1=$ multiple de $\frac{P-1}{2}$.

1er Exemple. $P=29$, $h=3$, $a=2$, on a $3^6-1=$ multiple de $\frac{28}{2}$, la réapparition de la racine-type a lieu après six opérations, et puisque, 1° chaque opération donne deux racines; 2° le nombre des racines primitives du nombre 29 est 12; cette suite d'opérations donnera toutes les racines primitives du nombre premier 29 : on a reste $\frac{2^3}{29}=8$, donc racines primitives 8 et 21, reste $\frac{8^3}{29}=19$, donc racines primitives 19 et 10, ainsi de suite, l'ensemble des opérations donne les six couples suivants : 8 et 21, 19 et 10, 15 et 14, 11 et 18, 26 et 3, 2 et 27.

2e Exemple. $P=277$, $h=7$, $a=5$, le nombre 277 a 88 racines primitives, l'égalité $7^m-1=$ multiple de $\frac{277-1}{2}$ montre que la racine-type 5 reparaîtra après 22 opérations; et puisque chacune de ces dernières fait connaître deux racines primitives, on devra employer une seconde racine-type.

La réapparition de la racine-type a précédera celle de toute autre racine : en d'autres termes si on considère les deux séries

$$[M] \qquad a^0\; a^h\; a^{(h^2)}\; a^{(h^3)} \ldots a^{(h^i)} \ldots a^{(h^v)} \ldots a^{(h^m)} \ldots a^{(h^{2m})}$$

$$1\; R_1\; R_2\; R_3 \ldots R_i \ldots R_v \ldots R_m \ldots R_{2m},$$

dans lesquelles la lettre m désigne le nombre d'opérations après lequel a lieu la reproduction de la racine-type a; il est certain qu'il y a inégalité entre tous les restes qui précèdent celui que donne le dividende $a^{(h^m)}$; admettons en effet reste $a^{(h^t)}$ = reste $a^{(h^v)}$, les nombres t et v étant inférieurs au nombre m; reprenons ensuite la série applicable à la racine a, c'est-à-dire reprenons la série $a^0\, a^1\, a^2, \ldots, a^{P-1}, \ldots, a^{2(P-1)}, \ldots a^{3(P-1)}, \ldots$, etc.; la période donnée par a contient P—1, termes, les restes des dividendes $a^{(h^t)}\ a^{(h^v)}$ sont égaux, les exposants que présentent ces dividendes diffèrent entre eux d'un multiple de P — 1 ou $h^v - h^t = (P-1)K$, ou $h^t(h^{v-t}-1) = (P-1)K$, les nombres h et P—1 sont premiers entre eux, on a donc $h^{v-t}-1$ = multiple de P—1; or, dans cette dernière hypothèse, la reproduction de la racine-type a a dû avoir lieu, donc cette dernière reproduction a précédé celle qui nous occupe. L'examen des séries [M] montre que si l'on adopte comme nouvelle racine-type un des restes R_t, et si l'on soumet ce nombre aux opérations faites avec la racine a, la reproduction de la racine R_t aura lieu après m opérations, et les racines obtenues seront celles qui ont été données dans la première suite d'opérations; si l'on soumet aux calculs indiqués une racine-type b étrangère à toutes les racines obtenues par la première série d'opérations, les racines obtenues dans cette seconde suite de calculs seront nouvelles, et leur nombre sera celui des racines primitives déjà connues, on a les deux séries dividendes

$$b^0\ b^1\ b^h\ b^{(h^2)} \ldots b^{(h^t)} \ldots b^{(h^m)} \qquad \text{restes} \quad 1\ b\ S_1\ S_2\ S_3 \ldots S_t;$$

si un dividende $b^{(h^t)}$ donnait comme reste la racine primitive R_v, déjà indiquée par le dividende $a^{(h^v)}$ de la première suite [M], cette racine R_v élevée à la puissance $m-t$, donnerait le reste b, ainsi ce dernier nombre appartiendrait à la seconde des séries [M].

Conclusion applicable à ce premier cas, c'est-à-dire lorsque l'on a $P = 4q+1$. Un nombre premier P et de la forme $4q+1$ étant donné, connaissant une racine primitive a de ce nombre, le nombre h étant premier à P — 1, si l'on forme les deux suites [M], tous les restes, différents depuis R_1 jusqu'à a, sont des racines primitives de P, le nombre de ces restes est un diviseur de N, nombre des racines primitives de P; si ce diviseur est maximum, c'est-à-dire est N, la recherche des racines primitives de P est terminée; dans le cas contraire, on choisit une racine primitive étrangère aux racines primitives déjà connues, et ce choix peut avoir lieu à l'aide du n° **117**;

cette seconde racine donne une seconde partie, égale à la première, des racines primitives du nombre proposé, ainsi de suite.

2e Cas. $P = 4q - 1$.

123. Théorème. Si le nombre a est racine primitive de $P = 4q - 1$, si le nombre R_1 désigne le reste de a^2, le nombre $P - R_1$ est une racine primitive de P; reprenons les deux suites, no **121**, 2e *cas*, applicable à l'étude actuelle en donnant à ces suites les formes

$$[C_1] \quad (a^2)^0 \; a^1 \; (a^2)^1 \; a^3 \; (a^2)^2 \ldots a^{2q-1} \; (a^2)^q \quad a^{2q+1} \ldots (a^2)^{2q-1} \ldots a^{4q+3} \ldots (a^2)^{4q-2}, \text{ etc.}$$

$$[D_1] \quad 1 \quad R_1 \; R_1 \quad R_3 \; R_4 \ldots \; P-1 \; P-R_1 \; P-R_3 \ldots 1 \ldots\ldots \quad P-1 \ldots 1., \text{ etc.},$$

on doit démontrer que dans la suite

$$[E] \quad (P-R^2)^0 \; (P-R_1)^1 \; (P-R_1)^2 \ldots (P-R_1)^{2q-1} \ldots (P-R_1)^{4q-2}, \text{ etc.},$$

le dividende $(P-R_1)^{4q-2}$ est le premier terme qui, divisé par P, donne le reste 1, or, remarquons que les restes de la série [E] sont, exactement et dans le même ordre, ceux de la série

$$(P-a^2)^0 \;\; (P-a^2)^1 \ldots (P-a^2)^{2q-1} \ldots (P-a^2)^{4q-2},$$

sont aussi ou les restes ou les compléments à P des restes des dividendes de la série $[C_1]$, lemme no **120**; si donc on compare les restes donnés par les séries $[C_1]$ et [E], on reconnaît que dans cette dernière et entre $(P-R_1)^0$ et $(P-R_1)^{2q-1}$, aucun dividende ne peut donner le reste 1, le fait affirmatif donnerait dans la série $[C_1]$ entre $(a^2)^0$ et $(a^2)^{2q-1}$, soit le reste 1, soit le reste $P-1$; donc enfin si a est racine primitive de P, le nombre Reste $P - a^2$ a la même propriété.

Corollaire. Le nombre a est racine primitive de $P = 4q - 1$, on désigne par b, c, d, e, f, etc., les autres racines primitives de P, on a alors la suite d'égalités

$$b = P - \text{Reste } a^2, \qquad c = P - \text{Reste de } b^2 = P - \text{Reste } a^4,$$

$$d = P - \text{Reste } c^2 = P - \text{Reste } b^4 = P - \text{Reste } a^8,$$

$$e = P - \text{Reste } d^2 = P - \text{Reste } c^4 = P - \text{Reste } b^8 = P - \text{Reste } a^{16}, \text{ etc.}$$

on peut d'ailleurs à cette suite d'opérations substituer $a^2 = b$, $b^2 = c$, $c^2 = d$, $d^2 = e$, etc., retrancher chacun des restes du nombre invariable P, les nouveaux restes seront les racines primitives de P, la rapidité de la recherche totale des racines dépendra de la réapparition plus ou moins prompte de la racine a, or, nous retrouvons ici les principes établis dans le corollaire précédent, la première racine reproduite est a, la réapparition de cette racine a lieu après une suite d'opérations dont le nombre est un diviseur exact du nombre N de racines primitives que présente P ; si, après avoir obtenu les racines primitives déduites de a, on adopte une racine b étrangère aux racines déjà connues, la racine b donnera un nombre égal au premier de racines nouvelles. Recherchons les circonstances que présente la reproduction de la racine-type a, reprenons les suites.

$[C_1]$ Dividendes $a^0 \; a^1 \; a^2 \; a^3 \ldots\ldots a^n \ldots\ldots a^{\frac{P-1}{2}} \; a^{\frac{P-1}{2}+1} \ldots\ldots a^{P-1} \ldots\ldots a^{3\left(\frac{P-1}{2}\right)} \ldots\ldots a^{2(P-1)}$, etc.

$[D_1]$ Restes $1 \quad a \quad R_2 \quad R_3 \ldots\ldots R_n \ldots P-1 \quad P-a \ldots\ldots 1 \ldots\ldots \quad P-1 \ldots\ldots 1$, etc.

[R] Dividendes $a^{(2^0)} \quad a^{(2^1)} \quad a^{(2^2)} \quad a^{(2^3)} \ldots\ldots \quad a^{(2^m)}$, etc.

[S] Dividendes $P-a^{(2^0)} \; P-a^{(2^1)} \; P-a^{(2^2)} \; P-a^{(2^3)} \ldots\ldots P-a^{(2^m)}$, etc.,

les restes donnés par les dividendes [S] étant des racines primitives de P, l'égalité Reste $P-(a^2)^m = a$ amène l'égalité Reste de $(a^2)^m = (P-a)$, or, le dividende $(a^2)^m$ est placé dans la suite [C], et ce terme donne le reste $P-a$, ainsi l'exposant complet de ce dividende a la forme $(2K+1)\left(\frac{P-1}{2}\right)+1$, on a donc l'égalité $2^m - 1 = (2K+1)\left(\frac{P-1}{2}\right)$; la réapparition de la racine-type a a lieu dans la suite d'opérations [S] après un nombre m d'opérations, m étant le plus faible nombre entier qui vérifie l'égalité $2^m - 1 =$ multiple impair de $\frac{P-1}{2}$, on remarquera que le nombre 2 a, dans le cas actuel, le rôle que remplissait le nombre h dans le cas précédent.

Exemple. $P=79$ $a=3$, on a $2^{12}-1 =$ multiple impair de $\frac{P-1}{2}$, la réapparition de la racine-type 3 a lieu après 12 opérations, et puisque le nombre 79 a 24 racines primitives, on doit employer deux racines-types.

Exemple. $P=191$ $a=189$, on a $2^{36}-1 =$ multiple impair de $\frac{P-1}{2}$, la réapparition de 189 a lieu après 36 opérations, le nombre 191 a 72 racines primitives; on emploiera deux racines-types.

La reproduction de la racine a précédera celle de toute autre racine : reprenons la série [S] dans laquelle m est le nombre d'opérations nécessaires pour amener l'état précité, il est certain qu'il y a alors inégalité entre tous les restes qui précèdent celui de $P-a^{(2^m)}$; soit en effet l'égalité Reste de $P-a^{(2^t)}=$ Reste de $P-(a^{(2^v)}$, ou, ce qui est permis, soit l'égalité Reste $a^{(2^t)}=$ Reste $a^{(2^v)}$, les nombres t et v étant inférieurs à m; les dividendes $a^{(2^t)}$ $a^{(2^v)}$ appartenant à la série générale $[C_1]$, les exposants 2^t et 2^v diffèrent alors d'un multiple de $P-1$, on a donc

$$2^t(2^{v-t}-1)=(P-1)K \quad \text{ou} \quad 2^{t-1}(2^{v-t}-1)=\left(\frac{P-1}{2}\right)K,$$

le nombre P a la forme $4q-1$, donc on a $\frac{P-1}{2}=2q-1$, ainsi le nombre $\frac{P-1}{2}$ est impair; par suite la dernière égalité $2^{v-t}-1=\frac{P-1}{2}\left(\frac{K}{2^{t-1}}\right)$ démontre que le nombre K est un multiple de 2^{t-1}, ou finalement que l'on a $2^{v-t}-1=\left(\frac{P-1}{2}\right)H$, le nombre H étant impair; or, cette conclusion prouve que la réapparition de la racine première a a lieu après un nombre $v-t$ d'opérations; ainsi cette reproduction a précédé celle des restes égaux indiqués. L'examen des suites [R] et [S] montre que si l'on adopte comme une racine-type un des restes $P-R_r$ applicable au dividende $P-a^{(2^t)}$; et si l'on fait, sur ce reste, les opérations faites sur la racine a, la reproduction de la racine $P-a^{(2^t)}$ aura lieu après m opérations; si l'on choisit une racine b étrangère aux racines déduites de a, et si on soumet b aux opérations indiquées, les racines données par cette seconde suite d'opérations seront nouvelles, et leur nombre sera celui des racines déjà connues.

Observation générale sur les deux cas précédents. L'exposant m obéit, dans les deux cas précédents, à des conditions qui facilitent sa recherche; en effet, chacun des nombres h^m-1, 2^m-1 est multiple de $\frac{P-1}{2}$, le nombre m est diviseur de $N=\frac{(P-1)(\alpha-1)(\beta-1)(\gamma-1)\ldots}{\alpha.\beta.\gamma\ldots}$, nombre des racines primitives de P; on devra donc, parmi les diviseurs de N chercher celui qui vérifie la condition 1er *cas* $h^m-1=$ multiple de $\frac{P-1}{2}$; 2e *cas*, $2^m-1=$ multiple impair de $\frac{P-1}{2}$; deux exemples numériques, employant des nombres premiers élevés, montreront la route que l'on doit suivre pour éviter des essais superflus.

1er Exemple. $P=4721$, $h=3$, on a $\frac{P-1}{2}=2360$, $N=1856$, l'exposant m qui vérifie l'égalité $3^m-1=$ multiple de $\frac{P-1}{2}$ doit être un diviseur de

$1856 = 2^6 . 29$; or, les dividendes 3^2, 3^4, 3^8, 3^{16}, 3^{29}, 3^{32}, 3^{58}, 3^{116} divisés par $\frac{P-1}{2}$ donnent par ordre les restes 9, 81, 1841, 321, 2243, 1561, 1889, 1. Ainsi la reproduction de la racine-type aura lieu après 116 opérations, le nombre P a 1856 racines primitives, on doit employer 16 racines-types.

2° Exemple. $P = 4q - 1 = 5839$, $h = 2$; on a $\frac{P-1}{2} = 2919$, $N = 1656$, l'exposant m qui vérifie l'égalité $2^m - 1 =$ multiple impair de $\frac{P-1}{2}$ est diviseur de 1656, on a par suite $2^{138} - 1 =$ multiple impair de $\frac{P-1}{2}$; donc la réapparition a lieu après 138 opérations et l'on doit employer 12 racines-types.

CHAPITRE III.

RECHERCHE D'UNE RACINE PRIMITIVE D'UN NOMBRE.

126. Cette recherche qui présente de sérieuses difficultés, n'a jamais été réellement faite, le tâtonnement est encore le seul moyen connu, et un tâtonnement sans aucune règle, sans issue certaine n'est pas une théorie, n'est qu'une simple indication qui laisse toute cette recherche dans le domaine des conceptions intellectuelles : l'ensemble des principes que nous exposons plus loin, a-t-il simplement pour but de régulariser ce tâtonnement, nous croyons qu'il fait mieux, et d'abord constatons que plusieurs de ces principes amènent la suppression complète de ce tâtonnement pour le tiers environ des nombres premiers qui composent l'échelle numérique, suppression qui est remplacée par un calcul régulier, menant directement et avec certitude à la connaissance d'un nombre particulier qui est une racine primitive du nombre proposé : la partie de l'échelle numérique qui ne peut être classée dans le tiers indiqué, doit encore, comme anciennement, être soumise au tâtonnement, mais cette opération régularisée est tellement rapide qu'il nous a été possible d'établir une table contenant *une* racine primitive pour chaque nombre premier compris entre 1 et 10000; nous admettons la possibilité théorique de faire cette table avec le procédé connu; mais elle n'a jamais été faite, parce que le calculateur le plus intrépide, celui que n'aurait pas effrayé la formation, par les moyens arithmétiques, d'une table de logarithmes, celui-là même reculerait devant l'énormité de la tâche qu'il se serait imposée; nous trouvons, comme nous l'avons dit, la preuve de cette assertion dans le fait suivant, la table des racines primitives calculée jusqu'au nombre 37 par Euler, a été, depuis lui, étendue jusqu'au nombre 61; la non-existence de cette table n'est-elle pas un des obstacles qui anéantit tout espoir de perfectionnement notable, qui ne permet pas de donner à cette partie la certitude que notre âge apporte dans les autres branches mathématiques; ajoutons encore une simple remarque, la table que nous présentons n'est pas très-étendue, mais elle peut recevoir une grande extension, car on reconnaîtra que les calculs augmentent plus lentement que les nombres eux-mêmes, et d'ailleurs telle qu'elle est, cette table, en nous faisant connaître un certain nombre de racines primitives, nous a permis d'établir quelques relations, soit entre ces racines, soit entre les nombres premiers et ces mêmes racines, la valeur de ces relations est faible, mais on peut espérer que des esprits plus sagaces, n'étant plus arrêtés par une recherche assez ingrate, saisiront ce qu'il ne nous a pas été donné d'apercevoir, trouveront quelques-uns des liens qui unissent ces divers nombres, trouveront enfin ce qui nous échappe aujourd'hui.

127. Lemme. Le nombre P est premier absolu, le nombre a est quelconque, mais est inférieur à P; si on divise par P tous les termes de la série

$$a^0 \quad a^1 \quad a^2 \quad a^3 \ldots\ldots a^{\frac{P-1}{2}} \ldots\ldots a^{P-1}$$

on a l'une des deux égalités

$$\text{Reste } a^{\frac{P-1}{2}} = P - 1, \qquad \text{Reste } a^{\frac{P-1}{2}} = 1,$$

on sait en effet, n° **109**, que la première reproduction du reste 1 a lieu après une suite d'opérations dont le nombre est un diviseur de P — 1; ce nombre est donc *ou* 2 *ou* un diviseur d de $\frac{P-1}{2}$ *ou* P — 1; or,

1° $$\text{Reste } a^2 = 1 \quad \text{donne} \quad \text{Reste } a = P - 1;$$

et par suite donne, soit Reste $a^{\frac{P-1}{2}} = 1$ si le nombre $\frac{P-1}{2}$ est pair, soit Reste $a^{\frac{P-1}{2}} = P - 1$ si le nombre $\frac{P-1}{2}$ est impair;

2° $$\text{Reste } a^d = 1 \quad \text{donne} \quad \text{Reste } a^{\frac{P-1}{2}} = 1;$$

3° $$\text{Reste } a^{P-1} = 1 \quad \text{donne} \quad \text{Reste } a^{\frac{P-1}{2}} = P - 1.$$

La recherche qui fait l'objet actuel de ce chapitre, présente deux cas : 1° $P=6q+1$, 2° $P=6q-1$.

1er CAS. $P=6q+1$.

128. LEMME. Le nombre P premier absolu a la forme $6q+1$, le nombre a est quelconque, mais est inférieur à P, on a divisé par ce dernier nombre les termes $a^q . a^{2q}$ appartenant à la suite $a^0 a^1 \ldots a^q . a^{2q} \ldots a^{3q} \ldots a^{6q}$, etc., on a reconnu que le nombre Reste a^q est supérieur d'une unité au nombre Reste a^{2q}, on est alors assuré de l'exactitude de l'égalité Reste $a^{3q}=P-1$: constatons d'abord que le nombre Reste a^q ne peut être ni 1 ni $P-1$; remarquons aussi que les hypothèses établies donnent les trois égalités

$$[C] \quad a^q=\mathfrak{M}:P+R, \qquad a^{2q}=\mathfrak{M}:P+R-1, \qquad R^2=\mathfrak{M}:P+R-1;$$

de là, on déduit l'égalité Reste $a^{3q}=R(R-1)$; ou, après avoir substitué à R^2 la valeur indiquée, on a Reste $a^{3q}=P-1$;

OBSERVATIONS. Tout nombre premier a des racines primitives n° **114**, et lorsque le nombre a est une de ces racines, lorsque l'on divise par P la suite $a^0\ a^1\ a^2\ a^3$, etc., le nombre $P-1$ a place parmi les restes, et cette place correspond évidemment au dividende a^{3q}; or, 1° on a démontré, n° **81**, que l'équation $x^2+x+1=P.y$, ou, en changeant $+x$ en $-x$, que l'équation $x^2-x+1=P.y$ intimement liée à l'équation $u^2+3=P.t$ est toujours résoluble en nombres entiers lorsque le nombre P a la forme $6q+1$; 2° on a démontré, n° **40**, que si le nombre P est premier absolu, l'équation $u^2+3=P.t$ ne présente pour u que deux nombres entiers h et $P-h$ inférieurs à P; ainsi, dans les conditions générales établies, l'équation $x^2-x+1=P.y$ qui est réellement l'équation $x^2=\mathfrak{M}:P+\ x-1$ peut toujours être résolue en nombres entiers, la vérification des égalités [C] du lemme actuel est donc certaine; de cette vérification, en désignant par a_1 une racine convenable de P, on déduit une autre certitude, celle des trois égalités

$$(a_1)^q=\mathfrak{M}:P+\ P-(R-1), \qquad (a_1)^{2q}=\mathfrak{M}:P+\ P-R,$$
$$[P-(R-1)]^2=\mathfrak{M}:P+\ (P-R);$$

ainsi dans l'état actuel des faits 1° il existe deux nombres entiers R et $P-(R-1)$ inférieurs à P et caractérisés par la propriété suivante, le carré de l'un ou de l'autre de ces nombres, étant divisé par P, donne un reste qui est inférieur d'une unité à la racine carrée elle-même, c'est-à-dire au nombre primitif employé; 2° le nombre a étant une racine primitive de P; si on divise par P les termes de la série a^0 a^1 a^2 $a^3 \ldots a^q \ldots a^{2q} \ldots a^{3q} \ldots a^{6q}$, on sait que les restes comprennent tous les nombres entiers inférieurs à P, et par suite on sait que l'un des nombres R, P—(R—1) prend nécessairement place comme Reste a^q; toute autre position, Reste a^2 par exemple, amène Reste a^6=P—1, c'est-à-dire est inadmissible. Concluons : si le nombre P premier absolu a la forme $6q+1$, si le nombre *a n'est pas* une racine primitive de P, si l'on divise par P les termes de la suite a^0 a^1 a^2 a^3, etc., les nombres R et P—(R—1) peuvent, ou *ne pas occuper* ou *occuper* une place quelconque, dans la série des restes, parce qu'alors Reste a^{3q} peut être étranger à P—1, mais lorsque le nombre *a est* une racine primitive de P, l'un des nombres R et P—(R—1) est Reste a^q; l'apparition de l'un d'eux, de R par exemple, comme Reste a^q, précède immédiatement celle du nombre R—1, comme Reste a^{2q}, et ce dernier reste est à l'instant suivi du nombre P—1 comme Reste a^{3q}; or, nous verrons que dans cette position des trois restes cités, le nombre a, sauf quelques exceptions faciles à reconnaitre, est une racine primitive de P.

Nous avons jusqu'ici considéré les quatre nombres R, R—1, P—(R—1), P—R, en les groupant comme suit R et R—1, P—(R—1) et P—R; à côté de ces deux arrangements dont nous avons constaté l'importance, se placent deux autres groupes R et P—(R—1), R—1 et P—R qui sont également remarquables : 1° la somme des nombres est P+1 pour le premier groupe et P—1 pour le second; 2° le produit des nombres de chaque groupe est 1; 3° l'un d'eux se présente souvent dans les essais qui nous occupent.

129. LEMME. Le nombre P premier absolu a la forme $6q+1$, le nombre a est quelconque mais est inférieur à P; on a divisé par le nombre P les deux termes a^q, a^{2q}, on a reconnu que les restes R_q R_{2q} donnés par ces diviseurs vérifient l'une des relations $R_q+R_{2q}=P-1$; $R_q+R_{2q}=P+1$, on est alors certain que l'on a l'égalité $R^{3q}=1$; ce lemme est une conséquence des deux lemmes précédents; on peut démontrer, en employant l'équation $u^2+3=P.t$, que les deux nombres qui forment l'un des derniers groupes sont les seuls dont le produit, divisé par P donne le reste 1, par conséquent variables avec le nombre P, ces nombres sont invariables avec lui quel que soit le nombre a soumis à l'essai; deux exemples numériques faciliteront l'intelligence des positions occupées par ces divers groupes.

P=79	3, nombre soumis à l'essai	Dividendes	3^{13}	3^{26}	3^{39}	3^{78}
		Restes	24	23	78	1
	2, nombre soumis à l'essai	Dividendes	2^{13}	2^{26}	2^{39}	2^{78}
		Restes	55	23	1	1
P=9433	2, nombre soumis à l'essai	Dividendes	2^{1572}	2^{3144}	2^{4716}	2^{9432}
		Restes	926	8506	1	1
	3, nombre soumis à l'essai	Dividendes	3^{1572}	3^{3144}	3^{4716}	3^{9432}
		Restes	8506	926	1	1
	5, nombre soumis à l'essai	Dividendes	5^{1572}	4^{3144}	5^{4716}	5^{9432}
		Restes	927	926	9432	1

130. Théorème. Le nombre P premier absolu a la forme $6q+1$, le nombre a est inférieur à P, si après avoir obtenu les restes des dividendes a^q a^{2q}, on a reconnu que le premier reste est supérieur d'une unité au second, le nombre a est, en général, une racine primitive de P : les hypothèses donnent les égalités Reste $a^q=R$, Reste $a^{2q}=R-1$, Reste $a^{3q}=P-1$; admettons l'exactitude de l'égalité $P-1=6.q=2.3.\alpha^h.\beta^l$; le nombre m des termes de la période est une combinaison plus ou moins complexe des facteurs premiers qui constituent P—1, n° **109**; laissons de côté les cas $m=2$, $m=3$, facilement reconnaissables et qui d'ailleurs ne peuvent donner le reste 1, lorsque, le nombre P étant élevé, le nombre a est faible; nous remarquerons que le nombre *m ne peut être* 1° un facteur simple de P—1 étranger à 2 et à 3 et plus ou moins répété comme puissance, cette condition amène en effet l'égalité inadmissible Reste $a^q=1$; 2° une combinaison du facteur simple 2 avec un ou plusieurs facteurs simples de P—1, ces derniers facteurs étant plus ou moins élevés comme puissances, cette condition amène l'égalité inadmissible Reste $a^{2q}=1$; 3° une combinaison du facteur simple 3 avec les facteurs que nous combinions à l'instant avec 2, cette condition amène l'égalité inadmissible Reste $a^{3q}=1$; nous remarquerons enfin que le nombre *m peut être* 1° le facteur 6 mêlé avec une partie plus ou moins complexe des facteurs de q et cet état amène l'une des égalités Reste $a^{\frac{P-1}{2}}=1$, Reste $a^{\frac{P-1}{3}}=1$; 2° l'ensemble des facteurs de P—1, et alors le nombre a est une racine primitive de P; de là les observations suivantes :

1re Observation. La connaissance du reste R ou du reste P—(R—1) correspondant au dividende a^q est, en général, seule nécessaire, ou du moins, il suffit, en général, de constater l'exactitude de l'égalité

[T] $$\text{Reste}\,(a^q) = \text{Reste}\,(a^{2q}) + 1\,;$$

cette connaissance exige quelques précautions qui abrégent les calculs : 1° le choix du nombre a est réellement arbitraire, mais doit être limité par quelques règles *; l'ordre que l'on doit suivre dans l'échelle ascensionnelle des exposants est également arbitraire; néanmoins il est manifeste que le nombre 2 marquera la loi des exposants et que chaque Reste obtenu devra être élevé au carré pour constituer le dividende suivant; le Reste S s'il est supérieur à $\frac{P}{2}$ devra être remplacé par P—S.

2ᵉ **Observation.** Si le nombre a soumis à l'essai vérifie l'égalité [T], on doit *alors, mais seulement alors*, constater la nature des nombres Reste $a^{\frac{P-1}{\alpha}}$, Reste $a^{\frac{P-1}{\beta}}$, et cette recherche sera plus rapide en employant certains restes connus; soit en effet le nombre G = Reste a^k, le terme a^k étant, parmi les dividendes employés dans le premier essai, celui dont l'exposant est le plus rapproché, soit par excès, soit par défaut de $a^{\frac{P-1}{\alpha}}$, par exemple; on calculera alors directement soit le nombre H qui est Reste de $a^{\frac{P-1}{\alpha}-k}$, soit le nombre L qui est Reste de $a^{k-\frac{P-1}{\alpha}}$; dans le premier cas le reste de $a^{\frac{P-1}{\alpha}}$ sera H.G, dans le second cas, il est clair que de l'hypothèse Reste de $a^{\frac{P-1}{\alpha}} = 1$ on déduit L = G et *vice versâ*.

Exemple. $P = 421$, $a = 2$, $P - 1 = 2^2.3.5.7$, $\alpha = 5$, $\beta = 7$, $\frac{P-1}{\alpha} = 84$, $\frac{P-1}{\beta} = 60$; le premier essai est composé de l'examen des restes des dividendes 2^7 2^{14} 2^{28} 2^{30} 2^{60} 2^{70} 2^{140}; ces Restes sont par ordre 128 386 351 269 370 401 400; le nombre 2 obéit aux conditions [T]; on doit donc examiner la nature des restes de 2^{84}, 2^{60}, ces restes ne sont pas 1, donc le nombre 2 est une racine primitive de P.

Exemple. $P = 2857$ **, $a = 5$, $P - 1 = 2^3.3.7.17$, $\alpha = 7$, $\beta = 17$,

---

* Les considérations exposées à la fin de cette partie, n° **140**, apportent à cet arbitraire, des restrictions indispensables dans les opérations pratiques.

** Le nombre P a simultanément les formes $8q + 1$, $12q + 1$, par suite les nombres 2 et 3 ne peuvent être des racines primitives, n° **140**.

$\frac{P-1}{\alpha}=408$, $\frac{P-1}{\beta}=168$; l'essai a lieu sur les dividendes 5^7 5^{14} 5^{28} 5^{29} 5^{58} 5^{116} 5^{232} $5^{[illegible]}$ $5^{[illegible]}$ $5^{[illegible]}$; les restes sont par ordre 986 816 175 875 2806 2602 2171 2284 2507 2506; le nombre 5 obéit aux conditions [T]; on doit donc chercher la nature des restes de $5^{[illegible]}$, $5^{[illegible]}$; le premier est donné en préparant le reste de $5^{[illegible]}$ et en multipliant ce reste par 2171, qui est le reste de 5^{232}, le second, c'est-à-dire le Reste de $5^{[illegible]}$ sera l'unité si l'on a Reste $5^{[illegible]}=2507$, cette dernière égalité est exacte, donc le nombre 5 n'est pas une racine primitive du nombre 2857 *.

3ᵉ OBSERVATION. Si le nombre a soumis à l'essai, ne vérifie pas les conditions [T]; on peut, en général, modifier ce nombre de manière que le nombre transformé vérifie ces mêmes conditions; ces modifications reposent sur des principes que nous exposons dans le théorème et dans le corollaire suivants :

131. THÉORÈME. Le nombre P premier absolu a la forme $6q+1$, le nombre q est impair, le nombre a est inférieur à P et a été soumis à l'essai; si les restes R_q R_{2q} des dividendes a^q a^{2q} obéissent à la condition $R_q+R_{2q}=P-1$, le nombre $P-a$ est alors, en général, une racine primitive de P : les hypothèses donnent l'un des deux états suivants :

1° Dividendes a^q, a^{2q}; Restes $R-1$, $P-R$;

2° Dividendes a^q, a^{2q}; Restes $P-R$, $R-1$;

on a donc, nº **129**, Reste $a^{3q}=1$; or, si l'on soumet à l'essai le nombre $P-a$, on a, nº **123**, le nombre q étant impair, l'un des deux états suivants :

1° Dividendes $(P-a)^q$ $(P-a)^{2q}$, Restes $P-(R-1)$, $P-R$;

2° Dividendes $(P-a)^q$ $(P-a)^{2q}$, Restes R, $R-1$;

dans les deux états, on a Reste $(P-a)^{3q}=P-1$; donc le nombre $P-a$ sera, en général, nº **129**, une racine primitive de P, on reconnaîtra les exceptions

* Le nombre P a la forme $5q+2$ et ces nombres ont, en général, la racine primitive 5; celui qui est cité dans l'exemple actuel constitue une des rares exceptions que présente cette règle, voir le nº **140**.

en constatant la nature des restes $(P-a)^{\frac{P-1}{\alpha}}$, $(P-a)^{\frac{P-1}{\beta}}$, ou plus simplement des restes $a^{\frac{P-1}{\alpha}}$, $a^{\frac{P-1}{\beta}}$.

COROLLAIRE. Le nombre P premier absolu a la forme $6q+1$, les nombres divers a_0 a_1 a_2, soumis aux essais ont donné les résultats suivants :

Dividendes	$(a_0)^q$	$(a_0)^{2q}$,	Dividendes	$(a_1)^q$	$(a_1)^{2q}$,	Dividendes	$(a_2)^q$	$(a_2)^{2q}$.
Restes	m_0	n_0,	Restes	m_1	n_1,	Restes	m_2	n_2

les restes indiqués, ainsi que les restes M_0 N_0, M_1 N_1, M_2 N_2, etc., relatifs aux nombres $P-a_0$, $P-a_1$, $P-a_2$, etc., n'obéissent pas aux conditions nos **130** et **131**, on formera alors les produits 2 à 2, 3 à 3 : 1° des restes m_0 m_1 m_2 d'une part; de l'autre des restes n_0 n_1 n_2, etc.; 2° des restes M_0 M_1 M_2, etc., d'une part; des restes N_0 N_1 N_2 de l'autre; si l'on a par exemple

$$\text{Reste de } (m_0\ m_1) = \text{Reste de } (n_0\ n_1) + 1,$$

le produit $a_0 . a_1$ est, en général, une racine primitive de P, les exceptions seront constatées par les règles indiquées précédemment; l'exemple qui suit, fait sur un nombre élevé, facilitera l'explication.

EXEMPLE. 25423 *, $a=7$, $P-1=2.3.19.223$, $\alpha=19$, $\beta=223$, $\frac{P-1}{\alpha}=1338$, $\frac{P-1}{\beta}=114$; la série des dividendes est

$$7^4\ 7^8\ 7^{16}\ 7^{32}\ 7^{64}\ 7^{128}\ 7^{132}\ 7^{264}\ 7^{528}\ 7^{529}\ 7^{1058}\ 7^{1059}\ 7^{2118}\ 7^{4236}\ 7^{4237}\ 7^{8474}\ 7^{12711}\ 7^{25422},$$

les restes sont par ordre

2401, 19203, 20017, 13809, 15921, 18326, 18936, 6104, 14121, 22578, 9511, 15731, 22302, 3632, 1, 1, 1, 1,

le nombre 7 n'obéit pas aux conditions établies n° **129**, les transformations indiquées n° **130**, ne donnent aucun résultat utile; si on renouvelle l'essai, en substituant à 7, soit le nombre 11, soit le nombre 13, ces nombres, soit

---

* Le nombre P a simultanément les formes $8q-1$, $3q+1$, $20q+3$, par suite les nombres $+2$, -3, -5 ne peuvent être racines primitives de ce nombre, n° **140**.

isolés, soit combinés entre eux, soit combinés avec 7, ne donnent aucun résultat utile; essayons le nombre 17, on a

Dividendes 17^{4} 17^{8} 17^{16} 17^{32} 17^{64} 17^{128} 17^{132} 17^{264} 17^{528} 17^{529} 17^{1058} 17^{1059} 17^{2118}
17^{4236} 17^{4237} 17^{8474} 17^{12711} 17^{25422},

les restes sont par ordre

7252, 16740, 15294, 14836, 19985, 4895, 8032, 14873, 606, 10302,
15602, 11004, 23690, 3375, 6529, 18893, 1, 1,

le nombre 17 étant, soit isolé, soit multiplié par le nombre 7, le nombre P—17 étant isolé; ces divers états ne peuvent donner une racine primitive de P, mais si on multiplie le nombre —7 par le nombre 17, et si on note les quatre derniers termes des dividendes et des restes, seuls termes qu'il nous importe de connaître et que l'on peut obtenir immédiatement par l'emploi des quatre termes correspondants dans les deux suites d'essais, on a

Dividendes -119^{4237} -119^{8474} -119^{12711} -119^{25422},
Restes 18894 18893 25422 1;

si enfin, on constate l'état supérieur à 1 des restes -119^{114} -119^{1338}, on conclut que le nombre —119, c'est-à-dire P—119=25304, est une racine primitive de P=25423 : cet exemple présente pour nous le maximum des difficultés qu'opposent ces essais; il est d'ailleurs purement théorique; en effet, 1° on reconnait facilement que le nombre —17, ou plus exactement le nombre 25406, est une racine primitive de 25423; 2° le nombre 25423 a la forme $40q+23$, par conséquent le nombre 10 devrait intervenir dans le premier essai, n° **140**, et on reconnaîtrait alors que ce même nombre 10 est une racine primitive du nombre proposé, etc.

RECHERCHE D'UNE RACINE PRIMITIVE D'UN NOMBRE P QUI A L'UNE DES FORMES $6q+1$, $12q+1$, LE NOMBRE q ÉTANT PREMIER ABSOLU *

132. Les nombres $P=6q+1$, le nombre q premier, que l'échelle numérique présente en proportion notable, ont des propriétés qui permettent

* Dans cette recherche et dans la recherche analogue, n° **137**, nous excluons l'hypothèse $q=2$.

d'obtenir, sans aucun tâtonnement, une de leurs racines primitives : remarquons que la racine primitive cherchée peut être considérée, n° **115**, comme étant le produit de deux nombres s et s_1 en désignant par ces dernières lettres deux racines primitives générales applicables par ordre aux équations $x^q-1=\mathfrak{M}:P$, $x^6-1=\mathfrak{M}:P$, l'expression $\mathfrak{M}:P$ indiquant un multiple quelconque du nombre premier P.

Calcul du nombre s. Soit a un nombre entier quelconque premier et inférieur à P; formons la progression $a^0\ a^1\ a^2\ a^3 \ldots. a^q \ldots. a^{2q} \ldots. a^{3q} \ldots. a^{P-1}$, et divisons par P chaque terme de cette suite; le nombre q étant premier, les nombres $a^0\ a^1\ a^2\ a^3 \ldots. a^{q-1}$ ne peuvent présenter le reste 1, n° **109**, la connaissance des restes des termes $a^q\ a^{2q}\ a^{3q}$ est donc seule utile *, et les opérations pratiques auront lieu en employant des termes a^h, a^k dont les exposants sont complétement arbitraires : 1° l'égalité Reste $a^q=1$ donne évidemment $s=a$; 2° l'égalité Reste $a^q=P-1$ donne, le nombre q étant impair, Reste $(P-a)^q=1$ et par suite, $s=P-a$; 3° l'égalité Reste $a^{2q}=1$ donne, n° **116**, Reste $a^q=P-1$, et par suite reproduit l'égalité $s=P-a$; 4° l'égalité Reste $a^{2q}=P-1$ donne Reste $a^{4q}=1$, et par conséquent est, n° **109**, inadmissible; 5° l'égalité Reste $a^{3q}=1$, le nombre q étant premier et en admettant l'inexactitude des égalités précédentes, indique $P-a$ racine primitive de P, en tenant compte d'ailleurs de la note indiquée * relative aux restes $(P-a)^2\ (P-a)^3$, etc.; 6° l'égalité Reste $a^{3q}=P-1$, en admettant l'inexactitude des égalités précédentes, donne au nombre a l'état de racine primitive de P; concluons que dans tous les cas, l'essai fait connaître soit la racine primitive cherchée, soit une racine primitive générale, de l'équation $x^q-1=M:P$.

Calcul du nombre s_1. L'équation $x^6-1=\mathfrak{M}:P$, peut prendre la forme $(x^3+1)(x^3-1)=\mathfrak{M}:P$; or, on peut 1° démontrer que dans les conditions établies, l'équation $x^3+1=\mathfrak{M}:P$ est toujours résoluble en nombres entiers; 2° obtenir directement une solution entière de cette dernière équation; 3° démontrer que cette solution est le nombre s_1, c'est-à-dire est une racine primitive générale de l'équation $x^6-1=\mathfrak{M}:P$; rappelons le principe posé

---

* Dans ce raisonnement et dans ceux qui suivent, second paragraphe du n° actuel, dans les n°s **136** et **137**; nous laissons de côté l'examen des restes $a^1\ a^2\ a^3\ a^6\ (P-a)^1\ (P-a)^2\ (P-a)^3 (P-a)^6$. Cet examen ne présente aucune difficulté; remarquons d'ailleurs que le nombre a étant arbitraire, on peut adopter l'égalité $a=2$, et alors les restes cités sont immédiatement connus.

n° **130**, si un nombre b est une racine primitive du nombre $P = 6q + 1$, on a les trois égalités Reste $b^q = R$, Reste $b^{2q} = R - 1$, Reste $b^{3q} = P - 1$; de là, on déduit

$$[A] \qquad R^2 = \mathcal{M} : P + R - 1,$$

$$[B] \qquad R(R-1) = \mathcal{M} : P + P - 1,$$

$$[C] \qquad R^3 = \mathcal{M} : P + R(R-1),$$

$$[D] \qquad R^3 + 1 = \mathcal{M} : P,$$

l'égalité finale prouve l'exactitude du fait énoncé et prouve l'égalité $x = R$; or, le nombre entier R est une solution de l'équation

$$[A] \qquad R^2 - R + 1 = \mathcal{M} : P;$$

multiplions cette dernière équation par 4, posons l'égalité $2R - 1 = u$, le résultat est l'équation $u^2 + 3 = \mathcal{M} : P$, on obtiendra donc le nombre entier R, c'est-à-dire une solution x_1 de l'équation $x^3 + 1 = \mathcal{M} : P$, en recherchant la solution entière inférieure à P et impaire de u dans l'équation $u^2 + 3 = P . y$, équation toujours résoluble alors en nombres entiers, n° **51** vers la fin, et par conséquent pouvant toujours donner la valeur u_1 précitée; de ce nombre u_1, calculé en suivant les règles indiquées, 1re partie du traité actuel, on déduira $R = x_1$ et les égalités $(x_1)^3 + 1 = \mathcal{M} : P$, $R^2 - 1 = \mathcal{M} : P + R - 2$, la seconde étant déduite de [A], prouvent que le nombre x_1, solution entière de x dans l'équation $x^6 - 1 = \mathcal{M} : P$ n'est applicable à aucune des équations $x^3 - 1 = \mathcal{M} : P$, $x^2 - 1 = \mathcal{M} : P$ de degré inférieur à celui de l'équation proposée; on a donc enfin l'égalité $s_1 = x_1 = R$ et, par suite des deux paragraphes qui précèdent, on connaît une racine primitive $s . s_1$ du nombre P.

EXEMPLE. $P = 9403$. 1° Calcul du nombre s, l'hypothèse $a = 2$ donne les deux suites

Dividendes	2^{24}	2^{48}	2^{96}	2^{192}	2^{384}	2^{768}	2^{1536}	2^{1567},
Restes	2264	1061	6764	6101	5127	4744	4157	9402,

on a donc Reste $a^q = P - 1$; de là $s = P - a = 9401$; 2° calcul du nombre s_1; si à l'équation $u^2 + 3 = 9403 . y$, on applique les principes exposés n° **47**, on a l'égalité $9403 . 292 = 1657^2 + 3^2 . 3$ de là, tableau VII, n° **46**, $3n + 1 = 1657$, $n = 552$, $n^2 + r = 304707$, et par suite $y = 88974444$, $u = 914673$; ainsi

$u_1=6821$, $R=s_1=3411$, et finalement le produit $s.s_1$ diminué du multiple maximum de P donne le nombre 2581 qui est une racine primitive du nombre 9403.

Ce mode de recherche d'une racine primitive peut être rendu plus général, c'est-à-dire peut être rendu applicable à un nombre premier P, dont la forme est $2^n.3.q$, le nombre q étant premier absolu, mais son utilité pratique, qui, dans les conditions établies, ou même encore si $n=2$ est incontestable, devient problématique par suite de la rareté des nombres, lorsqu'on lui donne l'extension indiquée; la question d'ailleurs se représentera ci-après, n° **135**, pour les nombres dont la forme est $2^n.q+1$, le nombre q premier, il nous suffira donc d'exposer, aussi brièvement que possible, le procédé suivi pour la recherche d'une racine primitive d'un nombre premier P, dont la forme est $2^2.3.q+1$, le nombre q premier; on doit, comme il a été dit dans le cas précédent, rechercher deux racines primitives générales s, s_1, applicables par ordre aux équations $x^q-1=\mathfrak{M}:P$, $(x^2)^3-1=\mathfrak{M}:P$.

Calcul du nombre s. Si nous conservons les notations indiquées, on doit chercher les restes donnés par les termes a^q a^{2q} a^{3q} a^{4q} a^{6q}, en arrivant à ces termes par des exposants complétement arbitraires, il suffira de citer les diverses circonstances qui peuvent se présenter, en remarquant que dans cette énumération tout reste 1 ou P—1 indiqué admet la non-vérification de tout reste 1 ou P—1 pour les termes antérieurement cités.

1° L'égalité Reste $a^q=1$, donne manifestement $s=a$;

2° L'égalité Reste $a^q=P-1$, donne $s=P-a$;

3° L'égalité Reste $a^{2q}=1$, donne, n° **116**, Reste $a^q=P-1$, et par suite $s=P-a$;

4° L'égalité Reste $a^{2q}=P-1$, donne Reste $(P-a^2)^q=1$, et par suite $s=P-a^2$;

5° L'égalité Reste $a^{3q}=1$, donne $s=a^3$;

6° L'égalité Reste $a^{3q}=P-1$, donne Reste $(P-a^3)^q=1$, et par suite $s=P-a^3$;

7° L'égalité Reste $a^{4q}=1$, donne, n° **116**, Reste $a^{2q}=P-1$, et par suite reproduit le 4° cas;

8° L'égalité Reste $a^{4q}=P-1$, donne Reste $a^{8q}=1$, est donc, n° **109**, inadmissible;

9° L'égalité Reste $a^{4q}=1$, donne Reste $a^{6q}=P-1$, et par suite reprodui le 6ᵉ cas;

10° L'égalité Reste $a^{6q}=P-1$, donne Reste $a^{12q}=1$, et par suite le nombre a est alors une racine primitive de P.

Concluons que, dans tous les cas, l'essai fait connaître soit la racine primitive cherchée, soit une racine primitive générale de l'équation $x^q-1=\mathfrak{M}:P$.

Calcul du nombre s_1. l'équation $(x^4)^3-1=\mathfrak{M}:P$ peut prendre la forme $(x^3+1)(x^3-1)(x^6+1)=\mathfrak{M}:P$; or, dans le second paragraphe de la première partie du numéro actuel, on a démontré, dans les conditions établies, 1° que l'équation $x^3+1=\mathfrak{M}:P$ est toujours résoluble en nombres entiers; 2° que l'on peut indirectement, c'est-à-dire par l'intermédiaire d'une équation $u^2+3=P.y$, obtenir une valeur entière applicable à x; 3° que cette valeur entière x_1 est représentée par R nombre entier inférieur à P, lequel vérifie les égalités

[A] $$R^2=\mathfrak{M}:P+R-1.$$

[B] $$R(R-1)=\mathfrak{M}:P+P-1.$$

[D] $$R^3+1=\mathfrak{M}:P;$$

ces préliminaires établis, posons l'égalité

[E] $$X^2=P.Y+x_1\ *;$$

dans les conditions précitées, cette dernière équation est toujours résoluble en nombres entiers, en effet, 1° le nombre P est premier absolu, et le nombre $2^2.3$ est un diviseur exact de $P-1$; donc, nº 114, l'équation $(x^2)^3=\mathfrak{M}:P$ a des racines primitives générales, c'est-à-dire a des racines entières possédant la propriété

* Les deux tableaux d'exemples numériques qui terminent cet ouvrage présentent le résumé des calculs relatifs à la recherche directe d'une racine primitive d'un nombre premier inférieur à 10000, et dont la forme est 1° $6q+1$ pour le premier tableau; 2° $12q+1$ pour le second; or, l'intelligence de ce dernier exige une remarque : la méthode de résolution de l'équation $x^2+r=P.y$, méthode exposée dans la première partie de ce traité, admet l'état positif du nombre r; ainsi, dans cette dernière série d'exemples et à l'équation $X^2=P.Y+x_1$, on a substitué l'équation $X^2+(P-x_1)=P.t$.

caractéristique de ne pouvoir être des solutions entières applicables à x dans toute équation binôme $x^h - 1 = \mathcal{M}:P$ de degré inférieur à celui de l'équation $(x^{2^2})^3 - 1 = \mathcal{M}:P$; 2° le premier membre de l'équation $x^{2^2 \cdot 3} - 1 = \mathcal{M}:P$ peut prendre la forme $(x^3 - 1)(x^3 + 1)(x^6 + 1)$, et le nombre P est premier, donc toute solution entière de x doit amener un, *au moins*, des facteurs $x^3 - 1$, $x^3 + 1$, $x^6 + 1$, à l'état de multiple de P; 3° l'existence des racines primitives générales de l'équation $x^{2^2 \cdot 3} - 1 = \mathcal{M}:P$ est certaine, ces racines particulières ne peuvent être les nombres entiers qui amènent à l'état de multiple de P, soit le facteur $x^3 - 1$, soit le facteur $x^3 + 1$, ces nombres n'ont pas en effet la propriété caractéristique indiquée; donc les racines primitives générales de l'équation $x^{2^2 \cdot 3} - 1 = \mathcal{M}:P$ sont des nombres entiers qui amènent le facteur $x^6 + 1$ à l'état de multiple de P; l'équation $x^6 + 1 = \mathcal{M}:P$ est donc, dans les circonstances actuelles, toujours résoluble en nombres entiers, et les solutions entières applicables à x dans cette équation, sont manifestement les valeurs entières X données par l'équation [E]; cette dernière est donc résoluble en nombres entiers, et la méthode exposée dans la première partie du traité actuel, donne une solution X_1 inférieure à P, enfin cette solution, par suite du raisonnement qui précède, est une racine primitive générale R_1 de l'équation $x^{2^2 \cdot 3} - 1 = \mathcal{M}:P$; on peut d'ailleurs donner une démonstration directe de ce dernier fait, démonstration qui présente deux parties : le nombre $X_1 = R_1$ est solution entière de l'équation $x^{2^2 \cdot 3} - 1 = \mathcal{M}:P$, le nombre X_1 n'est solution d'aucune équation binôme $x^h - 1 = \mathcal{M}:P$, de degré inférieur à celui de l'équation $x^{2^2 \cdot 3} - 1 = \mathcal{M}:P$, 1° le nombre $x_1 = R$ inférieur à P, est solution entière de l'équation $x^3 + 1 = \mathcal{M}:P$, donc le nombre $(X_1)^2$ est, égalité [E], solution de la même équation, et par conséquent le nombre X_1 est solution de l'équation $x^6 + 1 = \mathcal{M}:P$, par suite est solution de l'équation $x^{2^2 \cdot 3} - 1 = \mathcal{M}:P$; 2° le nombre X_1 étant solution de $x^6 + 1 = \mathcal{M}:P$, n'est pas solution de $x^6 - 1 = \mathcal{M}:P$, l'égalité [E] prouve que le nombre X_1 n'est pas solution de $x^2 - 1 = \mathcal{M}:P$, de la même égalité [E] élevée au carré on déduit $(X_1)^4 = \mathcal{M}:P + (x_1)^2$, qui prouve que le nombre X_1 ne peut être solution de l'équation $x^4 - 1 = \mathcal{M}:P$; si la même égalité [E] est multipliée par X_1, le résultat $(X_1)^3 = \mathcal{M}:P + X_1 x_1$ indique que le nombre X_1, s'il était solution de $x^3 - 1 = \mathcal{M}:P$, vérifierait l'égalité $X_1 x_1 = \mathcal{M}:P + 1$, or cette dernière égalité est inadmissible, car on aurait alors les deux égalités

$$X_1 x_1 = \mathcal{M}:P + 1, \quad x_1(x_1 - 1) = \mathcal{M}:P - 1,$$

donc après addition $x_1(X_1+x_1-1)=M:P$, et par suite de l'état inférieur à P des nombres X_1 et x_1, on aurait

$$X_1+x_1-1=P \quad \text{ou} \quad (X_1)^2=M:P+(x-1)^2,$$

$$\text{ou} \quad (X_1)^2=M:P+x_1(x_1-1)-x_1+1, \quad \text{ou} \quad (X_1)^2=M:P-x_1,$$

égalité finale que l'égalité [E] rend inadmissible; concluons de ces faits l'exactitude de l'égalité $X_1=R_1=s_1$; la connaissance des nombres s et s_1 donne le produit $s.s_1$, lequel diminué s'il y a lieu du multiple maximum de P, donne un reste qui est une racine primitive de P.

Exemple. P=8629. 1° Calcul du nombre s, l'hypothèse $a=2$ donne les deux suites :

Dividendes	2^{22}	2^{44}	2^{45}	2^{90}	2^{180}	2^{360}	2^{719}	2^{1438}	2^{2876},
Restes par ordre	610	1053	2106	8559	4900	4122	4506	8628	1,

de là on déduit $s=P-a=8625$. 2° Calcul du nombre s_1; ce calcul est composé de deux parties, Résolution de l'équation $u^2+3=8629y$, Résolution de l'équation $X^2=8629Y+x_1$: 1re partie, les principes exposés n° **47**, donnent $8629.471=2016^2+1^2.3$, par suite $u=P-2016=6613$, et par conséquent $x_1=3307$; 2e partie, si à l'équation $X^2-3307=8629Y$ ou $X^2+5322=P.t$, on applique les principes exposés n° **47**, on a $8629.103=917^2+3^2.5322$; de là, tableau VII, n° **46**, $3n-1=917$, $n=306$, $n^2+r=98958$, et finalement $X_1=R_1=s_1=3182$, le produit $s.s_1$ diminué du multiple maximum de 8629, donne le reste 4530, qui est une racine primitive de 8629. Nous devons faire, sur l'exemple actuel, une remarque analogue à celle qui a été faite sur l'exemple consigné à la fin du n° **131**, le nombre proposé 8629 présente la forme $17q+10$, et le nombre 17 intervenant dans le premier essai, par suite des principes exposés plus loin n° **140**, on reconnaîtrait que ce même nombre 17 est une racine primitive de 8629.

2e Cas du chapitre actuel. $P=6q-1$.

133. Théorème. Le nombre P premier absolu a la forme $6q-1$, le nombre a est quelconque, mais inférieur à P, on a décomposé le nombre P en ses facteurs premiers $2^m\ \alpha^h\ \beta^l$, si après avoir divisé par P les termes

$$a^{2^m}\ a^{\alpha^h\beta^l}\ a^{2(\alpha^h\beta^l)}\ a^{2^2(\alpha^h\beta^l)}\ a^{2^3(\alpha^h\beta^l)} \ldots a^{2^{m-2}(\alpha^h\beta^l)}\ a^{2^{m-1}(\alpha^h\beta^l)},$$

on a reconnu l'état supérieur à 1 de tous ces restes, 1° on est certain que le reste du dividende dernier, c'est-à-dire de a^{q-1} est P—1; 2° le nombre a est, en général, une racine primitive de P; la première partie de ce théorème est une conséquence du lemme n° **127**, la seconde partie n'a pas besoin d'explication, et a une assez grande importance dans les opérations pratiques; elle permet, sans tenir compte des diviseurs de P—1, d'employer invariablement le multiplicateur 2 dans l'échelle ascensionnelle des exposants du nombre a; remarquons aussi qu'elle fait naître deux questions, 1° quelles sont les circonstances rares qui donnent lieu à l'exception indiquée? 2° dans quelles circonstances, lorsque l'on a Reste $a^{q-1}=1$, peut-on transformer ce reste, et lui donner la seule valeur utile, c'est-à-dire la valeur P—1, et cela par le changement convenable du nombre a; l'examen de ces deux questions donne le théorème suivant :

134. Théorème. Les notations adoptées dans le théorème précédent subsistent, la lettre K représente l'ensemble $\alpha^h \beta^l$, enfin les lettres R, S, T, U, etc., représentent des nombres étrangers à 1 et à P—1; on a constaté l'exactitude des égalités

$$[A] \qquad \text{Reste } a^{2^m}=R, \quad \text{Reste } a^{K}=S, \quad \text{Reste } a^{2K}=T,$$

$$\text{Reste } a^{2^2K}=U \ldots \text{Reste } a^{2^{m-2}.K}=V, \quad \text{Reste } a^{\frac{P-1}{2}}=P-1,$$

on fera *alors, mais seulement alors*, un essai secondaire : on recherchera les restes de $a^{\frac{P-1}{4}}$, de $a^{\frac{P-1}{8}}$; si ces restes ne sont pas l'unité, le nombre a sera une racine primitive de P. Reprenons les deux séries générales applicables au nombre premier actuel.

$$[B] \begin{cases} \text{Dividendes} & a^0\, a^1\, a^2\, a^3 \ldots a^{2^m} \ldots a^{K} \ldots a^{2K} \ldots a^{2^2.K} \ldots a^{2^{m-2}.K} \ldots a^{\frac{P-1}{2}}. \\ \text{Restes} & 1 \ldots\ldots\ldots\ldots R \ldots S \ldots T \ldots U \ldots V \ldots P-1; \end{cases}$$

la réapparition du reste 1 exige que le nombre de divisions soit un diviseur de P—1, n° **109**, ce nombre doit être dans une des conditions suivantes : diviseur de 2^m, diviseur de K, diviseur de $2^m.K$; si ce nombre était diviseur de 2^m, on aurait Reste de $2^m=1$; si ce nombre était diviseur de K, on aurait Reste $a^K=1$; si ce nombre était diviseur de $2^m.K$, par exemple, si l'on avait $n=2^{m_1}\alpha^{h_1}\beta^{l_1}$, le diviseur désigné étant n, un ou plusieurs des nombres m_1 h_1 l_1 étant inférieurs aux nombres correspondants m, h, l, on aurait l'une des égalités

$$\text{Reste } a^{\frac{P-1}{\alpha}} = 1, \qquad \text{Reste } a^{\frac{P-1}{\beta}} = 1,$$

et les hypothèses établies rendent ces conclusions impossibles, le théorème est donc démontré; les raisonnements qui précèdent laissent de côté certaines remarques qui rendent superflues quelques-unes des hypothèses primitives; ainsi, par exemple, les positions occupées par les nombres T et U, séries générales [B] indiquent suffisamment que si le nombre U est étranger à $P-1$, il est inutile d'ajouter que le nombre T ne sera pas $P-1$ ou 1.

1er Corollaire. Si les égalités [A] sont exactes, si le nombre K est premier absolu, les termes $a^{\frac{P-1}{\alpha}}$, $a^{\frac{P-1}{\beta}}$ manquent, on n'a donc à faire aucun des essais secondaires, si le nombre a vérifie les égalités [B], ce nombre a est racine primitive de P.

2e Corollaire. Si les égalités [A], excepté la dernière, sont exactes, c'est-à-dire si l'on a Reste $a^{2^{m-1}.K}=1$ ou plus clairement Reste $a^{\frac{P-1}{2}}=1$; on peut, dans une circonstance qui se présente fréquemment, modifier la valeur de a, de manière que le nouveau nombre b vérifie l'égalité nécessaire Reste $b^{2^{m-1}.K}=P-1$; admettons en effet l'égalité $m=1$, dans cette supposition et dans les conditions du raisonnement actuel, l'égalité Reste $a^{2^{m-1}.K}=1$, c'est-à-dire l'égalité Reste $a^K=1$, donne l'égalité Reste $(P-a)^K=P-1$, on a donc $b=P-a$, on devra d'ailleurs rechercher ensuite la nature des restes $(P-a)^{\frac{2K}{\alpha}}$, $(P-a)^{\frac{2K}{\beta}}$, ou plus simplement la nature des restes $a^{\frac{2K}{\alpha}}$, $a^{\frac{2K}{\beta}}$.

3e Corollaire. Si le nombre a obéit à toutes les égalités [A], mais si ce nombre est dans une des exceptions indiquées par les essais secondaires, si le nombre b obéit à toutes les égalités [A] excepté la dernière qui est remplacée par l'égalité Reste $b^{2^{m-1}.K}=1$, le produit ab est en général une racine primitive de P, les exceptions seront données par l'état des restes $(ab)^{2^m}$, $(ab)^{\frac{2^m.K}{\alpha}}$, $(ab)^{\frac{2^m.K}{\beta}}$, et cette recherche est facilitée par l'emploi des restes déjà connus.

Exemple. $P=3389$, $a=3$, $P-1=2^2.7.11^2$, $\alpha=7$, $\beta=11$, $\frac{P-1}{\alpha}=484$, $\frac{P-1}{\beta}=308$.

Essai, Dividendes $3^{13}\ 3^{26}\ 3^{52}\ 3^{104}\ 3^{105}\ 3^{210}\ 3^{211}\ 3^{422}\ 3^{423}\ 3^{847}\ 3^{1694}\ 3^{3388}$,

Restes 1493, 2476, 3264, 2069, 2818, 697, 2091, 471, 1413, 1344, 3388, 1.

On a par essai secondaire Reste $3^{308}=2894$, Reste $3^{484}=883$; le nombre 3 est donc une racine primitive de P : constatons que le nombre proposé 3389, présentant la forme $40q+29$, l'essai du nombre 10 indiqué par les principes du n° **140** aurait montré que le même nombre 10 est racine primitive de 3389.

EXEMPLE. $P=38861$. $a=3$, $b=7$, $P-1=2^2.5.29.67$, $\alpha=5$, $\beta=29$, $\gamma=67$, $\dfrac{P-1}{\alpha}=7772$, $\dfrac{P-1}{\beta}=1340$, $\dfrac{P-1}{\gamma}=580$.

1er Essai

Dividendes $3^{8}\ 3^{16}\ 3^{19}\ 3^{38}\ 3^{76}\ 3^{152}\ 3^{304}\ 3^{607}\ 3^{608}\ 3^{1214}\ 3^{2428}\ 3^{4856}\ 3^{9712}\ 3^{9715}\ 3^{19430}\ 3^{38860}$,

Restes 6561, 27594, 6679, 35474, 7774, 6221, 34146, 911, 2733, 13840, 38592, 33500, 22042, 12219, 38860, 1.

2^e Essai. $7^{8}\ 7^{16}\ 7^{19}\ 7^{38}\ 7^{76}\ 7^{152}\ 7^{304}\ 7^{607}\ 7^{608}\ 7^{1214}\ 7^{2428}\ 7^{4856}\ 7^{9712}\ 7^{9715}\ 7^{19430}\ 7^{38860}$,

Restes 13373, 37668, 18272, 11133, 15960 26606 26121, 25644, 24064, 8894, 21101, 21724, 4192, 38860, 1, 1;

l'essai relatif au nombre 3 paraît donner à ce nombre l'état de racine primitive de 38861, mais l'essai secondaire relatif au même nombre donne Reste $3^{7772}=1$: si on multiplie le nombre 3 par le nombre 7, on aura,

Dividendes $21^{9715}\ 21^{19430}\ 21^{38860}$, Restes 26642, 38860, 1,

on a d'ailleurs

Restes $21^{580}=26616$, Reste $21^{1340}=20524$, Reste $21^{7772}=30114$,

le nombre 21 est une racine primitive de P.

155. Les nombres dont la forme est $2^n.Q+1$, le nombre Q premier, ont des propriétés qui permettent de faire connaître, par un nombre très-limité d'essais et très-souvent sans aucune recherche, une de leurs racines primitives *; remarquons que si l'on a, dans les conditions indiquées, l'égalité $P=2^n.Q+1$, la recherche d'une racine primitive de P, est, n° **115**, celle d'une racine primitive générale de l'équation $x^{2^n.Q}-1=\mathcal{M}:P$; or, si l'on calcule, 1° une racine primitive générale de l'équation $x^Q-1=\mathcal{M}:P$; 2° une racine primitive générale de l'équation $x^{2^n}-1=\mathcal{M}:P$, le produit de ces deux racines sera une racine primitive générale de l'équation $x^{2^n.Q}-1=\mathcal{M}:P$, c'est-à-dire sera une racine primitive du nombre P; les trois théorèmes qui suivent montrent que ce calcul est, ou complétement nul ou, si le nombre est très-élevé, est très-rapide.

136. Théorème. Si le nombre premier P a la forme $2^2.Q+1$, le nombre Q premier absolu, un calcul direct donne sans tâtonnement une racine primitive de ce nombre; en effet, la connaissance de cette racine ou aura lieu par l'essai direct, ou sera composée : 1° de la recherche d'une racine primitive générale de $x^Q-1=\mathcal{M}:P$; 2° de la recherche d'une racine primitive générale de l'équation $x^{2^2}-1=\mathcal{M}:P$; or, 1° adoptons un nombre entier quelconque a inférieur et premier à P; formons la suite $a^0\ a^1\ a^2 \ldots a^Q \ldots a^{2Q} \ldots a^{4Q}$; la connaissance des restes des termes $a^Q\ a^{2Q}\ a^{4Q}$ est seule utile, on opère donc par des termes quelconques $a^h\ a^k$, etc. dont les exposants sont arbitraires; l'égalité Reste $a^Q=1$ indique que a est une racine primitive générale de l'équation $x^Q-1=\mathcal{M}:P$, l'égalité Reste $a^{2Q}=1$ donne l'égalité Reste $a^Q=P-1$, n° **115**, par conséquent le nombre Q étant impair, on a Reste $(P-a)^Q=1$, n° **120**, et par suite le nombre $P-a$ est une racine primitive générale de l'équation $x^Q-1=\mathcal{M}:P$; l'égalité Reste $a^{2Q}=P-1$ indique que le nombre a est une racine primitive de P, car, dans ce cas, l'égalité Reste $a^Q=1$ est inadmissible; 2° la racine primitive générale de l'équation $x^{2^2}-1=\mathcal{M}:P$ sera connue par la résolution, en nombres entiers, de l'équation $x^2+1=\mathcal{M}:P$, n° **47**, la solution entière $x=\alpha$ sera le nombre cherché; en effet l'équation $x^{2^2}-1=\mathcal{M}:P$,

---

* La remarque suivante donne la cause qui, dans le texte, a séparé ces théorèmes de l'étude faite plus loin n° **140**. Si on excepte le nombre premier 13, on peut démontrer que les nombres dont la forme est 2^nQ+1, le nombre Q premier absolu, sont classés dans le cas actuel, c'est-à-dire sont représentés par la forme $6Q-1$, ou ne sont pas premiers; rappelons que le nombre Q premier à l'une des formes $6h+5$, $6h+1$: 1° si l'on a $P=2^n(6h+5)+1$, l'état premier de P donne $n=2k+1$, et par suite on a $P=6Q-1$; 2° si l'on a $P=2^n(6h+1)+1$, l'état premier de P donne $n=2k$ et le résultat final est $P=6Q-1$.

peut prendre la forme $(x^2-1)(x^2+1)=\mathfrak{M}:P$; donc le nombre α est une solution entière de l'équation $x^{2^2}-1=\mathfrak{M}:P$, ne peut être une solution entière de l'équation binome de degré inférieur $x^2-1=\mathfrak{M}:P$; donc ce nombre α est une racine primitive générale de l'équation $x^{2^2}-1=\mathfrak{M}:P$; les deux calculs précédents donneront 1° une racine primitive générale de l'équation $x^Q-1=\mathfrak{M}:P$; 2° une racine primitive générale de l'équation $x^{2^2}-1=\mathfrak{M}:P$; par conséquent le produit diminué s'il y a lieu du multiple maximum de P sera une racine primitive du nombre premier proposé.

137. Théorème. Si le nombre premier P a la forme 2^3Q+1, le nombre Q premier, un calcul sans tâtonnement donne une racine primitive de P; formons les deux équations $x^Q-1=\mathfrak{M}:P$, $x^{2^3}-1=\mathfrak{M}:P$; conservons les notations adoptées dans le théorème précédent, et par conséquent reprenons la série $a^0\ a^1\ a^2 \ldots a^Q \ldots a^{2Q} \ldots a^{4Q} \ldots a^{8Q}$, 1° cherchons d'abord une racine primitive générale de l'équation $x^{2^3}-1=\mathfrak{M}:P$, et cela par deux résolutions successives d'équations incomplètes du second degré à deux inconnues, la première est

[A] $$x^2+1=\mathfrak{M}:P,$$

soit R la solution entière inférieure à P et applicable à l'inconnue x, la formule générale $X=P.N+R$, n° **39**, donne des solutions entières de x, posons l'équation $Z^2-R=P.N$ [*], le nombre entier Z diminué, s'il y a lieu du multiple maximum de P sera une racine primitive générale de l'équation $x^{2^3}-1=\mathfrak{M}:P$; en effet, le nombre Z^2 est une solution entière de l'inconnue x dans l'équation [A]; on a donc $Z^4+1=\mathfrak{M}:P$, or, l'équation $x^{2^3}-1=\mathfrak{M}:P$ peut prendre la forme $(x^4+1)(x^4-1)=\mathfrak{M}:P$: donc enfin le nombre entier Z est une solution entière de l'équation $x^{2^3}=\mathfrak{M}:P$, il est d'ailleurs manifeste que ce nombre ne peut être une solution entière applicable à x dans les équations de degrés inférieurs $x^2-1=\mathfrak{M}:P$, $x^4-1=\mathfrak{M}:P$, ce nombre est donc une racine primitive générale de l'équation $x^{2^3}-1=\mathfrak{M}:P$, enfin, désignant par h la racine primitive générale de $x^Q-1=\mathfrak{M}:P$, le produit $Z.h$ sera une racine primitive du nombre premier P.

Les deux théorèmes précédents, les théorèmes consignés n° **132**, et relatifs aux nombres $6Q+1$, $12Q+1$, le nombre Q premier, constituent un ensemble

---

[*] Un raisonnement analogue à celui qui a été fait n° **132**, 2ᵉ paragraphe de la deuxième partie, prouverait que les équations 1° $x^2+1=M:P$, n° **136**, 2° $z^2-R=P.N$, n° actuel, sont toujours résolubles en nombres entiers.

qui ne laisse aucune place au tâtonnement ; on peut donc obtenir directement et sans essai, une racine primitive de tous les nombres premiers ayant l'une des formes $4Q+1$, $8Q+1$, $6Q+1$, $12Q+1$, le nombre Q premier, ces nombres forment environ le tiers des nombres premiers, ainsi la méthode indiquée paraît avoir une assez grande utilité, et nous l'avons employée pour les nombres premiers qui présentent l'une des formes $6Q+1$, $12Q+1$ *; toutefois les deux théorèmes suivants, les faits exposés plus loin, n° **140**, forment aussi un ensemble tel que la méthode actuelle, d'ailleurs assez expéditive, sera toujours un simple exercice intellectuel.

138. Théorème. Si un nombre premier P a la forme $4Q+1$, le nombre Q premier, le nombre $+2$ est une racine primitive de P. Dans les conditions établies, le nombre P a nécessairement la forme $8Q+5$, or on a démontré n° **81** vers la fin, que, dans cette hypothèse, la résolution, en nombres entiers de l'équation $u^2-2=P.t$, est impossible; ce dernier fait établi, soit a une racine primitive de P, formons les dividendes a^0 a^1 a^2 .... a^{P-1}, les restes 1 R_1 R_2.... 1; le nombre 2 a place parmi les restes, il correspond à un dividende a^k, dont l'exposant est un nombre impair, car l'égalité Reste $a^{2k}=2$ donne une solution entière de l'équation impossible $u^2-2=P.t$, ainsi le nombre 2 correspond à un dividende a^{2m+1}; or, on a $P-1=4Q$ et puisque le nombre Q est premier, l'exposant $2m+1$ est premier à $P-1$, en effet les égalités $2m+1=Q$, $2m+1=3Q$ sont inadmissibles; de la première on déduit Reste $a^Q=2$, et par suite Reste $a^{4Q}=16$; de la seconde on déduit Reste $a^{3Q}=2$ et par suite Reste $a^{12Q}=16$, deux conditions que l'inégalité $Q>2$ et l'état de racine primitive de a rendent inadmissibles; les nombres $2m+1$ et $4Q$ sont donc premiers entre eux : on a alors l'état général suivant, 1° le nombre a est racine primitive de P; 2° Reste $a^{2m+1}=2$; 3° le nombre $2m+1$ est premier à $P-1$, par conséquent n° **121**, le nombre 2 est une racine primitive de P.

139. Théorème. Si un nombre P premier a la forme $8Q+1$, le nombre Q premier, le nombre 3 est une racine primitive de P **; constatons d'abord que tout nombre premier dont la forme est $8Q+1$, le nombre Q premier, peut être représenté par la forme $12h+5$, en effet, 1° tout nombre entier est com-

---

* Voir les deux tableaux qui accompagnent l'ouvrage actuel.

** Nous excluons 1° l'hypothèse $Q=2$, et par suite $P=17$; 2° l'hypothèse $P=41$, la cause de ces exclusions est indiquée dans la démonstration que contient le texte.

pris dans l'une des trois formes $\frac{3K+2}{2}$, $\frac{3K+1}{2}$, $\frac{3K}{2}$, la première, si $K=2n$, donne $3n+1$; la 2e, si $k=2n+1$, donne $3n+2$; la 3e, si $k=2n+2$, donne $3n+3$; si alors on reprend la première et si l'on pose $K=2n+2$, on a $3n+4$, ainsi de suite; 2° le nombre P est premier, la même condition est imposée au nombre Q, on est alors assuré que ce dernier est représenté par la formule $\frac{3K+1}{2}$; si en effet l'égalité $Q=\frac{3K}{2}$ était exacte, le nombre Q ne pourrait être simultanément entier et premier; si l'égalité $Q=\frac{3K+2}{2}$. était exacte, cette valeur substituée à Q dans la formule $P=8Q+1$ donne $P=12Q+9$ et ce nombre P n'est pas premier : on a donc finalement $Q=\frac{3K+1}{2}$, et par suite $P=12q+5$. On a démontré, n° **51** vers la fin, que si le nombre P premier a la forme $12q+5$, la résolution, en nombres entiers, de l'équation $u^2-3=P.y$ est impossible : soit donc a une racine primitive de P, formons les deux suites Dividendes a^0 a^1 a^2 .... a^{P-1}, Restes 1 R_1 R_2 .... 1; le nombre 3 a place parmi les restes et cette place correspond à un dividende a^K dont l'exposant K est impair, car l'égalité Reste $a^{2k}=3$ donnerait une solution entière de l'équation impossible $u^2-3=P.y$; ainsi le reste 3 correspond à un dividende a^{2m+1}; or, on a $P-1=8Q$, et puisque le nombre Q est premier, l'exposant $2m+1$ est dans une des conditions suivantes : 1° égal à Q, ou à 3Q, ou à 5Q, ou à 7Q; 2° égal à 2Q, ou à 4Q; 3° premier à Q et par suite à 8Q; de l'une des conditions indiquées 1° on déduit $a^{(8Q)^n}=6561=(41.160)+1$, résultat dont le reste doit être l'unité; or, par suite des exceptions $P=17$, $P=41$, ce résultat est inadmissible, les conditions intitulées 2° sont impossibles; ainsi le reste 3 correspond à un dividende a^{2m+1} dont l'exposant est premier à $P-1=8Q$, le nombre a est une racine primitive de P, donc finalement le nombre 3 est une racine primitive de P.

Ces derniers théorèmes sont remarquables à deux titres, 1° ils font connaître sans calcul une racine primitive pour une proportion très-notable des nombres premiers; 2° réunis aux théorèmes n° **132**, et plus loin aux principes exposés n° **140**, l'ensemble paraît indiquer la possibilité, jusqu'ici mise en doute, d'isoler une racine primitive de toutes celles qui appartiennent à un nombre premier; remarquons d'ailleurs que cette conclusion laisse complétement intacte la phrase d'Euler, phrase si célèbre que nous avons relatée n° **119**.

REMARQUES GÉNÉRALES SUR LES NOMBRES QUE L'ON SOUMET AUX ESSAIS DANS LA RECHERCHE D'UNE RACINE PRIMITIVE D'UN NOMBRE PREMIER DONNÉ.

140. Ces nombres sont réellement arbitraires; néanmoins quelques règles très-simples peuvent éviter des calculs inutiles, ces règles sont déduites des principes qui gouvernent quelques équations incomplètes et indéterminées du second degré à deux inconnues; l'ensemble de ces principes a été consigné n° **51** vers la fin, et doit être bien présent à l'esprit du lecteur. Reprenons l'exposé des calculs que nous avons indiqués pour constituer une table des racines primitives; soit un nombre P premier absolu, soit ensuite la série $a^0\ a^1\ a^2 \ldots a^{P-1}$, on doit remplacer a par un nombre entier quelconque inférieur à P, rechercher les restes que donnent les divisions par P de chacun des termes de la suite précitée : admettons l'exactitude des hypothèses $P=3q+1$, le nombre a racine primitive de P; les restes donnés par les divisions, sont alors tous différents, présentent tous les nombres entiers inférieurs à P, présentent par conséquent le nombre -3, ou plus exactement le nombre $P-3$; on peut prouver que ce reste correspond à un dividende a^{2n}; en effet, dans l'hypothèse $P=3q+1$, l'équation $u^2+3=P.y$ est, n° **51**, résoluble en nombres entiers; en d'autres termes, des nombres entiers substitués à u et à y, le premier étant inférieur à P, peuvent vérifier l'équation indiquée, le reste -3 est donc obtenu en divisant par P un seul carré exact entier dont la racine est un nombre inférieur à P, ce carré est donné, 1° directement, désignons-le par b^2; 2° indirectement, par le nombre $(P-b)^2$, le nombre est donc placé parmi les restes créés par la série $a^0\ a^1\ a^2 \ldots a^{P-1}$, cette place correspond à un dividende quelconque a^n, et par suite on a l'égalité $(a^n)^2+3=P.y$, qui démontre le principe énoncé, mais alors, dans les conditions établies, 1° le nombre -3 correspond à un dividende a^{2n}; 2° le nombre a est une racine primitive de P; 3° les nombres $P-1$ et $2n$ ne sont pas premiers entre eux, donc, n° **121**, le nombre -3 n'est pas une racine primitive de P. Des raisonnements analogues seront faits sur les autres équations incomplètes, n° **51**, et on aura le résumé suivant :

1° Si le nombre P a l'une des formes $8q+1$, $8q-1$, le nombre $+2$ n'est pas une racine primitive de P.

2° Si le nombre P a l'une des formes $8q+3$, $8q+1$, le nombre -2 n'est pas une racine primitive de P.

3° Si le nombre P a la forme $12q+1$, le nombre $+3$ n'est pas une racine primitive de P.

4° Si le nombre P a la forme $3q+1$, le nombre -3 n'est pas une racine primitive de P.

5° Si le nombre P a l'une des formes $5q+1$, $5q-1$, le nombre $+5$ n'est pas une racine primitive de P.

6° Si le nombre P a l'une des formes $20q+3$, $20q+7$, le nombre -5 n'est pas une racine primitive de P.

7° Si le nombre P a l'une des formes $28q+3$, $28q+19$, $28q-1$, le nombre $+7$ n'est pas une racine primitive de P.

8° Si le nombre P a l'une des formes $40q+7$, $40q+11$, $40q+19$, le nombre -10 n'est pas une racine primitive de P.

9° Si le nombre P a l'une des formes $68q+3$, $68q+7$, $68q+11$, $68q+23$, $68q+27$, $68q+31$, $68q+39$, $68q+63$, le nombre -17 n'est pas une racine primitive de P.

Le nombre P étant premier, le nombre $\frac{P-1}{2}$ présentant la même condition, les conséquences déduites du résumé précédent, ou du n° **51**, font connaître, sans aucun essai et dans des cas assez nombreux, une ou plusieurs des racines primitives d'un nombre premier; nouveau fait à l'appui de la possibilité indiquée à la fin du numéro précédent. Dans le tableau qui suit, nous admettons que le nombre P obéit aux deux conditions précitées :

1° Si le nombre P a la forme $8q-1$, le nombre -2 est racine primitive de P.

2° Si le nombre P a la forme $8q+3$, le nombre $+2$ est racine primitive de P.

3° Si le nombre P a la forme de $3q+2$ *, le nombre -3 est racine primitive de P.

4° Si le nombre P a la forme de $3q+1$, le nombre $+3$ est racine primitive de P.

* Si le nombre P a la forme $3q+2$, l'équation $u^2+3=P.y$ n'est pas résoluble en nombres entiers, n° **51**, par conséquent dans la série $a^0 a^1 a^2 \ldots a^{P-1}$ dans laquelle a représente une racine primitive de P, si on divise chaque terme par P, le reste -3 sera applicable à un dividende a^{2n+1}, or dans les conditions établies, le nombre $\frac{P-1}{2}$ est premier, donc les nombres $2n+1$ et $P-1$ sont premiers entre eux, par suite, n° **121**, le nombre -3 est une racine primitive de P.

5° Si le nombre P a l'une des formes $5q+1$, $5q-1$, le nombre -5 est racine primitive de P.

6° Si le nombre P a l'une des formes $20q+3$, $20q+7$, le nombre $+5$ est racine primitive de P.

7° Si le nombre P a l'une des formes $28q+3$, $28q+19$, $28q-1$, le nombre -7 est racine primitive de P.

8° Si le nombre P a l'une des formes $40q+7$, $40q+19$, $40q+23$, le nombre $+10$ est racine primitive de P.

9° Si le nombre P a l'une des formes $40q+3$, $40q+27$, $40q+39$ *, le nombre -10 est racine primitive de P.

10° Si le nombre P a l'une des formes $17q+3$, $17q+5$, $17q+6$, $17q+7$, $17q+10$, $17q+11$, $17q+12$, $17q+14$, le nombre $+17$ est racine primitive de P.

11° Si le nombre P a l'une des formes $68q+5$, $68q+29$, $68q+37$, $68q+41$, $68q+45$, $68q+57$, $68q+61$, $68q+65$, le nombre -17 est racine primitive de P.

Les deux énoncés relatifs à $+10$ et à -10 du résumé précédent, donnent un principe élémentaire arithmétique, lequel, réuni à quelques autres, constitue un ensemble relaté n° **142**; cet ensemble donne, dans un grand nombre de cas, une réponse à cette question si anciennement posée et jamais résolue : quel est le nombre de chiffres que présente la période d'une fraction $\frac{A}{P}$ transformée en fractions de l'ordre décimal ?

Parmi les nombres premiers, mis sous la forme $5q+h$, les nombres $5q+2$, $5q+3$ peuvent seuls avoir et ont, en général, la racine primitive $+5$, 1° les nombres premiers dont la forme est soit $5q+1$, soit $5q-1$, sont tels que si l'on pose l'équation $u^2-5=P.y$, cette équation est résoluble en nombres

---

* On pourrait démontrer ce cas, soit par le résumé, n° 81, soit par l'examen des formes simultanées que peut prendre le nombre P; à cet examen sont liées les réponses à ces deux questions : Le nombre P premier étant donné, avec la condition $\frac{P-1}{2}$ nombre premier, les nombres $+2$, -2, $+5$, -5, et par suite $+10$, -10 sont-ils des racines primitives de ce nombre? remarquons aussi que dans ce résumé nous avons dû supprimer les nombres P pour lesquels la forme, et ensuite l'état premier $\frac{P-1}{2}$ présentent deux conditions incompatibles.

entiers, n° **51**; par conséquent si a est une racine primitive de P, si on forme les deux suites

$$\text{Dividendes}\quad a^0\ a^1\ a^2 \ldots a^{P-1},\qquad \text{Restes}\quad 1\ R_1\ R_2 \ldots 1,$$

le nombre 5 a place parmi les restes, et cette place correspond à un dividende a^{2m}; en effet, parmi les solutions entières de l'équation $u^2 - 5 = P.y$, choisissons les deux solutions $u_1\ u_2$ inférieures à P, on a, par exemple, $(u_1)^2 - 5 = P.y$, donc le nombre u_1 correspond à un dividende a^m, et par suite le reste 5 est donné par le dividende a^{2m}, donc enfin le nombre 5 n'est pas une racine primitive de P, c'est-à-dire d'un nombre premier dont la forme est soit $5q+1$, soit $5q-1$; 2° les nombres premiers dont la forme est soit $5q+2$, soit $5q+3$, présentent, en général, la racine primitive 5; on a démontré, n° **51**, que les équations $u^2 - 5 = P.y$ ne sont pas résolubles en nombres entiers lorsque le nombre P a l'une des formes $5q+2$, $5q+3$; choisissons une racine primitive a du nombre P, et formons les deux suites

$$\text{Dividendes}\quad a^0\ a^1\ a^2 \ldots a^{P-1},\qquad \text{Restes}\quad 1\ R_1\ R_2 \ldots 1,$$

le nombre 5 a parmi les restes une place qui correspond à un dividende a^{2m+1} et pourvu que l'exposant $2m+1$ soit premier aux facteurs simples de $P-1$, le nombre 5 est une racine primitive de P; les exceptions sont manifestement très-rares, et nous pouvons établir la conclusion suivante: 1° le nombre $+5$ est, en général, racine primitive des nombres premiers dont la forme est soit $5q+2$, soit $5q+3$; 2° le même nombre 5 doit être employé dans le premier essai fait pour obtenir une racine primitive des mêmes nombres premiers précités. Si on fait des raisonnements analogues à ceux qui constituent les premiers développements donnés dans ce paragraphe, et cela en faisant intervenir les équations incomplètes

$$u^2 - 7 = P.y,\quad u^2 + 7 = P.y,\quad u^2 - 10 = P.y,\quad u^2 - 17 = P.y,\ \text{n° } \mathbf{51};$$

ces raisonnements réunis à ceux qui précèdent, donnent le résumé suivant.

1° Si le nombre P a l'une des formes $5q+2$, $5q+3$, le nombre $+5$ est, en général, racine primitive de P;

2° Si le nombre P a l'une des formes $28q+5$, $28q+13$, $28q+17$, le nombre $+7$ est, en général, racine primitive de P;

3° Si le nombre P a l'une des formes $7q+3$, $7q+5$, $7q+6$, le nombre -7 est, en général, racine primitive de P;

4° Si le nombre P a l'une des formes $40q+7$, $40q+11$, $40q+17$, $40q+19$, $40q+21$, $40q+23$, $40q+29$, $40q+33$, le nombre $+10$ est, en général, racine primitive de P;

5° Si le nombre P a l'une des formes $17q+3$, $17q+5$, $17q+6$, $17q+7$, $17q+10$, $17q+11$, $17q+12$, $17q+14$, le nombre $+17$ est, en général, racine primitive de P.

Les nombres qui appartiennent à l'étude faite dans le paragraphe précédent, constituent une partie très-considérable de la totalité des nombres premiers; remarquons aussi que par suite même de cette étude et en admettant soit le double, soit le triple, etc., emploi, ces nombres sont distribués en cinq groupes; et si les principes consignés dans le paragraphe précité n'offraient aucune exception, le problème de la recherche d'une racine primitive de tout nombre premier serait, sinon complétement résolu, du moins très-simplifié, les nombres pour lesquels le tâtonnement serait encore indispensable, étant alors singulièrement espacés dans l'échelle numérique, il n'en est point ainsi, la difficulté subsiste, et s'il ne nous est pas donné de la vaincre, n'est-il aucun choix à faire dans chacun des groupes; finalement, la question que nous nous proposons de soumettre à l'étude est la suivante : est-il possible, dans chaque groupe, de faire un choix particulier utile, une subdivision qui prenne sa cause dans une forme secondaire unie à l'une des formes principales et caractéristiques du groupe? La réponse à cette question est affirmative, et nous pouvons consigner le fait général suivant : si de chacun des groupes on extrait les nombres premiers ayant la forme $2^n.Q+1$, le nombre Q premier*, les exceptions signalées disparaissent, ou plus exactement ces exceptions peuvent être reconnues, comptées, et par conséquent notre énoncé subsiste. La démonstration que nous donnons est, bien que générale, appliquée au quatrième groupe, et cela par deux causes, 1° elle emploie des nombres plus élevés; 2° elle offre quelques conséquences remarquables par suite de la subdivision décimale de l'échelle numérique ordinaire.

Soit un nombre premier P ayant simultanément la forme $2^n.Q+1$, le nom-

---

* Nous admettons l'hypothèse $Q=1$, mais nous excluons l'hypothèse $Q=2$, et par suite le nombre Q est toujours impair.

bre Q premier et l'une des formes $40q+7$, $40q+11$, $40q+17$, $40q+1$ $40q+21$, $40q+23$, $40q+29$, $40q+33$; de la seconde condition à laque obéit le nombre P, on déduit le principe suivant : si on adopte a racine prin tive de P, et si on forme les deux séries

$$\text{Dividendes } a^0\ a^1 \ldots a^{2^{n-1}.Q} \ldots a^{2^n Q} \ldots a^{2^{n-1}.3Q} \ldots a^{2.2^n.Q} \ldots a^{5.2^{n-1}.Q} \ldots a^{3.2^n.Q} \ldots a^{(2N+1)2^n}$$

$$\text{Restes} \quad 1\ R_1 \ldots P-1 \ldots 1 \ldots, P-1 \ldots 1 \ldots\ldots P-1 \ldots 1 \ldots\ldots 1,$$

le nombre 10 a place parmi les restes, cette place correspond à un dividen a^{2m+1}, dont l'exposant $2m+1$ est inférieur à $2^n.Q$, n° **31** et numéro actuel; si les facteurs simples de cet exposant sont étrangers au nombre premier Q, est manifeste n° **121** que le nombre 10 est une racine primitive du nomb premier proposé; or, admettons que le nombre $2m+1$ soit un multiple nombre q; admettons par conséquent l'exactitude des deux égalités

$$2m+1=(2h+1)Q, \qquad \text{Reste } a^{(2h+1)Q}=10;$$

de là on déduit $$\text{Reste } a^{(2h+1)2^n.Q}=\text{Reste } a^{10^{2^n}};$$

et par suite de la condition a racine primitive de P, on a finalement l'égali

$$\text{Reste } a^{(10^{2^n})}=1, \qquad \text{ou} \qquad [B] \quad 10^{2^n}-1=\text{multiple de P};$$

ainsi cette règle générale, le nombre $+10$ est racine primitive des nomb qui ont la forme $2^n.Q+1$, le nombre Q premier, et l'une des form

$$40q+7,\ 40q+11,\ 40q+17,\ 40q+19,\ 40q+21,\ 40q+23,\ 40q+29,\ 40q+3$$

cette règle a des exceptions, lesquelles sont applicables aux nombres premie qui, aux conditions indiquées, unissent la condition caractéristique d'êt sous-multiples du nombre $10^{(2^n)}-1$, la recherche de ces nombres implique do celle des facteurs simples de $10^{2^n}-1$; or, l'état actuel de la science numériqu l'absence de caractères distinctifs des nombres premiers, les difficultés et souve les impossibilités que présente la décomposition d'un nombre quelconque ses facteurs premiers; toutes ces causes constituent dans le moment présent, paraissent devoir constituer éternellement dans l'avenir un obstacle qu'il n'e pas donné à l'intelligence humaine de surmonter, un obstacle tel qu'il ne se jamais permis de connaître la loi générale qui gouverne tous les nombres P co venables à l'égalité [B]; nous pouvons néanmoins, et dans les limites ordinair en utilisant quelques lois sur les racines primitives, lois qui diminuent le nombre des essais relatifs à la constatation de l'état premier d'un nombre dont la forme est a^h-1 *, nous pouvons préciser les cas particuliers d'une circonstance dont l'état général nous échappe; on a les égalités

$$10^2-1=3^2.11,\quad 10^4-1=(10^2-1)(10^2+1)=3^2.11.101,$$

$$10^8-1=(10^4-1)(10^4+1)=3^2.11.73.101.137,$$

$$10^{16}-1=(10^8-1)(10^8+1)=3^2.11.17.73.101.137.5882353,$$

$$10^{32}-1=(10^{16}-1)(10^{16}+1)=$$
$$=3^2.11.17.73.101.137.353.449.641.1409.69857.5882353,$$

là s'arrête, là a dû s'arrêter, cette recherche numérique pénible, ce tableau montre que parmi les nombres premiers inférieurs à 10000 et offrant les deux genres de formes précitées, les nombres premiers 11, 137, 353 restent seuls étrangers à la racine primitive 10 : la démonstration précédente étant appliquée au groupe lié au nombre 5 en tenant compte des égalités

$$5^2-1=(5-1)(5+1)=2^3.3,\quad 5^4-1=(5^2-1)(5^2+1)=2^4.3.13,$$

$$5^8-1=(5^4-1)(5^4+1)=2^5.3.13.313,$$

$$5^{16}-1=(5^8-1)(5^8+1)=2^6.3.13.17.313.11489,$$

$$5^{32}-1=(5^{16}-1)(5^{16}+1)=2^7.3.13.17.313.2593.11489.29423041;$$

on reconnait que parmi les nombres premiers inférieurs à 10000, et offrant les formes précitées, le nombre premier 13, est seul étranger à la racine primitive 5; finalement la démonstration précédente faite sur les quatre groupes, les restrictions stipulées bien comprises; nous pouvons établir le résumé suivant, dans lequel Q est premier impair, résumé qui doit être lié à ceux qui sont indiqués sur le même sujet dans les deux numéros qui précèdent.

Si le nombre P a la forme $2^n.Q+1$ (le nombre Q premier) unie à l'une des formes $5q+2$, $5q+3$, le nombre $+5$ est une racine primitive de P.

---

* Si le nombre a^h-1 renferme le facteur simple P, le nombre P—1 est multiple de h, n° **109**, ainsi les facteurs simples du nombre a^h-1 sont des nombres premiers dont la forme est $M:h+1$.

Si le nombre P a la forme $2^n.Q+1$ (le nombre Q premier) unie à l'une de formes $28q+5$, $28q+13$, $28q+17$, le nombre $+7$ est une racine primitive de P.

Si le nombre P a la forme 2^nQ+1 (le nombre Q premier) unie à l'une de formes $40q+7$, $40q+17$, $40q+19$, $40q+23$, $40q+29$, $40q+33$, le nombre $+10$ est une racine primitive de P *.

Si le nombre P a la forme 2^nQ+1 (le nombre Q premier) unie à l'une de formes $17q+3$, $17q+5$, $17q+6$, $17q+7$, $17q+10$, $17q+11$, $17q+12$, $17q+14$, le nombre $+17$ est une racine primitive de P **.

Si le nombre P a la forme 2^nQ+1 (le nombre Q premier) unie à l'une des formes $7q+3$, $7q+5$, $7q+6$, le nombre -7 est une racine primitive de P.

141. Parmi les nombres premiers peu élevés dont on peut prévoir le rôle de racine primitive relativement à des nombres premiers donnés, nous avons en conservant le raisonnement général, appelé plus particulièrement l'attention du lecteur sur les nombres $+10$ et -10; le motif de cette direction est manifeste; aux principes liés à $+10$, à cette base de notre numération essayons d'ajouter encore une remarque; nous ne pouvons donner à ce qui suit un autre titre; cette remarque a deux causes d'utilité, 1° acceptée à l'état général, c'est-à-dire abstraction faite du nombre 10, elle peut venir en aide à celui qui, plus tard, recherchera quelques-unes des relations qui unissent les nombres premiers aux racines primitives de ces mêmes nombres; 2° restreinte dans les conditions imposées par le nombre 10, elle nous permettra d'agrandir quelque peu le cadre qui limite nos observations sur les périodes décimales. Reprenons quelques faits établis dans le numéro actuel : si le nombre premier P a l'une des formes

$$40q+7,\quad 40q+11,\quad 40q+17,\quad 40q+19,\quad 40q+21,\quad 40q+23,\quad 40q+29,\quad 40q+33,$$

le nombre $+10$ est, en général, une racine primitive de P; les exceptions

* Si on excepte le nombre 11, on reconnaît qu'il n'existe pas de nombres dont les formes soient $40q+11$ ou $40q+21$ et 2^nQ+1, le nombre Q premier. L'une des formes $40q+7$, $40q+19$, $40q+23$ unie à la forme 2^nQ+1 (le nombre Q premier) amène l'égalité $n=1$.

** L'égalité $17^4-1=2^6.3^2.5.29$ montre que le nombre 29 est une exception à la loi générale

sont très-rares et si le nombre P peut, à l'une de ces conditions caractéristiques, unir la forme $2^n.Q+1$, le nombre Q premier, les exceptions peuvent être prévues, notées; finalement ces exceptions se réduisent aux trois nombres 11, 137, 353 pour tous les nombres premiers inférieurs à 10000; admettons actuellement que le nombre P, offrant d'ailleurs une des formes précitées $40q+K$, présente la forme $2^n.\alpha.\beta$, les nombres α et β premiers absolus, le second étant, par exemple, supérieur au premier : soit a une racine primitive de P, et formons les deux suites

$$\text{Dividendes}\quad a^0\ a^1\ a^2 \dots a^\alpha \dots a^\beta \dots a^{2^{n-1}\alpha.\beta} \dots a^{2^n\alpha.\beta},$$

$$\text{Restes}\quad 1\ a\ R_2 \dots R_\alpha \dots R_\beta \dots P-1 \dots 1,$$

le nombre $+10$ occupe, parmi les restes, une place qui correspond à un dividende a^{2m+1} dont l'exposant est impair, n° **51**, et si le nombre 10, 1° *est*, 2° *n'est pas* une racine primitive de P, l'exposant $2m+1$, 1° *est*, 2° *n'est pas* premier à $P-1$, n° **121**; or, dans le second cas, constatons que cet exposant $2m+1$, alors non premier à $P-1$; ne peut être un multiple du produit $\alpha.\beta$, au moins si le nombre P est inférieur à 10000; car l'égalité Reste de $a^{(2K+1)\alpha.\beta}=10$ amène l'égalité $10^{(2^n)}-1=\mathfrak{M}:P$ conclusion que rend inadmissible le tableau précédent des facteurs simples d'un nombre 10^h-1: ainsi, dans le second cas, le nombre $+10$ sera un des restes donnés par les dividendes de la série suivante, laquelle offre deux groupes :

$$a^\alpha\ a^{3\alpha}\ a^{5\alpha} \dots a^{(\beta-2)\alpha} \qquad a^\beta\ a^{3\beta}\ a^{5\beta} \dots a^{(\alpha-2)\beta}\ \alpha^{\epsilon\beta} \dots$$

de l'égalité, par exemple, Reste $a^{(2h+1)\alpha}=10$, on déduit $10^{2^n\beta}-1=\mathfrak{M}.P$; concluons de ces raisonnements que l'indication des nombres P, ayant les formes précitées $2^n.\alpha.\beta+1$ et $40q+K$, et en même temps étrangers à la racine primitive $+10$, que cette indication serait nettement établie, si l'on connaissait la loi des nombres premiers; concluons aussi que si le nombre premier P a les formes indiquées, on peut chercher les restes des termes $10^{2^n.\alpha}$, $10^{2^n.\beta}$, et à l'état, 1° 1 de l'un de ces restes; 2° étranger à 1 des deux restes, correspondra la conclusion, le nombre 10, 1° *n'est pas*, 2° *est* une racine primitive de P.

142. Il nous paraît difficile d'établir le maximum d'essais que peut exiger la recherche d'une racine primitive d'un nombre premier proposé, toutefois ce maximum ne peut être élevé et plusieurs considérations peuvent non prouv mais motiver cette assertion : 1° les diverses circonstances auxquelles doive obéir les nombres soumis aux essais, ces conditions énoncées dans toute partie précédente ne sont pas fortuites, elles sont fatales, se présentent tou jours lorsque l'on agit avec une racine primitive ou même lorsque l'un des pr duits 2 à 2, 3 à 3, etc. des nombres déjà soumis à l'essai est racine primitiv 2° le nombre des racines primitives d'un nombre premier est toujours consid rable; 3° parmi tous les essais cités, soit dans cette étude, soit dans la table q suit, ceux qui exigent plus de deux essais, sont fortement espacés dans l'échel numérique; c'est-à-dire que cette dernière rareté, qui favorisait l'ensemble d nos calculs, se présentera toujours dans la suite? Non sans doute, si les prob bilités, si les analogies ne sont pas, en général, de mise dans les raisonnemen mathématiques, cette loi est impérative dans la théorie des nombres; tou preuve, dans cette partie, doit être rigoureusement pure d'expériences n mériques, l'oubli de cette loi a amené de cruels mécomptes : tel théorèn qui paraissait solidement établi a été brisé par un fait numérique capricieu néanmoins nous croyons nous tenir dans les limites d'une sage réserve admettant que, dans la recherche d'une racine primitive, quelques nombr à peine demandent quatre essais successifs.

DE LA TRANSFORMATION D'UNE FRACTION ORDINAIRE $\frac{A}{H}$, DITE ANCIENNE, E FRACTIONS DE L'ORDRE ε, ET PLUS PARTICULIÈREMENT EN FRACTIONS DE L'ORDI DÉCIMAL.

143. On nous rendra la justice d'admettre que nous ne pouvions avo l'idée de faire un examen complet de la question comprise dans le titre actue question dont l'ensemble paraît dépasser les forces intellectuelles de l'homme ces préliminaires acceptés, qu'on nous permette de donner un résumé de l'ét de la question, en réunissant aux principes déjà connus les quelques rare conséquences déduites des faits précédents, conséquences qui déjà certes o dû apparaître à l'esprit de celui qui nous a suivi dans l'étude de toute cet partie.

Étant donnés deux nombres entiers H et ε, si on divise par H chaque terme d la série $\varepsilon^0\ \varepsilon^1\ \varepsilon^2 \ldots\ \varepsilon^m \ldots\ \varepsilon^n \ldots\ \varepsilon^r \ldots$, les divers restes, plus ou moins nombreu donnent par ordre la suite 1 $R_1\ R_2 \ldots\ R_m \ldots\ R_n \ldots\ R_{r} \ldots$; si le nombre présente, à l'exclusion de tout autre, un ou plusieurs facteurs simples de ε, ces facteurs étant d'ailleurs élevés à des puissances égales ou diverses, *le nombre des divisions est limité;* le dernier dividende est ε^t, la lettre t désignant un facteur entier *minimum* toujours admissible, lequel facteur multipliant chaque exposant des facteurs simples de ε, donne, dans la série des dividendes, le terme qui, occupant le plus faible rang, est exactement divisible par H : si le nombre H présente des facteurs simples étrangers à ceux du nombre ε, *le nombre des divisions est illimité;* par conséquent les restes étant *tous* inférieurs à H, ne peuvent *tous* être différents, la reproduction nécessaire d'un des restes R_m déjà obtenu, amène successivement dans l'ordre primitif, la reproduction de ceux qui, dans la première série d'opérations, suivaient le reste R_m; cet état périodique des restes reparaît indéfiniment, et l'on comprend que l'ensemble présente deux circonstances distinctes.

1° Si les facteurs simples de H sont les uns égaux, les autres étrangers aux facteurs simples de ε, le premier reste reproduit R_m correspond, dans la première série d'opérations, au dividende ε^m, la lettre m indiquant le plus grand des exposants affectés à ceux des facteurs de H, que l'on retrouvait dans ε; d'ailleurs l'état périodique a lieu indéfiniment, séparation faite des restes qui, dans la première série d'opérations, précédaient le reste R_m.

2° Si les facteurs simples de H sont *tous* étrangers à ceux de ε, et, par exemple, si le nombre H premier absolu est premier à ε, le reste reproduit R_m occupe la première place dans la première série d'opérations, l'état périodique indéfini a lieu, et tous les restes d'une période sont différents.

L'examen complet, soit du premier paragraphe, soit de la première subdivision du second, est consigné dans tous les traités sur la matière; ainsi laissant de côté ces deux points, essayons de jeter quelque lumière sur le troisième, lumière certes bien faible; mais qu'on veuille bien se rappeler que dans cette direction tout est obscur, et puisse le peu que nous apporterons éclairer un esprit plus sagace : constatons d'abord deux faits qui n'ont pas besoin d'explication, 1° toute période de restes R_0 R_1 R_2.... R_m R_0.... donne lieu à une période de quotients Q_0 Q_1 Q_2.... Q_m Q_0...., en remarquant que l'inégalité certaine de tous les termes constituant la première n'amène pas nécessairement cette inégalité dans les termes de la seconde; 2° la période, soit de restes, soit de quotients, donnée par la série ε^0 ε^1 ε^2.... ε^m ε^{m+1}...., cette période est modifiée dans sa valeur absolue, mais non dans le nombre de ses termes, n° **109**, lorsqu'on multiplie chaque terme de la série ε^0 ε^1 ε^2.... ε^m....

par un nombre g premier à ε; or, notre étude est, à l'exclusion de to
autre, l'examen du nombre de termes de la période donnée par la transf
mation en fractions de l'ordre ε d'une fraction irréductible $\frac{A}{H}$; ainsi n
simplifierons cette étude en admettant, en général, l'hypothèse $A=1$; enfi
nombre H premier à ε présente deux cas, 1° premier absolu désigné par
2° non premier absolu et désigné par B.

1er Cas. Le nombre P premier absolu *.

1° Tous les nombres premiers étant représentés par la formule $40q+K$
choix fait parmi ces nombres, de ceux qui obéissent à la condition $\frac{P}{-}$
nombre premier, donne les égalités $K=3$, $K=7$, $K=19$, $K=23$, $K=$
$K=39$; or, on a démontré, n° **140**, que dans ces conditions les nom
$+10$ et -10 sont des racines primitives, le premier des nombres $40q+$
$40q+19$, $40q+23$; le second des nombres $40q+3$, $40q+27$, $40q+$
on a donc le théorème suivant :

Théorème. Si on réduit en fractions de l'ordre décimal une fraction $\frac{A}{P}$
nombre P ayant les deux états P et $\frac{P-1}{2}$ nombres premiers absolus
nombre des chiffres de la période, soit des restes, soit des quotients, es
au reste de la division du nombre P par 40, ce nombre de chiffres est $\frac{P}{-}$
ou $P-1$, selon que le reste de la division *est* ou *n'est pas* multiple de 3.

2° On a démontré, n° **140**, que le nombre $+10$ est une racine primi
des nombres premiers P, qui ont la forme $2^n.Q+1$, le nombre Q pren
cette forme unie à l'une des formes précitées $40q+7$, $40q+17$, $40q+$
$40q+23$, $40q+29$, $40q+33$, de là le théorème suivant :

Théorème. Si on réduit en fractions de l'ordre décimal une fraction $\frac{A}{P}$
dénominateur P premier absolu présentant et la forme $2^n.Q+1$, le nomb
premier, et l'une des formes $40q+7$, $40q+17$, $40q+19$, $40q+23$, $40q+$
$40q+33$; le nombre des chiffres de la période est *maximum*, c'est-à-
est $P-1$.

---

* Dans les deux cas, nous admettons que les facteurs simples des dénominateurs sont étra
aux facteurs simples de ε.

3° Les nombres premiers P qui ont l'une des formes $40q+7$, $40q+11$, $40q+17$, $40q+19$, $40q+21$, $40q+23$, $40q+29$, $40q+33$, unie à la forme $2^n.3^p.Q\ +1$, le nombre Q premier, ces nombres donnent quelques faits qui ont leur intérêt.

Théorème. Si on réduit en fractions de l'ordre décimal une fraction $\frac{A}{P}$, le dénominateur P premier absolu, ayant l'une des formes précédentes $40q+K$, unie à la forme $2^n.3^p.Q\ +1$, le nombre Q premier; le nombre des chiffres de la période est *pair* : en effet, si, dans les conditions établies, on choisit a racine primitive de P, si on divise par P chaque terme de la série $a^0\ a^1\ a^2 \ldots a^{P-1}$, le reste 10 correspond à un dividende a^{2h+1}, dont l'exposant est impair, n^{os} **31** et **140**; or, on a Reste de $10^{2^n.3^p.Q}=1$, et la période de la série $10^0\ 10^1\ 10^2\ldots$ étant un diviseur de $P-1$, n° **109**, ce diviseur ne peut être impair, car des égalités Reste de $a^{2h+1}=10$, Reste de $10^{2m+1}=1$ on déduit Reste de $a^{(2h+1)(2m+1)}=1$, conclusion que l'état hypothétique de a rend inadmissible. Dans les conditions actuelles, le dividende a^{2m+1}, lequel donne le reste 10, ne peut être un multiple de Q; en effet, de l'égalité $(2h+1)=(2S+1)Q$ on déduit $10^{2^n.3^p}-1=\mathfrak{M}:P$, égalité impossible, au moins pour tous les nombres premiers P indiqués et inférieurs à 10000 *; si donc cet exposant $2h+1$ n'est pas premier à $P-1$, on a $2h+1=3(2V+1)$, par suite Reste de $10^{2^n.3^{p-1}Q}=1$, et la période donnée par la série $10^0\ 10^1\ 10^2\ldots$ est un diviseur du nombre $2^n.3^{p-1}.Q$; de là les corollaires suivants :

1er Corollaire. Si on réduit en fractions de l'ordre décimal une fraction $\frac{A}{P}$, dont le dénominateur présente l'une des formes précitées $40q+K$, unie à la forme $2^n.3^p.Q\ +1$, le nombre Q premier, le nombre des chiffres de la période est *ou* $P-1$ *ou* $\frac{P-1}{3^t}$, l'état minimum de t étant l'unité.

2e Corollaire. Si, aux conditions générales précédentes, on unit la condition $p=1$, le nombre des chiffres de la période est *ou maximum*, c'est-à-dire est $P-1$, *ou* est un nombre pair premier au nombre 3.

3e Corollaire. Si, à l'ensemble des conditions actuelles, on unit la condition $n=1$, le nombre des chiffres de la période est $P-1$ ou $\frac{P-1}{3}$.

* Si on exclut la condition anormale $Q=1$; le nombre 4861, caractérisé par l'égalité $Q=5$, est la seule exception que présente l'impossibilité énoncée dans le texte.

4° On a démontré que si un nombre premier P a l'une des formes $5q+2$, $5q+3$, unie à la forme $2^t.Q+1$, le nombre Q premier, ce nombre P, 1° a la racine primitive 5, n° **140**; 2° a la racine primitive 2, n° **138**; de là, et sauf les exceptions relatives à 5, exceptions indiquées n° **140**, on déduit le théorème suivant :

Théorème. Si on réduit en fractions de l'ordre décimal une fraction $\frac{A}{P}$, le dénominateur P ayant la forme $2^t.Q+1$, le nombre Q premier, unie à l'une des formes $5q+2$, $5q+3$, le nombre des chiffres de la période est $\frac{P-1}{4}$ ou $\frac{P-1}{2}$.

Un examen attentif de l'ensemble des faits relatés dans toute cette partie, amènerait quelques principes analogues aux deux derniers, c'est-à-dire quelques faits qui n'ont pas le caractère impératif, que l'on trouve dans les premiers théorèmes de ce numéro; néanmoins on comprendra que ces faits ont facilité les calculs de la Table dernière consignée à la fin de cet ouvrage, Table qui donne, dans la limite 10000, le nombre de chiffres de toute période donnée par une fraction $\frac{A}{P}$ transformée en fractions de l'ordre décimal; cette Table nous permet de présenter l'étude pratique du second cas de la question générale posée dans le numéro actuel.

2e Cas. Le nombre B non premier absolu.

Théorème. Si on réduit en fractions de l'ordre ε une fraction $\frac{A}{B}$, le dénominateur B présentant divers facteurs premiers P, Q, R...., premiers entre eux, et étrangers aux facteurs premiers de ε; et si les périodes données par les fractions $\frac{A}{P}$, $\frac{A}{Q}$, $\frac{A}{R}$.... ont un nombre de termes désignés par les lettres p, q, r...., le nombre de termes de la période primitive est le plus petit multiple des nombres p, q, r....; en effet, si la lettre x désigne le nombre de termes de la période inconnue, si les hypothèses sont admises, on a les égalités :

$$\varepsilon^p = P.H + 1, \quad \varepsilon^q = Q.K + 1, \quad \varepsilon^r = R.L + 1...., \quad \varepsilon^x = B.V + 1,$$

le nombre x doit, n° **109**, être multiple de chacun des nombres p, q, r....; il est donc le *minimum* multiple de ces nombres.

Théorème. Si on réduit en fractions de l'ordre ε une fraction $\frac{A}{B}$, dont le dénominateur B est le carré d'un nombre premier P, si on désigne par p le nombre des termes de la période donnée par la fraction $\frac{H}{P}$, le nombre de termes de la période primitive est ou p ou $p.P$: désignons par x le nombre des termes de la période inconnue, admettons les hypothèses, on a les deux égalités :

$$[C] \quad \varepsilon^p = P.S + 1, \qquad\qquad [D] \quad \varepsilon^x = P^2.T + 1$$

le nombre x est multiple de p, n° **109**, par suite deux circonstances peuvent se présenter :

1° Si le nombre S est multiple de P, l'égalité [C] prend la forme

$$[E] \qquad \varepsilon^p = P^2.V + 1,$$

et aucun terme ε^l, $l < p$, ne pourrait vérifier l'égalité $\varepsilon^l = P^2N + 1$; ainsi dans cette circonstance la fraction $\frac{A}{B}$ donne une période de p termes.

2° Si le nombre S est premier à P; élevons à la puissance P chaque membre de l'égalité [C], le résultat est

$$\varepsilon^{p.P} = (P.S)^P + P(P.S)^{P-1} + K(P.S)^{P-2} + \ldots + K(P.S)^2 + P(P.S) + 1,$$

chaque terme du second membre, moins le dernier, est divisible par P, on a donc l'égalité $\varepsilon^{p.P} = P^2.M + 1$, et remarquons bien que le nombre des termes de la période de la fraction $\frac{A}{B}$ doit être un multiple de P; or, si on élève les deux membres de l'égalité [C] à une puissance $p.l$, multiple de p, mais inférieure à $p.P$; tous les termes du développement, moins les deux derniers, seraient divisibles par P^2, donc l'ensemble, moins le dernier qui est l'unité, ne serait pas divisible par P^2, le résultat ne vérifierait pas l'égalité $\varepsilon^{p.l} = P^2.N + 1$, donc finalement le nombre des termes de la période donnée par la fraction $\frac{A}{B}$ est $p.P$.

Nous pourrions donner à cette démonstration un caractère plus général, c'est-à-dire examiner la transformation en fractions de l'ordre ε d'une fraction $\frac{A}{P^i}$, le nombre P premier absolu; mais cette recherche, d'un intérêt secondaire, peut être remplacée par une autre dont le caractère est pratique : admettons l'hypothèse $\varepsilon = 10$, et nous aurons les faits particuliers suivants :

1° Si on transforme en fractions de l'ordre décimal une fraction $\frac{A}{P^2}$, le nombre P premier absolu étant inférieur à 1000; 2° si on désigne par p le nombre des chiffres de la période donnée par la fraction $\frac{A}{P}$; 3° si on excepte les nombres premiers 3, 487 *: le nombre de chiffres de la période inconnue, c'est-à-dire de la période donnée par la fraction $\frac{A}{P^2}$, est le nombre entier $p.P$; l'alternative remarquée dans le principe général disparaît; en d'autres termes, les périodes données par les fractions dites anciennes $\frac{A}{P^2}$, $\frac{A}{Q^2}$, etc., les nombres P, Q,.... premiers et inférieurs à 1000, appartiennent à la seconde circonstance indiquée dans le paragraphe précédent; les deux exceptions sont caractérisées par les égalités

$$[F] \quad 10^1 = 3^2.U + 1, \qquad [G] \quad 10^{486} = 487^2.V + 1;$$

on peut remarquer que les nombres U et V sont premiers à P; si donc on transforme en fractions de l'ordre décimal une fraction $\frac{A}{B}$, dont le dénominateur vérifie l'égalité $B = P^3$, le nombre P premier, et si on conserve les notations précédentes et la condition $P < 1000$, le nombre des chiffres de la période est $p.P^2$, on a effectivement l'égalité

$$10^{p.P} = P^2.T + 1,$$

l'élévation à la puissance P de chacun des membre donne les résultats

$$10^{p.P^2} = (P^2.T)^P + P(P^2.T)^{P-1} + K(P^2.T)^{P-2} + \dots + K(P^2.T)^2 + P(P^2.T) + 1,$$

$$10^{p.P^2} = P^3.M + 1,$$

on prouverait, comme plus haut, que toute puissance l, inférieure à P, ne pourrait vérifier l'égalité $10^{p.P.l} = P^3.N + 1$; finalement, si on tient compte, 1° de l'hypothèse P, nombre premier inférieur à 1000; 2° des exceptions que présentent les nombres premiers 3 et 487 lorsque la fraction proposée est $\frac{A}{3^2}$, $\frac{A}{487^2}$, on peut établir le théorème suivant :

THÉORÈME. Si on transforme en fractions de l'ordre décimal une fraction $\frac{A}{B}$, le dénominateur B vérifiant l'égalité $B = P^k$, le nombre P premier absolu, et

* L'anomalie présentée par le nombre 487 paraît due au facteur 3, car on a l'égalité $487 - 1 = 2 . 3^5$.

si la fraction auxiliaire $\frac{A}{P}$ donne, après transformation en fractions de l'ordre décimal, une période contenant p chiffres, le nombre de chiffres donnés par la période de la fraction $\frac{A}{B}$ est $p \,.\, P^{k-1}$.

COROLLAIRE. Si on transforme en fractions de l'ordre décimal une fraction $\frac{A}{B}$, le dénominateur B vérifiant l'égalité $B = P^k \,.\, Q^l \,.\, R^m \ldots$, les nombres P, Q, R.... étant premiers absolus; si les lettres p, q, r.... désignent, par ordre, le nombre de chiffres des périodes données par les fractions $\frac{A}{P}$, $\frac{A}{Q}$, $\frac{A}{R}$,.... le nombre de chiffres constituant la période primitive, c'est-à-dire la période de la fraction $\frac{A}{B}$, est indiqué par le multiple *minimum* des nombres $p \,.\, P^{k-1}$, $q \,.\, Q^{l-1}$, $r \,.\, R^{m-1}$....

144. A la fin d'un travail, dans lequel nous croyons avoir surmonté quelques difficultés sérieuses, on pourrait nous demander compte de l'assertion émise n° **126**, sur le lien qui paraît unir les racines primitives aux nombres premiers; ce lien que nous avons entrevu n°s **140** et **141**, nous a été utile pour opérer certaines décompositions des nombres $10^n - 1$ en facteurs premiers, mais nous ne pouvons, à la question générale, faire qu'une réponse indécise; toutefois la question est importante, nous ne l'abandonnons pas, et si les résultats consignés dans cet ouvrage, paraissent mériter approbation, paraissent devoir entrer, partiellement du moins, dans l'enseignement ordinaire, nous étudierons avec plus de zèle les diverses circonstances que peut présenter la question si anciennement posée, et quelques notions sur le mécanisme des nombres, notions puisées dans les nombreuses opérations numériques que nous avons dû faire, nous permettent d'espérer que cette étude ne sera pas sans quelques fruits.

TABLE

CONTENANT UNE RACINE PRIMITIVE POUR TOUS LES NOMBRES PREMIERS P, COMPRIS ENTRE 1 ET 10000.

Rappelons les énoncés des divers principes qui ont donné les racines primitives consignées dans cette table :

1° Un nombre premier dont la forme est $4Q+1$, le nombre Q premier, a racine primitive $+2$ (n° **138**).

2° Un nombre premier dont la forme est $8Q+1$, le nombre Q premier la racine primitive $+3$ (n° **139**).

3° Un nombre premier dont la forme est : soit $6Q+1$, soit $8Q+1$, le nombre Q premier, présente une racine primitive qui peut être obtenue sans tâtonnement par la méthode indiquée (n^{os} **132** et **133**).

4° Si un nombre premier dont la forme est $2Q+1$, le nombre Q premier n'a pas la racine primitive a, ce nombre a la racine primitive $(P-a)$.

5° Un nombre premier P dont la forme 2^nQ+1, le nombre Q premier, unie à l'une des formes $5q+2$, $5q+3$, a la racine primitive $+5$ (n° **140**).

6° Un nombre premier P dont la forme 2^nQ+1, le nombre Q premier, unie à l'une des formes $28q+17$, $28q+5$, $28q+13$, a la racine primitive $+7$ (n° **140**).

7° Un nombre premier P dont la forme 2^nQ+1, le nombre Q premier, unie à l'une des formes $7q+3$, $7q+5$, $7q+6$, a la racine primitive — (n° **140**).

8° Un nombre premier P dont la forme 2^nQ+1, le nombre Q premier, unie à l'une des formes $40q+7$, $40q+17$, $40q+19$, $40q+23$, $40q+$ a la racine primitive $+10$ (n° **140**).

9° Un nombre premier P dont la forme 2^nQ+1, le nombre Q premier, unie à l'une des formes $17q+3$, $17q+5$, $17q+6$, $17q+7$, $17q+10$, $17q+$ $17q+12$, $17q+14$, a la racine $+17$ (n° **140**).

10° Si des nombres a, b, c, etc. ne sont pas des racines primitives d nombre premier P (un calcul indiqué n° **134** répond à cette question), l'un produits, ab par exemple, est-il une racine primitive de P?

11° Un nombre premier P dont la forme est : soit $5q+2$, soit $5q+$ présente, en général, la racine primitive $+5$: ce dernier nombre doit, dans ce cas, être employé pour le premier essai.

12° Un nombre premier qui a l'une des formes $28q+5$, $28q+13$, $28q+17$, a, en général, la racine primitive $+7$.

13° Un nombre premier qui a l'une des formes $7q+3$; $7q+5$, $7q+6$, a, en général, la racine primitive -7.

14° Un nombre premier qui a l'une des formes $40q+7$, $40q+11$, $40q+17$, $40q+19$, $40q+21$, $40q+23$, $40q+29$, $40q+3$, a, en général, la racine primitive $+10$.

15° Un nombre premier qui a l'une des formes $17q+3$, $17q+5$, $17q+6$, $17q+7$, $17q+10$, $17q+11$, $17q+12$, $17q+14$, a, en général, la racine primitive $+17$.

Nota. Dans la Table qui suit, le signe —, placé devant un nombre, indique que la racine primitive est le complément à P de ce nombre. **Exemple** : Le nombre +45 est une racine primitive de 47.

NOMBRES PREMIERS.	RACINES PRIMITIVES.	NOMBRES PREMIERS.	RACINES PRIMITIVES.	NOMBRES PREMIERS.	RACINES PRIMITIVES.	NOMBRES PREMIERS.	RACINES PRIMITIVES.	NOMBRES PREMIERS.	RACINES PRIMITIVES.	NOMBRES PREMIERS.	RACINES PRIMITIVES.	NOMBRES PREMIERS.	RACINES PRIMITIVES.	NOMBRES PREMIERS.	RACINES PRIMITIVES.
3	2	149	2	337	10	547	5	757	5	991	6	1223	5	1471	6
5	2	151	6	347	2	557	2	761	7	997	7	1229	2	1481	3
7	5	157	69	349	2	563	2	769	11	1009	11	1231	3	1483	5
11	2	163	2	353	5	569	3	773	2	1013	5	1237	5	1487	—2
13	2	167	—2	359	—2	571	3	787	5	1019	2	1249	7	1489	11
17	3	173	2	367	—2	577	5	797	2	1021	10	1259	2	1493	2
19	2	179	2	373	5	587	2	809	3	1031	—3	1277	5	1499	2
23	—2	181	2	379	2	593	5	811	3	1033	5	1279	3	1511	—3
29	2	191	—3	383	—2	599	—3	821	2	1039	—2	1283	2	1523	2
31	12	193	5	389	2	601	7	823	—2	1049	3	1289	15	1531	2
37	5	197	5	397	5	607	5	827	2	1051	10	1291	2	1543	5
41	7	199	3	401	3	613	5	829	2	1061	2	1297	15	1549	2
43	29	211	2	409	21	617	5	839	—2	1063	10	1301	2	1553	10
47	—2	223	80	419	2	619	2	853	2	1069	933	1303	10	1559	5
53	2	227	2	421	2	631	3	857	3	1087	—2	1307	2	1567	5
59	2	229	157	431	15	641	3	859	2	1091	2	1319	—2	1571	2
61	2	233	3	433	5	643	287	863	2	1093	5	1321	35	1579	299
67	2	239	—3	439	311	647	5	877	5	1097	3	1327	5	1583	5
71	—3	241	7	443	5	653	2	881	3	1103	5	1361	7	1597	11
73	5	251	6	449	3	659	2	883	2	1109	2	1367	—2	1601	3
79	3	257	6	457	15	661	2	887	—2	1117	2	1373	5	1607	10
83	2	263	—2	461	2	673	5	907	5	1123	2	1381	2	1609	7
89	3	269	7	463	5	677	5	911	—3	1129	11	1399	782	1613	5
97	5	271	6	467	2	683	5	919	15	1151	—3	1409	3	1619	2
101	7	277	137	479	—2	691	3	929	3	1153	6	1423	3	1621	2
103	67	281	3	487	10	701	2	937	5	1163	—3	1427	5	1627	1097
107	2	283	193	491	3	709	2	941	7	1171	2	1429	6	1637	2
109	6	293	2	499	219	719	—2	947	6	1181	7	1433	3	1657	15
113	5	307	5	503	—2	727	5	953	5	1187	2	1439	—2	1663	5
127	3	311	—3	509	2	733	281	967	5	1193	3	1447	—2	1667	5
131	2	313	10	521	7	739	3	971	6	1201	11	1451	2	1669	7
137	3	317	2	523	5	743	10	977	5	1213	5	1453	5	1693	5
139	2	331	3	541	2	751	3	983	—2	1217	5	1459	3	1697	5

NOMBRES PREMIERS.	RACINES PRIMITIVES.	NOMBRES PREMIERS.	RACINES PRIMITIVES.	NOMBRES PREMIERS.	RACINES PRIMITIVES.	NOMBRES PREMIERS.	RACINES PRIMITIVES.	NOMBRES PREMIERS.	RACINES PRIMITIVES.	NOMBRES PREMIERS.	RACINES PRIMITIVES.	NOMBRES PREMIERS.	RACINES PRIMITIVES.	NOMBRES PREMIERS.	RACINES PRIMITIVES.
1699	1477	2179	—5	2677	5	3181	7	3659	2	4157	2	4691	2	5231	—2
1709	3	2203	1631	2683	5	3187	5	3671	—2	4159	—2	4703	—2	5233	10
1721	3	2207	—2	2687	5	3191	—5	3673	5	4177	5	4721	6	5237	5
1723	3	2213	5	2689	39	3203	2	3677	2	4201	11	4723	2	5261	2
1733	2	2221	2	2693	2	3209	3	3691	2	4211	—3	4729	55	5273	3
1741	2	2237	2	2707	2	3217	5	3697	5	4217	5	4733	5	5279	—3
1747	5	2239	—2	2711	—2	3221	10	3701	2	4219	2	4751	—3	5281	7
1753	7	2243	5	2713	5	3229	166	3709	2	4229	2	4759	3	5297	5
1759	—2	2251	—5	2719	3	3251	—3	3719	—2	4231	2	4783	—2	5303	5
1777	5	2267	2	2729	3	3253	5	3727	—2	4241	3	4787	2	5309	2
1783	—15	2269	2	2731	3	3257	3	3733	2	4243	2	4789	2	5323	2757
1787	5	2273	5	2741	2	3259	3	3739	2	4253	2	4793	3	5333	5
1789	2	2281	7	2749	254	3271	3	3761	3	4259	2	4799	—2	5347	5
1801	11	2287	—7	2753	5	3299	2	3767	5	4261	2	4801	7	5351	—2
1811	3	2293	5	2767	658	3301	6	3769	7	4271	—3	4813	5	5381	3
1823	—2	2297	5	2777	3	3307	5	3779	2	4273	5	4817	5	5387	2
1831	3	2309	2	2789	7	3313	10	3793	5	4283	2	4831	—2	5393	5
1847	5	2311	3	2791	6	3319	—2	3797	5	4289	3	4861	2	5399	—2
1861	2	2333	5	2797	5	3323	5	3803	2	4297	5	4871	3	5407	—2
1867	2	2339	—2	2801	3	3329	3	3821	3	4327	—2	4877	5	5413	5
1871	—2	2341	7	2803	2	3331	3	3823	3	4337	5	4889	7	5417	3
1873	10	2347	5	2819	2	3343	2850	3833	3	4339	10	4903	5	5419	3
1877	5	2351	—3	2833	5	3347	2	3847	5	4349	2	4909	4390	5431	—2
1879	—2	2357	5	2837	2	3359	—2	3851	2	4357	5	4919	—2	5437	5
1889	3	2371	2	2843	2	3361	35	3853	2	4363	5	4931	2	5441	3
1901	2	2377	5	2851	2	3371	2	3863	—2	4373	2	4933	5	5443	5
1907	2	2381	3	2857	11	3373	3351	3877	5	4391	—2	4937	3	5449	7
1913	3	2383	2208	2861	2	3389	3	3881	15	4397	5	4943	2	5471	—2
1931	2	2389	2	2879	—2	3391	3	3889	11	4409	3	4951	—2	5477	3
1933	5	2393	3	2887	5	3407	5	3907	5	4421	3	4957	2	5479	—2
1949	2	2399	—2	2897	3	3413	2	3911	—2	4423	5	4967	5	5483	2
1951	3	2411	2	2903	—2	3433	5	3917	5	4441	21	4969	11	5501	2
1973	2	2417	3	2909	2	3449	3	3919	—2	4447	—2	4973	5	5503	10
1979	2	2423	5	2917	5	3457	15	3923	5	4457	3	4987	5	5507	2
1987	5	2437	5	2927	—2	3461	2	3929	3	4463	5	4993	5	5519	—2
1993	5	2441	46	2939	2	3463	736	3931	2	4481	3	4999	13	5521	11
1997	2	2447	—2	2953	13	3467	2	3943	5	4483	5	5003	5	5527	5
1999	3	2459	2	2957	2	3469	2	3947	2	4493	2	5009	2	5531	—5
2003	5	2467	5	2963	2	3491	2	3967	—2	4507	5	5011	2	5557	5
2011	2	2473	5	2969	3	3499	2	3989	2	4513	7	5021	3	5563	5
2017	5	2477	2	2971	—[illegible]	3511	—2	4001	3	4517	2	5023	—2	5569	13
2027	2	2503	—2	2999	—2	3517	5	4003	5	4519	3	5039	—2	5573	2
2029	2	2521	22	3001	11	3527	5	4007	—2	4523	5	5051	2	5581	6
2039	—2	2531	2	3011	2	3529	26	4013	5	4547	2	5059	2	5591	—2
2053	5	2539	2	3019	2	3533	2	4019	2	4549	3157	5077	2	5623	2
2063	—2	2543	5	3023	—2	3539	2	4021	2	4561	11	5081	3	5639	2
2069	2	2549	2	3037	5	3541	7	4027	5	4567	2226	5087	—2	5641	11
2081	3	2551	6	3041	3	3547	5	4049	7	4583	5	5099	2	5647	5
2083	5	2557	5	3049	11	3557	5	4051	3	4591	—2	5101	6	5651	2
2087	5	2579	2	3061	6	3559	—2	4057	5	4597	1826	5107	2	5653	6
2089	7	2591	—2	3067	5	3571	2	4073	3	4603	5	5113	55	5657	5
2099	2	2593	7	3079	—2	3581	2	4079	—2	4621	2	5119	—2	5659	2
2111	—2	2609	3	3083	5	3583	5	4091	2	4637	5	5147	5	5669	3
2113	5	2617	5	3089	3	3593	3	4093	5	4639	—2	5153	5	5683	2
2129	3	2621	7	3109	6	3607	2860	4099	2	4643	5	5167	10	5689	11
2131	2	2633	5	3119	—2	3613	5	4111	—2	4649	3	5171	2	5693	2
2137	10	2647	5	3121	7	3617	3	4127	—2	4651	3	5179	2	5701	2
2141	2	2657	5	3137	3	3623	—2	4129	21	4657	15	5189	2	5711	—3
2143	5	2659	2	3163	5	3631	15	4133	2	4663	5	5197	466	5717	2
2153	3	2663	5	3167	—2	3637	2	4139	2	4673	10	5209	22	5737	5
2161	35	2671	7	3169	7	3643	5	4153	5	4679	—2	5227	2	5741	2

NOMBRES PREMIERS.	RACINES PRIMITIVES.	NOMBRES PREMIERS.	RACINES PRIMITIVES.	NOMBRES PREMIERS.	RACINES PRIMITIVES.	NOMBRES PREMIERS.	RACINES PRIMITIVES.	NOMBRES PREMIERS.	RACINES PRIMITIVES.	NOMBRES PREMIERS.	RACINES PRIMITIVES.	NOMBRES PREMIERS.	RACINES PRIMITIVES.	NOMBRES PREMIERS.	RACINES PRIMITIVES.
5743	—2	6271	11	6803	5	7349	2	7879	—2	8443	2	8971	2	9491	2
5749	2	6277	5	6823	—2	7351	6	7883	5	8447	—2	8999	—2	9497	5
5779	2	6287	—2	6827	2	7369	7	7901	2	8461	7	9001	7	9511	3
5783	—2	6299	2	6829	2	7393	5	7907	5	8467	2	9007	5	9521	3
5791	—2	6301	10	6833	5	7411	2	7919	—2	8501	7	9011	2	9533	2
5801	3	6311	—2	6841	22	7417	5	7927	7520	8513	5	9013	5602	9539	2
5807	—2	6317	2	6857	3	7433	3	7933	2	8521	22	9029	2	9547	2
5813	2	6323	5	6863	5	7451	2	7937	5	8527	5	9041	3	9551	—2
5821	6	6329	3	6869	2	7457	5	7949	2	8537	5	9043	5	9587	2
5827	2	6337	10	6871	3	7459	2	7951	—2	8539	2	9049	3	9601	13
5839	—2	6343	—2	6883	2	7477	2	7963	4745	8543	—2	9059	2	9613	5
5843	5	6353	5	6899	2	7481	7	7993	5	8563	2	9067	6903	9619	2
5849	3	6359	—2	6907	5	7487	5	8009	3	8573	2	9091	3	9623	5
5851	2	6361	21	6911	—2	7489	7	8011	—7	8581	7	9103	—2	9629	2
5857	7	6367	5	6917	2	7499	2	8017	5	8597	5	9109	10	9631	3
5861	3	6373	5	6947	5	7507	2	8039	—2	8599	—2	9127	5	9643	2
5867	5	6379	2	6949	2	7517	5	8053	2	8609	3	9133	2218	9649	7
5869	2	6389	2	6959	—3	7523	2	8059	3	8623	5	9137	5	9661	2
5879	—2	6397	2	6961	21	7529	3	8069	2	8627	5	9151	—2	9677	5
5881	33	6421	6	6967	10	7537	7	8081	7	8629	4330	9157	6	9679	—2
5897	5	6427	3	6971	2	7541	2	8087	5	8641	21	9161	3	9689	3
5903	5	6449	3	6977	5	7547	5	8089	17	8647	5	9173	2	9697	5
5923	5	6451	3	6983	5	7549	2	8093	2	8663	5	9181	2	9719	—3
5927	5	6469	2	6991	—2	7559	—2	8101	6	8669	2	9187	943	9721	7
5939	2	6473	3	6997	5	7561	13	8111	—2	8677	5	9199	—2	9733	2
5953	7	6481	7	7001	3	7573	5	8117	2	8681	15	9203	5	9739	3
5981	3	6491	2	7013	2	7577	5	8123	5	8689	22	9209	3	9743	—2
5987	5	6521	6	7019	2	7583	5	8147	2	8693	5	9221	2	9749	2
6007	5	6529	7	7027	5	7589	2	8161	7	8699	2	9227	5	9767	5
6011	2	6547	5	7039	—2	7591	—2	8167	6186	8707	3879	9239	—2	9769	13
6029	2	6551	—2	7043	5	7603	2	8171	2	8713	5	9241	13	9781	6
6037	2394	6553	10	7057	5	7607	—2	8179	2	8719	4564	9257	5	9787	3
6043	5	6563	5	7069	2	7621	2	8191	35	8731	2	9277	1012	9791	—2
6047	—2	6569	3	7079	—2	7639	15	8209	7	8737	5	9281	3	9803	2
6053	5	6571	3	7103	5	7643	2	8219	2	8741	2	9283	2	9811	3
6067	2	6577	5	7109	2	7649	3	8221	2	8747	2	9293	5	9817	6
6073	10	6581	11	7121	3	7669	2	8231	—2	8753	5	9311	—2	9829	30
6079	3108	6599	—2	7127	5	7673	5	8233	55	8761	61	9319	—2	9833	3
6089	3	6607	5	7129	7	7681	39	8237	5	8779	35	9323	5	9839	—2
6091	7	6619	2	7151	—3	7687	—2	8243	5	8783	—2	9337	5	9851	2
6101	2	6637	5	7159	—2	7691	2	8263	3	8803	5	9341	2	9857	5
6113	5	6653	2	7177	10	7699	3159	8269	2	8807	5	9343	5	9859	2
6121	7	6659	2	7187	2	7703	—2	8273	5	8819	2	9349	2	9871	—2
6131	2	6661	6	7193	5	7717	2	8287	4438	8821	2	9371	2	9883	2
6133	5	6673	5	7207	—2	7723	3	8291	2	8831	—5	9377	5	9887	—2
6143	5	6679	15	7211	2	7727	—2	8293	2	8837	5	9391	—2	9901	2
6151	3	6689	3	7213	3913	7741	7	8297	5	8839	—2	9397	2	9907	5
6163	3	6691	2	7219	2	7753	10	8311	—2	8849	3	9403	2584	9923	2
6173	2	6701	2	7229	2	7757	5	8317	6	8861	2	9413	5	9929	3
6197	2	6703	5	7237	5	7759	—2	8329	7	8863	5	9419	2	9931	10
6199	—2	6709	2	7243	2	7789	2	8353	5	8867	5	9421	2	9941	2
6203	5	6719	—2	7247	—2	7793	5	8363	5	8887	—2	9431	—3	9949	2
6211	2	6733	2	7253	5	7817	3	8369	3	8893	5	9433	5	9967	5
6217	6	6737	5	7283	5	7823	—2	8377	5	8923	5	9437	5	9973	11
6221	3	6761	3	7297	5	7829	2	8387	2	8929	11	9439	42		
6229	2	6763	5	7307	5	7841	15	8389	6	8933	2	9461	3		
6247	5	6779	2	7309	6	7853	2	8419	3	8941	6	9463	3		
6257	6	6781	2	7321	7	7867	5	8423	—2	8951	—2	9467	2		
6263	5	6791	—3	7331	2	7873	5	8429	2	8963	2	9473	5		
6269	2	6793	10	7333	6	7877	5	8431	—2	8969	3	9479	—2		

ÉQUATION $x^2+31x+241=P.y$. (Voy. le nº 32.)

VALEURS SUCCESSIVES DE P.	ÉPREUVE.			CORRESPONDANCE AVEC LES TABLEAUX AUXILIAIRES II ET V. L'épreuve est liée { 1º Au tableau II pour les nombres P et P.m ; 2º Au tableau V pour les nombres $\frac{P.m}{A}=\frac{P.m}{3}$. } PARTIE DE TABLEAU.	LIGNE HORIZONTALE.	COLONNE.	RACINE.	VALEUR DE n.	TÊTE DE COLONNE.	SOLUT y
3	3	$=2^2-1$	de là Reste+Racine $=1$	1	1	1	$n+15=2$	$n=-13$	$n^2+31n+241=7$	7
7	7	$=3^2-2$	*idem* $=1$	1	1	1	$n+15=3$	$n=-12$	$n^2+31n+241=13$	13
13	13	$=4^2-3$	*idem* $=1$	1	1	1	$n+15=4$	$n=-11$	$n^2+31n+241=21$	21
19	19	$=4^2+3$	*idem* $=7$	1	2	1	$3n+46=4$	$n=-14$	$n^2+31n+241=3$	3
31	31	$=6^2-5$	*idem* $=1$	1	1	1	$n+15=6$	$n=-9$	$n^2+31n+241=43$	43
37	37	$=6^2+1$	*idem* $=7$	1	2	1	$3n+48=6$	$n=-14$	$n^2+31n+241=3$	3
43	43	$=7^2-6$	*idem* $=1$	1	1	1	$n+15=7$	$n=-8$	$n^2+31n+241=57$	57
61	61	$=7^2+12$	*idem* $=19$	1	3	1	$5n+77=7$	$n=-14$	$n^2+31n+241=3$	3
67	67	$=8^2+3.1^2$	Reste $=3.1^2$	2	1	1	$2n+30=8$	$n=-11$	$n^2+31n+241=21$	21
73	73	$=9^2-8$	Reste+Racine $=1$	1	1	1	$n+15=9$	$n=-6$	$n^2+31n+241=91$	91
79	79	$=9^2-2$	*idem* $=7$	1	2	1	$3n+48=9$	$n=-13$	$n^2+31n+241=7$	7
97	97	$=10^2-3$	*idem* $=7$	1	2	1	$3n+46=10$	$n=-12$	$n^2+31n+241=13$	13
103	103	$=10^2+3.1^2$	Reste $=3.1^2$	2	1	1	$2n+30=10$	$n=-10$	$n^2+31n+241=31$	31
109	109	$=10^2+9$	Reste+Racine $=19$	1	3	3	$5n+75=10$	$n=-13$	$4n^2+120n+903=19$	19
127	127	$=10^2+27$	*idem* $=37$	1	4	1	$7n+108=10$	$n=-14$	$n^2+31n+241=3$	3
139	139	$=12^2-5$	*idem* $=7$	1	2	1	$3n+48=12$	$n=-12$	$n^2+31n+241=13$	13
151	151	$=12^2+7$	*idem* $=19$	1	3	1	$5n+77=12$	$n=-13$	$n^2+31n+241=7$	7
157	157	$=13^2-12$	*idem* $=1$	1	1	1	$n+15=13$	$n=-2$	$n^2+31n+241=183$	183
163	163	$=13-6$	*idem* $=7$	1	2	1	$3n+46=13$	$n=-11$	$n^2+31n+241=21$	21
181	181	$=13^2+3.2^2$	Reste $=3.2^2$	2	2	1	$4n+61=13$	$n=-12$	$n^2+31n+241=13$	13
193	193.3	$=24^2+3.1^2$	*idem* $=3.1^2$	2	1	1	$2n+30=24$	$n=-3$	$n^2+31n+241=157$	471
199	199	$=14^2+3.1^2$	Reste $=3.1^2$	2	1	1	$2n+30=14$	$n=-8$	$n^2+31n+241=57$	57
211	211	$=15^2-14$	Reste+Racine $=1$	1	1	1	$n+15=15$	$n=-0$	$n^2+31n+241=211$	211
223	223	$=14^2+3.3^2$	Reste $=3.3^2$	2	3	1	$6n+92=14$	$n=-13$	$n^2+31n+241=7$	7
229	229	$=15^2+4$	Reste+Racine $=19$	1	3	3	$5n+75=15$	$n=-12$	$4n^2+120n+903=39$	39
241	241	$=16^2-15$	*idem* $=1$	1	1	1	$n+15=16$	$n=+1$	$n^2+31n+241=273$	273
271	271.3	$=29^2-28$	*idem* $=1$	1	1	1	$n+15=29$	$n=+14$	$n^2+31n+241=871$	2613
277	277.3	$=29^2-10$	*idem* $=19$	1	3	1	$5n+79=29$	$n=-10$	$n^2+31n+241=31$	93
283	283	$=16^2+3.3^2$	Reste $=3.3^2$	2	3	1	$6n+94=16$	$n=-13$	$n^2+31n+241=7$	7
307	307	$=18^2-17$	Reste+Racine $=1$	1	1	1	$n+15=18$	$n=+3$	$n^2+31n+241=343$	343
313	313	$=18^2-11$	*idem* $=7$	1	2	1	$3n+48=18$	$n=-10$	$n^2+31n+241=31$	31
331	331.3	$=32^2-31$	*idem* $=1$	1	1	1	$n+15=32$	$n=+17$	$n^2+31n+241=1057$	3171
337	337.3	$=32^2-13$	*idem* $=19$	1	3	1	$5n+77=32$	$n=-9$	$n^2+31n+241=43$	129
349	349	$=19^2-12$	*idem* $=7$	1	2	1	$3n+46=19$	$n=-9$	$n^2+31n+241=43$	43
369	$\frac{369}{3}=123$	$=11^2+2$	*idem* $=2$	1	2	1	$4n+3=11$	$n=+2$	$3n^2+3n+1=19$	19
373	373	$=19^2+3.2^2$	Reste $=3.2^2$	2	1	1	$4n+63=19$	$n=-11$	$n^2+31n+241=21$	21
379	379	$=19^2+18$	Reste+Racine $=37$	1	4	1	$7n+110=19$	$n=-13$	$n^2+31n+241=7$	7
397	397.3	$=35^2-34$	*idem* $=1$	1	1	1	$n+15=35$	$n=+20$	$n^2+31n+241=1261$	3783
409	409.3	$=35^2+2$	*idem* $=37$	1	4	3	$7n+105=35$	$n=-10$	$4n^2+120n+903=103$	309
421	421	$=21^2-20$	*idem* $=1$	1	1	1	$n+15=21$	$n=+6$	$n^2+31n+241=163$	163
433	433.3	$=36^2+3.1^2$	Reste $=3.1^2$	2	1	1	$2n+30=36$	$n=+3$	$n^2+31n+241=343$	1029
439	439	$=21^2-2$	Reste+Racine $=19$	1	3	3	$5n+76=21$	$n=-11$	$4n^2+120n+903=67$	67

Suite de l'équation $x^2+31x+241=\mathrm{P}.y$.

ÉPREUVE.			CORRESPONDANCE AVEC LES TABLEAUX AUXILIAIRES II ET V. L'épreuve est liée 1° Au tableau II pour les nombres P et P.m. 2° Au tableau V pour les nombres $\frac{\mathrm{P}.m}{\mathrm{A}}=\frac{\mathrm{P}.m}{3}$.						SOLU
			PARTIE DU TABLEAU.	LIGNE HORIZONTALE.	COLONNE.	RACINE.	VALEUR DE n.	TÊTE DE COLONNE.	y
457	$=21^2+16$	de la Reste+Racine = 37	1	4	3	$7n+105=21$	$n=-12$	$4n^2+120n+903=39$	39
463	$=22^2-21$	idem = 1	1	1	1	$n+15=22$	$n=+7$	$n^2+31n+241=507$	507
481	$=22^2-3$	idem = 19	1	3	1	$5n+77=22$	$n=-11$	$n^2+31n+241=21$	21
487	$=22^2+3.1^2$	Reste $=3.1^2$	2	1	1	$2n+30=22$	$n=-4$	$n^2+31n+241=133$	133
499	$=22^2+15$	Reste+Racine = 37	1	4	3	$7n+106=22$	$n=-12$	$4n^2+120n+903=39$	39
523	$=22^2+39$	idem = 61	1	3	1	$9n+139=22$	$n=-13$	$n^2+31n+241=7$	7
541	$=23^2+3.2^2$	Reste $=3.2^2$	2	2	1	$4n+63=23$	$n=-10$	$n^2+31n+241=31$	31
547	$=41^2-40$	Reste+Racine = 1	1	1	1	$n+15=41$	$n=+26$	$n^2+31n+241=1723$	5169
571	$=24^2-5$	idem = 19	1	3	1	$5n+79=24$	$n=-11$	$n^2+31n+241=21$	21
577	$=23^2+3.4^2$	Reste $=3.4^2$	2	4	6	$8n+127=23$	$n=-13$	$9n^2+285n+903=79$	79
601	$=25^2-24$	Reste+Racine = 1	1	1	1	$n+15=25$	$n=+10$	$n^2+31n+241=651$	651
607	$=25^2-18$	idem = 7	1	2	1	$3n+46=25$	$n=-7$	$n^2+31n+241=73$	73
613	$=24^2+37$	idem = 61	1	5	1	$9n+141=24$	$n=-13$	$n^2+31n+241=7$	7
619	$=25^2-6$	idem = 19	1	3	3	$5n+75=25$	$n=-10$	$4n^2+120n+903=103$	103
631.3	$=44^2-43$	idem = 1	1	1	1	$n+15=44$	$n=+29$	$n^2+31n+241=1981$	5943
643	$=24^2+67$	idem = 91	1	6	5	$11n+167=24$	$n=-13$	$9n^2+273n+2077=49$	49
661	$=25^2+36$	idem = 61	1	5	5	$9n+142=25$	$n=-13$	$16n^2+564n+3981=133$	133
673	$=25^2+3.4^2$	Reste $=3.4^2$	2	4	5	$8n+121=25$	$n=-12$	$9n^2+273n+2077=97$	97
691.3	$=45^2+3.4^2$	idem $=3.4^2$	2	4	1	$8n+125=45$	$n=-10$	$n^2+31n+241=31$	93
709	$=27^2-20$	Reste+Racine = 7	1	2	1	$3n+48=27$	$n=-7$	$n^2+31n+241=73$	73
727.3	$=47^2-28$	idem = 19	1	3	1	$5n+77=47$	$n=-6$	$n^2+31n+241=91$	273
733.3	$=47^2-10$	idem = 37	1	4	1	$7n+110=47$	$n=-9$	$n^2+31n+241=43$	129
739	$=27^2+10$	idem = 37	1	4	6	$7n+111=27$	$n=-12$	$9n^2+285n+2263=139$	139
$\frac{751+2}{3}=251$	$=16^2-5$	idem = 11	1	6	1	$11n+5=16$	$n=+1$	$n^2+31n+241=7$	7
757	$=28^2-27$	idem = 1	1	1	1	$n+15=28$	$n=+13$	$n^2+31n+241=813$	813
769.3	$=48^2+3.1^2$	Reste $=3.1^2$	2	1	1	$2n+30=48$	$n=+9$	$n^2+31n+241=601$	1803
$\frac{811+2}{3}=271$	$=16^2+15$	Reste+Racine = 31	1	10	6	$10n+16=16$	$n=0$	$27n^2+45n+21=21$	21
823.3	$=50^2-31$	idem = 19	1	3	3	$5n+75=50$	$n=-5$	$4n^2+120n+903=403$	1209
829.3	$=50^2-13$	idem = 37	1	4	3	$7n+106=50$	$n=-8$	$4n^2+120n+903=199$	597
853	$=29^2+3.2^2$	Reste $=3.2^2$	2	2	1	$4n+61=29$	$n=-8$	$n^2+31n+241=57$	57
859.3	$=50^2+77$	Reste+Racine = 127	1	7	6	$13n+206=50$	$n=-12$	$9n^2+285n+2263=139$	417
877	$=30^2-23$	idem = 7	1	2	1	$3n+48=30$	$n=+6$	$n^2+31n+241=91$	91
883.3	$=51^2+3.4^2$	Reste $=3.4^2$	2	4	1	$8n+123=51$	$n=-9$	$n^2+31n+241=43$	129
$\frac{(907.7)+2}{3}=2117$	$=46^2+1$	idem = 1	2	1	1	$2n=46$	$n=+23$	$3n^2+3n+1=1657$	1159[illegible]
919.3	$=53^2-52$	Reste+Racine = 1	1	1	1	$n+15=53$	$n=+38$	$n^2+31n+241=2863$	858[illegible]
937	$=31^2-24$	idem = 7	1	2	1	$3n+46=31$	$n=-5$	$n^2+31n+241=111$	111
967	$=31^2+6$	idem = 37	1	4	2	$7n+115=31$	$n=-12$	$n^2+31n+241=21$	21
991	$=31^2+30$	idem = 61	1	5	1	$9n+139=31$	$n=-12$	$n^2+31n+241=13$	1[illegible]
997.3	$=54^2+3.5^2$	Reste $=3.5^2$	2	5	1	$10n+154=54$	$n=-10$	$n^2+31n+241=31$	9[illegible]

ÉQUATION $x^2 + 59x + 869 = P.y$. (Voy. le n° 52.)

Valeurs successives de P.	Épreuve.			Correspondance avec le tableau auxiliaire II (bis). Partie du tableau.	Ligne horizontale.	Colonne.	Racine.	Valeur de n.	Tête de colonne.	Solu[…] y
1009	$1009 = 33^2 - 80$	Reste	$= -5.4^2$	2	4	5	$8n+233 = 33$	$n = -25$	$9n^2+525n+7615 = 115$	115
1019	$1019 = 32^2 - 5$	idem	$= -5.1^2$	2	1	1	$3n+58 = 32$	$n = -13$	$n^2+59n+869 = 271$	271
1021	$1021 = 34^2 - 135$	Reste+Racine	$= -101$	1	5	8	$9n+268 = 34$	$n = -26$	$16n^2+952n+14141 = 205$	205
1031	$1031 = 34^2 - 125$	Reste	$= -5.5^2$	2	5	1	$10n+294 = 34$	$n = -26$	$n^2+59n+869 = 11$	11
1039	$1039 = 35^2 - 186$	Reste+Racine	$= -151$	1	6	5	$11n+321 = 35$	$n = -24$	$9n^2+525n+7615 = 79$	79
1049	$1049 = 36^2 - 247$	idem	$= -211$	1	7	8	$13n+387 = 36$	$n = -27$	$16n^2+952n+14141 = 101$	101
1051	$1051 = 36^2 - 245$	Reste	$= -5.7^2$	2	7	1	$14n+414 = 36$	$n = -27$	$n^2+59n+869 = 5$	5
1061	$1061.5 = 75^2 - 320$	idem	$= -5.8^2$	2	8	10	$16n+475 = 75$	$n = -25$	$25n^2+1485n+22021 = 521$	2605
1069	$1069 = 33^2 - 20$	idem	$= -5.2^2$	2	2	1	$4n+117 = 33$	$n = -21$	$n^2+59n+869 = 71$	71
1091	$1091 = 34^2 - 65$	Reste+Racine	$= -31$	1	3	1	$5n+149 = 34$	$n = -23$	$n^2+59n+869 = 41$	41
1109	$1109 = 36^2 - 187$	idem	$= -151$	1	6	7	$11n+322 = 36$	$n = -26$	$16n^2+936n+13669 = 149$	149
1129	$1129 = 35^2 - 96$	idem	$= -61$	1	4	3	$7n+203 = 35$	$n = -24$	$4n^2+232n+3359 = 95$	95
1151	$1151 = 34^2 - 5$	Reste	$= -5.1^2$	2	1	1	$2n+58 = 34$	$n = -12$	$n^2+59n+869 = 305$	305
1171	$1171 = 36^2 - 125$	idem	$= -5.5^2$	2	5	1	$10n+296 = 36$	$n = -26$	$n^2+59n+869 = 11$	11
1181	$1181 = 37^2 - 188$	Reste+Racine	$= -151$	1	6	9	$11n+323 = 37$	$n = -26$	$25n^2+1465n+$[illegible] $= 211$	211
1201	$1201 = 39^2 - 320$	Reste	$= -5.8^2$	2	8	1	$16n+471 = 39$	$n = -27$	n^2+59n+[illegible] $= 5$	5
1229	$1229 = 36^2 - 67$	Reste+Racine	$= -31$	1	3	5	$5n+146 = 36$	$n = -22$	$4n^2+232n+3359 = 191$	191
1231	$1231.5 = 80^2 - 245$	Reste	$= -5.7^2$	2	7	10	$14n+416 = 80$	$n = -24$	$25n^2+1485n+22021 = 781$	3905
1249	$1249 = 36^2 - 47$	Reste+Racine	$= -11$	1	2	1	$3n+90 = 36$	$n = -18$	$n^2+59n+869 = 131$	131
1259	$1259 = 36^2 - 37$	idem	$= -1$	1	1	1	$n+29 = 36$	$n = +7$	$n^2+59n+869 = 1331$	1331
1279	$1279.5 = 80^2 - 5$	Reste	$= -5.1^2$	2	1	1	$2n+58 = 80$	$n = +11$	$n^2+59n+869 = 1639$	1639
1289	$1289 = 37^2 - 80$	idem	$= -5.4^2$	2	4	1	$8n+237 = 37$	$n = -25$	$n^2+59n+869 = 19$	19
1291	$1291 = 36^2 - 5$	idem	$= -5.1^2$	2	1	1	$2n+58 = 36$	$n = -11$	$n^2+59n+869 = 341$	341
1301	$1301 = 37^2 - 68$	Reste+Racine	$= -31$	1	3	1	$5n+147 = 37$	$n = -22$	$n^2+59n+869 = 55$	55
1319	$1319 = 38^2 - 125$	Reste	$= -5.5^2$	2	5	6	$10n+298 = 38$	$n = -26$	$9n^2+537n+7999 = 121$	121
1321	$1321 = 37^2 - 48$	Reste+Racine	$= -11$	1	2	1	$3n+88 = 37$	$n = -17$	$n^2+59n+869 = 155$	155
1361	$1361 = 41^2 - 320$	Reste	$= -5.8^2$	2	8	1	$16n+473 = 41$	$n = -27$	$n^2+59n+869 = 5$	5
1381	$1381 = 39^2 - 140$	Reste+Racine	$= -101$	1	5	7	$9n+264 = 39$	$n = -25$	$16n^2+936n+13669 = 269$	269
1399	$1399 = 38^2 - 45$	Reste	$= -5.3^2$	2	3	1	$6n+176 = 38$	$n = -23$	$n^2+59n+869 = 41$	41
1409	$1409 = 40^2 - 191$	Reste+Racine	$= -151$	1	6	1	$11n+326 = 40$	$n = -26$	$n^2+59n+869 = 11$	11
1429	$1429.5 = 85^2 - 80$	Reste	$= -5.4^2$	2	4	1	$8n+237 = 85$	$n = -19$	$n^2+59n+869 = 105$	525
1439	$1439 = 38^2 - 5$	idem	$= -5.1^2$	2	1	1	$2n+58 = 38$	$n = -10$	$n^2+59n+869 = 379$	379
1451	$1451 = 39^2 - 70$	Reste+Racine	$= -31$	1	3	1	$5n+149 = 39$	$n = -22$	$n^2+59n+869 = 55$	55
1459	$1459 = 40^2 - 141$	idem	$= -101$	1	5	1	$9n+265 = 40$	$n = -25$	$n^2+59n+869 = 19$	19
1471	$1471 = 39^2 - 50$	idem	$= -11$	1	2	1	$3n+90 = 39$	$n = -17$	$n^2+59n+869 = 155$	155
1481	$1481 = 39^2 - 40$	idem	$= -1$	1	1	1	$n+29 = 39$	$n = +10$	$n^2+59n+869 = 1569$	1569
1489	$1489 = 41^2 - 192$	idem	$= -151$	1	6	10	$11n+327 = 41$	$n = -26$	$25n^2+1485n+22021 = 311$	311
1499	$1499 = 40^2 - 101$	idem	$= -61$	1	4	1	$7n+208 = 40$	$n = -24$	$n^2+59n+869 = 29$	29
1511	$1511 = 42^2 - 253$	idem	$= -211$	1	7	5	$13n+380 = 42$	$n = -26$	$9n^2+525n+7615 = 79$	79
1531	$1531 = 44^2 - 405$	idem	$= -361$	1	9	1	$17n+503 = 44$	$n = -27$	$n^2+59n+869 = 5$	5
1549	$1549 = 40^2 - 51$	idem	$= -11$	1	2	1	$3n+88 = 40$	$n = -16$	$n^2+59n+869 = 181$	181
1559	$1559 = 40^2 - 41$	idem	$= -1$	1	1	1	$n+29 = 40$	$n = +11$	$n^2+59n+869 = 1639$	1639
1571	$1571 = 42^2 - 193$	idem	$= -151$	1	6	8	$11n+328 = 42$	$n = -26$	$16n^2+952n+14141 = 205$	205
1579	$1579 = 41^2 - 102$	idem	$= -61$	1	4	6	$7n+209 = 41$	$n = -24$	$9n^2+537n+7999 = 295$	295
1601	$1601 = 41^2 - 80$	Reste	$= -5.4^2$	2	4	5	$8n+233 = 41$	$n = -24$	$9n^2+525n+7615 = 229$	229
1609	$1609 = 41^2 - 72$	Reste+Racine	$= -31$	1	3	3	$5n+146 = 41$	$n = -21$	$4n^2+232n+3359 = 251$	251
1619	$1619.5 = 90^2 - 5$	Reste	$= -5.1^2$	2	1	1	$2n+58 = 90$	$n = +16$	$n^2+59n+869 = 2069$	10345
1621	$1621 = 42^2 - 143$	Reste+Racine	$= -101$	1	5	1	$9n+267 = 42$	$n = -25$	$n^2+59n+869 = 19$	19
1661	$1661 = 41^2 - 20$	Reste	$= -5.2^2$	2	2	1	$4n+117 = 41$	$n = -19$	$n^2+59n+869 = 109$	109
1669	$1669 = 43^2 - 180$	idem	$= -5.6^2$	2	6	1	$12n+355 = 43$	$n = -26$	$n^2+59n+869 = 11$	11
1699	$1699.5 = 93^2 - 154$	Reste+Racine	$= -61$	1	4	5	$7n+205 = 93$	$n = -16$	$9n^2+525n+7615 = 1549$	7745
1709	$1709 = 47^2 - 500$	Reste	$= -5.10$	2	10	13	$20n+587 = 47$	$n = -27$	$19n^2+2877n+$[illegible] $= 211$	211
1721	$1721 = 42^2 - 43$	Reste+Racine	$= -1$	1	1	1	$n+29 = 42$	$n = +13$	$n^2+59n+869 = 1805$	1805
1741	$1741 = 44^2 - 195$	idem	$= -151$	1	6	3	$11n+319 = 44$	$n = -25$	$4n^2+232n+3359 = 59$	59
1759	$1759 = 42^2 - 5$	Reste	$= -5.1^2$	2	1	1	$2n+58 = 42$	$n = -8$	$n^2+59n+869 = 461$	461
1789	$1789.5 = 95^2 - 80$	idem	$= -5.4^2$	2	4	6	$8n+239 = 95$	$n = -18$	$9n^2+537n+7999 = 1249$	6245
1801	$1801 = 47^2 - 408$	Reste+Racine	$= -361$	1	9	8	$17n+506 = 47$	$n = -27$	$16n^2+952n+14141 = 101$	101
1811	$1811 = 44^2 - 125$	Reste	$= -5.5^2$	2	5	1	$10n+294 = 44$	$n = -25$	$n^2+59n+869 = 19$	19
1831	$1831 = 44^2 - 105$	Reste+Racine	$= -61$	1	4	5	$7n+205 = 44$	$n = -23$	$9n^2+525n+7615 = 301$	301
1861	$1861 = 44^2 - 75$	idem	$= -31$	1	3	1	$5n+149 = 44$	$n = -21$	$n^2+59n+869 = 71$	71
1871	$1871 = 46^2 - 245$	Reste	$= -5.7^2$	2	7	9	$14n+410 = 46$	$n = -26$	$25n^2+1465n+21401 = 211$	211
1879	$1879 = 45^2 - 146$	Reste+Racine	$= -101$	1	5	3	$9n+261 = 45$	$n = -24$	$4n^2+232n+3359 = 95$	95
1889	$1889.5 = 98^2 - 159$	idem	$= -61$	1	4	3	$7n+203 = 98$	$n = -15$	$4n^2+232n+3359 = 779$	3895
1901	$1901 = 49^2 - 500$	Reste	$= -5.10$	2	10	1	$20n+589 = 49$	$n = -27$	$n^2+59n+869 = 5$	5
1931	$1931 = 44^2 - 5$	idem	$= -5.1^2$	2	1	1	$2n+58 = 44$	$n = -7$	$n^2+59n+869 = 505$	505

ÉQUATION $x^2+r=521y$. (Voy. le nº 52.)

VALEUR DE r.	SOLUTION y	SOLUTION x	VALEUR DE r.	SOLUTION y	SOLUTION x	VALEUR DE r.	SOLUTION y	SOLUTION x	VALEUR DE r.	SOLUTION y	SOLUTION x	VALEUR DE r.	SOLUTION y	SOLUTION x
1	3130	1277	100	125	255	210	6	54	313	2	27	422	6	52
2	246	358	101	6	55	211	21515	3348	317	6	53	423	3072	1383
4	5	51	102	23	109	212	13	81	319	23	108	424	17000	2976
5	30	125	104	17068	2982	219	20	101	320	4	42	427	28	119
8	3592	1368	105	5	50	220	1420	860	321	26	115	431	3736	1395
9	218	337	106	11	75	225	29	122	322	38386	4472	433	22477	3422
10	39806	4554	110	126	256	226	22	106	323	12	77	437	22	105
11	12	79	113	234	349	228	3624	1374	324	8	62	438	39702	4548
13	22	107	114	230	346	231	3155	1282	325	1	14	440	1	9
16	20	102	116	10260	2312	232	1	17	327	3768	1401	441	3330	1317
18	2	32	117	11102	2405	233	39754	4551	332	21	103	447	8	61
20	120	250	118	127	257	234	36890	4384	333	9	66	449	10	69
21	17	94	119	3	38	235	4	43	336	23540	3502	450	7106	1924
22	31	127	121	1	20	236	16	90	338	3	35	452	3688	1386
25	49474	5077	123	7172	1933	237	36422	2928	341	11550	2453	456	3720	1392
26	10	72	124	128	258	238	14	84	345	3345	1320	457	1	8
29	25	114	125	21	104	242	9	64	352	1	13	459	6906	1897
31	32	129	127	3608	1371	245	1470	875	353	18	95	462	11522	2450
32	60192	5600	128	129	259	246	15	87	355	22780	3445	463	3704	1389
36	3816	1410	129	1490	881	248	3784	1404	359	11	60	464	9	65
37	1	22	130	130	260	250	7150	1930	360	10809	2373	466	2	24
40	140	270	133	23529	3426	254	30	124	361	21541	3350	468	29	121
42	3	39	138	6842	1888	255	11	74	366	2	26	469	3325	1316
44	1500	884	142	2	30	256	25	113	370	6886	1894	470	10791	2371
45	11606	2459	143	27	118	258	2	28	373	13	80	471	30176	3965
47	7	60	144	58409	5516	260	49116	5074	376	3056	1380	472	1	7
49	13	82	145	3145	1280	261	1430	863	377	1	12	474	3	33
50	10251	2311	148	4	44	263	6864	1891	378	27	117	476	12	76
51	3135	1278	151	3800	1407	265	1	16	379	3175	1286	477	49358	5071
52	36856	4382	155	23580	3505	266	11130	2408	383	56427	5422	479	58143	5518
53	21489	3346	160	1	19	267	3	36	388	3752	1398	481	25	112
55	16	91	161	1410	857	271	3355	1322	391	31096	4025	484	4	40
57	242	355	162	18	96	273	17034	2979	392	16456	2928	485	1	6
58	122	252	166	7	59	275	31	126	393	17	92	489	5	46
59	4	45	168	12	78	276	1460	872	394	80075	6459	490	19	97
62	222	340	169	10	71	279	60128	5597	396	5	47	492	38352	4470
64	16388	2922	176	22740	3442	283	7	58	397	11158	2411	495	3320	1315
65	9	68	180	10269	2313	284	1440	866	398	7	57	496	1	5
69	14	85	183	24	111	285	58485	5520	400	1	11	499	23500	3499
71	15	88	185	38506	4479	286	30130	3962	402	11	73	500	82725	6565
72	8	64	188	28	120	287	22503	3424	403	4	41	501	30	123
74	123	253	189	3150	1281	288	32	128	404	24	110	503	22464	3421
80	1	21	194	3	37	289	1450	860	405	14	83	505	1	4
81	2	31	196	1480	878	290	34	132	407	3	34	508	60064	5594
83	56364	5419	197	1	18	293	33	138	408	38349	4471	510	11186	2414
84	1400	854	198	31142	4028	295	19	98	411	3335	1318	511	7	56
88	124	254	199	8	103	296	1	15	415	16	89	512	1	3
90	26	116	200	9	67	301	5	48	416	10800	2372	513	2	23
94	238	352	201	2	20	302	10818	2374	417	2	25	516	22820	3448
97	226	343	202	11578	2456	309	3350	1321	419	15	86	517	1	2
98	19	99	204	5	49	310	10	70	420	20	100	519	3315	1314
99	3140	1279	208	17	93	311	3640	1377	421	1	10	520	1	1

RÉSOLUTION DE L'ÉQUATION $u^2+3=P.y$. (Voy. les n°s 32 et 132.)

A la lettre P, on a substitué successivement tous les nombres premiers compris entre 1 et 10000 et ayant la forme $6Q+1$, le nombre Q premier. La solution u_1, y_1 de l'équation particulière $u^2+3=P.y$ est obtenue par l'épreuve indiquée n° **47**, épreuve liée au tableau VII, n° **46**. Du nombre u_1 impair et inférieur à P, on déduit une racine primitive de P. En effet, 1° on a, n° **132**, $R_1=s_1=\frac{u_1+1}{2}$; 2° le nombre s (n° **132**) est connu par la recherche des restes donnés par les dividendes 2^Q, 2^{2Q}, 2^{3Q}, 2^{6Q}; 3° le produit ss_1, diminué, s'il y a lieu, du multiple de P, donne (n° **132**) une racine primitive de P.

VALEURS SUCCESSIVES DE P.	ÉPREUVE.				SYSTÈME-SOLUTION.		RECHERCHE D'UNE RACINE PRIMITIVE.			RACINE PRIMITIVE.
31	$31.\ 4=11^2+1^2.3$	»	»	»	$y=4$	$u=11$	$u_1=11$	$R_1=S_1=6$	$S=2$	12
43	$43.\ 4=13^2+1^2.3$	»	»	»	$y=4$	$u=13$	$u_1=13$	$R_1=S_1=7$	$S=41$	29
103	$103.\ 1=10^2+1^2.3$	»	»	»	$y=1$	$u=10$	$u_1=93$	$R_1=S_1=47$	$S=8$	67
223	$223.\ 1=14^2+3^2.3$	$3n-1=14$	$n=5$	$n^2+r=28$	$y=28$	$u=79$	$u_1=79$	$R_1=S_1=40$	$S=2$	80
283	$283.\ 1=16^2+3^2.3$	$3n+1=16$	$n=5$	$n^2+r=28$	$y=28$	$u=89$	$u_1=89$	$R_1=S_1=45$	$S=281$	193
439	$439.\ 21=96^2+1^2.3$	»	»	»	$y=21$	$u=96$	$u_1=343$	$R_1=S_1=172$	$S=2$	344
499	$499.\ 7=59^2+2^2.3$	$2n+1=59$	$n=29$	$n^2+r=484$	$y=5908$	$u=1717$	$u_1=279$	$R_1=S_1=140$	$S=497$	219
643	$643.\ 7=67^2+2^2.3$	$2n+1=67$	$n=33$	$n^2+r=1092$	$y=7644$	$u=2217$	$u_1=355$	$R_1=S_1=178$	$S=641$	287
1399	$1399.\ 19=163^2+2^2.3$	$2n+1=163$	$n=81$	$n^2+r=6564$	$y=124716$	$u=13209$	$u_1=781$	$R_1=S_1=391$	$S=2$	782
1579	$1579.\ 57=300^2+1^2.3$	»	»	»	$y=57$	$u=300$	$u_1=1279$	$R_1=S_1=640$	$S=1577$	299
1627	$1627.\ 1=40^2+3^2.3$	$3n+1=40$	$n=13$	$n^2+r=172$	$y=172$	$u=529$	$u_1=529$	$R_1=S_1=265$	$S=1625$	1097
1699	$1699.\ 7=109^2+2^2.3$	$2n+1=109$	$n=54$	$n^2+r=2919$	$y=20433$	$u=5892$	$u_1=521$	$R_1=S_1=261$	$S=1697$	1177
2203	$2203.\ 109=490^2+3^2.3$	$3n+1=490$	$n=163$	$n^2+r=26572$	$y=2896348$	$u=79879$	$u_1=571$	$R_1=S_1=286$	$S=2201$	1631
2383	$2383.\ 13=176^2+1^2.3$	»	»	»	$y=13$	$u=176$	$u_1=2207$	$R_1=S_1=1104$	$S=2$	2208
2767	$2767.\ 156=657^2+1^2.3$	»	»	»	$y=156$	$u=657$	$u_1=657$	$R_1=S_1=329$	$S=2$	658
3343	$3343.\ 73=494^2+1^2.3$	»	»	»	$y=73$	$u=494$	$u_1=2849$	$R_1=S_1=1425$	$S=2$	2850
3463	$3463.\ 156=735^2+1^2.3$	»	»	»	$y=156$	$u=735$	$u_1=735$	$R_1=S_1=368$	$S=2$	736
3607	$3607.\ 181=808^2+1^2.3$	»	»	»	$y=181$	$u=808$	$u_1=2799$	$R_1=S_1=1400$	$S=2$	2800
4567	$4567.\ 3=117^2+2^2.3$	$2n+1=117$	$n=58$	$n^2+r=3367$	$y=10101$	$u=6792$	$u_1=2225$	$R_1=S_1=1113$	$S=2$	2226
5323	$5323.\ 7=193^2+2^2.3$	$2n+1=193$	$n=96$	$n^2+r=9219$	$y=64533$	$u=18534$	$u_1=2565$	$R_1=S_1=1283$	$S=5321$	2757
6079	$6079.\ 3=135^2+2^2.3$	$2n+1=135$	$n=67$	$n^2+r=4492$	$y=13476$	$u=9051$	$u_1=3107$	$R_1=S_1=1554$	$S=2$	3108
7699	$7699.\ 412=1781^2+3^2.3$	$3n-1=1781$	$n=594$	$n^2+r=352839$	$y=11569668$	$u=1057923$	$u_1=4539$	$R_1=S_1=2270$	$S=7697$	3159
7927	$7927.\ 21=408^2+1^2.3$	»	»	»	$y=21$	$u=408$	$u_1=7519$	$R_1=S_1=3760$	$S=2$	7520
7963	$7963.\ 397=1778^2+3^2.3$	$3n-1=1778$	$n=593$	$n^2+r=351652$	$y=139605844$	$u=1054363$	$u_1=3247$	$R_1=S_1=1624$	$S=7961$	4715
8167	$8167.\ 481=1982^2+1^2.3$	»	»	»	$y=481$	$u=1982$	$u_1=6185$	$R_1=S_1=3093$	$S=2$	6186
8287	$8287.\ 156=1137^2+1^2.3$	»	»	»	$y=156$	$u=1137$	$u_1=1137$	$R_1=S_1=569$	$S=2$	1138
8707	$8707.\ 103=947^2+2^2.3$	$2n+1=947$	$n=473$	$n^2+r=223732$	$y=23044396$	$u=447937$	$u_1=4827$	$R_1=S_1=2414$	$S=8705$	3879
8719	$8719.\ 19=407^2+2^2.3$	$2n+1=407$	$n=203$	$n^2+r=41212$	$y=783028$	$u=82627$	$u_1=4563$	$R_1=S_1=2282$	$S=2$	4564
9067	$9067.\ 516=2163^2+1^2.3$	»	»	»	$y=516$	$u=2163$	$u_1=2163$	$R_1=S_1=6903$	$S=9065$	6903
9187	$9187.\ 97=944^2+1^2.3$	»	»	»	$y=97$	$u=944$	$u_1=8243$	$R_1=S_1=4122$	$S=9185$	943
9403	$9403.\ 292=1657^2+3^2.3$	$3n+1=1657$	$n=552$	$n^2+r=304707$	$y=88971444$	$u=914673$	$u_1=6821$	$R_1=S_1=3411$	$S=9401$	2581

RÉSOLUTION DES ÉQUATIONS $u^2+3=P.y$, $X^2+r=P.t$.

(Voy. la note du n° 132.)

1° A la lettre P on a substitué successivement les nombres premiers compris entre 1 et 10000, ayant la forme $12Q+1$, le nombre Q premier; le système-solution u y de chaque équation particulière $u^2+3=P.y$, fait d'abord connaître le nombre u_1 impair inférieur à P, et applicable à l'inconnue générale u, ensuite le nombre $R_1=x_1=\frac{u_1+1}{2}$.

2° Dans l'équation $X^2+r=P.t$, liée à l'équation $u^2+3=P.y$, on a substitué à r le nombre $P-x_1$, et le système-solution X_1 t_1, applicable à l'équation transformée $X^2+(P-x_1)=P.t$, donne, n° 133, l'égalité $X_1=s_1$.

3° Le nombre s est donné par la recherche de la division par P des dividendes 2^0 2^{10} 2^{30} 2^{40} 2^{60}.

4° Le produit $s.s_1$ diminué, s'il y a lieu, du multiple maximum de P est, n° 133, une racine primitive de P.

ÉQUATIONS ET ÉPREUVES.				SYSTÈME-SOLUTION.				RECHERCHE D'UNE RACINE PRIMITIVE.			
$u^2+3=157y$											
$157.4=25^2+1^2.3$	»	»	»	$y=$	4	$u=$	25	$u_1=25$	$x_1=13$		$s.s_1=6$
$X^2+144=157t$										$s=153$	
$157.4=22^2+1^2.144$	»	»	»	$t=$	4	$X=$	22	$X_1=s_1=22$			
$u^2+3=229y$											
$229.7=40^2+1^2.3$	»	»	»	$y=$	7	$u=$	40	$u_1=189$	$x_1=95$		$s.s_1=15$
$X^2+134=229t$										$s=225$	
$229.2=18^2+1^2.134$	»	»	»	$t=$	2	$X=$	18	$X_1=s_1=18$			
$u^2+3=277y$											
$277.7=44^2+1^2.3$	»	»	»	$y=$	7	$u=$	44	$u_1=233$	$x_1=117$		$s.s_1=13$
$X^2+160=277t$										$s=273$	
$277.5=35^2+1^2.160$	»	»	»	$t=$	5	$X=$	35	$X_1=s_1=35$			
$u^2+3=733y$											
$733.19=118^2+1^2.3$	»	»	»	$y=$	19	$u=$	118	$u_1=615$	$x_1=308$		$s.s_1=28$
$X^2+425=733t$										$s=729$	
$733.18=113^2+1^2.425$	»	»	»	$t=$	18	$X=$	113	$X_1=s_1=113$			
$u^2+3=997y$											
$997.49=221^2+2^2.3$	$2n+1=221$	$n=110$	$n^2+r=12103$	$y=$	593047	$u=$	24316	$u_1=609$	$x_1=305$		$s.s_1=63$
$X^2+692=997t$										$s=993$	
$997.9=91^2+1^2.692$	»	»	»	$t=$	9	$X=$	91	$X_1=s_1=91$			
$u^2+3=1069y$											
$1069.28=173^2+1^2.3$	»	»	»	$y=$	28	$u=$	173	$u_1=173$	$x_1=87$		$s.s_1=9$
$X^2+982=1069t$										$s=1065$	
$1069.2=34^2+1^2.982$	»	»	»	$t=$	2	$X=$	34	$X_1=s_1=34$			
$u^2+3=2749y$											
$2749.49=367^2+2^2.3$	$2n+1=367$	$n=183$	$n^2+r=33492$	$y=$	1641108	$u=$	67167	$u_1=1191$	$x_1=596$		$s.s_1=2$
$X^2+2153=2749t$										$s=2745$	
$2749.9=127^2+2^2.2153$	$2n+1=127$	$n=63$	$n^2+r=6122$	$t=$	55098	$X=$	12307	$X_1=s_1=1311$			
$u^2+3=3229y$											
$3229.57=429^2+2^2.3$	$2n+1=429$	$n=214$	$n^2+r=4579$	$y=$	2610543	$u=$	91812	$u_1=1829$	$x_1=915$		$s.s_1=1$
$X^2+2314=3229t$										$s=3225$	
$3229.5=83^2+2^2.2314$	$2n+1=83$	$n=41$	$n^2+r=3995$	$t=$	19975	$X=$	8031	$X_1=s_1=1573$			

Suite de la RÉSOLUTION DES ÉQUATIONS $u^2+3=P.y$, $X^2+r=P.t$.

…CESSIVES DE P.	ÉQUATIONS ET EPREUVES.				SYSTÈME-SOLUTION.		RECHERCHE D'UNE RACINE PRIMITIVE.			
…373	$u^2+3=3373y$ $3373.91=554^2+3^2.3$ $X^2+2718=3373t$ $3373.214=848^2+1^2.2718$	$3n-1=554$ »	$n=185$ »	$n^2+r=34228$ »	$y=311474748$ $t=214$	$u=1022499$ $X=848$	$u_1=1399$ $X_1=s_1=848$	$x_1=655$	$s=3369$	$s.s_1=33$…
…549	$u^2+3=4549y$ $4549.247=1060^2+1^2.3$ $X^2+2804=4549t$ $4549.17=273^2+1^2.2804$	» »	» »	» »	$y=247$ $t=17$	$u=1060$ $X=273$	$u_1=3489$ $X_1=s_1=273$	$x_1=1745$	$s=4545$	$s.s_1=34$…
…597	$u^2+3=4597y$ $4597.124=755^2+1^2.3$ $X^2+4219=4597t$ $4597.185=913^2+2^2.4219$	» $2n+1=913$	» $n=456$	» $n^2+r=212155$	$y=124$ $t=39248675$	$u=755$ $X=424766$	$u_1=755$ $X_1=s_1=1842$	$x_1=358$	$s=4593$	$s.s_1=4$…
…909	$u^2+3=4909y$ $4909.268=1147^2+1^2.3$ $X^2+4335=4909t$ $4909.151=838^2+3^2.4335$	» $3n+1=838$	» $n=279$	» $n^2+r=82176$	$y=268$ $t=12408576$	$u=1147$ $X=246867$	$u_1=1147$ $X_1=s_1=1357$	$x_1=574$	$s=4905$	$s.s_1=4$…
…197	$u^2+3=5197y$ $5197.148=877^2+3^2.3$ $X^2+3318=5197t$ $5197.13=233^2+2^2.3318$	$3n+1=877$ $2n+1=233$	$n=292$ $n=116$	$n^2+r=85267$ $n^2+r=16774$	$y=12649546$ $t=218062$	$u=256093$ $X=33664$	$u_1=3757$ $X_1=s_1=2482$	$x_1=1879$	$s=5193$	$s.s_1=$…
…037	$u^2+3=6037y$ $6037.172=1019^2+1^2.3$ $X^2+5527=6037t$ $6037.241=1197^2+2^2.5527$	» $2n+1=1197$	» $n=598$	» $n^2+r=363131$	$y=172$ $t=87544571$	$u=1019$ $X=726860$	$u_1=1019$ $X_1=s_1=2420$	$x_1=510$	$s=6033$	$s.s_1=2$…
…213	$u^2+3=7213y$ $7213.196=1189^2+3^2.3$ $X^2+4610=7213t$ $7213.95=825^2+1^2.4610$	$3n+1=1189$ »	$n=396$ »	$n^2+r=156819$ »	$y=30736054$ $t=95$	$u=470853$ $X=825$	$u_1=5205$ $X_1=s_1=825$	$x_1=2603$	$s=7209$	$s.s_1=3$…
…629	$u^2+3=8629y$ $8629.471=2016^2+1^2.3$ $X^2+5322=8629t$ $8629.103=917^2+3^2.5322$	» $3n-1=917$	» $n=306$	» $n^2+r=98958$	$y=471$ $t=10192674$	$u=2016$ $X=296568$	$u_1=6613$ $X_1=s_1=3182$	$x_1=3307$	$s=8625$	$s.s_1=4$…
…013	$u^2+3=9013y$ $9013.412=1927^2+3^2.3$ $X^2+5687=9013t$ $9013.16=305^2+3^2.5687$	$3n+1=1927$ $3n-1=305$	$n=642$ $n=102$	$n^2+r=412167$ $n^2+r=16191$	$y=169842804$ $t=257156$	$u=1237143$ $X=48171$	$u_1=6651$ $X_1=s_1=3106$	$x_1=3326$	$s=9009$	$s.s_1=5$…
…133	$u^2+3=9133y$ $9133.259=1538^2+1^2.3$ $X^2+5335=9133t$ $9133.137=1109^2+2^2.5335$	» $2n+1=1109$	» $n=554$	» $n^2+r=312251$	$y=259$ $t=12778387$	$u=1538$ $X=625056$	$u_1=7595$ $X_1=s_1=1612$	$x_1=3798$	$s=9129$	$s.s_1=2$…
…277	$u^2+3=9277y$ $9277.156=1203^2+1^2.3$ $X^2+8675=9277t$ $9277.33=521^2+2^2.8675$	» $2n+1=521$	» $n=260$	» $n^2+r=76275$	$y=156$ $t=2517075$	$u=1203$ $X=152810$	$u_1=1203$ $X_1=s_1=1378$	$x_1=602$	$s=9273$	$s.s_1=1$…

TABLE DU NOMBRE DES CHIFFRES QUE PRÉSENTENT LES PÉRIODES DE TOUTE FRACTION ORDINAIRE, OU *DITE* ANCIENNE, TRANSFORMÉE EN FRACTIONS DE L'ORDRE DÉCIMAL ; LE DÉNOMINATEUR *P* ÉTANT PREMIER ABSOLU ET INFÉRIEUR A 10000.

1° Le titre $\frac{P-1}{n}$ indique le nombre de chiffres de la période.

2° Le nombre 10 est Racine primitive des nombres P qui ont une période de P — 1 chiffres.

P—1	983	2113	3209	4567	6073	7487	8999	317	1867	3761	5441	7481	9241	3697	1009	8689	4831	8161	P—1 / 13	P—1 / 22	P—1 / 44	P—1 / 78
	1019	2137	3301	4583	6113	7499	9011	347	1871	3803	5449	7507	9277	3739	1013	8933	4909	8329				
7	1021	2141	3313	4621	6131	7541	9029	359	1877	3821	5483	7517	9311	3793	1093	9013	5119	8609				
17	1033	2143	3331	4673	6143	7577	9059	373	1907	3881	5507	7523	9319	3823	1193	9209	5407	9001	2393	4973	3169	6163
19	1051	2153	3343	4691	6211	7583	9067	397	1973	3889	5563	7547	9323	3931	1613	9293	5443	9041				
23	1063	2179	3371	4703	6217	7607	9103	401	1999	3907	5573	7559	9391	4273	1637	9533	5791	9649	P—1 / 14	P—1 / 24	P—1 / 46	P—1 / 82
29	1069	2207	3389	4783	6221	7673	9109	431	2003	3917	5591	7561	9397	4297	1693	9677	6079	9929				
47	1087	2221	3407	4793	6247	7687	9137	439	2027	3923	5639	7591	9413	4513	1721	9733	6151					
59	1091	2251	3433	4817	6257	7691	9187	443	2039	3947	5653	7639	9431	4547	1733		6271	P—1 / 9	1289	1321	4003	6397
61	1097	2269	3461	4931	6263	7699	9221	449	2081	4027	5683	7643	9437	4657	1997	P—1 / 5	6373		3557	6481		
97	1103	2273	3463	4937	6269	7703	9257	467	2083	4079	5813	7717	9467	4903	2129		6427		4999	8521	P—1 / 47	P—1 / 90
109	1109	2297	3469	4967	6301	7727	9341	479	2089	4111	5839	7759	9479	4909	2213		6529	73	5209	P—1 / 25		
113	1153	2309	3527	5021	6337	7753	9343	523	2111	4129	5843	7867	9547	4993	2333	11	6547	1423	6203			
131	1171	2339	3539	5059	6343	7793	9371	557	2203	4167	5867	7877	9587	5011	2477	251	6907	1459	6637		5171	2791
149	1181	2341	3547	5087	6353	7817	9377	563	2237	4231	5879	7879	9601	5023	2521	1061	7027	2087	7043	101		
167	1193	2371	3571	5099	6367	7823	9421	569	2239	4243	5881	7883	9629	5101	2557	1451	7351	2377	7127		P—1 / 54	P—1 / 92
179	1217	2383	3581	5107	6389	7829	9461	587	2243	4271	5923	7907	9631	5113	2729	1901	7603	2503	8387	P—1 / 26		
181	1223	2389	3593	5153	6473	7873	9473	599	2267	4283	5987	7919	9643	5647	2797	1931	7723	3457				
193	1229	2411	3607	5167	6553	7901	9491	601	2293	4289	6037	7933	9719	5851	2837	2381	8011	9433	P—1 / 15		271	1933
223	1259	2417	3617	5179	6571	7927	9497	641	2347	4363	6043	7951	9721	5953	3329	3181	8089			7151		
229	1291	2423	3623	5189	6619	7937	9539	653	2351	4391	6053	7963	9769	[illegible]	3413	3191	8191	P—1 / 10		P—1 / 27	P—1 / 55	P—1 / 98
233	1297	2447	3637	5233	6659	7949	9623	677	2357	4441	6067	8039	9787	6229	3677	3851	8599		3061			
257	1301	2459	3659	5273	6661	8017	9697	683	2399	4481	6101	8053	9791	6379	3733	4861	8803		4021		2531	7253
263	1303	2473	3673	5297	6673	8059	9739	719	2437	4517	6121	8087	9803	6421	3769	5261	8923	281	7621	7669		
269	1327	2539	3701	5303	6691	8069	9743	761	2609	4523	6173	8123	9839	6451	3797	6491	9133	521			P—1 / 56	P—1 / 101
313	1367	2543	3709	5309	6701	8093	9749	827	2671	4547	6197	8147	9871	6577	3853	6581	9151	1031	P—1 / 16	P—1 / 28		
337	1381	2549	3727	5381	6703	8101	9767	839	2693	4561	6199	8209	9883	6607	3877	7331	9283	1951				
367	1409	2579	3767	5393	6709	8171	9781	877	2707	4591	6277	8219	9907	7297	4019		9403	2281		757	4201	5051
379	1429	2593	3779	5417	6737	8179	9811	881	2711	4597	6287	8231	9923	7417	4133	P—1 / 6	9439	2311	5521	4397		
383	1423	2617	3833	5419	6779	8233	9817	883	2749	4603	6311	8237		7537	4241		9511	2591	8849	9689	P—1 / 59	P—1 / 110
389	1447	2621	3847	5479	6781	8263	9829	911	2801	4639	6317	8243	P—1 / 3	7549	4253		P—1 / 7	3671	P—1 / 17			
409	1487	2633	3863	5501	6793	8269	9833	919	2803	4643	6323	8311		7741	4373	79		5171		P—1 / 30		
419	1531	2657	3911	5503	6823	8273	9851	929	2843	4651	6329	8363		7789	4493	547		5711			3541	3191
433	1543	2663	3943	5519	6829	8287	9857	947	2879	4679	6359	8369	103	7993	4729	613		6791	137			
461	1549	2687	3967	5527	6833	8291	9887	991	2917	4721	6361	8423	127	8167	4733	751	211	8111	9419	1231	P—1 / 62	P—1 / 118
487	1553	2699	3989	5531	6857	8297	9931	1039	2957	4723	6373	8431	139	8221	4877	907	617	8761				
491	1567	2713	4007	5581	6863	8353	9941	1049	2963	4751	6399	8443	331	8419	5333	997	1499	9281	P—1 / 18	P—1 / 32		
499	1571	2731	4019	5623	6869	8377	9949	1117	2999	4759	6653	8467	349	8461	5437	1201	2857	9521			8929	4013
503	1579	2741	4051	5651	6899	8389	9967	1123	3001	4787	6679	8563	421	8527	5477	1213	6007	9551				
509	1583	2753	4057	5657	6949	8423		1129	3067	4799	6719	8573	457	8539	5557	1237	6469		2467	1889	P—1 / 64	P—1 / 186
541	1607	2767	4073	5659	6967	8429	P—1 / 2	1151	3079	4871	6733	8627	463	8581	5569	1249	7211	P—1 / 11	3187			
571	1619	2777	4091	5669	6971	8447		1163	3083	4889	6803	8641	607	8629	5693	1483	7589		4357	P—1 / 33	2689	4093
577	1621	2789	4099	5701	6977	8501		1187	3089	4919	6827	8681	661	8737	5717	1489	9661		4483			
593	1663	2819	4127	5737	6983	8513	13	1277	3119	4933	6871	8693	673	8941	5801	1627		353	5689	859	P—1 / 67	P—1 / 399
619	1697	2833	4139	5741	7019	8537	31	1279	3163	4943	6883	8707	691	9007	5849	1657	P—1 / 8	3499	7039			
647	1709	2851	4153	5743	7057	8543	43	1283	3203	4951	6911	8719	739	9127	6133	1723			7237	P—1 / 34		
659	1741	2861	4177	5749	7069	8623	67	1307	3209	4987	6917	8747	829	9181	6361	1747		P—1 / 12	8317		6299	8779
701	1777	2887	4211	5779	7103	8647	71	1319	3271	5003	6947	8831	907	9337	6449	1831	41		8609			
709	1783	2897	4217	5783	7109	8663	83	1361	3307	5039	6959	8837	1669	9349	6569	1879	241		9973	239	P—1 / 68	P—1 / 664
727	1789	2903	4219	5807	7177	8669	89	1373	3323	5077	6961	8839	1699	9463	6689	1987	1601	37				
743	1811	2909	4229	5821	7193	8699	107	1399	3347	5081	6991	8867	1753	9619	6761	2053	2087	613	P—1 / 20	P—1 / 36		
787	1823	2927	4259	5827	7207	8713	131	1427	3359	5147	6997	8893	1993	9859	7213	2551	1609	733			5237	4649
811	1847	2939	4231	5857	7219	8731	137	1439	3361	5227	7001	8951	2011		7369	2683	2141	1597		9613		
821	1861	2971	4327	5861	7229	8741	163	1453	3391	5231	7013	8963	2131	P—1 / 4	7489	3049	2969	2677	641		P—1 / 72	P—1 / 825
823	1873	3011	4337	5869	7247	8753	191	1471	3437	5279	7079	8969	2287		7529	3319	3041	3037	3121	P—1 / 40		
857	1913	3019	4339	5897	7309	8783	197	1481	3511	5281	7121	9043	2647		7649	3373	3449	3253	7841			
863	1949	3023	4349	5903	7349	8807	199	1511	3517	5323	7159	9049	2659	53	7681	3613	3929	4957	P—1 / 21		2161	9901
887	1979	3137	4421	5927	7393	8819	227	1523	3529	5347	7187	9157	2749	173	7757	3919	4001	5197		9161		
937	2017	3167	4423	5939	7411	8821	277	1559	3533	5351	7213	9173	2953	769	8009	4159	4409	5641			P—1 / 76	P—1 / 909
941	2029	3221	4447	5981	7433	8861	283	1667	3559	5387	7283	9199	3217	773	8081	4507	5009	7129	3109	P—1 / 42		
953	2033	3251	4451	6011	7451	8863	293	1759	3631	5399	7307	9203	3229	797	8117	4519	6089	7333	4663			
971	2069	3257	4457	6029	7457	8887	307	1787	3643	5413	7321	9227	3583	809	8293	4801	6521	7573	4789	9703	4037	9091
977	2099	3259	4463	6047	7459	8971	311	1801	3719	5431	7477	9239	3691	853	8597	4813	6841	8677				

TABLE ANALYTIQUE DES MATIÈRES.

PREMIÈRE PARTIE.

CHAPITRE PREMIER.

CHAPITRE II.

DEUXIÈME PARTIE.

CHAPITRE PREMIER.

CHAPITRE II.

TROISIÈME PARTIE.

CHAPITRE PREMIER.

CHAPITRE II.

QUATRIÈME PARTIE.

CHAPITRE PREMIER.

CHAPITRE II.

CHAPITRE III.

FIN DE LA TABLE ANALYTIQUE DES MATIÈRES.

DE L'IMPRIMERIE DE CRAPELET, RUE DE VAUGIRARD 9

www.ingramcontent.com/pod-product-compliance
Ingram Content Group UK Ltd.
Pitfield, Milton Keynes, MK11 3LW, UK
UKHW021849190726
13855UKWH00001B/232